U0270461

"十三五"国家重点图书出版规划项目
核能与核技术出版工程（第二期）
总主编 杨福家

动力与过程装备部件的流致振动：实用工作手册

Flow-Induced Vibration of Power and Process Plant Components: A Practical Workbook

[美] 迈克·欧阳（M. K. Au-Yang） 著

姜乃斌 熊夫睿 等 译

上海交通大学出版社
SHANGHAI JIAO TONG UNIVERSITY PRESS

内容提要

本书系统全面地介绍了动力与过程装备中流致振动问题的基础理论和研究成果。主要内容包括单位与量纲，振动与声学领域的一些基本概念，结构动力学的基本理论，结构在静止流体中振动的水动力附加质量，结构在静止流体中振动时的简化处理方法，涡激振动，周期性旋涡脱落，管束结构的流体弹性失稳，结构在轴向流中的湍流激振，结构在横向流中的湍流激振，轴向流和漏流诱发振动，结构振动导致的结构撞击、疲劳和磨损，声致振动和噪声，信号分析及监测与诊断技术等。

本书可以作为核能科学与工程、能源动力等相关专业的本科生、研究生和工程技术人员的教科书和工具书。

图书在版编目（CIP）数据

动力与过程装备部件的流致振动：实用工作手册/
（美）迈克·欧阳（M. K. Au-Yang）著；姜乃斌等译. —
上海：上海交通大学出版社，2020
核能与核技术出版工程
ISBN 978-7-313-24043-9

Ⅰ.①动⋯　Ⅱ.①迈⋯ ②姜⋯　Ⅲ.①核电站-设备
-研究　Ⅳ.①TM623.4

中国版本图书馆 CIP 数据核字（2020）第 218284 号

Original Edition Copyright 2001，by The American Society of Mechanical Engineers.

上海市版权局著作权合同登记号：图字 09-2019-668

动力与过程装备部件的流致振动：实用工作手册
DONGLI YU GUOCHENG ZHUANGBEI BUJIAN DE LIUZHI ZHENDONG：SHIYONG GONGZUO SHOUCE

著　　者：［美］迈克·欧阳（M. K. Au-Yang）　　　　译　　者：姜乃斌　熊夫睿　等
出版发行：上海交通大学出版社　　　　　　　　　　　地　　址：上海市番禺路 951 号
邮政编码：200030　　　　　　　　　　　　　　　　　电　　话：021-64071208
印　　制：苏州市越洋印刷有限公司　　　　　　　　　经　　销：全国新华书店
开　　本：710mm×1000mm　1/16　　　　　　　　　印　　张：28.75
字　　数：478 千字
版　　次：2020 年 12 月第 1 版　　　　　　　　　　印　　次：2020 年 12 月第 1 次印刷
书　　号：ISBN 978-7-313-24043-9
定　　价：238.00 元

核能与核技术出版工程

丛书编委会

总主编
杨福家（复旦大学，教授、中国科学院院士）

编　　委（按姓氏笔画排序）
于俊崇（中国核动力研究设计院，研究员、中国工程院院士）
马余刚（复旦大学现代物理研究所，教授、中国科学院院士）
马栩泉（清华大学核能技术设计研究院，教授）
王大中（清华大学，教授、中国科学院院士）
韦悦周（广西大学资源环境与材料学院，教授）
申　森（上海核工程研究设计院，研究员级高工）
朱国英（复旦大学放射医学研究所，研究员）
华跃进（浙江大学农业与生物技术学院，教授）
许道礼（中国科学院上海应用物理研究所，研究员）
孙　扬（上海交通大学物理与天文学院，教授）
苏著亭（中国原子能科学研究院，研究员级高工）
肖国青（中国科学院近代物理研究所，研究员）
吴国忠（中国科学院上海应用物理研究所，研究员）
沈文庆（中国科学院上海高等研究院，研究员、中国科学院院士）
陆书玉（上海市环境科学学会，教授）
周邦新（上海大学材料研究所，研究员、中国工程院院士）
郑明光（国家电力投资集团公司，研究员级高工）
赵振堂（中国科学院上海高等研究院，研究员、中国工程院院士）
胡思得（中国工程物理研究院，研究员、中国工程院院士）
徐　銤（中国原子能科学研究院，研究员、中国工程院院士）
徐步进（浙江大学农业与生物技术学院，教授）
徐洪杰（中国科学院上海应用物理研究所，研究员）
黄　钢（上海健康医学院，教授）
曹学武（上海交通大学机械与动力工程学院，教授）
程　旭（上海交通大学核科学与工程学院，教授）
潘健生（上海交通大学材料科学与工程学院，教授、中国工程院院士）

本书编译委员会

主　编　姜乃斌

副主编　熊夫睿

编　委（按姓氏笔画排序）

冯志鹏　刘　建　齐欢欢　沈平川

陈　果　黄　旋　蔡逢春

核能与核技术出版工程

总　序

　　1896 年法国物理学家贝可勒尔对天然放射性现象的发现,标志着原子核物理学的开始,直接导致了居里夫妇镭的发现,为后来核科学的发展开辟了道路。1942 年人类历史上第一个核反应堆在芝加哥的建成被认为是原子核科学技术应用的开端,至今已经历了 70 多年的发展历程。核技术应用包括军用与民用两个方面,其中民用核技术又分为民用动力核技术(核电)与民用非动力核技术(即核技术在理、工、农、医方面的应用)。在核技术应用发展史上发生的两次核爆炸与三次重大核电站事故,成为人们长期挥之不去的阴影。然而全球能源匮乏以及生态环境恶化问题日益严峻,迫切需要开发新能源,调整能源结构。核能作为清洁、高效、安全的绿色能源,还具有储量最丰富、能量密集度高、低碳无污染等优点,受到了各国政府的极大重视。发展安全核能已成为当前各国解决能源不足和应对气候变化的重要战略。我国《国家中长期科学和技术发展规划纲要(2006—2020 年)》明确指出"大力发展核能技术,形成核电系统技术自主开发能力",并设立国家科技重大专项"大型先进压水堆及高温气冷堆核电站"。同时,"钍基熔盐堆"核能系统被列为国家首项科技先导项目,投资 25 亿元,在中国科学院上海应用物理研究所启动,以创建具有自主知识产权的中国核电技术品牌。

　　从世界范围来看,核能应用范围正不断扩大。国际原子能机构最新数据显示:截至 2018 年 8 月,核能发电量美国排名第一,中国排名第四;不过在核能发电的占比方面,截至 2017 年 12 月,法国占比约为 71.6%,排名第一,中国仅约 3.9%,排名几乎最后。但是中国在建、拟建的反应堆数比任何国家都多,相比而言,未来中国核电有很大的发展空间。截至 2018 年 8 月,中国投入商业运行的核电机组共 42 台,总装机容量约为 3 833 万千瓦。值此核电发展的历史机遇期，中国应大力推广自主开发的第三代以及第四代的"快堆""高温气冷堆""钍基熔盐堆"核电技术，努力使中国核电走出去，带动中国由核电大国向核电强国跨越。

随着先进核技术的应用发展，核能将成为逐步代替化石能源的重要能源。受控核聚变技术有望从实验室走向实用，为人类提供取之不尽的干净能源；威力巨大的核爆炸将为工程建设、改造环境和开发资源服务；核动力将在交通运输及星际航行等方面发挥更大的作用。核技术几乎在国民经济的所有领域得到应用。原子核结构的揭示，核能、核技术的开发利用，是20世纪人类征服自然的重大突破，具有划时代的意义。然而，日本大海啸导致的福岛核电站危机，使得发展安全级别更高的核能系统更加急迫，核能技术与核安全成为先进核电技术产业化追求的核心目标，在国家核心利益中的地位愈加显著。

在21世纪的尖端科学中，核科学技术作为战略性高科技，已成为标志国家经济发展实力和国防力量的关键学科之一。通过学科间的交叉、融合，核科学技术已形成了多个分支学科并得到了广泛应用，诸如核物理与原子物理、核天体物理、核反应堆工程技术、加速器工程技术、辐射工艺与辐射加工、同步辐射技术、放射化学、放射性同位素及示踪技术、辐射生物等，以及核技术在农学、医学、环境、国防安全等领域的应用。随着核科学技术的稳步发展，我国已经形成了较为完整的核工业体系。核科学技术已走进各行各业，为人类造福。

无论是科学研究方面，还是产业化进程方面，我国的核能与核技术研究与应用都积累了丰富的成果和宝贵的经验，应该系统整理、总结一下。另外，在大力发展核电的新时期，也急需一套系统而实用的、汇集前沿成果的技术丛书作指导。在此鼓舞下，上海交通大学出版社联合上海市核学会，召集了国内核领域的权威专家组成高水平编委会，经过多次策划、研讨，召开编委会商讨大纲、遴选书目，最终编写了这套"核能与核技术出版工程"丛书。本丛书的出版旨在培养核科技人才；推动核科学研究和学科发展；为核技术应用提供决策参考和智力支持；为核科学研究与交流搭建一个学术平台，鼓励创新与科学精神的传承。

本丛书的编委及作者都是活跃在核科学前沿领域的优秀学者，如核反应堆工程及核安全专家王大中院士、核武器专家胡思得院士、实验核物理专家沈文庆院士、核动力专家于俊崇院士、核材料专家周邦新院士、核电设备专家潘健生院士，还有"国家杰出青年"科学家，"973"项目首席科学家，"国家千人计划"特聘教授等一批有影响力的科研工作者。他们都来自各大高校及研究单位,如清华大学、复旦大学、上海交通大学、浙江大学、上海大学、中国科学院上海应用物理研究所、中国科学院近代物理研究所、中国原子能科学研究院、中国核动力研究设计院、中国工程物理研究院、上海核工程研究设计院、上海市辐射环境监督站等。本丛书是他们最新研究成果的荟萃,其中多项研究成果获国家级或省部级大奖,代表了国内甚至国际先进水平。丛书涵盖军用核技术、民用动力核技术、民用非动力核技术及其在理、工、农、医方面的应用。内容系统而全面且极具实用性与指导性,例如,《应用核物理》就阐述了当今国内外核物理研究与应用的全貌,有助于读者对核物理的应用领域及实验技术有全面的了解;其他图书也都力求做到了这一点,极具可读性。

由于良好的立意和高品质的学术成果,本丛书第一期于 2013 年成功入选"十二五"国家重点图书出版规划项目,同时也得到上海市新闻出版局的高度肯定,入选了"上海高校服务国家重大战略出版工程"。第一期(12 本)已于2016 年初全部出版,在业内引起了良好反响,国际著名出版集团 Elsevier 对本丛书很感兴趣,在 2016 年 5 月的美国书展上,就"核能与核技术出版工程(英文版)"与上海交通大学出版社签订了版权输出框架协议。丛书第二期于 2016年初成功入选了"十三五"国家重点图书出版规划项目。

在丛书出版的过程中,我们本着追求卓越的精神,力争把丛书从内容到形式做到最好。希望这套丛书的出版能为我国大力发展核能技术提供上游的思想、理论、方法,能为核科技人才的培养与科创中心建设贡献一份力量,能成为不断汇集核能与核技术科研成果的平台,推动我国核科学事业不断向前发展。

2018 年 8 月

译 者 前 言

　　流致振动是动力与过程装备特别是核动力工程设备中与安全相关的重要问题,备受各国核工程设计建造者、科研工作者和核安全监管部门的关注,主要核安全标准法规(ASME、RCC‐M 等)均给出了核级设备开展流致振动综合评价的范围和要求。本书作者迈克·欧阳博士正是 ASME 流致振动相关标准导则的主要起草者和工程评价方法的主要贡献者之一。

　　本书译者在从事核电工程设计之初,便接触到了欧阳博士的很多关于流致振动的学术与工程技术成果,正是前辈们开创性的工作引领我们迈向了流致振动这一博大精深的交叉学科。译者于 2017 年参加了在夏威夷举行的ASME 压力容器与管道国际会议(PVP2017),时值欧阳博士过世不久,流致振动专题分会场在开幕式上举行了"纪念迈克·欧阳博士"的悼念活动和专场报告会。在这次活动中,译者更进一步地了解到欧阳博士在流致振动研究领域的卓越地位及突出贡献,当时便萌发了翻译出版欧阳博士著作的想法,以便让更多中国读者能够更全面地了解动力与过程行业中存在哪些流致振动问题,以及如何解决这些问题。

　　本书凝结了欧阳博士的毕生心血,知识内容紧密结合工程实际,并没有太多晦涩难懂的专业术语和复杂冗长的理论推导。涉及的一些重要概念,欧阳博士通常能够结合生活,以浅显易懂的方式进行讲解。作为一本"实用工程手册",本书每章后面均给出了实际工程中出现过的案例或便于理解的简单示例,并进行了详细讲解。尽管如此,流致振动毕竟是一门交叉学科,本书的知识体系具有极强的交叉性,涉及结构动力学、振动声学、流体力学、两相流理论、材料科学、信号分析与处理等相关知识。本书可以作为核能科学与工程、能源动力等相关专业的本科生、研究生和工程技术人员的教科书和工具书。

　　本书第 1 章从最常见也是最容易出错的单位换算问题入手,指出了由于美国单位制不同、单位之间缺乏相容性和一致性，导致工程计算时容易出错。在后面章节的大部分示例中，作者几乎都同时给出了美制单位和国际单位，并反复强调使用统一相容的单位制的重要性。中国读者习惯了使用国际单位制，如果遇到美制单位时，一定要留意本书作者关于单位制的提醒。第 2 章给出了振动和声学领域的一些基本概念，第 3 章介绍了结构动力学的基本理论，第 2 章和第 3 章均是后续关于流致振动章节的理论基础。第 4 章详细探讨了结构在静止流体中振动时，附加的水动力质量。第 5 章介绍了结构在静止流体中振动时的一些简化处理方法。第 6 章详细介绍了涡激振动的相关内容，包括周期性旋涡脱落的分析方法和锁频等特殊现象。第 7 章论述了管束结构的流体弹性失稳问题，包括临界流速的计算和流体弹性失稳的分析评价方法等。第 8 章介绍了结构在轴向流中的湍流激振，包括随机振动理论的相关基础、湍流激振的容纳积分和响应计算方法等。第 9 章探讨了结构在横向流中的湍流激振问题，包括激振力相关长度和功率谱密度等主要参数的确定。第 10 章讨论了轴向流和漏流诱发振动问题，并给出了轴向流流致振动响应下限和上限的计算方法，以及避免出现漏流诱发结构失稳的设计原则。第 11 章相当于流致振动的后果评价，涉及结构振动导致的结构撞击、疲劳和磨损。第 12 章介绍了声致振动和噪声，主要是声驻波的产生及其与结构的共振。第 13 章介绍信号分析及监测与诊断技术，并强调了一些容易出现的问题，例如采样率不足导致的混叠，以及窗函数导致的频域泄露等。

在本书的翻译工作中，姜乃斌翻译了前言，熊夫睿翻译了第 1 章、第 2 章、第 3 章、第 10 章和第 13 章，刘建翻译了第 4 章和第 5 章，冯志鹏翻译了第 6 章，黄旋翻译了第 7 章，陈果翻译了第 8 章和第 9 章，齐欢欢翻译了第 11 章，蔡逢春和沈平川共同翻译了第 12 章，上述译者交叉进行了校对，最后全书由姜乃斌统校。感谢四川语言桥信息技术有限公司在翻译过程中对非专业技术内容的初译，以及在人名翻译、公式录入和图表编辑等方面所提供的专业支持。

本书英文原著出版于 2001 年，请读者阅读时退回 20 年看待本书与科技发展水平相关的技术见解与观点。事实上，本书推荐的几乎所有理论模型、分析方法和技术手段至今仍在工程中使用。而且，早在 20 年前，就能前瞻性地预测计算机软硬件的快速发展以及人工智能和神经网络的广泛应用，足见作者敏锐的洞察力和对科技发展趋势的准确把握。

面对这样一本大部头著作，在翻译过程中，我们不敢有任何的懈怠和疏忽，虽然也发现原文中的多处笔误，并按自己的理解进行了修改，但由于译者知识水平有限，难免有曲解作者原文和翻译不当之处，敬请广大读者批评指正。

感谢国家自然科学基金相关项目对本书翻译出版的资助（基金编号11872060、51606180、11902315）。

前　　言

　　动力与过程装备部件的流致振动并不像应力、地震荷载和辐射剂量等有严格的工业标准规范要求，其受到的监管力度相对较小。流致振动在很大程度上是对公共安全直接影响较小的运行问题。如果一个部件因流致振动引发故障，相关装置必须关停，直到采取纠正措施。动力和过程工业正是通过这种方式处理流致振动问题。多年来，这种非计划和不可预见的停机大大增加了运营成本，也使原本技术完善的行业形象大打折扣。

　　至少在动力和过程工业中，由于一般执业工程师难以理解流致振动现象，因此流致振动通常被视为"玄学"。这在一定程度上归咎于公开发表的文献中存在大量的不协调性，其中许多文献都未对符号和术语给出明确的定义。然而，作为一门工程科学，流致振动分析与热工水力、地震或应力分析相比，并没有涉及更高级别的数学知识。如果在产品的设计阶段能花少量的时间来研究流致振动现象，那么在工程现场出现的大多数流致振动问题都可以避免。

　　本书的目的是为执业工程师提供一个流致振动问题的整合资源，展现给读者关于动力和过程装备中最常见的流致振动信息，这些信息包括能够解决工程问题的基本方程和图表。考虑到执业工程师文献阅读的主要困难在于不统一的符号和术语定义，本书在正文处和每章开头的概要后对每个符号都进行了定义。其他作者所用的不同术语也在文中指出，尽管这略显累赘，但作者认为重复总比含混不清要好。

　　除了前两个介绍性的章节外，本书的每一章都具有相同的结构。每一章均以相对详细的概要作为开始，概要中包含该章的要点和最常用的方程。这种写作方法意味着大多数时候，读者仅根据概要内容就可完成分析计算，只需偶尔参考一下该章正文的相关内容。概要之后附有完整的符号对照表。随后的正文按该章主题展开叙述，正文中包含大量的例题和案例研究。这里作者假设读者可以使用一些小型的计算设备和软件，如个人计算机和电子表格。大多数的算例都可以用袖珍计算器或集成在现代办公软件中的电子表格来解决。正文中详细的数学推导仅在不容易得出的或作者认为容易误用的情况下给出。方程的重点在于对物理现象的阐述上。作者认为，对于动力装备的故障诊断与排除，了解相关现象的物理特性比研究这种现象控制方程的详细数学推导更为重要。在每一章末尾都列出了参考文献。作者意识到过多的参考文献与其说是有帮助，不如说是让执业工程师头疼。因此，对每章的参考文献数量有着精心的控制，仅列出了最相关的文献。

这是一本由一名执业工程师写给其他执业工程师的书籍。尽管本书既非研究类出版物，也非常规意义上的教科书，但作者认为，本书对流致振动领域的研究人员向工业界更好地展示其成果有着积极的作用；另外本书也能帮助学生日后更好地在工业界工作做准备。在编写本书时，作者不但参考了许多研究人员发表的文章，还与不少人进行了友好的讨论，在此向他们表示感谢。以下是流致振动领域中的一些著名人物，他们的研究成果共同造就了本书的核心部分：布莱文斯(R. B. Blevins)博士、陈水生(S. S. Chen)博士、康纳斯(H. J. Connors)博士、艾辛格(F. L. Eisinger)博士、鲍威尔(A. Powell)博士和泰勒(C. E. Taylor)博士；佩杜西斯(M. P. Paidoussis)教授、佩蒂格鲁(M. J. Pettigrew)教授、韦弗(D. S. Weaver)教授和翟阿达(S. Ziada)教授。

目　　录

第 1 章

单 位 和 量 纲

动态分析中的大部分错误都归结于单位方面的问题。要避免此类错误，就必须采用相容的单位集（下表中**粗体**标明的单位是本书中所用的主要单位）。

表 1-1 基本单位与导出单位

	基 本 单 位			导 出 单 位	
	质 量	长 度	时 间	力	应力/压力
美国单位制	斯勒格 ($lbf \cdot s^2/ft$)	英尺(ft)	秒(s)	磅力(lbf)[①]	磅力/平方英尺 (lbf/ft^2)
	($lbf \cdot s^2/in$)	**英寸(in)**	**秒(s)**	**磅力(lbf)**	**磅力/平方英寸 (psi, lbf/in^2)**
国际单位制	**千克(kg)**	**米(m)**	**秒(s)**	**牛顿(N)**	**帕斯卡 (Pa, N/m^2)**

若要计算以斯勒格(slug)为单位的数值，则要将以磅(lb)为单位的质量值除以 32.2（即 1 slug＝32.2 lb）；若要计算以 $lbf \cdot s^2/in$ 为单位的数值，则要将以 lb 为单位的质量值除以 32.2×12（即 1 $lbf \cdot s^2/in$＝386 lb）；若要计算以 $slug/ft^3$ 为单位的密度值，则要将以 lb/ft^3 为单位的数值除以 32.2；若要计算以 $lbf \cdot s^2/in^4$ 为单位的密度值，则要将以 lb/ft^3 为单位的数值除以（32.2×12×1 728）。

只要采用这套相容单位集，每一步求解就完全不必采用 g_c 等换算系数以及英尺(ft)、英寸(in)和秒(s)等单位，同时计算机程序也无须使用内置单位。

[①] 译者注：原文中部分美制单位的写法和简称与国人的使用习惯不一致，译者对全文进行统一和修改。例如，原文以"磅(lb)"同时作为力和质量的单位（有时在质量数值后注明"lb mass"作为区分）；为避免引起混淆，译文以"磅力(lbf)"作为"力"的单位，以"磅(lb)"作为质量单位。下文不再对类似处理进行一一说明。

除非另有说明,否则本书通篇采用以下两种单位制:国际单位制和美国单位制。美国单位制以英寸为长度单位,以 lbf·s²/in 为质量单位。这两种单位制均以"秒(s)"作为时间单位。书中的示例和解算过程将尽量同时采用国际单位制和美国单位制。一些工程师将质量单位"lbf·s²/in"称为"slig"或"slinch",不过这并非该单位的正式名称。虽然这是一种非常方便的叫法,但本书不会采用这种俗称,而是将"lbf·s²/in"作为美制单位中的质量单位。

1.1 概述

动力分析中的大部分错误都要归结于单位方面的问题。在美国受训的工程师更容易受此困扰,原因就在于美国单位制缺乏标准。在国际单位制中,时间单位始终是秒,长度单位始终是米,质量单位始终是千克,而在美国单位制中却没有此等标准单位。结构动力学家和应力分析师似乎倾向于将英寸作为长度单位,流体动力学领域(包括《ASME 蒸汽表》)则常常将英尺作为长度单位。更令人头疼的是,各方对"以何者为美国单位制中的质量单位"都尚未达成普遍共识。事实上,美国单位制中甚至没有一种明确的质量单位,读者将在下文中充分地体会到这一点。

1.2 力-长度-时间单位制

在日常生活中,我们更关心的是力而非质量,比如尽管增加的重量源自增加的质量,但我们会说增**重**而非增质。工程师特别关注应力和压力,即作用在单位面积上的力。受此影响,美国的工程师自然也倾向于把力、长度和时间作为三项基本单位。按照牛顿运动方程:

$$力 = 质量 \times 加速度$$

该单位制中的质量单位属于**导出单位**,其量纲取决于下式:

$$[质量] = 力 / 加速度$$

因此可以将 lbf·s²/ft 或 lbf·s²/in 作为力-长度-时间单位制中的质量单位。表 1-2 给出了该单位制中常见变量的单位(除美国外,其他国家很少采用该单位制)。

表1-2 力-长度-时间美国单位制

基 本 单 位			导 出 单 位	
力	长 度	时 间	质 量	应力/压力
磅力(lbf)	英尺(ft)	秒(s)	lbf · s²/ft	lbf/ft²
磅力(lbf)	英寸(in)	秒(s)	lbf · s²/in	psi(lbf/in²)

尽管该单位制更加贴近我们的日常生活,但在工程计算时却不太方便,而美国之外的国家也很少采用该单位制。在这个全球贸易和国际交流频繁的时代,即使我们因为许多现实考量而无法全面换用国际单位制,也必须想办法与其他国家进行交流。出于这一缘故,本书将通篇采用以下的质量-长度-时间单位制。

1.3 质量-长度-时间单位制

国际单位制中有三项基本单位:以千克(kg)为单位的质量,以米(m)为单位的长度以及以秒(s)为单位的时间。在国际单位制中,力的单位是牛顿(N),应力或压力的单位是帕斯卡(缩写为 Pa,1 Pa=1 N/m²),这两项单位以及能量、功率和黏度等单位均为**导出单位**。从全局角度看,美国单位制远不如国际单位制那么明确,同时似乎也没有一个公认的质量单位。某些高中或大学的初等动力学教材将斯勒格作为质量单位,以便构成质量-长度-时间单位制。在此类单位制中,三项基本单位分别是质量单位斯勒格、长度单位英尺和时间单位秒,同时将磅力(lbf)作为力的单位,将磅力/平方英尺(lbf/ft²)作为应力或压力的单位。这些单位均属于**导出单位**。更麻烦的是,一方面,美国的流体动力学家喜欢将英尺作为长度单位(压力单位则是 lbf/ft²);另一方面,结构动力学家和应力分析师又习惯于将英寸作为长度单位,所以会用英寸来表达振动幅度,用 lbf/in²(缩写为 psi)来表达应力。既然时间单位是秒,长度单位是英寸,那么还必须找到一个对应的质量单位来构成质量-长度-时间单位制。在将英寸作为长度单位的情况下,一些执业工程师把对应的质量单位称作"slig"或"slinch",不过这并非该单位的正式名称,本书也不会采用这两种俗称,而是只要文中以英寸作为长度单位,就将"lbf · s²/in"作为对应的质量单位。读者可以根据个人习惯,将"lbf · s²/in"整个替换为"slig"或"slinch"。表1-3列出了各类物理学科常用的质量-长度-时间单位制(用**粗体**标明的单位是本书中的主要单位)。

表 1 - 3　质量-长度-时间单位制中的相容单位集

	基　本　单　位			导　出　单　位	
	质　量	长　度	时　间	力	应力/压力
美国单位制	斯勒格(slug)	英尺(ft)	秒(s)	磅力(lbf)	lbf/ft²
	lbf · s²/in	**英寸(in)**	**秒(s)**	**磅力(lbf)**	**psi(lbf/in²)**
	磅(lb)	英尺(ft)	秒(s)	磅达(pdl)	pdl/ft²
CGS单位制	克(g)	厘米(cm)	秒(s)	达因(dyn)	dyn/cm²
国际单位制	**千克(kg)**	**米(m)**	**秒(s)**	**牛顿(N)**	**帕斯卡(N/m²)**

注：若要计算以斯勒格(slug)为单位的数值，则要将以 lb 为单位的质量值除以 32.2(即 1 slug = 32.2 lb)；若要计算以 lbf · s²/in 为单位的数值，则要将以 lb 为单位的质量值除以 32.2×12(即 1 lbf · s²/in=386 lb)；若要计算以 slug/ft³ 为单位的密度值，则要将以 bl/ft³ 为单位的数值除以 32.2；若要计算以 lbf · s²/in⁴ 为单位的密度值，则要将以 bl/ft³ 为单位的数值除以(32.2×12×1 728)。

只要采用这套相容单位集，解算时就完全不必采用 g_c 等换算系数以及英尺(ft)、英寸(in)和秒(s)等单位，同时计算机程序也无须使用内置单位。

本书将通篇采用以下两种单位制：国际单位制和美国单位制。另外本书以英寸为长度单位，以 lbf · s²/in 为质量单位。书中的示例和解算过程将尽量同时采用这两种单位制，不过鉴于流致振动分析通常涉及流体动力学计算(包括《ASME 蒸汽表》)，这种计算很可能把 lb - ft - s 作为基本单位，因此在把不同变量的单位换算为同一单位基准时，必须格外仔细。以下示例将说明这一点。

示例 1 - 1　雷诺数的计算。

对受横流作用的某一柱体而言，其雷诺数为 $Re = VD/\nu$，式中，V 为横流速度；D 为柱体直径；ν 为运动黏度，ν 与动力黏度 μ 有关：$\nu = \mu/\rho$，其中 ρ 为流体的质量密度。

表 1 - 4 分别用美国单位制和国际单位制列出了某一柱体受蒸汽横流作用时的已知条件。

表 1 - 4　示例 1.1 中的已知参数

	美 制 单 位	国 际 单 位
蒸汽压力	1 075 psi	7.42×10^6 Pa
蒸汽温度	700 ℉	371℃

(续表)

	美 制 单 位	国 际 单 位
横流速度	70 ft/s	21.336 m/s
柱体直径	1.495 in	0.037 97 m

位于该横流作用下,上述柱体的雷诺数是多少?

解算

我们将分别用美国单位制和国际单位制进行解算。首先必须确定在给定温度和压力下蒸汽的质量密度和黏度。通过电子版《ASME 蒸汽表》[1]可确定这两个参数。该表分别给出了美国单位制和国际单位制下的参数值,不过其中美国单位制下的各个单位并不完全相容。在美国单位制中,蒸汽密度的单位是"lb/ft^3",动力黏度的单位是"lbf·s/ft^2"。有两种办法可以计算美国单位制下的雷诺数:可将蒸汽密度换算为 slug/ft^3,然后以英尺为长度单位来开展剩下的计算;亦可将蒸汽密度换算为 lbf·s^2/in^4,然后以英寸为长度单位开展剩下的计算。国际单位制下的单位本身就彼此相容,因此采用国际单位制就不会遇到此类问题。下文将概述每种单位制的运用步骤(美国单位制采用了slug 和 ft)。

根据《ASME 蒸汽表》[1],蒸汽性质如表 1-5 所示。

表 1-5　蒸 汽 性 质

	美 制 单 位	国 际 单 位
密度	1.79 lb/ft^3 = 5.559 × 10^{-2} slug/ft^3	28.68 kg/m^3
动力黏度	4.82 × 10^{-7} lbf·s/ft^2	2.31 × 10^{-5} Pa·s
运动黏度 $\nu = \mu/\rho$	8.68 × 10^{-6} ft^2/s	8.05 × 10^{-7} m^2/s
$Re = \dfrac{VD}{\nu}$	70 × (1.495/12)/(8.68 × 10^{-6}) = 1.0 × 10^6	21.336 × 0.037 97/(8.05 × 10^{-7}) = 1.0 × 10^6

雷诺数属于无量纲数,因此两种单位制下的雷诺数并无差别。

1.4　量纲分析

之所以将质量-长度-秒作为基本单位制,原因之一就在于不论是流体动力学还是流致振动领域，都常常通过量纲分析来推导方程的形式，并通过拟合试验数据的方式来确定方程的某些系数。比如针对流体弹性失稳（参见第7章）的康纳斯（Connors）方程就是用这种方式推导出来的。在量纲分析中，人们习惯于用方括号[]来表示"……的量纲"，并用质量、长度和时间这三个基本单位的量纲来表达所有的导出单位。根据这一惯例：

$$[质量] = M$$
$$[长度] = L$$
$$[时间] = T$$
$$[力] = [质量 \times 加速度] = ML/T^2$$
$$[压力] = [力]/[面积] = (ML/T^2)/L^2 = M/LT^2$$

此外还有一些单位也可通过基本单位的组合进行表征。量纲分析的强大之处在于，在通过理论推导得出方程之前，可用其建立一套经验公式。不过量纲分析对工程设计和分析来说就没那么重要，因此本书不会详细探讨量纲分析。布莱文斯（Blevins）文献[2]的第1章简要讨论了量纲分析在流致振动领域的应用。水力学和流体动力学领域的许多书籍也更详细地讨论了量纲分析。话说回来，工程师通常能通过简单的量纲校核来找出方程中的错误，毕竟只有两端量纲一模一样的等式，才可能是正确的方程。

示例 1-2 弯矩方程的量纲校核。

当梁上任何一点的振幅为 $y(x)$ 时，可用以下方程得出该点处的弯矩：

$$\bar{M}(x) = -EI \frac{\partial^2 y}{\partial x^2} \tag{1-1}$$

其中的 E、I 和 x 分别为杨氏模量、截面惯性矩以及与梁的一端间的距离。请确认该方程两端的量纲是相同的。

解算

既然弯矩＝力×长度，那么有

$$[方程左端] = [\bar{M}] = [力][长度] = [质量 \times 加速度][L]$$
$$= (ML/T^2)(L) = ML^2/T^2$$

在方程右端，首先根据微分的原始定义可知：

$$\frac{\partial^2 y}{\partial x^2} = \lim_{\delta x \to 0} \frac{\delta}{\delta x}\left(\frac{\delta y}{\delta x}\right) \tag{1-2}$$

即 y 随 x 变化的斜率的变化,因此其量纲为 L/L^2。

$$
\begin{aligned}
[方程右端] &= [E][I](L/L^2) \\
&= [力 / 面积](L^4)(L/L^2) \\
&= [质量 \times 加速度 / 面积](L^3) \\
&= (ML/T^2)(L^{-2})(L^3) \\
&= ML^2/T^2
\end{aligned}
$$

该方程两端的量纲是相同的。

参考文献

[1]　ASME. Steam Tables [R]. 4th ed. New York：ASME Press，1979.

[2]　Blevins R D. Flow-Induced Vibration [M]. 2nd ed. New York：van Nostrand Reinhold，1990.

第 2 章

振动和声学领域的运动学

结构简谐运动方程如下：

$$y(t) = a_0 \cos \omega t + b_0 \sin \omega t \qquad (2-2)$$

或用更紧凑的复数形式表示为

$$y(t) = a_0 e^{i\omega t} \qquad (2-3)$$

本章涉及的大部分振动和噪声问题都属于线性振动，即由振幅、频率和相位各异的若干简谐运动线性组合而成的运动。质量-弹簧系统的频率可用下式表示：

$$\omega = \sqrt{\frac{k}{m}} \ \text{rad/s} \qquad (2-4)$$

以次数/秒或 Hz 为单位的频率和以 rad/s 为单位的频率之间存在以下关系：

$$f = \frac{\omega}{2\pi} \ \text{Hz} \qquad (2-5)$$

一个振动质点的瞬时速度和加速度可用下式表示：

$$V(t) = \dot{y}(t) = i\omega y(t) \qquad (2-7)$$

$$\alpha(t) = \ddot{y}(t) = -\omega^2 y(t) \qquad (2-8)$$

波的传播速度可用下式表示：

$$c = f\lambda \qquad (2-9)$$

振动可用时域（即时间历程）或频域（即功率谱密度）来表达，两者包含的信息并无差别。

如果信号 1 与信号 2 的能量之比的对数(底数为 10)等于 1,则意味着前者的能量比后者高出 1.0 贝尔(bel)或者更常见的说法是 10 分贝(dB):

$$\lg(I_1/I_2) = 1.0$$

如果信号能量 I_1 比信号能量 I_2 高出 20 dB,则意味着信号 1 的振动幅度比信号 2 高出 10 dB,即

$$\lg(I_1/I_2) = 2.0, \ 则 \lg(a_1/a_2) = 1.0$$

主要术语如下:

a —圆周运动的半径; a_0 —振动幅度

b_0 —振动幅度; c —波的传播速度

f —频率(单位为 Hz); $i^2 = -1$

I —声波强度(能量单位); k —刚度

m —质量; p —声压

s —秒; t —时间

V —速度; $y(t)$ —t 时刻相对于平衡位置的位移

α —加速度; λ —波长

ω —角频率(rad/s) $= 2\pi f$

2.1　概述

作者默认读者熟悉工程力学的基础内容,比如质量-弹簧系统的振动等。为全面起见,本章及后续各章均介绍了振动理论与结构动力学中的基本方程(但未做推导),以供确立相应的符号和便于后文参考。第 13 章更详细地介绍了振动数据的信号和谱分析。若想了解这些基本方程的详细推导过程,可参阅许多优秀的机械振动教材。而若要将这些方程用于工程分析和设计,特别是用于诊断与故障排查,那么比起了解详细的推导过程,了解方程背后的物理意义才更为重要。

2.2　自由振动和简谐运动

众所周知,因外界作用而偏离平衡位置的质量-弹簧系统(见图 2-1)在没

有任何外力和能量耗散(即阻尼)的情况下,会发生往复运动。其运动方程如下:

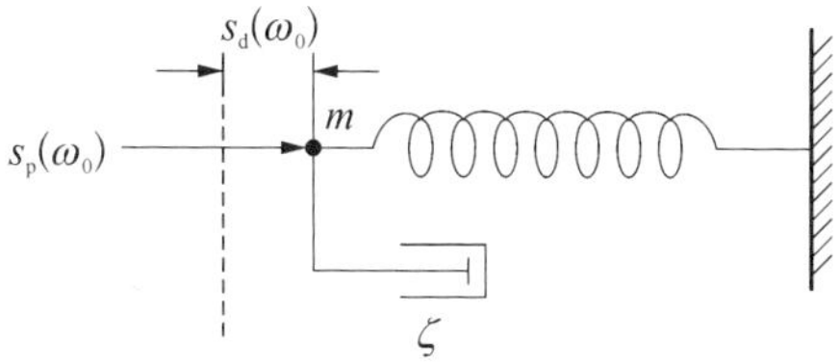

$$m\ddot{y} + ky = 0 \qquad (2-1)$$

图 2 - 1　弹簧-质量系统

其中, y 为质点 m 偏离其平衡位置后的位移, k 为弹簧常数。式(2-1)的解即为著名的"调和函数",也就是正弦函数与余弦函数之和:

$$y(t) = a_0 \cos \omega t + b_0 \sin \omega t \qquad (2-2)$$

或者用更紧凑的复数变量符号表示为

$$y(t) = a_0 e^{i\omega t} \qquad (2-3)$$

其中

$$\omega = \sqrt{\frac{k}{m}} \qquad (2-4)$$

为往复运动(更通俗的说法就是振动)的固有频率(单位为弧度每单位时间)。用"弧度每单位时间"来表达频率(ω)更便于数学推导,而对包括工程应用在内的日常生活而言,用周期数每秒(或者说 Hz)来表达频率要比前者方便得多。两者间的关系式如下:

$$\omega = 2\pi f \qquad (2-5)$$

本书既采用了 ω,也采用了 f,不过数学推导中主要采用的是 ω。本书将用 f 来表达最终的方程。振动周期可用下式表示:

$$T = 1/f \qquad (2-6)$$

根据式(2-3),质点的瞬时速度 V 和加速度 a 为

$$V(t) = \dot{y}(t) = i\omega y(t) \qquad (2-7)$$

$$a(t) = \ddot{y}(t) = -\omega^2 y(t) \qquad (2-8)$$

用式(2-2)和式(2-3)表达的运动称作简谐运动。这种名称的起源多半是因为当乐器的弦做出此类运动时,会奏出单调的乐音(早期的振动和声学研究与音乐领域的应用密切相关)。简谐运动是振动理论中最基本的单元。

2.3 线性振动和圆周运动

在结束讨论式(2-1)及其解式(2-2)或式(2-3)之前,应先讨论一下振动的运动学。在大部分情况下,只要掌握一些基本的振动运动学知识,人们就能在不做任何详细计算的情况下,对动力与过程装备的许多实际问题进行诊断。

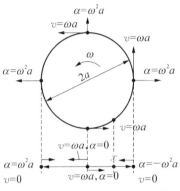

图 2-2 圆周运动和简谐运动

人们平常遇到的大部分振动现象,都可归类为物体做简谐运动时的线性振动,而此类振动则可用式(2-2)或式(2-3)来表达。可通过以下方式将简谐运动与圆周运动联系起来:设想一个质点以恒定的角速度 ω(单位为 rad/s)沿半径为 a 的圆轨道运动(见图 2-2)。该质点运动完一圈的时间为 $2\pi/\omega$,将该时间定为转动周期 T,即:$T = 2\pi/\omega = 1/f$。

沿半径为 a 的圆周运动的质点具有离心加速度 α。该加速度的方向始终是沿径向背离圆心向外。另外该质点在任何时刻的速度都保持不变,其表达式为 $V = \omega a$,该速度的方向为切向。

正如图 2-2 所示,若将该质点的位置、速度和加速度投影到一条直线上,则可发现当该质点沿圆周移动时,其在该直线上的投影点会来回折返,其峰间幅度为 $2a$。当投影点处于端点时,其速度为零,加速度最大,即 $\alpha = \omega^2 a$[加速度的方向始终朝内,所以式(2-8)中使用了负号];当投影点处于直线的中点时,其速度最大,即 $V = \omega a$,同时加速度为零。

此外,该质点会以每 $2\pi/\omega$ 秒一次的频率反复沿其路径运动,这一时长即对应圆周运动的周期,因此投影点的运动具备式(2-2)所描述的简谐运动的一切特征。

可以看出,所有线性振动都是由周期、频率、幅度、速度和加速度各异的若干简谐运动组合而成的。

2.4 振动测量

从前文的讨论可知,简谐运动的性质完全取决于其频率和以下参数之一:

位移、速度或加速度。这样一来，只要测量并记录振动频率和这些参数之一，再分析所得数据，便可确定某一振动的性质。这便是加速度计的工作原理。由于易于使用、坚固且廉价，加速度计是目前使用最为广泛的振动传感器之一。加速度计能测量瞬时加速度，而瞬时加速度又是其内部零件所经历的时间的函数。刚性安装在某一表面上的加速度计能检测到该表面的运动，不过加速度计是通过其内部零件的移动来检测运动状况，所以若加速度计与其安装面之间发生相对移动，加速度计的读数就会出错。鉴于此，人们务必确保加速度计与相关部件的配合面妥善地接合在一起，这样才能测量到预想的振动状况。若振动频率很高（如 10 kHz 左右），则需采用十分刚性的连接方法，比如用坚硬的环氧树脂固定、用扎带捆绑或焊接等。

尽管加速度计使用广泛，但也有一些局限性，比如其灵敏度会随着频率的增大而下降，以及难以有效检测频率低于几周期每秒的振动等。另外加速度计必须直接安装到振动面上才能发挥作用，因此除非先拆开部件，否则加速度计就无法测量部件内部零件的振动状况。除此之外，加速度计也无法测量很细长的结构（此类结构的固有频率极低）的振动。

除加速度计之外，应变片也是常用的振动测量传感器，这种仪器同样必须直接贴合到振动面上，因此也属于"侵入式"振动传感器。另外，如果振动部件未发生任何应变（比如阀瓣颤振时或任何刚体模态振动时），应变片就无法发挥作用。

另一种常用的振动传感器是位移探头（既有接触式，也有非接触式）。位移探头需要安装在靠近振动面的坚固表面上，这样才能测量这两个表面之间的相对运动。正因如此，位移探头通常也属于"侵入式"振动传感器，且比加速度计更难安装。不过其优点在于即使频率很低，且振动未产生任何应变，也仍能进行测量。非接触式位移传感器常用来监测泵轴的振动状况。

动态压力传感器是一种非常灵敏的仪器，它既能测量流体中的压力波动，也能间接测量浸没在流体中的结构的振动（这是因为结构一旦振动，就会引起周围流体的压力波动）。在安装压力传感器时，往往必须钻出穿透压力边界的出液孔，因此动态压力传感器也是一种"侵入式"传感器。此外动态压力传感器极其脆弱，且往往需要通过烦琐的分析，才能从测得的压力波动推导出结构振幅。动态压力传感器能够准确测量动力与过程装备部件内和管道系统中的声压脉动。图 2-3 展示了动态压力传感器（安装在某商用核反应堆的压力容器内）测得的反应堆内部压力波动[1]。图中除边界层湍流外，由冷却剂泵的叶片通过频率（100 Hz）诱发的声压尖峰及其谐波也清晰可见。

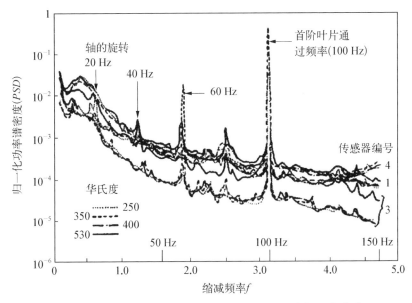

图 2‑3　用动态压力传感器测得的某核反应堆内部压力波动

至于幅度相当大的低频振动，则往往可通过肉眼或**高速摄影术**观察到（前提是要能接触到和看到振动部件）。

若将超声仪器与适当的信号调理电子器件及软件相结合，便能以非侵入的定量方式，测量许多动力设备部件的内部零件的振动状况。图 2‑4(a)展示了如何用超声仪器(UT)来测量某小型离心泵的叶轮轮毂振动[2]。在该示例中，图 2‑4(b)中之所以存在 0.006 in(0.15 mm)的位移，其实是因为轮毂还不

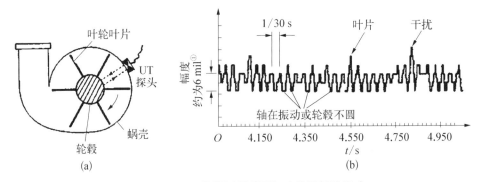

图 2‑4　用 UT 仪器测量某泵机叶轮轮毂的振动

(a) 示意图；(b) 测得的振动特征信号

---

① 密耳(mil)，长度单位，$1\ \text{mil} = 10^{-3}\ \text{in} = 2.54 \times 10^{-5}\ \text{m}$。——编注

够圆,泵机本身并没有振动问题。图 2-5 则展示了用超声仪器测量某止回阀阀瓣颤振的振动特征信号[3]。

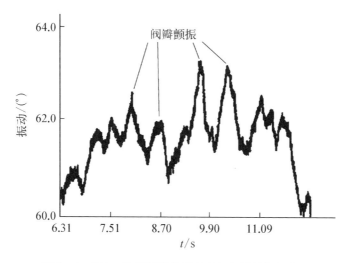

图 2-5 用 UT 仪器测得的某止回阀阀瓣的颤振状况

2.5 振动的时域表示法

图 2-6(a)是式(2-2)中 y 相对于时间 t 的位移图,这是用时域来表示振动的最简单的例子。从图中的波状起伏可以看出,线性振动往往与波动有关。图 2-6 所列举的便是一种正弦波(具体来说其实是余弦波),其中波的周期为 $0.2\,\mathrm{s}$,频率为 $5.0\,\mathrm{Hz}$,零至峰幅度为 1.0 个长度单位。用音乐领域的话来说,由如图所示的单一频率构成的声波称作纯音,而音律和噪声的区别在于前者由许多纯音依序组合而成,后者由许多纯音无序组合而成。

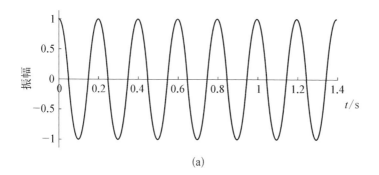

(a)

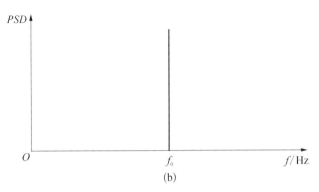

图 2 - 6　正弦波的时域和频域表示法

(a) 时域；(b) 频域

2.6　正弦波的叠加

图 2 - 7(a)展示了幅度相同、频率分别为 128 Hz 和 192 Hz 的两道正弦波叠加的时间历程。大部分振动现象(包括一切乐音和大多数噪声)都是由幅度、频率和相位各异的若干正弦波组合而成的。

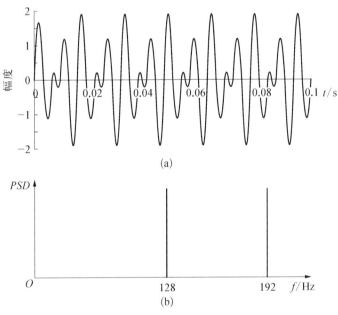

图 2 - 7　两道正弦波相叠加的结果

(a) 时域；(b) 频域

若将两道幅度相同、频率相近的正弦波叠加到一起,就会出现一种名为"拍频"的现象。比如当一架双引擎飞机从远处飞过时,人们常听到的变调声就属于这种现象,产生"拍频"的原因是各声波交替形成了相长干涉和相消干涉。图 2-8(a)展示了将幅度均为 1.0、频率分别为 23 Hz 和 25 Hz 的两道正弦波相叠加后所形成的合成波。该合成波也是正弦波,其频率为 24 Hz(原先两道正弦波的平均频率),幅度则介于 0(原先两道正弦波的幅度之差)和 2.0(原先两道正弦波的幅度之和)之间。频率相近的声波相互叠加后,合成波便会出现这种名为"拍频"的调制现象。可以看出图 2-8(a)中的拍频周期为 $1/(25-23)=0.5$ s,不过切勿将该拍频周期与振动周期相混淆。在本章下文所示的功率谱密度图中,该拍频处并没有任何谱峰,而是在两个组成波的频率处各有一个谱峰。

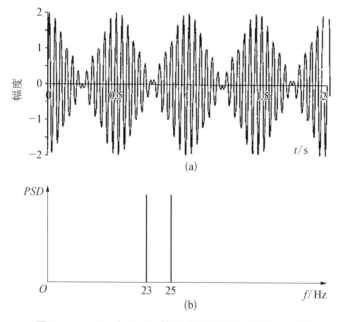

图 2-8　23 Hz 和 25 Hz 的两道正弦波相叠加的拍频现象

(a) 时域表示法;(b) 频域表示法

之前本节只考虑了空间中同一点处的多个声源,但现实中的声源往往分布在空间各处。在此情形下,合成波的幅度不但会随时间变化,似乎还会朝四周传播。图 2-9 展示了当某一圆周上有四个等距排布的振动点源时,合成压力的空间-时间分布的计算机模拟结果[4]。这四个点源的频率分别为 145 Hz、

146 Hz、147 Hz 和 148 Hz。需要指出的是，不仅合成压力分布随时间变化，合成力向量也表现为与时间相关。正如下文中的案例研究 2.1 所示，人们已在商用核电厂中观测到了此类现象。

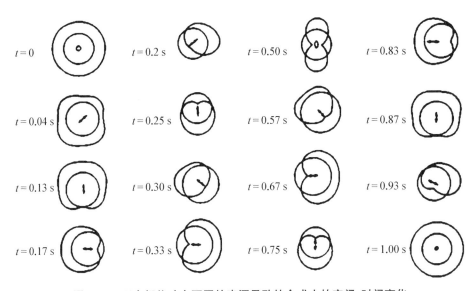

$t = 0$ $t = 0.2\ \mathrm{s}$ $t = 0.50\ \mathrm{s}$ $t = 0.83\ \mathrm{s}$

$t = 0.04\ \mathrm{s}$ $t = 0.25\ \mathrm{s}$ $t = 0.57\ \mathrm{s}$ $t = 0.87\ \mathrm{s}$

$t = 0.13\ \mathrm{s}$ $t = 0.30\ \mathrm{s}$ $t = 0.67\ \mathrm{s}$ $t = 0.93\ \mathrm{s}$

$t = 0.17\ \mathrm{s}$ $t = 0.33\ \mathrm{s}$ $t = 0.75\ \mathrm{s}$ $t = 1.00\ \mathrm{s}$

图 2 - 9　四个相位略有不同的声源导致的合成力的空间-时间变化

2.7　随机振动和噪声

上述观念也适用于"将任意幅度、相位和频率的正弦波合并到一起"的情形，不过此时的合成波形为随机振动的波形。图 2 - 10(a) 是用时间历程来表达随机振动的典型方式。人们在日常生活中会遇到形形色色的随机振动，比如车辆在崎岖道路上行驶时的振动，喷气式发动机的噪声，以及飞机遇到大气湍流时的抖振等。

在窄带随机振动或噪声中，各组成波的频率均与某一特定平均值相去不远。图 2 - 10(a) 是窄带随机振动过程的时间历程图。结构在湍流激励下的响应，就属于一种窄带随机振动。

在宽带随机振动或噪声中，各组成波的频率分布在某一较宽的范围内，如图 2 - 11(a) 所示。

若这些组成波的幅度相同，频率从零到无穷大，那么它们产生的噪声便称作"白噪声"。图 2 - 12(a) 是某一白噪声的时间历程图。

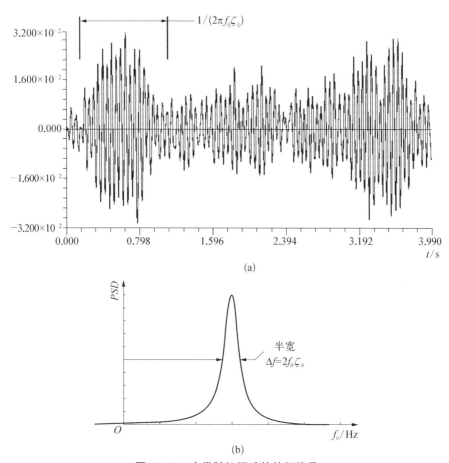

图 2 - 10　窄带随机振动的特征信号

（a）时间历程；（b）功率谱密度（PSD）

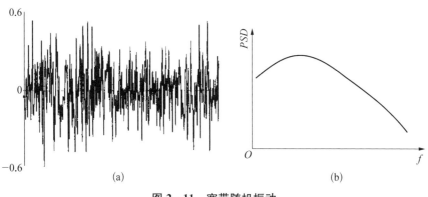

图 2 - 11　宽带随机振动

（a）时间历程；（b）功率谱密度（PSD）

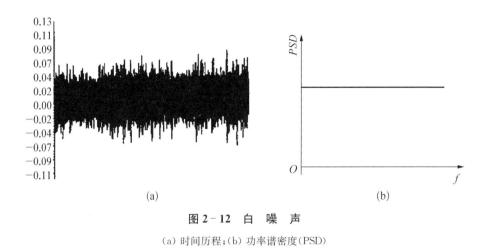

(a)   (b)

图 2-12 白 噪 声

(a) 时间历程；(b) 功率谱密度(PSD)

2.8 振动的频域表示法

此时读者应该会注意到，除了非常简单的情形外，振动的时域表示法往往都难以解读，尤其是随机振动。以图 2-13(a)为例，该图展示了在一次止回阀流动试验中，加速度计所测数据的时间历程[3]。这些数据除表明没有任何重大影响外，读者很难从这张图中得出其他信息。通过一种名为傅里叶(Fourier)变换(参见第 13 章)的数学变换，可将这张幅度-时间图"变换"为幅度(具体来说是幅度的平方值)-频率图。图 2-13(b)展示了由此得出的频率图，即人们所说的"功率谱密度"(PSD)图。PSD 图展示了振动能量分布与频

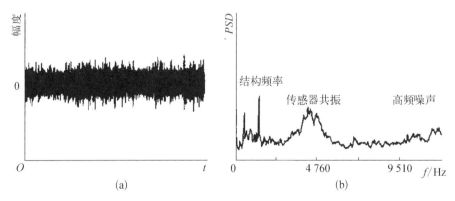

(a)   (b)

图 2-13 安装在某止回阀壁面上的加速度计记录到的数据

(a) 时间历程；(b) 功率谱密度(PSD)

率之间的函数关系。在图 2-13(b)中，有两个尖锐谱峰的频率小于 2 000 Hz，这就是上述阀体的结构频率。另外 4 500 Hz 处还有一个相当宽大的频峰，这一频峰出自加速度计在 28 500 Hz 处记录的共振频率，只是因为采样率不够大，导致该共振功率回折成了更低的频率(参见第 13 章)。这些谱峰叠加到了连续谱的顶部，而连续谱的范围则从 0 Hz 一直延伸到分析仪的截止频率(约为 10 000 Hz)。该连续谱与湍流产生的振动相对应。

　　图 2-6(b)～图 2-8(b)以及图 2-10(b)～图 2-13(b)展示了典型振动的 PSD 图(先前已展示了这些振动的时间历程图)。要特别注意的是，图 2-8(b)中的 PSD 图对应着两种频率相差无几的波动。正如前文所述，合成波的幅度会在组成波的幅度之和和幅度之差之间缓慢变化，其调制周期则是组成波频率之差的倒数。不过这种调制或者"拍频"并非真实的振动，所以无法在图 2-8(b)中看到与调频相对应的谱峰。从这些例子可以看出，振动的频域表示法能很好地展现各振动组分的信息。

2.9　行波

　　振动运动的时间历程图表现为"波状"，因此常常称为波动。这种叫法名副其实，比如湖面的波浪就可视作一种振动：若选定水面上的某一固定点，然后将该点相对于其平均位置的垂直位移与时间之间的函数关系绘制成图，便可得与图 2-14 相仿的图形。水面上的这一点会以确定的幅度和周期来回振动(更通俗的说法是"振荡")。此外也可在水面上划出一条直线，然后将该直线上的不同点在任一指定时刻的垂直位移(即相对于平均位置的垂直位移)绘制成图，同样会得到图 2-14。图 2-14 看上去与图 2-6(a)一模一样，唯一的区别在于图 2-14 的横坐标是距离(y)而非时间。其 y 轴上的曲线会按确定的周期 λ 反复出现，只不过该周期是某一长度而非时间。此长度便是往复运动的波长，数值等同于波在一个周期内行经的距离。再回到之前关于湖面波浪的示例，可以发现波浪是按确定的速度移动的。波动速度是频率 f 与波长的乘积：

$$c = f\lambda \tag{2-9}$$

可以看出该公式与人在一条直线上行走时的情形类似：人的行走速度是此人在指定时间内的步数(相当于频率)与每一步的步长(相当于波长)的乘积。

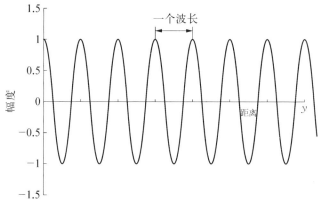

图 2-14 横波运动

再回顾之前关于水面波动的示例。若读者关注水面上的某一点，则会注意到该点在垂直方向上下移动(流体质点的实际运动是圆周运动，而该圆周的平面则位于波动方向上)，但波浪却沿水平方向传播，所以这是一种横波。在横波中，质点的运动方向垂直于波的传播方向。

设想有一排用弹簧相连的轴承滚珠(见图 2-15)。这些滚珠一开始处于静止状态，如果沿滚珠串方向推动其中一个滚珠，使其稍稍偏离平衡位置，那么由此造成的扰动就会沿着滚珠串以确定速度向下传播。此类扰动也是一种波动，不过其与水面波相反，轴承滚珠的移动方向与扰动的传播方向一致，因此是一种纵波，或者说压缩波。

图 2-15 纵波运动

2.10 声波的传播

声波和应力波会以多种波形穿过材料介质，其中最重要的波形就是纵波和横波。在超声技术领域，人们更习惯于将横波称作剪切波，不过弯曲波也是一种特殊的横波，并会对加速度计的振动监测效果产生重要影响。液体和气体无法维持剪切力，因此声波只能以纵波波形穿过这些介质；不过声波能以其他波形[包括剪切波、瑞利(Rayleigh)波和兰姆(Lamb)波等]穿过固体。这种差别对超声探伤有着重要影响。就监测设备部件的振动而言，重要的波形包括纵波、剪切波和弯曲波。

当声音在管、板、壳中传播时,其波形表现为纵波、剪切波和弯曲波。美国电力研究院(EPRI)开展过许多与零件松脱监测有关的研究,并由此发现安装在管壁、板和大型壳体结构上的加速度计主要是对弯曲波做出反应[5]。声波的传播速度取决于材料介质及其周围条件。在一个标准大气压、70℉的空气中,声速约为 1 100 ft/s(335 m/s);在室温下的水中,声速约为 4 900 ft/s(1 493 m/s)。不过动力设备中的温度和压力更高,因此声速可能会更慢一些,有时甚至慢于 3 000 ft/s(914 m/s)。表 2 - 1 给出了不同温度和压力下的水中声速,这些数值既适用于声波,也适用于超声波。

表 2 - 1 不同温度/压力下的声速

压 力		温 度		声 速	
psi	Pa	℉	℃	ft/s	m/s
15	1.034×10^5	80	26.7	4 907	1 496
		200	93.3	5 055	1 541
100	6.894×10^5	80	26.7	4 911	1 497
		200	93.3	5 060	1 542
		300	148.9	4 771	1 454
500	3.447×10^6	80	26.7	4 932	1 503
		200	93.3	5 083	1 549
		300	148.9	4 801	1 463
		400	204.4	4 288	1 307
1 000	6.894×10^6	80	26.7	4 957	1 511
		200	93.3	5 111	1 558
		300	148.9	4 837	1 474
		400	204.4	4 338	1 322
		500	260.0	3 604	1 099
2 000	1.379×10^7	80	26.7	5 004	1 525
		200	93.3	5 164	1 574
		300	148.9	4 907	1 496
		400	204.4	4 433	1 351

（续表）

压　　力		温　　度		声　　速	
psi	Pa	℉	℃	ft/s	m/s
2 000	$1.379×10^7$	500	260.0	3 746	1 142
		600	315.6	2 766	843

注：用《ASME 蒸汽表》[6]推导得出；参见第 12 章。

固体中的声速通常更快，且不同传播模态下的声速也各不相同。在钢材中，纵波（超声学中称作 L 波）声速约为 20 000 ft/s（6 100 m/s），剪切波（超声学中称作 S 波）的声速约为 11 300 ft/s（3 444 m/s）。与无论频率大小都一律恒速传播的纵波和剪切波不同，弯曲波的速度既取决于波频，也取决于波传播方向上的材料厚度（板、管或壳壁的厚度）。此处根据上文参考的 EPRI 报告重新绘制了图 2－16，以展示在几种常见的核电厂材料厚度下，钢材中的弯曲波速与频率之间的函数关系。读者可用该信息来估算声源与加速度计之间的距离。

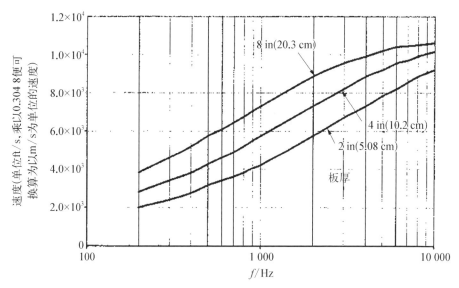

图 2－16　与管壁厚度和频率成函数关系的弯曲波速度

不同频率的弯曲波速度各异，因此波"包"（比如一次碰撞所形成的波"包"，见图 2－17）中包含了不同频率的声波，而这些声波则会在传播过程中散开。

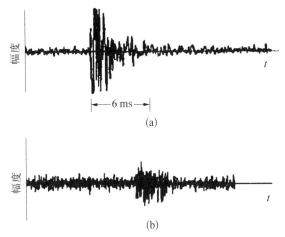

图 2-17　安装在阀门上的加速度计检测到的汽蚀波包

(a) 近场碰撞波形；(b) 远场碰撞波形

声波穿过不同材料介质时的速度既有一定限度，也会因材料而异，另外其传播速度的频率依赖性也会影响到时域波形（弯曲波的此类影响尤为明显）。图 2-17(a)展示了由安装在阀门上的加速度计检测到的汽蚀波包[3]，其事件时长约为 6 毫秒(ms)，正是典型的汽蚀。汽蚀来自加速度计附近部件的内部，其产生频率各异的声波，经由不同路径抵达传感器处，有些路径穿过水，有些路径以剪切波、压缩波和弯曲波的形式穿过钢。因此它们抵达加速度计的时间也各不相同，以至于加速度计会接收到一连串的波。不过只要汽蚀源点足够靠近传感器，使得抵达时间差小于 6 ms，波形就不会发生畸变，仍呈现出先激增、后缓慢衰减的经典碰撞波形。图 2-17(b)展示了另一种汽蚀波包[3]。不同于图 2-17(a)中的情形，该图中的波包发生了畸变。尽管总时长仍为 6 ms(汽蚀的典型值)，但其波前分散，没有表现出碰撞波形的激增特征。其汽蚀源点与加速度计有一定距离，在此情形下，各声波同样会沿不同的路径抵达传感器，但抵达时间差长于事件总时长(6 ms)，导致波形出现了拖尾。

示例 2-1　两只活塞升降式止回阀的叩击波形。

图 2-18 的(a)和(b)展示了两台加速度计检测到的噪声的加速度时间历程。加速度计分别安装在两根平行管路上的活塞升降式止回阀上，两根管路之间相距 10 ft(3 m)。每个波包的幅度和时长都与阀门内件撞击阀体所产生的幅度和时长相一致[3]。从这种有规律的周期性来看，叩击作用很可能是由某种失稳现象引起的(此例中为泄漏流致失稳，具体参见第 10 章)。人们最初觉得两只阀门似乎都有问题，需要更换。不过在更仔细地检查了波形(见图 2-19)后，人

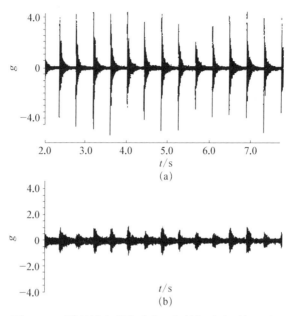

图 2 - 18　两只活塞升降式止回阀的加速度时间历程

（a）阀门 A；（b）阀门 B

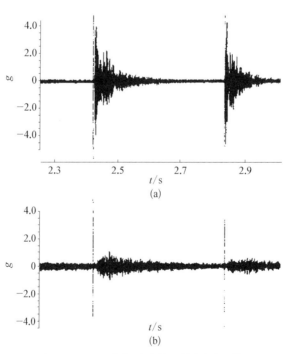

图 2 - 19　两条加速度轨迹的"放大图"

（a）阀门 A；（b）阀门 B

们发现只有"A"阀门的信号表现出经典的近场碰撞波形特征(即先激增,然后缓慢地呈指数衰减),而"B"阀门的加速度时间历程则存在拖尾现象,且"B"阀门的波包似乎比"A"阀门晚了一小段时间。"B"阀门其实并无问题,该阀门上的加速度计检测到了"A"阀门造成的振动,而穿过管路抵达"B"阀门加速度计的那些波晚了小于 1 s 的时间。频率不同的组成波在传播速度上也略有不同,结果导致波前出现了拖尾。

2.11　声波中的能量

在固体或流体介质中传播的应力波和声波都蕴含着能量。下面将集中讨论水和空气中的声波能量。正如上文所述,当声波穿过流体时,会在空间和时间上表现出压缩波和稀疏波交替出现的特点,这种压力脉动会刺激耳膜,从而让人听到声音。在极端情况下,这种压力脉动甚至会造成结构损伤。人们用能通量或每单位面积的波前所蕴含的功率来表达声波蕴含的能量,声学领域多将这种能通量称为声强或声压级(SPL),并以每单位面积的功率(如 W/cm^2)作为其单位。

$$SPL = p_{rms}c \qquad (2-10)$$

由此可见,声压级是声强的度量,而声强与压力脉动的平方值成正比。即使声强相同,具体的压力脉动也仍取决于具体的流体介质。就空气而言,可以得出

空气中的能通量 $I = p^2/412 \, mW/cm^2$

水中的能通量 $I = p^2/1\,470\,000 \, mW/cm^2$

其中,p 为用"dyn/cm^2"表达的压力波动均方根值。在声强或能通量相同的情况下,水中的压力波动均方根值比空气中的这一数值大 60 倍,所以在水下爆炸的深水炸弹对舰艇结构的破坏威力要远大于在空气中爆炸的炸弹;与此类似,声波在存水的管道系统中所能造成的破坏也远大于其在风道中所能造成的破坏。

2.12　听觉阈值和痛觉阈值

既然声波蕴含的能量会刺激人的鼓膜,进而让人听到声音,那么人们当然

想了解"普通"人耳所能听到的平均最小声强。人们对这一课题进行了约 120 年的深入研究,最终发现这一最小声强不仅取决于具体的人及其年龄和性别,也取决于具体声音的频率。大部分人的耳朵对 3 500 Hz 左右的声波最为敏感。为确立参照标准,人们一致同意将能通量为 10^{-16} W/cm^2 的声波确定为听觉阈值。

下一个问题自然是在不感到疼痛的前提下,普通人耳所能承受的最大声强。与听觉阈值一样,其答案也取决于许多参数。非常笼统地说,痛觉阈值约为 0.1 W/cm^2,是听觉阈值的 10^{15} 倍左右。

通过计算可知,在听觉阈值处,耳膜的振幅均方根值小于 10^{-8} cm(或者说百万分之四密耳),这一数值比氢分子的直径还小。假设耳膜会对声压做出线性响应,那么在痛觉阈值处,耳膜的振幅均方根值(能量与幅度的平方成正比)将达到 1.0 mm(或者说 40 mil)左右,显然耳膜不会出现如此之大的振幅。

2.13　度量声强的对数标度——分贝

人耳是一种极其灵敏又不断乱振的传感器,其动态量程远远超出人类开发出的任何仪器。人类的耳膜其实不会对声压做出线性响应,其响应更接近于对数响应,即是说声强每增大 10 倍,人耳感受到的响度就提高 1 倍左右;而声强每增大 100 倍,人耳感受到的响度就提高 4 倍左右。出于这一缘故,加之人耳听觉阈值与痛觉阈值之间的范围极大,研究声学理论的科学家早在 100 多年前就采用了对数标度来度量声强。假设声强 I_1 比声强 I_2 高 1.0 贝尔,则

$$\lg(I_1/I_2) = 1.0$$

其中,I_1 和 I_2 分别是两道声波的能通量(或者说强度)。换言之,如果其中一道声波蕴含的能量是另一道声波的 10 倍,那么这两道声波的能量就相差 1.0 贝尔。1 分贝(dB)就是 1 贝尔的 1/10(其实用分贝就足够了),因此 I_1 比 I_2 高 10 dB。

随着时间的流逝,贝尔这一单位实际上已从人们的视野中消失;人们不再说 1.0 贝尔,而是说 10 分贝。需要注意的是,分贝严格来说是一个相对单位,为了恰当地使用这一单位,使用者最好指出其参照标准。说"某一电信号的强度是 50 分贝"是没有意义的,不过 50 分贝的信噪比则表示电信号蕴含的能量是本底噪声所含能量的 100 000 倍[$10 \lg(100\ 000) = 50$]。在声学领域中,人们将可听阈值处的声强(即 10^{-16} W/cm^2)作为参照标准,那么痛觉阈值处的

声强便是 150 dB,所对应的数值为 0.1 W/cm^2。一般而言:

> 高出 0 dB＝处于同一水平
> 高出 1.0 dB＝高值为低值的 1.26 倍
> 高出 2.0 dB＝高值为低值的 1.59 倍
> 高出 3.0 dB＝高值为低值的 2.00 倍
> 高出 6.0 dB＝高值为低值的 3.98 倍
> 高出 10.0 dB＝高值为低值的 10.0 倍
> 高出 12 dB＝10×1.59＝高值为低值的 15.9 倍

表 2-2 十分粗略地估算了常见环境下的分贝水平。若有人要持续暴露在 105 dB 或更高的声级下,则宜采取听力保护措施。

表 2-2　常见声环境中的分贝水平

环　　境	声能/dB
火箭发射台	180
痛觉阈值	140
反应堆冷却剂泵之间的空间	130
最响的摇滚音乐厅	120
风钻、垃圾车	100
割草机、地铁、摩托车	90
公交车(平均水平)	80
喧闹的餐馆	70
热烈的对话	60
普通的对话	50
本底噪声(客厅中)	40
本底噪声(安静的图书馆)	30
本底噪声(乡村的冬夜)	20
听觉阈值	$0=10^{-16}$ W/cm^2

注:来源于聋病研究基金会(Deafness Research Foundation)。

具体来说,在谈及响度级时,本节有时会在 dB 后添加一个下标 f,比如 0 dB$_f$ 就是指 1.0^{-16} W/cm^2 的声波的能通量。

既然声波蕴含的能量与压力波动的均方值成正比（同时也与质点位移的平方值成正比），则可得出：作为功率单位的 dB＝作为压力均方根值单位的 dB×2＝作为位移单位的 dB×2。

2.14　其他学科采用的分贝

分贝标度属于对数标度，其涵盖的数据范围很大，因此电气工程等其他学科很快也采用了这种标度。在使用 dB 时，人们多半都没给出参照标准。最近 70 年来，一个非常普遍的现象就是人们虽用 dBW 来标明家用立体声放大器的输出功率，但又未提及其参照标准。在此情形下，有人随意地将作为参照的功率水平选定为 1.0 瓦特（W）（均方根值），于是 20 dBW 就相当于 100 W（均方根值），17.75 dBW 就相当于 60 W（均方根值）。由于未获得普遍支持，这种做法很快就销声匿迹了。

工程师们也开始将 dB 作为压力脉动、位移、加速度（或者说 g 值）、电流或电压等的幅度标度，这导致局面变得更加混乱：对振动测量值而言，g 值低 10 dB 意味着一项测量值的加速度是另一项测量值的 1/10；而对电路中的电流而言，高 6 dB 则意味着输出电流高 4 倍以上。功率和能量一般会随幅度（加速度、位移、压力波动和电流等的幅度）平方值的变化而变化，因此读者必须意识到存在以下关系：作为功率或能量单位的 dB＝作为幅度单位的 dB×2。

若电路中的电流增大 3 dB（2 倍左右），其功率就将增大 6 dB（4 倍左右）。一般来说，用 dB 来表达工程领域的试验数据是一种不好的习惯，如果还未明确规定 0 dB 的参照标准，那就更不可取；不过信噪比（毕竟按照定义这是一种比值）和作为 dB 起源的声学不在此列。

2.15　案例研究

本节中的案例研究将表明一点，即只要掌握振动和声学领域的一些基本运动学知识，就能对动力与过程装备的许多振动和噪声问题进行诊断。第 12 章将通过更复杂的案例研究，来说明动力与过程装备的噪声与声学问题。

案例研究 2-1　冷却剂泵产生的声学载荷作用下的核反应堆部件的受迫振动。

在 2～4 台泵的推动下，冷却剂会在核蒸气供应系统（见图 2-20）中循环流动,期间会进入反应堆压力容器与堆芯支承结构之间的核反应堆落水环腔。这些冷却剂泵的入口分布在反应堆压力容器的周围,当冷却剂泵叶片产生声压脉动后,这些脉动便会沿着冷却剂入口管,进入反应堆压力容器与堆芯支承结构之间的落水腔室。这些声学脉动的频率等同于冷却剂泵的叶片通过频率(及其高次谐波),其典型值包括 100 Hz、200 Hz 和 300 Hz 等(见图 2 - 3),而其中最重要的是基波及其一次谐波。在理想情形下,这些冷却剂泵的转速毫无差别,且压力脉动始终同相,所以这些压力脉动始终都彼此相反,不会对堆芯支承结构施加任何净力。然而在实际运行中,各泵的荷载条件略有不同,泵速也不会始终保持一致。所以正如图 2 - 9 所示,泵机诱发的声压会从完全同相且在任何时刻都彼此平衡的状态,逐渐发展到异相状态,以至于形成随时间变化的净力向量。这种压力脉动会迫使反应堆堆芯吊篮发生运动,外部的监测仪器会检测到这种由冷却剂泵诱发的反应堆堆芯吊篮受迫振动。图 2 - 21 摘自瓦奇(Wach)和森德(Sunder)在 1977 年发表的文献[7],可以看出核反应堆压力容器内发生了明显的运动。在 20 世纪 80 年代中期,多家核电厂(分别由美国 3 家不同厂商设计)中都发现了断裂的热屏蔽板螺栓,这让人们开始担心这种堆芯振动问题[8]。经过了大量的分析后,人们发现根本原因在于螺栓失效。

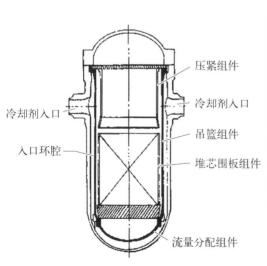

图 2 - 20 商用压水核反应堆的示意图

压紧组件

冷却剂入口

冷却剂入口

吊篮组件

入口环腔

堆芯围板组件

流量分配组件

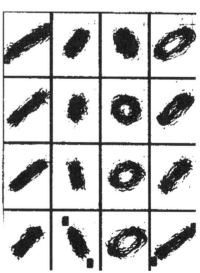

图 2 - 21 堆芯外中子噪声数据的利萨如(Lissajous)图形

在排除湍流激振这一可能的原因（参见第 8 章和第 9 章）后，人们把目光转向了冷却剂泵诱发的声学脉动。然而经过大量的分析后，人们发现若采用极其灵敏的堆芯外中子噪声探测器，虽能检测到这些冷却剂泵诱发的声学脉动所导致的些许堆芯振幅，但如果螺栓材料并未劣化，那么此类振幅根本不足以造成螺栓疲劳。

根据排除法，人们发现材料劣化才是热屏蔽板螺栓发生断裂的根本原因，于是便改用了其他材料制成的螺栓。此后 15 年的运行时间中再也未出现过相同的问题。

某些沸水反应堆采用了两台喷射泵，人们发现这些泵会交替产生相长声学脉动和相消声学脉动，且这些脉动会穿过整个核反应堆。在某种情形下，这些脉动会迫使仪器导管发生振动，而监测松脱零件的加速度计会检测到这种运动[9]，随即发出虚警。

凡是启用了多台泵的动力与过程装备，这种调制声学脉动都会经由与这些泵相连的冷却剂管道向外传播，因此必须确保各部件设计得足以承受这些声学载荷的共同作用。此外，正如 2.6 节所解释的那样，拍频并不是真实的振动频率，所以各部件并不会因拍频而发生共振。即使将上述泵机放置在彼此相反的位置上，也必须确保各部件设计得足以承受相关声学载荷的共同作用。

案例研究 2－2　检测核电厂的内部泄漏[10]。

1995 年 2 月，某核电厂的冷却剂泄漏到了骤冷槽内，人们担心这会影响电厂的运行。尽管未造成安全问题，但此次内部泄漏导致骤冷槽中的水温和水位明显上升，如果这一趋势持续下去，就势必关停电厂。人们根据厂内仪器的测量结果做了初步诊断，发现冷却剂可能是通过 11 只阀门中的某 1 只泄漏到了骤冷槽内。这些阀门外侧安装有灵敏的加速度计（采用了非侵入的安装方式），人们决定用这些加速度计来监测声学特征信号，从而查明阀门的泄漏源。鉴于这一问题的性质，人们必须在反应堆全功率运行期间，在周围条件十分恶劣的安全壳厂房内收集数据，另外还必须尽快完成数据收集和现场分析，以尽可能减少相关人员遭受的辐照。经过一天的测试，人们发现是 3 只反应堆停堆安全阀中的 2 只阀门发生了泄漏。

如图 2－22(a)所示，流经阀门的间歇流似乎与将阀塞迅速抬离阀座和重新坐入的时机相吻合。阀座处的噪声水平最高，似乎就是噪声的源点。人们放大了约 $t=5.0\,\mathrm{s}$ 左右的情形，并借助计算机监视器上的光标，确定了三个传感器位置处的泄漏起始时间。

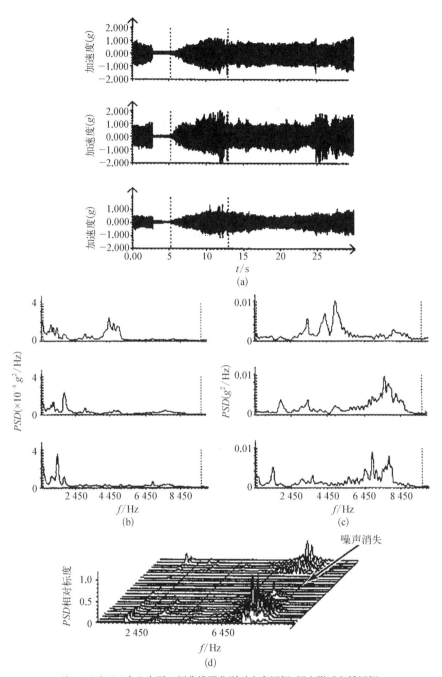

注：(a)(b)(c)中上中下三幅曲线图分别对应高压侧、阀座附近和低压侧。

图 2 - 22　通过加速度计测量得到的发生泄漏的安全阀的特征信号

(a)加速度时间历程；(b)未发生泄漏的时间历程部分对应的 PSD 图；
(c)高噪声时间历程部分对应的 PSD 图；(d)瀑布图

图 2-22(b)是与图 2-22(a)中时间历程的"平静部分"(2.5 s 至 6.0 s 期间)相对应的 PSD。4 500 Hz 左右有一个与阀座泄漏无关的宽峰(其他一些被测量阀门上的上游传感器也观测到了这一宽峰)，除此之外，其他所有传感器位置均未出现任何高频成分。由此确认在 2.5 s 至 6.0 s 期间，阀门坐入得当，且未发生经阀座泄漏的现象。图 2-22(c)是与图 2-22(a)中时间历程的"躁动部分"(12.5 s 至 16.5 s 期间)相对应的 PSD。从中可以看出，安装在阀座附近和阀门下游的传感器都监测到了高频能量成分。少量的蒸汽-水两相混合物激发了阀门下游的多种声模态。从图 2-22(d)所示的瀑布图可以看出，噪声先是停止，当阀门再次泄漏后又重新出现[10]。

参考文献

[1] Au-Yang M K, Jordan K B. Dynamic pressure inside a PWR — A study based on laboratory and field test data [J]. Journal of Nuclear Engineering and Design, 1980, 58: 113 - 125.

[2] Au-Yang M K. Application of ultrasonics to non-Intrusive vibration measurement [J]. Journal of Pressure Vessel Technology, 1993, 115: 415 - 419.

[3] Au-Yang M K. Acoustic and ultrasonic signals as diagnostic tools for check valves [J]. Journal of Pressure Vessel Technology, 1993, 115: 135 - 141.

[4] Au-Yang M K. Pump-induced acoustic pressure distribution in an annular cavity bounded by rigid walls [J]. Journal of Sound & Vibration, 1979, 62: 557 - 591.

[5] Mayo C W, et al. Loose part monitoring system improvements [R]. EPRI Report NP - 5743, 1988.

[6] ASME. Steam tables [M]. 4th ed. New York: ASME Press, 1979.

[7] Wach D, Sunder R. Improved PWR neutron noise interpretation based on detailed vibration analysis [C]. Paper presented at the Second Specialists' Meeting on Reactor Noise, Tennessee, 1977.

[8] Sweeney F J, Fry D N. Thermal shield support degradation in pressurized water reactors [C]. ASME Pressure Vessels and Piping Division Conference, Proceeding of the 1986 PVP Conference. Flow-Induced Vibration, edited by Chen S S, Simonis J C, and Shin J C. PVP 104: 59 - 66.

[9] Proffitt R T, Higgins A F. Pump beating and loose part interaction [C]. Paper presented at the 39th Annual Reactor Noise Technical Meeting and Exposition, Las Vegas: 1993.

[10] Price J E, Au-Yang M K. Quench Tank in-leakage diagnosis at St. Lucie [C]. Paper presented at the Fourth ASME/NRC Symposium on Valve and Pump Testing, Washington D C: 1996.

[11] ASME. Operations and maintenance guide[S]. Part 23, 2000 Addenda, In-service Monitoring of Reactor Internal Vibration in PWR Plants.

第 3 章

结构动力学的基本原理

在有阻尼、无外力的情况下,线性振动问题的求解公式(请与第 2 章的自由振动做比较)如下所示:

$$y = a_0 e^{i\Omega t} e^{-(c/2m)t} \qquad (3-2)^{①}$$

其中,Ω 是阻尼质量弹簧系统的固有频率,且该频率可用下式表示:

$$\Omega = \sqrt{\omega_0^2 - \frac{c^2}{4m^2}} \qquad (3-3)$$

若阻尼系数 $c > 2m\omega_0$,能量耗散就会大到无法维持振动的程度,从而使系统的运动状态发生指数形式衰减,而不是来回振动。$c_c = 2m\omega_0$ 称作临界阻尼。大多时候人们会采用阻尼比(即阻尼系数值与临界阻尼值之比)来表示阻尼的大小。

$$\zeta = c/c_c, \quad c_c = 2m\omega_0 \qquad (3-4)$$

下式用无阻尼的频率(单位为 Hz)和阻尼比来表达相应的有阻尼的固有频率:

$$f'_0 = f_0 \sqrt{1-\zeta^2}$$

若阻尼比较小,那么有阻尼固有频率和无阻尼固有频率就相差无几,此时便可用对数衰减率法来测量相关时域内的阻尼比:

$$\zeta = \frac{1}{2\pi n} \ln\left(\frac{y_i}{y_{i+n}}\right) \qquad (3-5)$$

其中,n 和 i 表示第 i 个周期后的 n 个周期。另外也可用半功率点法来测量相

---

① "概要"中把本章后面重要的公式先说明一下。——编注

关频域内的阻尼比：

$$\zeta_n = \frac{\Delta f}{2f_n} \qquad (3-13)$$

在功率谱密度(缩写为 PSD，详见第 2 章和第 13 章)图中，谱峰宽度 Δf 与振动系统的阻尼比成正比，因此在 PSD 图中，声信号和电信号会表现为宽度极小甚至无宽度的尖峰。

碰撞是一种由极短的脉冲力函数引起的瞬态振动。从时域的角度来看，金属间碰撞的波形全都具有"先激增，然后缓慢地呈指数衰减"这一特征，这对识别装备部件中的松脱零件、拍击和汽蚀大有帮助。

若振幅较小，则可将连续结构(如梁、板和壳)的振动问题视为质量-弹簧系统的无限集合，然后通过正则模态分析法来处理此类问题(其中每个模态的运动方程都与弹簧-质点系统的运动方程相仿)。通过模态叠加法计算出以下总振幅：

$$\{y\} = \{a(t)\}^{\mathrm{T}}\{\psi(x)\} = \sum a_n(t)\psi_n(x) \qquad (3-15)$$

$$a_n(t) = \frac{F_n(t)}{m_n(2\pi f_n)^2\left[1-(f/f_n)^2 + \mathrm{i}2\zeta_n(f/f_n)\right]} \qquad (3-26)$$

其中，$a_n(t)$ 是振幅函数，且有

$$F_n = \int_l \psi_n(x)F(x)\mathrm{d}x \qquad \text{为广义力；}$$

$$m_n = \int_l \psi_n(x)m(x)\psi_n(x)\mathrm{d}x \qquad \text{为广义质量；}$$

$a_n(t)$、F_n 和 m_n 并不是可观测物理量，它们的值取决于各模态振型的归一化方式。此外，位置 x 处的响应 $y(x)$ 则属于可观测物理量，其计算值并不取决于模态振型的归一化方式。相应的归一化处理如下：

$$\int_l \psi_m(x)\psi_n(x)\mathrm{d}x = \delta_{mn} \qquad (3-30)$$

应用数学和物理学中经常采用这种处理方式，不过其只能用于具有均匀质量密度的结构。一般来说，只有在涉及质量矩阵时，结构模态振型函数才是正交函数，因此在有限元结构分析计算机程序中，最常用的模态振型归一化方法为

$$\int_l \psi_m(x) m(x) \psi_n(x) \mathrm{d}x = \delta_{mn} \tag{3-33}$$

即把广义质量通过归一化方法处理。进行动态分析时,必须格外留意不同计算环节中采用的模态振型归一化方法有何差异。

人们经常把式(3-26)的振幅函数写成以下形式:

$$|a_n(t)|^2 = |H_n(f)|^2 |F_n|^2$$

$$|H_n(f)|^2 = \frac{1}{m_n^2 (2\pi f_n)^4 \{[1-(f/f_n)^2]^2 + 4\zeta_n^2 (f/f_n)^2\}} \tag{3-27}$$

$H_n(f)$ 称为传递函数,它既是振动测量中的一则常用函数,也常用于湍流激振理论。另外也可将以上的振幅函数表达为以下形式:

$$|a_n(t)| = \frac{A_n(f)|F_n|}{m_n (2\pi f_n)^2}$$

$$A_n(f) = \frac{1}{\{[1-(f/f_n)^2]^2 + 4\zeta_n^2 (f/f_n)^2\}^{1/2}} \tag{3-28}$$

A_n 称作动力放大因子,用于通过等效静力法估算梁的响应。

在发生共振的情况下,振动结构所耗散的能量可用下式表示:

$$P = 8\pi^3 \zeta_n f_n^3 m_n (y_{0i}^2/\psi_{ni}^2) \tag{3-40}$$

其中,(y_{0i}^2/ψ_{ni}^2) 是结构上 i 点处的零峰振幅与该点在共振模态下的振型值之比的平方,不过该比值是一个常数,与所选的具体位点无关。

主要术语如下:

$a_n(t) = a_0 \mathrm{e}^{\mathrm{i}\omega t}$,振幅函数;　　　　　A_n —动力放大因子

c —阻尼系数;　　　　　　　　　　　$[c]$ —阻尼矩阵

$[C] = \{\psi\}^{\mathrm{T}}[c]\{\psi\}$,广义阻尼矩阵;　　E —杨氏模量

f —频率(Hz);　　　　　　　　　　f_0 —无阻尼固有频率(Hz)

f_n —第 n 阶模态无阻尼固有频率(Hz);f' —有阻尼固有频率(Hz)

Δf —半功率点宽度(Hz);　　　　　　F —外力

$F_n = \int_l \psi_n(x) F(x) \mathrm{d}x$,广义力;　　H_n —第 n 阶模态传递函数

$[H]$ —传递矩阵;　　　　　　　　　　$\mathrm{i}^2 = -1$

I —惯性矩； $\qquad\qquad\qquad$ $[k]$ —刚度矩阵

$k_n = \int_l \psi_n(x) k \psi_n(x) \mathrm{d}x$，第 n 阶模态广义刚度

$[K] = \{\psi\}^\mathrm{T} [k] \{\psi\}$，广义刚度矩阵

L ——维结构（梁或管等）的长度

l —积分域，即一维结构的全长，或二维结构的整个表面

m ——维结构的质量线密度，或二维结构的质量面密度

$m_n = \int_l \psi_n(x) m(x) \psi_n(x) \mathrm{d}x$，第 n 阶模态广义质量

$[m]$ —质量矩阵； $\qquad\qquad\qquad$ $\overline{M}$ —弯矩

$[M]$ —$= \{\psi\}^\mathrm{T} [m] \{\psi\}$，广义质量矩阵； P —因阻尼作用而耗散的功率

t —时间； $\qquad\qquad\qquad$ T —振动周期

w —单位长度的等效静载荷； $\qquad$ x —结构上的位置

y —振幅； $\qquad\qquad\qquad$ δ —对数衰减率

ψ —模态振型函数； $\qquad\qquad$ $\{\psi\}$ —模态振型函数的列向量

σ —应力； $\qquad\qquad\qquad$ $\omega = 2\pi f$，频率（rad/s）

ω_0 —固有频率（rad/s）； $\qquad$ Ω —阻尼固有频率（rad/s）

$\{\ \}$ —列向量； $\qquad\qquad\qquad$ $\{\ \}^\mathrm{T}$ —行向量

$\dot{y} \equiv \partial y / \partial t$； $\qquad\qquad$ $\ddot{y} \equiv \partial^2 y / \partial t^2$

m, n —模态指标； $\qquad\qquad\quad$ T —矩阵转置

3.1 有阻尼、无外力时的运动方程

第 2 章讨论了振幅始终不变的振动，但在现实中，除非向质点施加一个外力，否则该质点就会在摩擦力的作用下消耗能量，最终停止运动。这种能量耗散机理称作阻尼，它是汽车减震器得以发挥作用的首要因素。若某一质量-弹簧系统有黏性阻尼但无外力作用，其运动方程则可写成

$$m\ddot{y} + c\dot{y} + ky = 0 \qquad\qquad (3-1)$$

式（3-1）的解由两部分组成：一个与自由振动时相同的正弦函数，见式（2-3）；一个指数衰减函数，即

$$y = a_0 \mathrm{e}^{\mathrm{i}\Omega t} \mathrm{e}^{-(c/2m)t} \qquad\qquad (3-2)$$

其中，Ω 是阻尼质量弹簧系统的固有频率，且该频率可用下式表示：

$$\Omega = \sqrt{\omega_0^2 - \frac{c^2}{4m^2}} \qquad (3-3)$$

阻尼质量-弹簧系统的固有频率小于无阻尼系统的固有频率。如果阻尼系数太大,以至于 $(c/2m)$ 大于 ω_0,那么循环振动就不复存在,振动振幅将呈指数衰减。由于能量耗散较大,质点将无法维持其振荡运动,只会以"蠕动"方式返回平衡位置。运动状况从振荡变为蠕动时的 c 值是一项重要的阻尼系数,称为临界阻尼系数,用 c_c 表示。阻尼系数小于 c_c 的系统称作欠阻尼系统,阻尼系数等于 c_c 的系统称作临界阻尼系统,阻尼系数大于 c_c 的系统称作过阻尼系统。图 3-1 展示了欠阻尼系统、过阻尼系统和临界阻尼系统的时域响应。与另两种系统相比,临界阻尼系统抵达平衡位置的时间最短。

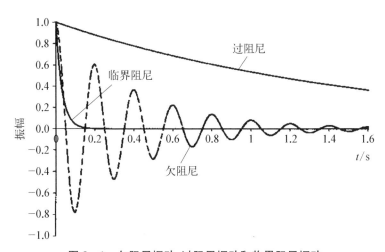

图 3-1　欠阻尼振动、过阻尼振动和临界阻尼振动

通常所说的阻尼比是指系统的阻尼系数与临界阻尼系数之比:

$$\zeta = c/c_c, \quad c_c = 2m\omega_0 \qquad (3-4)$$

阻尼比为 100% 的系统为临界阻尼系统,其不会发生循环运动。

若阻尼比较小,则可用式(3-2)、式(3-3)和式(3-4)得出下式(见图 3-2):

$$\zeta = \frac{1}{2\pi n}\ln\left(\frac{y_i}{y_{i+n}}\right) \qquad (3-5)$$

定义:

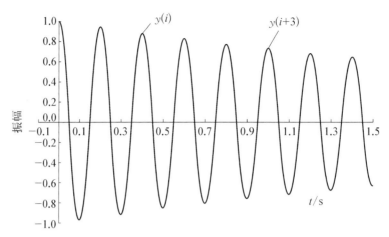

图 3－2　无外力时阻尼振动的对数衰减率

$$\delta = \frac{1}{n}\ln\left(\frac{y_i}{y_{i+n}}\right) \tag{3-6}$$

δ 称作阻尼振动的对数衰减率。式(3-5)是确定结构阻尼比最可靠和最常用的基础方法之一。事实表明，在没有外力的情况下，系统振幅会呈指数衰减，具体的衰减速率则取决于阻尼比，而非直接取决于用 c 表达的能量耗散速率。

3.2　受迫阻尼振动和共振

在现实中，所有自由振动最终都会因阻尼而停止，所以要想维持稳态振动，就得施加外力。只要外力的能量与因阻尼而耗散的能量刚好达到平衡，稳态振动就能维持下去。在此回顾式(3-1)：若除黏性阻尼外，质点还承受着驱动频率为 ω 的外加循环力 F，其运动方程则为

$$m\ddot{y} + c\dot{y} + ky = F_0\sin\omega t \tag{3-7}$$

以上运动方程的稳态解为

$$y = y_0\sin(\omega t + \phi) \tag{3-8}$$

$$y_0 = \frac{F_0/k}{\sqrt{(1-\omega^2/\omega_0^2)^2 + [2(c/c_c)(\omega/\omega_0)]^2}} \tag{3-9}$$

替换 c/c_c 为 ζ，同时可将 ω 替换为以 Hz 为单位的频率，从而将以上方程改写如下：

$$y_0 = A(F_0/k) \tag{3-10}$$

其中：

$$A(f) = \frac{1}{\{[1-(f/f_0)^2]^2 + 4\zeta^2(f/f_0)^2\}^{1/2}} \tag{3-11}$$

质点的静挠度是 (F_0/k)，于是 A 便反映了动载荷的放大效应，因此人们将 A 称作放大因子。当 $f = f_0$ 时，有

$$A_0 = \frac{1}{2\zeta} \tag{3-12}$$

图 3-3 展示了放大因子模的平方与频率比 f/f_n 之间的关系，其中的尖峰经常称作共振峰。一般来说，$|A|$ 的最大值不会恰好出现在 f 或 f_0 处。受迫振动系统中存在三种不同的频率：

(1) 无阻尼固有频率 $f_0 = \sqrt{k/m}$；

(2) 有阻尼固有频率 $f_0' = f_0\sqrt{1-\zeta^2}$；

(3) 共振频率，或者说受迫振幅最大处的频率。

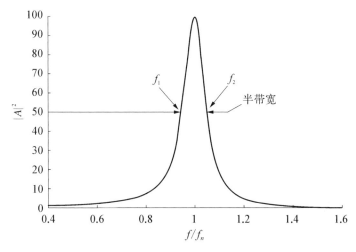

图 3-3　共振频率邻域内的响应振幅的平方

所幸在流致振动领域，几乎所有应用条件下的阻尼都不大，因此阻尼比通常都小于 0.1，这意味着以上三种频率基本相同。在此情形下，可以得出以下表达式：

$$\zeta_0 = \frac{\Delta f}{2f_0} \tag{3-13}$$

其中，$\Delta f = f_2 - f_1$（见图 3-3），这是当 $|A|^2 = |A_{max}|^2/2$ 时频率空间中的共振峰宽度。Δf 常常称作谱峰的半功率宽度。图 3-3 的例子展示了如何在频域中表示振动。正如第 2 章所述，只要是时域振动数据中原就包含的信息，那么频域数据中也必然包含这些信息。式（3-13）给出了另一种在频域内测量阻尼比的方式，即测量半功率点宽度和振动结构的固有频率。

当发生共振时，振幅会不断变大，直至因阻尼而耗散的能量等于外力输入的能量为止，然后系统便处于稳态振动状态。

既然湍流是各种频率的力函数（在一定范围内）的组合，那么受湍流作用的结构或流体腔就会在其所有的固有频率处发生共振，这一点反映在图 3-3 中，就是每个固有频率处都有一个共振峰。只要检查 PSD 图中的峰宽（参见第 2 章），就能发现特定振动部件的振动源点。举例来说，电气部件的嗡嗡声经常表现为 60 Hz 或 120 Hz 处的谱峰，而电噪声的阻尼为零，因此这些峰看上去是狭窄的尖峰，很容易与其他结构振动产生的峰区分开。与此类似，PSD 图中的声模态也因阻尼极小而表现为窄尖峰。

3.3 瞬态振动

正如上文所述，除非施加外力，否则一切振动最终都会因阻尼而停止，这就产生了瞬态振动的概念。在动力与过程装备应用领域，最重要的瞬态振动就是碰撞。拍击和叩击也属于碰撞，只不过算作轻微碰撞。图 3-4 是止回阀阀瓣坐入时产生碰撞的时间历程图。注意图中展现了碰撞振幅的一大特征，即先激增，然后缓慢地呈指数衰减。正如之前所述，振幅衰减的速率取决于系统阻尼，系统阻尼越大，振幅衰减得越快。

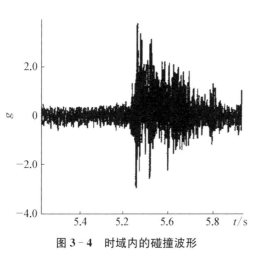

图 3-4 时域内的碰撞波形

3.4　正则模态

　　上文只讨论了单自由度的质量-弹簧系统。大部分结构部件(如换热器传热管或压力容器)都是空间范围有限的结构,可将其视作无穷多质量-弹簧系统的某种组合。线性结构动力学分析的整体思想,就是将各种"无限自由度"的系统,简化为由若干单自由度的质量-弹簧系统组成的有限离散序列,这里要用到模态分解和频域求解技术。

　　从图3-5中可以看出,吉他的琴弦是一种无限自由度的连续系统,如果轻轻拨动琴弦的中心部位,琴弦就会按照某一确定频率,在某一循环旋律的范围内振动,从而发出纯音。如果用力拨动琴弦,那么琴弦的振动就可能混合了一重、双重甚至三重循环旋律,而其中每一重循环旋律都有一个具体的频率。此时听到的声音就不再是纯音,而是基音与其高次谐波的混合音。单循环振动是吉他弦的基本振动模态,琴弦振动的具体频率则是其基本模态频率。双循环振动是吉他弦的二阶振动模态(称作二次谐波),其振动频率为二阶模态频率,以此类推。与质量-弹簧系统一样,这些基本模态、二阶模态和三阶模态等都属于单自由度系统。只要振幅没有大到让振动超出"线性"域的程度,那么不论吉他弦的振动形式有多么复杂,都仍然是许多正则模态的某种组合。也就是说,不论吉他弦发出多复杂的声音,其发出的乐音都是其基音和高次谐波的各种组合。此处便可按照这一思路来处理连续结构(如梁、板和壳等)的振动问题。具体做法是先找出该结构各正则模态的振幅,接着确认其中对结构响应有重大贡献的正则模态,然后将这些模态的贡献量相加即可。下节将对此进行探讨。

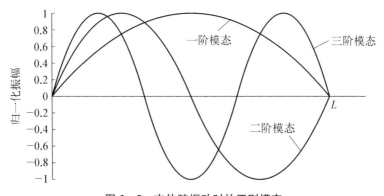

图 3-5　吉他弦振动时的正则模态

刚才关于吉他弦的例子也可用到其他结构上。如在敲铃时，铃铛的振动由若干正则模态组合而成，而铃铛发出的特有声音也由其基音和高次谐波组合而成。充有流体的腔室也是如此，比如人们多半都在中学的物理实验室中看到过一种现象：向一根试验管灌水但不要灌满，然后从其开口端轻轻吹气，管子就会发出一声明确的音调。此时的振动体便是水上方的空气柱。风琴管和吹响水半满的试验管利用的都是相同的原理。

另一个更贴近动力与过程装备的例子就是敲铃。敲击铃铛时，其振动由若干正则模态组合而成，而这些模态均处在其固有频率上。这与止回阀的阀瓣组件撞击止逆器或阀座的情形颇为相似，总之这就是振动监测所依据的原理。振动传感器检测到的信号主要是受监测部件的结构模态振动频率。如果活动零件的质量与被撞部件的质量相当，且有足够的能量来激励后者的体模态(好比用铃舌撞击铃铛；见图3-6)，那么所激励的模态就将以基本模态和更低的少数模态为主(铃铛特有的声音就体现了这种组合)；不过若活动零件的质量远小于被撞部件的质量，且没有足够的能量来激励后者的体模态(如用指甲敲击铃铛)，那么所造成的局部形变就会产生更多高阶模态，而其发出的声

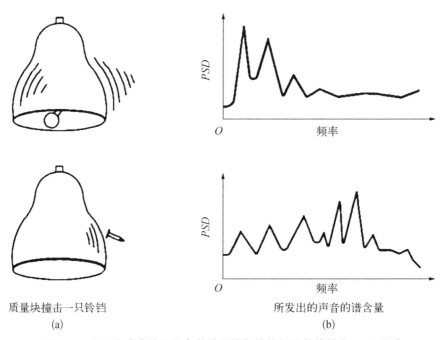

质量块撞击一只铃铛

(a)

所发出的声音的谱含量

(b)

图3-6 **(a) 移动中的重物会激励所撞部件的低阶整体模态；(b) 移动中的轻物会激励所撞部件的高阶表面局部模态**

音中将包含频率高得多的分量。与此类似，当流体（不论是水、蒸汽还是其他气体）涌入一只阀门时，会形成与试验管内的空气柱相仿的共振腔。只要稍微受到刺激（如少量泄漏流），就可能激励该共振腔的某一阶或多阶正则模态，同时流体会以一种或几种固有频率发生振动（参见第 2 章末尾处的案例研究 2.2）。而当流量变大时，这种离散的模态频率则会被连续的湍流噪声所取代。若能透彻了解上述现象，再辅以一些经验，就能极大地增强"通过分析振动信号进行状态监测和诊断"的技术水平。

3.5　结构动力学

不论是在下文中还是在本书的其他篇章中，"结构"一词一律指一维和二维结构（即梁、管、棒、板或壳），"对该结构做积分"则是指对一维结构的全长做平均积分，或对二维结构的整个表面做平均积分。符号 l 一般用来表示积分域。

对于空间范围有限的结构，则可套用式（3-7），并将任意一点 x 处的结构做出的响应 $y(x)$ 写成式（3-1）的集合（该结构上的每一点都有一则相应的方程）。由此得出的方程为矩阵方程（更详细的解释见参考文献[1]）：

$$[m]\{\ddot{y}\}+[c]\{\dot{y}\}+[k]\{y\}=\{F\} \qquad (3-14)$$

随着高速电子计算机的经济性快速提高，加之有各种各样的非线性效应（如换热器传热管与支承板的磨损）需要一探究竟，用时域内的直接积分来求解式（3-14）的发展趋势愈发明显。但到目前为止，该方程最常用的求解方法仍然是模态分析法。首先，将响应向量 $\{y\}$ 展开成正则模态振型函数 $\{\psi\}$ 和幅值函数 $a(t)$：

$$\{y\}=\{a(t)\}^{\mathrm{T}}\{\psi(x)\}=\sum_{n}a_n(t)\psi_n(x) \qquad (3-15)$$

$$\{\dot{y}\}=\{\dot{a}\}^{\mathrm{T}}\{\psi(x)\} \qquad (3-16)$$

$$\{\ddot{y}\}=\{\ddot{a}\}^{\mathrm{T}}\{\psi\}(x) \qquad (3-17)$$

代入式（3-14）中，并让左端乘以模态振型向量的转置矩阵，则可得出以下表达式：

$$([M]\{\ddot{a}(t)\}+[C]\{\dot{a}(t)\}+[K]a(t))=\{\psi(x)\}^{\mathrm{T}}\{F\} \qquad (3-18)$$

其中：

$$[M] = \{\psi\}^{\mathrm{T}} [m] \{\psi\}$$

$$[C] = \{\psi\}^{\mathrm{T}} [c] \{\psi\}$$

$$[K] = \{\psi\}^{\mathrm{T}} [k] \{\psi\}$$

根据结构动力学理论，此处可以同时将质量矩阵 $[M]$ 和刚度矩阵 $[K]$ 对角化。如果阻尼矩阵 $[C]$ 也是对角矩阵，则将以上方程解耦为若干个标量方程（每阶模态 n 各有一个标量方程）。可惜现实中并不能保证阻尼矩阵 $[C]$ 就是对角矩阵。为了解耦以上方程，人们习惯于假设阻尼矩阵 $[C]$ 与质量矩阵 $[M]$ 或刚度矩阵 $[K]$ 成正比，或是这两种矩阵的某一线性组合，从而将阻尼矩阵化作对角矩阵。本书做以下假设：

$$[C] = [\alpha][M] \tag{3-19}$$

其中，$[\alpha]$ 是一个对角矩阵。这样一来，就能将这则结构动力学方程分解为许多个方程，其中每一个方程都只涉及某一阶模态 n：

$$m_n \ddot{a}(t) + \alpha_n m_n \dot{a}(t) + k_n a(t) = F_n \tag{3-20}$$

其中，$F_n = \int_l \psi_n(x) F(x) \mathrm{d}x$ 为广义力；$m_n = \int_l \psi_n(x) m(x) \psi_n(x) \mathrm{d}x$ 为广义质量。

3.6　自由振动方程

在既无阻尼也无外力的特殊情况下，系统的运动方程即自由振动方程：

$$m_n \ddot{a}(t) + k_n a(t) = 0 \tag{3-21}$$

从第 2 章可知，式（3-21）的解是一个简谐函数 $a(t) = a_0 \mathrm{e}^{\mathrm{i}\omega t}$，于是有

$$\dot{a}(t) = \mathrm{i}\omega a_0 \mathrm{e}^{\mathrm{i}\omega t} = \mathrm{i}\omega a(t) \tag{3-22}$$

$$\ddot{a}(t) = -\omega^2 a_0 \mathrm{e}^{\mathrm{i}\omega t} = -\omega^2 a(t) \tag{3-23}$$

代入式（3-21），便可得出以下表达式：

$$k_n = m_n \omega_n^2 \tag{3-24}$$

ω_n 是结构在第 n 阶正则模态下的固有频率（单位为 rad/s）。在定义了该模态

频率后,可以假设阻尼矩阵 $[C]$ 与质量矩阵 $[M]$ 成正比,这样阻尼矩阵就变成了对角矩阵,且其比例常数可表示为 $\alpha_n = 2m_n\omega_n\zeta_n$,于是有

$$C_n = 2m_n\omega_n\zeta_n \tag{3-25}$$

ζ_n 是第 n 阶振动模态下的阻尼比[请与式(3-4)进行对比]。事实上,获取该阻尼比的唯一方式就是进行测量。将 $k_n = m_n\omega_n^2$ 和 $\alpha_n = 2m_n\omega_n\zeta_n$ 反向代入式(3-20),然后将 ω_n 替换为更常用的工程参数,即频率 $f_n = \omega_n/(2\pi)$(单位为Hz),便可得到以下的振幅函数表达式:

$$a_n(t) = \frac{F_n(t)}{m_n(2\pi f_n)^2[1-(f/f_n)^2 + \mathrm{i}2\zeta_n(f/f_n)]} \tag{3-26}$$

请注意,正是有了之前的假设,才能得出这则简化的解耦方程。所有的正则模态分析都少不了这个方程。必须首先假设系统为线性系统,这样才能通过线性叠加得出相关响应。接着必须假设阻尼矩阵是个对角矩阵,且与质量矩阵(或刚度矩阵)成正比。此处将 $2m_n\omega_n\zeta_n$ 选为比例常数,从而使 ζ_n 与质量-弹簧系统中的阻尼比具有相同的物理含义:当 $\zeta_n = 1.0$ 时,特定模态下的振动将在条件允许的最短时间内停止,即是说该模态为临界阻尼模态。

式(3-26)常写成以下形式:

$$|a_n(t)|^2 = |H_n(f)|^2|F_n|^2 \tag{3-27}$$

式中,$|H_n(f)|^2 = \dfrac{1}{m_n^2(2\pi f_n)^4\{[1-(f/f_n)^2]^2 + 4\zeta_n^2(f/f_n)^2\}}$

$[H]$ 是动力学系统的对角传递矩阵,其矩阵单元为 H_n。以上表达式在后来的湍流激振研究中发挥了关键作用。该方程也广泛用于动力学测量和模态测试。这则振幅函数也可改写为以下形式:

$$|a_n(t)| = \frac{A_n(f)|F_n|}{m_n(2\pi f_n)^2} \tag{3-28}$$

式中,$\qquad A_n(f) = \dfrac{1}{\{[1-(f/f_n)^2]^2 + 4\zeta_n^2(f/f_n)^2\}^{1/2}}$

A_n 是第 n 阶模态在受迫振动频率 f 处的"动力放大因子"。在共振状态下,$f = f_n$,所以有

$$A_n(f_n) = 1/(2\zeta_n) \tag{3-29}$$

而之前已知

$$\frac{|F_n|}{m_n(2\pi f_n)^2} = \frac{|F_n|}{k_n}$$

为载荷 F_n 作用下结构的静挠度,加之动力放大因子可用于估算该载荷的惯性作用,这样便可采用等效静力法,即通过式(3-27)~式(3-29)来估算结构动力响应。

　　除了非常简单的均匀结构(如截面性质均匀的梁或板)承受均布载荷的情形外,人们通常都会借助有限元计算机程序来求解式(3-14)。下一节将列举若干简单示例,以便读者通过笔算或电子表格来计算相关响应。

3.7　模态振型函数的归一化

　　在以"笔算"方式估算动力学结构响应时,人们经常会因模态振型的归一化而出错。从式(3-15)及后续表达式可以看出,模态振型函数 $\psi_n(x)$ 没有限定与其相乘的常数。这就是说,即使将式(3-18)中的 $\psi_n(x)$ 替换为 $c\psi_n(x)$ (其中 c 为一个常数),振幅 y、弯矩、各种应力以及任何可观测物理量的计算值也不会发生变化。不过相应的广义质量和广义力则会发生变化。因此还需增加另一个方程,即所谓的归一化方法,才能用唯一的方式来定义模态振型函数。对截面性质均匀的结构而言,各模态振型是彼此正交的,即若 $m \neq n$,则有

$$\int_l \psi_m(x)\psi_n(x)\mathrm{d}x = 0$$

此处积分域为结构的整个表面(或长度)。当 $m = n$ 时,积分为常数,因此可通过"将该常数调整为1"的方式来消除模态振型函数的歧义,从而使模态振型函数满足以下正交条件：

$$\int_l \psi_m(x)\psi_n(x)\mathrm{d}x = \delta_{mn} \tag{3-30}$$

$$\delta_{mn} = \begin{cases} 1, & m = n \\ 0, & m \neq n \end{cases} \tag{3-31}$$

有了这则正交方程,就能在限定符号的前提下,以唯一的方式来定义模态振型

函数。之所以要限定符号,是因为即使将所有的 ψ 都替换为 $-\psi$,可观测物理量的计算值也不会发生任何变化。这对湍流激振一章中讨论的容纳积分的交叉项有一定影响。

可惜对截面性质不均匀的结构而言,各模态振型函数就不再彼此正交了,即简单的式(3-30)不再奏效。不过质量矩阵仍然是彼此正交的,式(3-30)被更为复杂的以下方程取代:

$$\int_l \psi_m(x)m(x)\psi_n(x)\mathrm{d}x = \begin{cases} 0, & m \neq n \\ m_n, & m = n \end{cases} \tag{3-32}$$

式中,m_n 为常数。根据式(3-18),将该常数称作第 n 阶模态的广义质量,因此广义质量、广义刚度和广义力都不属于可观测物理量,它们的数值可能因模态振型的归一化而有所不同。与结构具有均匀截面性质时采用的归一化方法相似,许多有限元计算机程序都将 m_n 设为 1:

$$\int_l \psi_m(x)m(x)\psi_n(x)\mathrm{d}x = \delta_{mn} \tag{3-33}$$

只要能保持一致性,那么不论采用何种模态振型归一化方法,计算出的响应(属于可观测物理量)都不会发生变化。不过若采用了某种来源的模态振型函数〔如用某台计算机算出的此类函数,或布莱文斯(Blevins)[2]模态振型表中的此类函数〕,然后又将该函数与用其他模态振型归一化方法计算出的广义质量或广义力搭配使用,就会容易出错,因此要特别小心。

3.8　振幅、弯矩和应力

在计算了振幅函数 a_n 后,可通过模态叠加得出结构上任意一点 x 处的振幅:

$$y(t,x) = \sum_n a_n(t)\psi_n(x) \tag{3-34}$$

求和时往往只需要前一部分模态即可。

振动结构的弯矩可由模态振型函数求得,具体如下。根据布莱文斯[2]的文献:

$$\overline{M} = -EI\frac{\partial^2 y}{\partial x^2} \tag{3-35}$$

代入式(3-34)，可得

$$\overline{M}_n = -a_n EI \frac{\partial^2 \psi}{\partial x^2} \tag{3-36}$$

若用一款商用有限元结构程序来求解式(3-18)，那么该程序很可能还会计算出弯矩和应力。若对式(3-18)进行"笔算"或用电子表格进行计算，那么在计算出 a_n 后，可以采用以下几种方法来计算弯矩和应力：

(1) 某些商用有限元计算机程序只能计算固有频率和模态振型，而不能求解动力学响应。这些模态分析计算机程序可用来计算模态振型及其二阶导数 $\partial^2 \psi / \partial x^2$。商用有限元计算机程序往往会通过归一化的方式，将质量矩阵处理为单位矩阵，使用时必须格外注意这一点。这就是说，用来计算 a_n 的模态振型与用来计算弯矩的模态振型归一化处理方式要一致，否则就需要将它们调整到同等基准上。

(2) 用封闭方程来计算模态振型及其二阶导数。对于最简单的截面性质均匀的单跨梁，可用封闭型表达式来表达梁的模态振型和固有频率。如果单跨梁两端是简支的，可根据下式来对模态振型函数进行归一化处理：

$$\int_0^L \psi_m(x) \psi_n(x) \mathrm{d}x = \delta_{mn}$$

式中，

$$\psi_n(x) = \sqrt{\frac{2}{L}} \sin \frac{n\pi x}{L}$$

固有频率则可用下式表示（见布莱文斯[2]的文献）：

$$f_n = \frac{n^2}{2\pi} \sqrt{\frac{EI}{mL^4}}$$

此处的 m 为梁在单位长度内的质量。其他边界条件下的均匀单跨梁也可采用类似的计算方式，但表达式要更复杂一些[2]。不管怎样，电子表格都能轻松地计算这些方程。表3-1给出了最常见的梁结构的固有频率方程和模态振型方程，表中的模态振型均采用了同样的归一化方法。截面性质均匀的单跨梁可根据下式对所有模态振型进行归一化处理，若梁为两端简支梁或两端固支梁，则与布莱文斯[2]文献中的归一化方法不同。

表 3 - 1　少数简单情形下的固有频率和模态振型

边界条件	λ_n	归一化模态振型 $\psi(x)$	$\mathrm{d}^2\psi/\mathrm{d}x^2$
两端简支	$n\pi,$ $n=1,2,3\cdots$	$\psi_n(x)=\sqrt{\dfrac{2}{L}}\sin\dfrac{n\pi x}{L}$	$\psi_n''(x)=-\left(\dfrac{n\pi}{L}\right)^2\sqrt{\dfrac{2}{L}}\sin\dfrac{n\pi x}{L}$
两端固支	$\lambda_1=4.7300$ $\lambda_2=7.8532$ $\lambda_3=10.9956$	$\psi_n(x)=\dfrac{1}{\sqrt{L}}\left\{\left[\cosh\left(\dfrac{\lambda_n x}{L}\right)-\cos\left(\dfrac{\lambda_n x}{L}\right)\right]-\sigma_n\left[\sinh\left(\dfrac{\lambda_n x}{L}\right)-\sin\left(\dfrac{\lambda_n x}{L}\right)\right]\right\}$ $\sigma_{1,2,3}=0.9825,1.0008,1.0000$	$\psi_n''(x)=\left(\dfrac{\lambda_n}{L}\right)^2\dfrac{1}{\sqrt{L}}\left\{\left[\cosh\left(\dfrac{\lambda_n x}{L}\right)+\cos\left(\dfrac{\lambda_n x}{L}\right)\right]-\sigma_n\left[\sinh\left(\dfrac{\lambda_n x}{L}\right)+\sin\left(\dfrac{\lambda_n x}{L}\right)\right]\right\}$ $\sigma_{1,2,3}=0.9825,1.0008,1.0000$
固支-自由（悬臂）	$\lambda_1=1.8751$ $\lambda_2=4.6941$ $\lambda_3=7.8548$	$\psi_n(x)=\dfrac{1}{\sqrt{L}}\left\{\left[\cosh\left(\dfrac{\lambda_n x}{L}\right)-\cos\left(\dfrac{\lambda_n x}{L}\right)\right]-\sigma_n\left[\sinh\left(\dfrac{\lambda_n x}{L}\right)-\sin\left(\dfrac{\lambda_n x}{L}\right)\right]\right\}$ $\sigma_{1,2,3}=0.7341,1.0185,0.9992$	$\psi_n''(x)=\left(\dfrac{\lambda_n}{L}\right)^2\dfrac{1}{\sqrt{L}}\left\{\left[\cosh\left(\dfrac{\lambda_n x}{L}\right)+\cos\left(\dfrac{\lambda_n x}{L}\right)\right]-\sigma_n\left[\sinh\left(\dfrac{\lambda_n x}{L}\right)+\sin\left(\dfrac{\lambda_n x}{L}\right)\right]\right\}$ $\sigma_{1,2,3}=0.7341,1.0185,0.9992$

$$\int_0^L \psi_m(x)\psi_n(x)\mathrm{d}x = \delta_{mn}, \quad f_n = \frac{\lambda_n^2}{2\pi L^2}\sqrt{\frac{EI}{m_t}}$$

（3）查找模态振型数值表。布莱文斯[2]不仅汇编了相关模态振型的数值，还给出了这些振型的一阶导数、二阶导数和三阶导数。在计算出振幅函数 a_n 后，便可用这些数据来计算振幅和弯矩。与之前一样，必须格外注意一点，即表格中的模态振型要采用与其他分析环节相同的归一化方法，否则就必须将它们调整到同等基准上。相关应力可用下式进行计算[3]：

$$\sigma = Mc/I \tag{3-37}$$

其中，c 是与中性轴之间的距离。

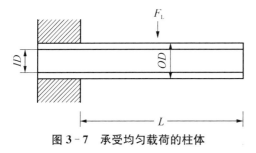

图 3 - 7　承受均匀载荷的柱体

示例 3 - 1

图 3 - 7 展示了承受着均布载荷 F_L 的一个柱体。可假设该柱体的一端固支，另一端自由。表 3 - 2 给出了其他参数。先计算该悬臂的基本模态频率，再假设各阶模态中只有基本模态对响应有贡献，然后计算悬臂自由端的振幅以及最大动应力。

表 3 - 2　示例 3.1 的已知参数

	美 制 单 位	国 际 单 位
外径 OD	1.495 in	0.037 97 m
内径 ID	0.896 in	0.022 76 m
长度 L	14.5 in	0.368 m
材料的线密度	3.779 lb/ft $[=8.15\times10^{-4}(\mathrm{lbf}\cdot\mathrm{s}^2/\mathrm{in})/\mathrm{in}]$	5.625 kg/m
杨氏模量	25×10^6 psi	1.72×10^{11} Pa
阻尼比	0.005	0.005
均布载荷 F_L	0.848 lbf/in	148.7 N/m
受迫振动频率 $f=f_s$	264 Hz	264 Hz

解算

有限元计算机程序可用来求解这一问题。在分析截面性质均匀且承受均布载荷的单跨梁时,为了时刻牢记动力学分析中的物理因素,建议读者时不时地进行笔算。可以将表 3 - 1 中的悬臂模态振型函数及其二阶导数输入电子表格(如 Microsoft Excel),然后用电子表格计算剩余的部分。没有电子表格的话还有其他办法,比如采用布莱文斯[2]文献中的基本模态振型值。以下以这种方法进行求解。从式(3 - 15)和式(3 - 28)出发,使某一阶模态的响应 y 始终满足以下表达式:

$$|y_1(x)| = |a_1|\psi_1 = \frac{|F_1|\psi(x)}{m_1(2\pi f_1^2)\{[1-(f_s/f_1)^2]^2 + 4\zeta_1^2(f_s/f_1)^2\}^{1/2}}$$

此时便可根据布莱文斯[2]文献中给出的模态振型数表,求出以上方程的值。注意布莱文斯按照下式,对悬臂的模态振型进行了归一化处理:

$$\int_0^L \psi^2(x)\mathrm{d}x = L$$

由此得出以下表达式:

$$|F_1| = \int_0^L |F_L|\psi_1(x)\mathrm{d}x = |F_L|\int_0^L \psi_1(x)\mathrm{d}x$$

以此类推:

$m_n = Lm_t$,其中 $m_t = 3.779/(32.2 \times 12 \times 12) = 8.15 \times 10^{-4}(\mathrm{lbf} \cdot \mathrm{s}^2/\mathrm{in}^2)$。 因此有

$$|y_1(x = L)| = a_1\psi_1(x = L) = \frac{A_1|F_L|\psi_1(x = L)}{m_t(2\pi f_1)^2}\frac{1}{L}\int_0^L \psi_1(x)\mathrm{d}x$$

根据布莱文斯[2]文献中的表 8 - 2(b),在接管尖端处,$\psi_1(x = L) = 2.0$。将该表中间隔为 $x/L = 0.02$ 的 50 阶模态振型的数值相加,便可得出相应的积分:

$$\int_0^L \psi\mathrm{d}x = \sum \psi_i\Delta x_i \quad 和 \quad \Delta x_i = L/50$$

相加后得出下式:

$\int_0^L \psi\mathrm{d}x = 0.803\,1L$,进而得出以下表达式:

$$|y_1(x=L)| = \frac{0.803\,1A_1|F_L|\psi_1(x=L)}{m_t(2\pi f_1)^2}$$

且

$$y_{max} = 2.90 \times 10^{-4} \text{ in } (7.38 \times 10^{-6} \text{ m})$$

固支端的弯矩可用下式表示：

$$\overline{M}(x=0) = -EI\frac{\partial^2 y}{\partial x^2} = -a_1 EI\frac{\partial^2 \psi_1}{\partial x^2}$$

同样根据布莱文斯[2]文献中的表 8-2(b)，对于 $x=0$ 处的基本模态：

$$\frac{L^2}{\lambda_1^2}\frac{\partial^2 \psi}{\partial x^2} = 2.0$$

若 $\lambda_1 = 1.875$，则可得出下列结果：

	美 制 单 位	国 际 单 位
$A_1 =$	1.48	1.48
$A_1|F_L| =$	1.25 lbf/in	220 N/m
$a_t =$	1.45×10^{-4}	3.69×10^{-6}
$y(x=L) =$	2.90×10^{-4} in	7.38×10^{-6} m
$\dfrac{\partial^2 \psi}{\partial x^2} =$	0.072 1 in^{-2}	112 m^{-2}
$\overline{M}_{max} =$	55.9 lbf · in	6.32 N · m
$\sigma_{max} = \dfrac{M_{max}(OD/2)}{I} =$	195.5 psi	1.35×10^6 Pa

3.9 等效静力法

简单来说，对于均布或近乎均布载荷作用下的截面性质均匀的单跨梁，可借助罗克(Roark)提供的应力和应变公式[3]，用等效静力法来获取各种结构响应(包括弯矩和应力)的近似估算值。先找出相同最大响应的单位长度等效静

载荷 w，然后用罗克的公式来计算弯矩和应力。表 3-3 给出了少数简单情形下的此类公式[3]。

表 3-3　少数简单情形下的最大挠度和弯矩

边 界 条 件	最大挠度 y_{max}	最大弯矩 M_{max}
两端简支	$-\dfrac{5}{384}\dfrac{wL^4}{EI}$（在 $x=L/2$ 处）	$\dfrac{wL^2}{8}$（在 $x=L/2$ 处）
两端固支	$-\dfrac{1}{384}\dfrac{wL^4}{EI}$（在 $x=L/2$ 处）	$\dfrac{wL^2}{24}$（在 $x=L/2$ 处）
固支-自由（悬臂）	$-\dfrac{wL^4}{8EI}$（在 $x=L$ 处）	$-\dfrac{wL^2}{2}$（在 $x=0$ 处）

示例 3-2

用等效静力法找出示例 3.1 中的最大弯矩和应力。

解算

根据式（3-28），受迫振动频率 f_s 处的放大因子为

$$A_1 = \frac{1}{\{[1-(f_s/f_1)^2]^2 + 4\zeta_1^2(f_s/f_1)^2\}^{1/2}}$$

其中 $\zeta_1=0.005$。前面算得 $f_s=264\,\text{Hz}$，那么 $f_s/f_1=264/464=0.569$。代入式（3-28），可得出放大因子 $A_1=1.47$（若基本频率与受迫振动频率一致，则该因子为 100），因此柱体上的等效静载荷为

	美 制 单 位	国 际 单 位
w	1.25 lbf/in	220 N/m
$y_{max}=\dfrac{wL^4}{8EI}$	2.7×10^{-4} in	7.1×10^{-6} m
$M_{max}=\dfrac{wL^2}{2}$	61 lbf·in	6.92 N·m
$\sigma_{max}=\dfrac{M_{max}(OD/2)}{I}$	214 psi	1.48×10^{6} Pa

3.10　振动结构的能量耗散

振动结构因阻尼而耗散的功率为

$$P = \int_l \left[\frac{1}{T} \int_0^T c y^2(x) \mathrm{d}t \right] \mathrm{d}x \qquad (3-38)$$

其中的积分是一个振动周期 T 内对结构的全长或整个表面所做的积分。由式 $(3-15)$ 和式 $(3-25)$ 可知：

$$P = \frac{1}{T} \int_0^T \dot{a}(t) \{\psi\}^{\mathrm{T}} [c] \{\psi\} \dot{a}(t) \mathrm{d}t = \frac{1}{T} \int_0^T \dot{a}(t) [C] \dot{a}(t) \mathrm{d}t$$

$$= \sum_n \frac{1}{T} \int_0^T 2 \zeta_n m_n \omega_n \dot{a}_n^2 \mathrm{d}t,$$

在响应被某一模态所主导（如结构在第 n 阶模态下被激励至共振状态）的特殊情形下，可利用式 $(3-15)$ 将式 $(3-38)$ 简化为以下形式：

$$P = \frac{1}{T} \int_0^T 2 \zeta_n m_n \omega_n (\dot{y}_i / \psi_{ni})^2 \mathrm{d}t \qquad (3-39)$$

在式 $(3-39)$ 中，对于各阶模态，比值 $\dot{y}_i / \psi_{ni} [= \dot{a}_n(t)]$ 是一个常数，且与结构位置 x 无关，因此 i 可为结构上的任意一点。此外由于阻尼比是一项系统参数，因此 P 是整个结构耗散的能量，而非结构上某一点处耗散的能量。由于

$$y_i = y_{0i} \sin \omega_n t$$

$$\dot{y}_i = \omega_n y_{0i} \cos \omega_n t$$

因此根据式 $(3-39)$，可以得出以下表达式：

$$P = \frac{1}{T} \int_0^T 2 \zeta_n \omega_n m_n (\omega_n y_{0i} \cos \omega_n t / \psi_{ni})^2 \mathrm{d}t$$

先做积分，然后改回更熟悉的频率（单位为 Hz），则可得出以下表达式：

$$P = 8 \pi^3 \zeta_n f_n^3 m_n (y_{0i}^2 / \psi_{ni}^2) \qquad (3-40)$$

其中，y_{0i} 是 x 处的零峰振幅，f_n 是模态频率。也可用更常用的测量参数——加速度来表达 P，具体如下：

$$P = (m_n \zeta_n / 2 \pi f_n)(a_{0i}^2 / \psi_{ni}^2) \qquad (3-41)$$

其中，a_{0i} 是 x_i 处测得的零峰加速度幅值。在两端简支梁的基本模态这一特殊情形下，$\psi_1(x) = \sqrt{2/L} \sin(\pi x / L)$（见表 $3-1$）。可选择任何一点来计算比率 (a_{0i}^2 / ψ_{ni}^2)。若选择梁的中点 x，则有

$$y_0^2/\psi_1^2 = L y_{max}^2 /2 \text{ 和 } m_n = m$$

式(3-40)简化为以下形式：

$$P = 16\pi^3 \zeta_n f_n^3 L m y_{max}^2 \qquad (3-42)$$

其中，y_{max} 是梁中点处的零峰振幅。由于 $y_{rms} = y_0/\sqrt{2}$，因此也可将式(3-42)写成以下形式：

$$P = 32\pi^3 \zeta_n f_n^3 L m y_{rms}^2 \qquad (3-43)$$

其中，y_{rms} 是梁中点处的振幅均方根值。上述讨论具有以下重要意义：

(1) 正如 Taylor 等[4]所示，有了式(3-41)，便可测量为维持稳态共振而需供给结构的功率，从而通过另一种方式来测量阻尼比。为此可能需要对一些位置施加作用力，以便优先激励所关注的结构模态(通常都是基本模态)。除在第 n 阶模态下维持稳定共振所用的功率外，还必须测量结构上任意一点的零峰加速度以及模态振型。

(2) 如果换热器中的传热管与支承板之间存在间隙，传热管和支承板就会因两者间的相互作用而彼此磨损。这种磨损是能量耗散的一种表现形式。在运行期间，氧化沉积物和化学沉积物往往会填塞传热管与支承板之间的间隙，这会降低两者间的磨损率，从而减小系统的阻尼比。由于传热管的阻尼比逐渐减小，处于流体弹性稳定状态(参见第 7 章)的管束会突然失稳，从而引发事故。

(3) 若在实验室中或其他正在运行的换热器上测得了磨损率，结合线性振动理论计算出振幅的均方根值，则可用式(3-43)来简单地估算换热器传热管的磨损率。第 11 章将介绍这一方法。

参考文献

[1]　Hurty W C, Rubinstein M F. Dynamics of Structures [M]. Englewood Cliffs, NJ: Prentice-Hall, 1964.

[2]　Blevins R D. Formulas for Natural Frequencies and Mode Shapes [M]. New York: Van Nostand, 1979.

[3]　Roark R J. Formulas for Stress and Strain [M]. revised by Young W C, New York: McGraw Hill, 1989.

[4]　Taylor C E, Pettigrew M J, Dickinson T J, et al. Vibration damping in multispan heat exchanger tubes [C]. 4th International Symposium on Fluid-Structure Interactions, Vol II, edited by Paidoussis M P. ASME Special Publication AD-Vol. 53-2: 201-208, 1997.

第4章

静止流体中的结构振动 I

——水动力质量

对于一般形式的流体-结构耦合的动力分析,如果涉及完整的流体动力学方程和结构动力学方程,求解则会异常复杂。尽管经过了 25 年的深入研究,但如今的许多流固耦合问题仍然要立足于"弱耦合"这一假设来进行求解。具体来说,就是假设"因结构运动而导致的流体力"可以线性叠加到流体的初始力函数上。按照这一假设,人们可用一个名为"水动力质量"的附加质量项和一个名为"水动力阻尼"的附加阻尼项,来充分体现流固耦合效应。计算出水动力质量项和水动力阻尼项之后,可以将两者输入标准的结构分析计算机程序,从而对流固耦合系统进行动力分析。这样一来,在未考虑流固耦合的情况下开发的计算机程序以及获得的试验数据,便能用于流固耦合动力分析。尽管本章主要基于同轴圆柱壳和其间环状间隙内流体的耦合问题,但这些结果阐明了流体-结构交互作用的物理学本质,因而也适用于下一章中讨论的特殊几何结构。

对于三维结构,采用有限元法进行计算过于复杂,第 4.2 节给出了用于求解两端简支或固支的圆柱壳在空气中的固有频率的封闭方程组,这些方程组可以作为三维有限元的一种替代方案,并且用通用的办公软件便能很方便地获得这些方程的数值解。

读者可通过以下两种水动力质量法来求解弱流固耦合的动力学问题:广义水动力质量法和水动力质量矩阵法。当通过试验、有限元分析或第 4.2 节给出的特征方程计算得到单个圆柱壳在空气中的固有频率后,流体-圆柱壳耦合系统的固有频率可以利用以下 2×2 的有效广义附加质量矩阵计算得到

$$[\hat{M}_{Hmn}^{a}] = \frac{1}{1+n^{-2}} \sum_{a} (C_{am}^{a})^{2} h_{an}^{a} \qquad [\hat{M}_{Hmn}^{ab}] = \frac{1}{1+n^{-2}} \sum_{a} (C_{am}^{a} C_{am}^{b}) h_{an}^{ab}$$

$$[\hat{M}_{Hmn}^{ba}] = \frac{1}{1+n^{-2}} \sum_{a} (C_{am}^{a} C_{am}^{b}) h_{an}^{ba} \qquad [\hat{M}_{Hmn}^{b}] = \frac{1}{1+n^{-2}} \sum_{a} (C_{am}^{b})^{2} h_{an}^{b}$$

$$(4-50)$$

水动力质量分量 h 和傅里叶系数 C 在圆柱的流固耦合中起到了一定作用，其中，前者是每一阶声模态流体内压，后者是对结构模态与特定声模态之间的相容性的测度。除非这两阶模态之间存在共同之处，否则不论声模态的水动力质量分量有多大，两者之间都一概不存在水动力质量耦合。只要将结构模态振型投影到声模态振型上，便可得到相应的傅里叶系数：

$$C_{am} = \int_{0}^{L} \psi_{m}(x) \phi_{a}(x) \mathrm{d}x \qquad (4-35)$$

同时相应的水动力质量可用下式表示：

$$h_{an}^{a} = -\rho (x_a a, x_a b)_n' / [x_a (x_a a, x_a b)_n'']$$

$$h_{an}^{b} = \rho (x_a b, x_a a)_n' / [x_a (x_a b, x_a a)_n'']$$

$$h_{an}^{ab} = -\rho / [x_a^2 a (x_a a, x_a b)_n'']$$

$$h_{an}^{ba} = \rho / [x_a^2 b (x_a b, x_a a)_n''] \qquad (4-37)$$

其中，符号 $'$ 表示对函数变量的导数：

$$(x, y)_n' \equiv \mathrm{I}_n(x) \mathrm{K}_n'(y) - \mathrm{I}_n'(y) \mathrm{K}_n(x)$$

$$(x, y)_n'' \equiv \mathrm{I}_n'(x) \mathrm{K}_n'(y) - \mathrm{I}_n'(y) \mathrm{K}_n'(x) = -(y, x)''$$

若 $2f/c < \varepsilon/l$，则 $x_a^2 = (\varepsilon\pi/l)^2 - (2\pi f/c)^2$；若 $2f/c > \varepsilon/l$，则 $x_a^2 = (2\pi f/c)^2 - (\varepsilon\pi/l)^2$，且用 J、Y 替换 I、K。

不论这些方程采用何种表达方式，它们都可以用计算机程序或电子表格内置的贝塞尔（Bessel）函数轻松地进行解算。以下贝塞尔函数的递推方程可能对计算求解有所帮助：

$$\mathrm{J}_n'(x) = (n\mathrm{J}_n(x) - x\mathrm{J}_{n+1}(x))/x$$

$$\mathrm{Y}_n'(x) = (n\mathrm{Y}_n(x) - x\mathrm{Y}_{n+1}(x))/x$$

$$I'_n(x) = (nI_n(x) + xI_{n+1}(x))/x$$

$$K'_n(x) = (nK_n(x) - xK_{n+1}(x))/x \qquad (4-38)$$

可直接用圆柱壳的刚度矩阵(参见第 4.2 节)和有效水动力质量矩阵来计算耦合系统的固有频率。

$$\begin{vmatrix} & & & 0 & 0 & 0 \\ & [D(a)] & & 0 & 0 & 0 \\ & & & 0 & 0 & [\hat{M}{}_{\mathrm{H}}^{ab}] \\ 0 & 0 & 0 & & & \\ 0 & 0 & 0 & & [D(b)] & \\ 0 & 0 & [\hat{M}{}_{\mathrm{H}}^{ba}] & & & \end{vmatrix} = 0 \qquad (4-52)$$

其中，

$$[D(a)] = \begin{bmatrix} k_{11}^a - \mu_a \omega^2 & k_{12}^a & k_{13}^a \\ k_{12}^a & k_{22}^a - \mu_a \omega^2 & k_{23}^a \\ k_{13}^a & k_{13}^a & k_{33}^a - (\mu_a + [\hat{M}{}_a^a])\omega^2 \end{bmatrix}$$

这里构建了全水动力质量矩阵,可以输入独立的有限元程序中,以供开展后续的动力分析。

$$[M_{\mathrm{H}}] = \begin{bmatrix} (1/a)\sum_\alpha h_{an}^a[\phi_\alpha \mathrm{d}A_a][\phi_\alpha \mathrm{d}A_a]^{\mathrm{T}} & (1/b)\sum_\alpha h_{an}^{ab}[\phi_\alpha \mathrm{d}A_a][\phi_\alpha \mathrm{d}A_b]^{\mathrm{T}} \\ (1/a)\sum_\alpha h_{an}^{ba}[\phi_\alpha \mathrm{d}A_b][\phi_\alpha \mathrm{d}A_a]^{\mathrm{T}} & (1/b)\sum_\alpha h_{an}^b[\phi_\alpha \mathrm{d}A_b][\phi_\alpha \mathrm{d}A_b]^{\mathrm{T}} \end{bmatrix}$$

$$(4-55)$$

既然这种水动力质量是基于压力推导得到的,那么只有在法向自由度下,这种水动力质量才是有效的质量。所以在将矩阵输入有限元计算机程序时,式(4-55)中的水动力质量只应该与法向自由度相关联。

主要术语如下:

a —内部圆柱的半径,作为角标时亦表示内部圆柱本身

b —外部圆柱的半径,作为角标时亦表示外部圆柱本身

c —声速;　　　　　　　　　$[c]$ —阻尼矩阵

C —傅里叶系数;或用于计算刚度矩阵的数值(表 4-1 给出了这些数值)

dA —单元的面积；   dL —单元的长度

$[D(a)]$ —定义详见式 $(4-52)$

$D = Et^3/[12(1-\sigma^2)]$，或圆柱体直径

e —每单位体积内的能量； E —杨氏模量或总能量

f —频率(Hz)； $\bar{f}$ —水中频率

F —外力； h —水动力附加质量分量

I—第二类贝塞尔函数；   J—第一类贝塞尔函数

$[k]$ —刚度矩阵； K —修正的第二类贝塞尔函数

L —柱体长度； m —结构轴向模态数

M_H —附加水动力质量； $\hat{M}_H$ —有效水动力附加质量

$[m]$ —质量矩阵

n —声学环向模态数或结构环向模态数

N, N' —声压振幅函数； p —压力

p_0 —入射压力； p' —诱发压力

P'_{mn} —广义压力

$\{q\} = \{u, v, w\}$ 圆柱壳表面上的位移矢量

$\{Q\} = \{U, V, W\}$ 广义位移矢量；r —径向位置

$\{r\}$ —位置矢量； R —圆柱半径，或声压的径向函数

t —时间或壳体厚度； u —柱壳表面上的轴向位移分量

U —轴向振幅函数； v —柱壳表面上的切向位移分量

V —切向振幅函数或流体流速； w —柱壳表面上的法向位移分量

W —法向振幅函数； $\{x\}$ —位置矢量

y —位移； Y —修正的第一类贝塞尔函数

α, β —声学轴向模态数； $[\delta] = \begin{bmatrix} 0 & 0 & 0 \\ 0 & 0 & 0 \\ 0 & 0 & 1 \end{bmatrix}$

γ —用于计算刚度矩阵的数值(由表 $4-1$ 给出)

δ_{mr} —克罗内克 δ 函数

$\varepsilon = \alpha$ 或 $(2\alpha-1)/2$，取决于流体间隙末端的具体边界条件

θ —角坐标； $\kappa = Et/(1-\sigma^2)$

μ —物理质量面密度； ρ —流体质量密度

σ —泊松比； ϕ —声学轴向模态振型函数

$\chi_a^2 = | (2f/c)^2 - (\varepsilon/L)^2 |;$　　　　　ψ —轴向结构模态振型函数

ω —角频率（rad/s）；　　　　　　∇ —梯度算子

∇^2 —拉普拉斯算子

Θ —结构环向模态振型函数和声学环向模态振型函数

$[\ ]$ —矩阵；　　　　　　　　　$\{\ \}$ —列向量

$\dot{y} \equiv \partial y/\partial t;$　　　　　　　　$\ddot{y} \equiv \partial^2 y/\partial t^2$

$\{V\}$ —向量

下标：

a —表示外圆柱；　　　　　　　b —表示内圆柱

n —环向模态角标，或表示法向分量

m, r —结构轴向模态角标；　　　α, β —轴向声模态角标

4.1　概述

从广义上讲，流体-结构交互作用涵盖了气动弹性力学、水弹性力学和流致振动等多个研究方向。在动力与过程行业中，该术语似乎专指涉及"被结构边界所约束的静止流体或流动流体"的动力学问题。与气动弹性力学不同的地方在于，动力与过程行业中的流固耦合问题涉及的结构通常都在某一固定位置振动，流体流速也远低于气动弹性力学中的流速。由此可见，动力与过程行业中的流体-结构交互作用问题属于工程学中的一个独特领域，而从更广泛的意义上讲，流致振动归属于该领域。但由于流致振动涉及过多的特殊现象和理论，目前实际上已发展成为一个单独的研究领域。对于系统的附加质量和阻尼，上述两个研究领域倒没什么不同，流致振动问题中的附加质量和阻尼的计算方法与在常规的流体-结构交互作用研究中建立的方法是一样的。

据当前所知，流体-结构交互作用问题的研究历史可追溯至 1843 年。当时斯托克（Stoke）研究了无限流体域中无限长圆柱体的匀加速运动问题，他得出的结论是流体对柱体运动产生的唯一作用，就是增加了柱体的有效质量，且其增量等于柱体排开的流体质量，他将该增量称作"附加质量"。

斯托克方程仅适用于在无限流体域中移动的无限长圆柱体。在 20 世纪 60 年代，核蒸汽供应系统的设计师们发现，在受限流体域中，由流体-结构交互作用产生的附加质量远远大于结构排开的流体质量。

在动力与过程装备领域，结构工程师们所熟悉的流固耦合问题似乎是从 20 世纪 50 年代开始研究的。而除核电厂外，这方面的知识也用于设计航天器的大型液体燃料贮箱[1]。针对能源行业的流固耦合研究，最早留下文献记载的应该是诺尔斯原子能实验室(Knolls Atomic Power Laboratory)的弗里茨(Fritz)和基斯(Kiss)[2]。弗里茨和基斯只考察了同轴柱体的摇摆运动，因此他们虽然研究的是流体-结构交互作用，但他们的研究对象不但流体介质有限，固体的加速度也并不均匀。从 20 世纪 70 年代前期到 80 年代前期，为了解决早期商用核电的一些安全相关问题，人们发表了许多关于流体-弹性壳耦合系统动力学的技术论文，其中一些代表性的论文如下：弗里茨在 1972 年发表的论文[3]，克拉辛诺维奇(Krajcinovic)在 1974 年发表的论文[4]，陈水生(Chen S S)和罗森堡(Rosenberg)在 1975 年发表的论文[5]，霍尔维(Horvay)和鲍尔斯(Bowers)在 1975 年发表的论文[6]，欧阳在 1976 年和 1977 年发表的论文[7-8]，叶(Yeh)和陈水生在 1977 年发表的论文[9]，斯卡武佐(Scavuzzo)等在 1979 年发表的论文[10]，以及欧阳和加尔福特(Galford)在 1981 年和 1982 年发表的论文[11-12]。ASME 1998 年发布的锅炉规范的第Ⅲ章附录 N - 1400 中包含了一份关于流体-壳体耦合系统动力分析的正式指南。该指南也列明了直至 20 世纪 80 年代后期出版的流体-结构动力分析方面的许多技术论文和特别合订本。

1) 强耦合流体-结构系统

与其他耦合物理场问题一样，流体-结构系统也可分为强耦合系统和弱耦合系统。强耦合流体-结构系统是指"由结构运动诱导的流场(称作诱发场)和原始流场(称作入射场)无法彼此线性叠加"的系统。此类系统往往由大幅结构位移所致，引起并伴随着较大的诱发速度场和彻底扭曲的入射流场。涡激振动(参见第 6 章)、气动弹性和换热器传热管束的流体弹性失稳(参见第 7 章)都属于强耦合流体-结构系统。即使是无黏性、无导热且内部不发热的单相流体中的结构，其运动控制方程也会包含以下各项流体动力学方程：(注：介绍这些方程只是为了说明本节为何要采用简单得多的水动力质量和水动力阻尼，读者无须记住这些方程)

连续方程
$$\partial \rho / \partial t + \nabla(\rho\{V\}) = 0 \tag{4-1}$$

动量方程
$$\partial\{V\}/\partial t + \{V\} \cdot \nabla\{V\} + \nabla p/\rho - \{F\} = 0 \tag{4-2}$$

能量方程
$$\partial E/\partial t + \nabla \cdot (E\{V\} + p\{V\}) - \rho\{F\} \cdot \{V\} = 0 \tag{4-3}$$

$$E = \rho e + \rho\{V\} \cdot \{V\}/2 \tag{4-4}$$

根据第 3 章的内容,用矩阵形式表达的结构动力学方程为

$$[m]\{\ddot{y}\} + [c]\{\dot{y}\} + [k]\{y\} = \{F\} \tag{3-14}$$

为了将流体动力学方程[式(4-1)~式(4-3)]与结构动力学方程[式(3-14)]耦合起来,在流体-结构耦合面上,垂直于结构表面的流体速度必须等于结构速度的法向分量,即

$$\dot{y}_n = V_n \tag{4-5}$$

式(4-1)~式(4-5)是用向量和矩阵符号写成的紧凑型方程,方程实际上比看上去要复杂得多。在核安全应用领域中,这些方程又与流体发热相关的传热方程和中子学方程耦合在一起,以至于在经过了四分之一个世纪以上的深入研究后,仍没有哪种分析方法能令人满意地求解换热器传热管束的失稳问题,抑或是令人满意地求解其他许多强耦合流体-结构动力学问题。

2)弱耦合流体-结构系统

相比之下,在弱耦合流体-结构系统中,可将结构运动诱发的流场视作入射流场的一种小幅扰动,并将其线性叠加到入射流场上。即做出以下假设:

$$p = p_0 + p' \tag{4-6}$$

其中,p、p_0 和 p' 分别是壳体上的总压力、入射压力和诱发压力。此外流固耦合效应可以从静水中求解得到,这样就能从简单得多的声学方程入手,而不是一来就求解完整的流体动力学方程组[即式(4-1)~式(4-4)]。湍流激振(参见第 8 章和第 9 章)或许是人们最熟悉的弱耦合流体-结构系统。求解这一问题的标准方法,就是假设结构运动不会影响湍流的脉动压力,这样就能在不考虑任何结构参数的情况下,单独测量或计算湍流脉动压力。

水动力质量与水动力阻尼法

在弱流固耦合问题求解方法中,用附加质量(除管束内的附加质量外,本书其余部分的附加质量一律称作“水动力质量”)来体现流体-结构交互作用的全部影响。这样一来,不论是基本的结构分析计算机软件,还是为生成力函数而开发的计算机软件,都能在不做大幅修改的情况下求解此类问题。即使在有流体-结构交互作用的情况下,未考虑流固耦合效应(如湍流力函数)的试验数据也仍然有效。

经过 20 多年的深入研究,如今许多由流体或瞬时流体引起的动力学问题,以及几乎所有的抗震结构动力学问题,都会采用水动力质量法来进行解

算。为了计算水动力质量矩阵，一些商用有限元结构分析计算机程序吸纳了各种各样的复杂技术和方程。

与水动力质量类似，也可采用水动力阻尼项来充分体现流体黏度的影响。第 5 章将对水动力阻尼进行讨论。从第 5 章的例子可以看出，与水动力质量不同，即使在结构较大、流体流道较窄的情况下，水动力阻尼的影响也仍然相对较小。

以下几节将讨论通过无黏流体耦合在一起的两个同轴圆柱壳的振动问题。此部分内容不仅涉及声学，也涉及薄壳动力学，因此会有大量的数学公式。提醒读者阅读时要透彻地理解水动力质量这一概念，以免在使用时出错。

4.2　圆柱薄壳在空气中的自由振动

监管机构和工业界共同致力于确保核反应堆安全运行，开展了大量的科学技术研究工作。在 20 世纪 70 年代后期和 80 年代初，面密度均匀的薄壁圆柱壳的水动力质量和水动力阻尼得到了广泛的研究。虽然这两者是基于高度理想化的几何结构推导出来的，但研究结果表明，水动力质量对存在较窄流体通道的结构影响显著，在那之前，人们还没有充分认识到这一现象。为了确立这种现象的基本表达式并理解其中的基本思想，要从薄壳理论的基本原理着手，下文中的许多推导都源于第 3 章中的结构动力学基本原理。

图 4-1 展示了一个有限薄柱壳的振动模态。从端面来看，柱体的振动可能是由分布在圆周上的任意数量的波组成的。若用 n 表示环向波的数量，那么 $n=1$ 就是梁式模态，$n=0$ 就是对称呼吸模态[①]。按照柱壳理论中的常用符号，此处用 q 来表示柱壳表面上某一点的位移，用 μ 来表示质量面密度（此处假设该密度为常数）。此时式(3-14)右端的力就是柱壳运动所诱发的压力。对于具有均匀的厚度和质量面密度的圆柱薄壳，则用以下表达式来取代式(3-14)：

$$[\mu]\{\ddot{q}\} + [c]\{\dot{q}\} + [k]\{q\} = \{p_0\} + \{p'\} \qquad (4-7)$$

此处的 p_0 是"入射"压力，指所有不是因为圆柱壳运动而引起的压力。p' 则是因壳体运动诱发的压力。

将位移 q 分解为三个正交方向（轴向、切向和法向）上的位移 u、v 和 w，如图 4-2 所示。

---

① 　$n=0$ 时（或者说对称呼吸模态下）的频率通常高得多，且对结构响应的贡献都不大，因此下文的讨论中将不考虑这一阶模态。

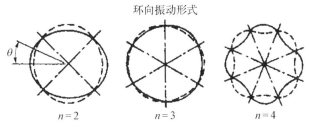

环向振动形式

$n=2$　　　$n=3$　　　$n=4$

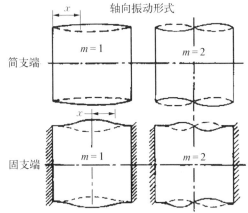

轴向振动形式

简支端

$m=1$　　$m=2$

固支端

$m=1$　　$m=2$

图 4-1　薄柱壳的振动模态

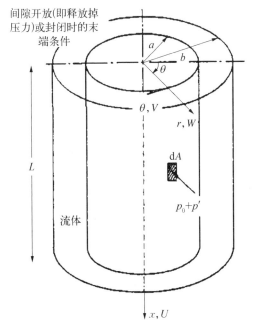

间隙开放(即释放掉压力)或封闭时的末端条件

图 4-2　柱坐标系 u、v 和 w

$$\{q\} = \{u, v, w\} \qquad (4-8)$$

将其中每个方向上的位移都做模态展开(参见第 3 章)，可得

$$u = \sum_{mn} U_{mn}\psi_m\Theta_n, \quad v = \sum_{mn} V_{mn}\psi_m\Theta_n, \quad w = \sum_{mn} W_{mn}\psi_m\Theta_n \qquad (4-9)$$

其中，U、V 和 W 分别是轴向、切向和法向上的振幅函数，ψ 和 Θ 则分别是轴向和环向模态振型函数(请与第 3 章做比较)。本章讨论的壳体具有均匀的面密度，所以在此假设本章内所有的轴向和环向模态振型全部做归一化处理(参见第 3 章)。

$$\int_0^L \psi_m(x)\psi_r(x)\,\mathrm{d}x = \delta_{mr} \qquad (4-10)$$

$$\int_0^{2\pi} \Theta_n\Theta_s(\theta)\,\mathrm{d}\theta = \delta_{ns} \qquad (4-11)$$

从侧面来看，柱体的形变由分布在发生体长度方向上的多个波形组成。用 m $(m = 1, 2, 3, \cdots)$ 来表示发生器沿线上的半波数量。如图 4-1 所示，轴向波形取决于柱体的端部边界条件。

壳体自由振动的运动方程如下(请与第 3.6 节做比较)：

$$[\mu]\{\ddot{q}\} + [k]\{q\} = 0$$

若采用普通符号，则该方程的表达形式为

$$\mu\ddot{u} + k_{11}u + k_{12}v + k_{13}w = 0$$
$$\mu\ddot{v} + k_{21}u + k_{22}v + k_{23}w = 0$$
$$\mu\ddot{w} + k_{31}u + k_{32}v + k_{33}w = 0 \qquad (4-12)$$

柱壳的固有频率可用以下特征方程表示：

$$\begin{vmatrix} k_{11} - \mu\omega_{mn}^2 & k_{12} & k_{13} \\ k_{21} & k_{22} - \mu\omega_{mn}^2 & k_{23} \\ k_{31} & k_{32} & k_{33} - \mu\omega_{mn}^2 \end{vmatrix} = 0 \qquad (4-13)$$

在能用有限元结构分析计算机程序计算这些方程的情况下，人们大多都会借助有限元模型来得出空气中的固有频率。对于两端简支或两端固支的均匀柱壳，人们已根据薄壳理论 $[(h/R)^2 \ll 1$ 且 $(h/L)^2 \ll 1]$ 得出了刚度矩阵各个单

元的解析解。两端简支的壳体的刚度矩阵的单元如下[13]：

$$k_{11} = (m\pi/L)^2\kappa + n^2k(1-\sigma)/(2R^2)$$
$$k_{12} = -mn\pi\kappa(1+\sigma)/(2LR)$$
$$k_{13} = m\pi\kappa\sigma/(LR)$$
$$k_{22} = n^2\kappa/R^2 + \kappa(1-\sigma)(m\pi/L)^2/2$$
$$k_{23} = -n\kappa/R^2$$
$$k_{33} = \kappa/R^2 + D[n^2/R^2 + (m\pi/L)^2]^2 \qquad (4-14)$$

其中，

$$k = Et/(1-\sigma^2)$$
$$D = Et^3/[12(1-\sigma^2)] \qquad (4-15)$$

对于两端固支的壳体[14-15]①：

$$k_{11} = \frac{\kappa}{C_m^2}\left(\frac{\gamma_m}{L}\right)^2 + \frac{n^2\kappa(1-\sigma)}{2R^2}$$

$$k_{12} = -C_m\frac{n\kappa}{R}\frac{\gamma_m}{L}\frac{1+\sigma}{2}$$

$$k_{13} = C_m\frac{\kappa\sigma}{R}\frac{\gamma_m}{L}$$

$$k_{22} = \frac{\kappa n^2}{R^2} + C_m^2\frac{\kappa(1-\sigma)}{2}\left(\frac{\gamma_m}{L}\right)^2$$

$$k_{23} = -\frac{\kappa n}{R^2}$$

$$k_{33} = \frac{\kappa}{R^2} + D\left[\frac{n^4}{R^4} + 2C_m^2\left(\frac{\gamma_m}{L}\right)^2\left(\frac{n}{R}\right)^2 + \left(\frac{\gamma_m}{L}\right)^4\right] \qquad (4-16)$$

表 4-1 给出了前 6 阶轴向模态下的常数 C 和 γ。将 k 代入特征式 (4-13)，便可得出壳体的固有频率。每对模态数 (m, n) 都有一组 k 和三个

---

① 根据沃伯顿(Warburton)文献[16]中的提示，式(4-14)已对欧阳最初发表的表达式[14]做了大量的简化。此处的常数 C_m 与常数 C_1、C_2 和 C_{13} 等有关(当 $m = 1, 3, 5, \cdots$ 时，$C = C_1/C_2$；当 $m = 2, 4, 6, \cdots$ 时，$C = -C_3/C_1$)。为使表达式更加贴近于简支柱体，式(4-14)中的 k_{12} 和 k_{13} 采用了与欧阳文献[14]相反的符号。由于同时改变了两个矩阵单元的符号，最终计算出的频率并不会发生变化。此外这些表达式也简单了许多。

频率解。在这些频率中，通常有两个频率远高于第三个频率，这两个频率分别对应轴向和切向上的主导性振动。最低的那个频率则与法向上的主导性振动有关，即结构动力分析中所关注的弯曲模态。

表 4-1　刚度矩阵单元的常数

m	C	γ
1	0.741 6	4.730 0
2	−0.864 2	7.853 2
3	0.904 5	10.995 6
4	−0.926 6	14.137 2
5	0.940 3	17.278 8
6	−0.949 8	20.420 3

作为一种简单的方法，式(4-14)能代替有限元法来计算两端固支柱壳的固有频率。电子表格可以轻易地计算这一方程，并可通过令行列式 $|M - \mu\omega^2|$ 为零来得出固有频率。此外正如下文所述，读者可以轻松地调整这一方程，然后用其得出流体-结构耦合条件下的柱壳固有频率。将式(4-14)用于计算能源与过程工业中常见的圆柱壳结构的固有频率，便会发现其结果与实验结果高度吻合，且计算用时远少于有限元法或其他"精确方法"。第 4.4 小节末尾举例说明了如何使用式(4-14)。

4.3　刚性环腔中的流体的声模态

在确立了柱壳的动力学方程后，接下来就必须关注两个柱体之间的流体动力学。正如上文所述，对于弱耦合假设，此处可用简单得多的声学方程来代替环腔的流体动力学方程。为了区分声模态和结构模态，采用"$\alpha, \beta = 1, 2, 3, \cdots$"来表示轴向和环向上的声模态数。在以刚性壁面为边界的环腔中，声压(p')分布可写成三个函数的乘积(每个柱坐标变量各有一个独立的函数)：

$$p'(\boldsymbol{r}) = \sum_{\alpha\beta} R_{\alpha\beta}(\boldsymbol{r})\phi_\alpha(x)\Theta_\beta \tag{4-17}$$

其中，R 是径向函数；$\phi_\alpha(x)$ 是轴向(声)模态振型函数；Θ 是环向模态振型函数。根据环腔末端条件的不同，此处的轴向振型函数采用了以下形式：

若两端敞开时(即释放掉压力,或者说 $x=0$、L 处 $p=0$),则

$$\phi_\alpha(x) = \sqrt{\frac{2}{L}} \sin\frac{\alpha\pi x}{L} \tag{4-18}$$

当 $\phi_0 = \frac{1}{\sqrt{L}}$ 时,

$$\phi_\alpha(x) = \sqrt{\frac{2}{L}} \cos\frac{\alpha\pi x}{L} \tag{4-19}$$

若两端封闭时(即 $x=0$、L 处 $p=p_{\max}$),则

$$\phi_\alpha(x) = \sqrt{\frac{2}{L}} \sin\frac{(2\alpha-1)\pi x}{2L} \quad 或 \quad \phi_\alpha(x) = \sqrt{\frac{2}{L}} \cos\frac{(2\alpha-1)\pi x}{2L} \tag{4-20}$$

若一端敞开、另一端封闭,相应的环向模态振型函数则可用下式表示:

$$\Theta_\beta = \cos\beta\theta / \sqrt{\pi} \tag{4-21}$$

与结构模态振型函数一样,声模态振型函数也必须经过恰当的归一化处理:

$$\int_0^L \phi_\alpha(x)\phi_\beta(x)\mathrm{d}x = \delta_{\alpha\beta} \tag{4-22}$$

$$\frac{1}{\pi}\int_0^{2\pi} \cos\alpha\theta\cos\beta\theta\,\mathrm{d}\theta = \delta_{\alpha\beta} \tag{4-23}$$

在小位移假定下,压力分布 $p'(r)$ 必须满足以下波动方程:

$$\left(\nabla^2 - \frac{1}{c^2}\frac{\partial^2}{\partial t^2}\right)p'(\boldsymbol{r}) = 0 \tag{4-24}$$

其中,∇^2 是柱坐标中的拉普拉斯算子。在笛卡尔坐标系中,波动方程的通解大多是正弦函数和余弦函数的某种组合;与此类似,在柱坐标系中,也可通过贝塞尔函数和修正贝塞尔函数 J、Y、I 和 K 的某种线性组合来得出波动方程的通解。在内部刚性壁的表面,径向函数 R 必须满足"加速度的法向分量必须为零"这一边界条件,即为

$$\left|\frac{\partial p'}{\partial r}\right|_{r=a} = 0 \tag{4-25}$$

满足拉普拉斯方程式(4 - 24)和边界条件式(4 - 25)的径向函数可用下式[7]表示：

$$R_{\alpha\beta}(r) = N_{\alpha\beta}\left[J_{\beta}(\chi_{\alpha}r) - J'_{\beta}(\chi_{\alpha}a)Y_{\beta}(\chi_{\alpha}r)/Y'_{\beta}(\chi_{\alpha}a)\right] \quad (4 - 26)$$

对于

$$\chi_{\alpha}^2 = (2f/c)^2 - (\varepsilon/L)^2 > 0$$

且

$$R'_{\alpha\beta}(r) = N'_{\alpha\beta}\left[I_{\beta}(\chi_{\alpha}r) - I'_{\beta}(\chi_{\alpha}a)K_{\beta}(\chi_{\alpha}r)/K'_{\beta}(\chi_{\alpha}a)\right] \quad (4 - 27)$$

对于

$$\chi_{\alpha}^2 = (\varepsilon/L)^2 - (2f/c)^2 > 0$$

其中，c 为声速；对两端敞开（$p = 0$）或两端封闭（$p = p_{\max}$）的流体环腔而言，$\varepsilon = \alpha$，对一端敞开、另一端封闭的流体环腔而言，$\varepsilon = (2\alpha - 1)/2$；$N_{\alpha\beta}$ 和 $N'_{\alpha\beta}$ 为振幅（对应第 3 章中的振幅 A）；J 和 Y 分别为第一类贝塞尔函数和修正的第一类贝塞尔函数，I 和 K 为第二类贝塞尔函数和修正的第二类贝塞尔函数。

到目前为止，本节只在内壁表面上应用了边界条件，因此以上各方程也适用于在无限流体介质中振动的单一柱体。根据所符合的具体条件（即以下两项条件之一）：

$$(2f/c)^2 - (\varepsilon/L)^2 > 0$$

或

$$(2f/c)^2 - (\varepsilon/L)^2 < 0$$

可将压力表示为从振动柱体辐射出的能量，或表示为一种惯性效应。符合以下条件的频率

$$f = \varepsilon c/2L \quad (4 - 28)$$

在声学中称为吻合频率。若频率高于吻合频率，振动结构就会向外辐射能量。由于存在能量辐射，对于结构而言，流固耦合效应就相当于一种附加阻尼。当频率低于吻合频率时，就不会辐射出能量，此时流体-结构交互作用对结构的影响则表现为"附加质量"项。本书将这种影响称作"水动力质量"，不过相关文献也经常采用"附加质量"一词。

本章考察了以刚性壁为界的环状流体的水动力质量。封闭流体腔内不可能损失任何能量（此处假设为无黏流体），因此从问题的物理学本质来看，在本

章考察的问题中,流体-结构交互作用只能以附加质量的形式对结构造成影响。将刚性壁边界条件应用到外壁面上,则可得出以下结果:

$$\left.\left|\frac{\partial p'}{\partial r}\right|\right|_{r=b}=0 \tag{4-29}$$

可通过两端简支梁的边界条件和结构动力学基本方程得出相应的特征方程,进而用该特征方程来计算梁振动的离散固有频率。与此类似,也可通过式(4-25)和式(4-29)的刚性壁边界条件得出下列特征方程,进而用这些特征方程来计算该环腔内的声模态固有频率:

若 $(2f/c)^2-(\varepsilon/L)^2>0$,则

$$J'_\beta(\chi_\alpha a)Y'_\beta(\chi_\beta b)=J'_\beta(\chi_\alpha b)Y'_\beta(\chi_\beta a) \tag{4-30}$$

若 $(2f/c)^2-(\varepsilon\pi/L)^2<0$,则

$$I'_\beta(\chi_\alpha a)K'_\beta(\chi_\beta b)=I'_\beta(\chi_\alpha b)K'_\beta(\chi_\beta a) \tag{4-31}$$

式(4-31)没有实根。上述环腔内的所有固有频率均由式(4-30)给出,如今的计算机软件可对其进行数值求解。根据之前的讨论,可知只有当频率高于吻合频率时,环腔内才存在声模态,因此有

$$f>\varepsilon c/2L$$

若低于该频率,环腔内则没有驻波。将在 12 章中详细解释式(4-30)。

波纹近似

对大多数情况来说,上述流体环腔相对于柱体半径而言都比较薄,因此满足 $a/(b-a)\gg1$ 这一条件。在该条件下,可用以下近似方程来计算声模态的固有频率:

$$f_{\alpha\beta}=\frac{c}{2\pi}\left[\left(\frac{\varepsilon\pi}{L}\right)^2+\left(\frac{2\beta}{a+b}\right)^2\right]^{1/2} \tag{4-32}$$

这种处理称作波纹近似。这种近似方法(即近似认为环状间隙较薄)忽略了边界的曲率效应,因此可用式(4-32)来解算矩形流体通道。

4.4　流体-柱壳耦合系统的振动

第 4.3 节讨论了以两刚性壁面为界的圆柱形流体环腔内的声模态。现在

假设这些壁面是同轴柔性柱体（动力与过程装备部件经常采用这种结构），那么内柱和外柱表面（见图 4-2）上的边界条件方程就不再是式（4-25）和式（4-29），而是

$$\left.\left|\frac{\partial p'}{\partial r}\right|\right|_{r=a}=-\rho\ddot{w}_a \quad \text{和} \quad \left.\left|\frac{\partial p'}{\partial r}\right|\right|_{r=b}=\rho\ddot{w}_b \qquad (4-33)$$

也就是说在内壁和外壁的表面上，流体质点的加速度 $\pm(1/\rho)(\partial p'/\partial r)$ 必须等于柱体法向运动的加速度。这些边界条件将环状间隙内的流体振动模态与柱壳的模态耦合到了一起。

研究表明[7]，由于余弦函数具有正交性（柱壳模态和声模态有共同的环向模态振型函数），柱壳模态与声模态之间不存在环向模态交叉耦合。本节采用一个通用下标 n 来表示柱体和流体环腔的环向模态。式（4-21）（即 $\Theta(\theta)=\cos n\theta/\sqrt{\pi}$）给出了柱体和环状流体域的归一化环向模态振型。在环形间隙两端开放（两端均 $p=0$）且两个柱体均为简支的特殊情况下，可用正弦函数表示流体和柱体的轴向模态，且这两个轴向模态之间不存在模态交叉项耦合。而在一般情况下，柱体轴向模态与声学轴向模态之间存在模态交叉项耦合。用 $\psi_m(x)$ 来表示结构轴向模态振型函数，用 $\psi_a(x)$ 来表示声学轴向模态振型函数。这两者均通过归一化处理。

还有两种方法也能计算流体-壳体耦合系统的固有频率，即 2×2 广义水动力质量矩阵和全水动力质量矩阵。第一种方法是用袖珍计算器或装有 Microsoft Office 等标准办公软件的个人电脑进行"手动计算"。若采用该方法，则可先通过测量以及解算特征式（4-13）或运行有限元计算机程序的方式，来获取各柱体在空气中的固有频率。第二种方法则建立在有限元法的基础之上，需要一款结构分析计算机程序，单独计算出全水动力质量矩阵。以下两节将对此进行探讨。

4.5　2×2 广义水动力质量矩阵

人们往往通过测量、有限元计算或求解特征式（4-13）的方式，来获取单个柱体在空气中的固有频率。在此情形下，可用"广义水动力质量矩阵"法来获取流体-壳体系统的耦合频率。该方法既要计算每个柱壳的整体广义水动力质量，也要计算两壳之间的交叉耦合。由此得出的矩阵为 2×2 矩阵。根据

欧阳的文献[8]，此处用级数展开法进行以下推导。以声模态项的形式展开结构模态振型，可得

$$\psi_m(x) = \sum_\alpha C_{m\alpha} \phi_\alpha(x) \tag{4-34}$$

声模态振型为正弦或余弦函数[即式(4-18)～式(4-21)]，因此上式是傅里叶级数，并且其系数可以用以下表达式计算：

$$C_{m\alpha} = \int_0^L \psi_m(x) \phi_\alpha(x) \mathrm{d}x \tag{4-35}$$

通过该方法可以发现，只要柱体的振幅相对于环状水隙宽度足够小，那么因柱体运动而在其自身表面上诱发的第 m 阶轴向模态广义压力就应与柱体加速度的法向分量成正比：

$$p'_a = \sum_\alpha (C^a_{m\alpha} h^a_\alpha \ddot{w}_a + C^b_{m\alpha} h^{ab}_\alpha \ddot{w}_b) \phi_\alpha \Theta_n$$

$$p'_b = \sum_\alpha (C^a_{m\alpha} h^{ba}_\alpha \ddot{w}_a + C^b_{m\alpha} h^b_\alpha \ddot{w}_b) \phi_\alpha \Theta_n \tag{4-36}$$

式中，h^a_α 是第 α 阶声模态对"因柱体 a 的运动而在其自身上诱发的压力"的贡献量；h^{ab}_α 是第 α 阶声模态对"因柱体 b 的运动而在柱体 a 上诱发的压力"的贡献量。对柱体 b 而言，h^b_α 和 h^{ba}_α 的含义类似。相应的水动力质量分量可用下式表示：

$$h^a_{\alpha n} = -\rho(x_\alpha a, x_\alpha b)'_n / [x_\alpha(x_\alpha a, x_\alpha b)''_n]$$

$$h^b_{\alpha n} = \rho(x_\alpha b, x_\alpha a)'_n / [x_\alpha(x_\alpha b, x_\alpha a)''_n]$$

$$h^{ab}_{\alpha n} = -\rho / [x_\alpha^2 a(x_\alpha a, x_\alpha b)''_n]$$

$$h^{ba}_{\alpha n} = \rho / [x_\alpha^2 b(x_\alpha b, x_\alpha a)''_n] \tag{4-37}$$

其中，$'$ 表示对函数参数的导数。当 $2f/c < \varepsilon/l$，且

$$(x, y)'_n \equiv \mathrm{I}_n(x) \mathrm{K}'_n(y) - \mathrm{I}'_n(y) \mathrm{K}_n(x)$$

$$(x, y)''_n \equiv \mathrm{I}'_n(x) \mathrm{K}'_n(y) - \mathrm{I}'_n(y) \mathrm{K}'_n(x) = -(y, x)''$$

上述条件满足时，

$$x_\alpha^2 = (\varepsilon \pi / l)^2 - (2\pi f / c)^2$$

当 $2f/c > \varepsilon/l$，且

$$(x, y)'_n \equiv J_n(x) Y'_n(y) - J'_n(y) Y_n(x)$$

$$(x, y)''_n \equiv J'_n(x) Y'_n(y) - J'_n(y) Y'_n(x) = -(y, x)''$$

上述条件满足时，

$$x_\alpha^2 = (2\pi f/c)^2 - (\varepsilon \pi/l)^2$$

尽管式(4-37)看上去很棘手，但电子表格或采用标准计算机语言编程的程序都能轻松地计算。以下贝塞尔函数的导数或许能为解算提供帮助：

$$J'_n(x) = (n J_n(x) - x J_{n+1}(x))/x$$

$$Y'_n(x) = (n Y_n(x) - x Y_{n+1}(x))/x$$

$$I'_n(x) = (n I_n(x) + x I_{n+1}(x))/x$$

$$K'_n(x) = (n K_n(x) - x K_{n+1}(x))/x \tag{4-38}$$

需要指出的是，h^a 和 h^b 应为正值，而 h^{ab} 和 h^{ba} 应为负值，且 $bh^{ab} = ah^{ba}$。广义压力（对每个柱壳的广义压力）可用下式表示：

$$P'_{mna} = \int_0^L \psi_a p'_a \mathrm{d}x \tag{4-39}$$

P'_b 也有类似的表达式。根据式(4-36)和式(4-9)可知：

$$P'_{amn} = \left(\sum_\alpha (C^a_{ma})^2 h^a_{an} \right) \ddot{W}_{amn} + \left(\sum_\alpha C^a_{ma} C^b_{ma} h^{ab}_{an} \right) \ddot{W}_{bmn}$$

$$P'_{bmn} = \left(\sum_\alpha C^a_{ma} C^b_{ma} h^{ba}_{an} \right) \ddot{W}_{amn} + \left(\sum_\alpha (C^b_{ma})^2 h^b_{an} \right) \ddot{W}_{bmn} \tag{4-40}$$

该表达式可以写成以下形式：

$$\begin{Bmatrix} P'_{amn} \\ P'_{bmn} \end{Bmatrix} = \begin{bmatrix} M^a_{Hmn} & M^{ab}_{Hmn} \\ M^{ba}_{Hmn} & M^b_{Hmn} \end{bmatrix} \begin{Bmatrix} \ddot{W}_{amn} \\ \ddot{W}_{bmn} \end{Bmatrix} \tag{4-41}$$

对每一组模态数 (m, n) 而言，也可以用矩阵符号表达为以下形式：

$$\{P'\} = [M_H] \{\ddot{W}\} \tag{4-42}$$

其中，

$$M^a_{Hmn} = \sum_\alpha (C^a_{am})^2 h^a_{an} \qquad M^{ab}_{Hmn} = \sum_\alpha (C^a_{am} C^b_{am}) h^{ab}_{an}$$

$$M^{ba}_{Hmn} = \sum_\alpha (C^a_{am} C^b_{am}) h^{ba}_{an} \qquad M^b_{Hmn} = \sum_\alpha (C^b_{am})^2 h^b_{an} \tag{4-43}$$

从式(4-42)可以看出,诱发压力对柱体的净效应就是附加质量项。读者可从第 4.3 节的讨论中预见到这一结果。既然流体环腔是完全封闭的,那么系统就不会损失任何能量,所以流固耦合的净效应只可能是第 4.3 节指出的惯性项。出于这一缘故,相应的 2×2 矩阵为

$$[M_{\mathrm{H}}]_{mn} = \begin{bmatrix} M_{\mathrm{H}}^a & M_{\mathrm{H}}^{ab} \\ M_{\mathrm{H}}^{ba} & M_{\mathrm{H}}^b \end{bmatrix}_{mn} \tag{4-44}$$

其被命名为"广义附加质量"或"广义水动力质量",本书采用了后一种名称。之所以称之为"广义",是因为每组模态数 (m, n) 都各有一则该矩阵;而该项之所以是质量项,是因为相应的压力与加速度的法向分量 $\ddot{W}$ 成正比。不过不同于物理质量,只有加速度法向分量上的水动力质量,才是有效的水动力质量。根据水动力质量矩阵,每个柱体的模态运动方程皆变成以下形式:

$$([\mu] + \{Q\}^{\mathrm{T}}[M_{\mathrm{H}}][\delta_{33}]\{Q\})(-\omega^2 + \mathrm{i}2\omega\omega_{mn} + \omega_{mn}^2)Q_{mn}^a = P_0 \tag{4-45}$$

其中矩阵

$$[\delta_{33}] = \begin{bmatrix} 0 & 0 & 0 \\ 0 & 0 & 0 \\ 0 & 0 & 1 \end{bmatrix} \tag{4-46}$$

表示只有在壳体运动的法向分量 W 上的水动力质量矩阵(最初为压力)才是有效的。在下一节讨论的有限元法中,这些水动力质量只宜与柱坐标中的法向自由度关联在一起。而为了能按物理质量密度矩阵 $[\mu]$ 的基准来处理水动力质量,本节所述的方法采用了矩阵相乘的方式,并将**有效水动力质量矩阵**定义为

$$\begin{aligned}
[\hat{M}_{\mathrm{H}n}] &= \{Q\}^{\mathrm{T}}[M_{\mathrm{H}}][\delta_{33}]\{Q\} \\
&= (U_n, V_n, W_n)\begin{bmatrix} 0 & 0 & 0 \\ 0 & 0 & 0 \\ 0 & 0 & M_{\mathrm{H}n}^a \end{bmatrix}\begin{pmatrix} U_n \\ V_n \\ W_n \end{pmatrix} = \frac{M_{\mathrm{H}n}}{1 + (U_n/W_n)^2 + (V_n/W_n)^2}
\end{aligned} \tag{4-47}$$

根据圆柱薄壳理论:

$$1 + (U_n/W_n)^2 + (V_n/W_n)^2 \approx \frac{1}{1 + n^{-2}} \qquad (4-48)$$

于是有

$$\hat{M}_H = \frac{M_H}{1 + n^{-2}} \qquad (4-49)$$

从物理上讲，这意味着既然水动力质量仅在法向上有效，那么其惯性效应就不同于物理质量（物理质量在全部三个自由度上都是有效的）的惯性效应。在梁式模态（$n=1$）下，其惯性效应为物理质量惯性效应的 1/2；在更高阶的壳式模态下，由于 n 相对较大，其惯性效应与物理质量的惯性效应基本相同。根据式（4-43）和式（4-49）可知：

$$[\hat{M}_{Hmn}^a] = \frac{1}{1+n^{-2}} \sum_a (C_{am}^a)^2 h_{an}^a \qquad [\hat{M}_{Hmn}^{ab}] = \frac{1}{1+n^{-2}} \sum_a (C_{am}^a C_{am}^b)^2 h_{an}^{ab}$$

$$[\hat{M}_{Hmn}^{ba}] = \frac{1}{1+n^{-2}} \sum_a (C_{am}^a C_{am}^b)^2 h_{an}^{ba} \qquad [\hat{M}_{Hmn}^b] = \frac{1}{1+n^{-2}} \sum_a (C_{am}^b)^2 h_{an}^b$$

$$(4-50)$$

此时柱体的模态运动方程可写成以下形式（旨在省去模态下标 m，n）：

$$\left\{ -\omega^2 \left(\begin{bmatrix} \mu_a & 0 \\ 0 & \mu_b \end{bmatrix} + \begin{bmatrix} M_a \delta_{33} & M_{ab} \delta_{33} \\ M_{ba} \delta_{33} & M_b \delta_{33} \end{bmatrix} \right) + \begin{bmatrix} k_a & 0 \\ 0 & k_b \end{bmatrix} \right\} \begin{Bmatrix} Q_a \\ Q_b \end{Bmatrix} = \begin{Bmatrix} P_{0a} \\ P_{0b} \end{Bmatrix}$$

$$(4-51)$$

此时各柱体的运动方程通过水动力质量矩阵的非对角线单元耦合到了一起。不过必须强调的是，正如式（4-51）中的 δ_{33} 矩阵所示，只能通过壳体的法向自由度进行这种耦合。可直接用刚度矩阵和有效水动力质量矩阵来计算相应的耦合固有频率：

$$\begin{vmatrix} & & & 0 & 0 & 0 \\ & [D(a)] & & 0 & 0 & 0 \\ & & & 0 & 0 & [\hat{M}_H^{ab}] \\ 0 & 0 & 0 & & & \\ 0 & 0 & 0 & & [D(b)] & \\ 0 & 0 & [\hat{M}_H^{ba}] & & & \end{vmatrix} = 0 \qquad (4-52)$$

其中，

$$[D(a)] = \begin{bmatrix} k_{11}^a - \mu_a \omega^2 & k_{12}^a & k_{13}^a \\ k_{12}^a & k_{22}^a - \mu_a \omega^2 & k_{23}^a \\ k_{13}^a & k_{13}^a & k_{33}^a - (\mu_a + [\hat{M}_H^{}])\omega^2 \end{bmatrix}$$

尽管式(4-52)看上去很棘手，但正如示例 4.1 和示例 4.2 所示，电子表格及其内置的数学函数能轻易求出该方程的数值解。注意非对角线水动力单元 $[\hat{M}_H^{ab}]$，$[\hat{M}_H^{ba}]$ 的数值是负值。

流固耦合物理学

式(4-50)表明，有效水动力质量不仅取决于可视作水动力质量分量的 h，也取决于傅里叶系数 C。从式(4-35)的定义来看，傅里叶系数 C_{ma} 是结构模态 m 和声模态 a 的相容性测度。如果这两阶模态没有共同之处(比如说这两阶模态彼此正交)，那么不论声压(即 h)有多大，都不能与结构形成耦合。这样一来，由于 C_{ma} 为零(见图 4-3)，该阶声模态就不能对水动力质量 $\hat{M}^a$ 做出贡献。由于人们未能将傅里叶系数纳入流固耦合的水动力质量公式，结果出现了许多明显自相矛盾的结论。第 5 章将对此进行讨论。

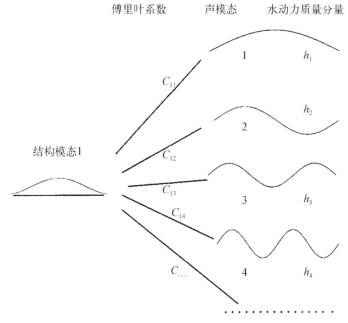

图 4-3　流固耦合物理学

示例 4 - 1　耦合的壳体模态振动。

下一代核反应堆被建议采用低压设计,并在中等温度下运行,这样才能实现本质安全。针对某一假想设计方案,堆芯支承结构和外侧反应堆压力容器可以简化为两个同轴圆柱壳,圆柱壳之间的间隙灌满了水,如图 4 - 4 所示。表 4 - 2 给出了这两个柱体的尺寸以及它们之间水的压力和温度。为阐述环状间隙内的水对壳体固有频率的显著影响,本文假设内壳内部没有水。

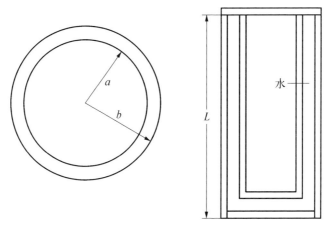

图 4 - 4　流体-壳体耦合系统

表 4 - 2　同轴柱壳的数据

	美 制 单 位	国 际 单 位
长度 L	300 in	7.620 m
内壳外径 b	78.5 in	1.994 m
外壳内径 a	88.5 in	2.248 m
内壳厚度 t	1.5 in	0.038 1 m[①]
外壳厚度 t	1.5 in	0.038 1 m[①]
壳体的边界条件	在顶部和底部固支	
环状水隙的边界条件	顶部封闭,底部释压	
两个壳体的材料密度	0.283 1 lb/in³ (7.327×10^{-4} lbf · s²/in⁴)	7 863 kg/m³

---

① 译者注：原文误写为 0.025 4 m。

（续表）

	美 制 单 位	国 际 单 位
泊松比	0.29	0.29
两柱体之间水的杨氏模量	2.96×10^7 psi	2.041×10^{11} Pa
水温	300°F	148.9℃
水压	80 psi	5.516×10^5 Pa
假设内壳中没有水		
两个壳体的面密度 $\mu = t\rho$	0.001 099 lbf · s^2/in^3	298.6 kg/m²
根据《ASME 蒸汽表》[17] 可知		
水的密度	57.3 lb/ft³ (8.582×10^{-5} lbf · s^2/in^4)	917.9 kg/m³
声速	4 769 ft/s (57 230 in/s)	1 453.6 m/s

解算

按照标准的做法,此处将质量密度换算为美制单位中的相容单位(表 4 - 2 的括号中给出的数据)。有了这些换算数据和指定的壳体厚度,便可计算壳体的质量面密度。表 4 - 2 已给出了这些密度。可在《ASME 蒸汽表》[17] 中找到指定温度和压力下的水密度。有两种方法可以估算指定环境条件下水中的声速:第一种方法是利用表 2 - 1 给出的数值插值,第二种方法是按照第 12 章示例 12.2 中描述的方法进行计算。表 4 - 2 最后一行给出的数值就是用后一种方法得出的。下面将简述剩余的解算步骤。

刚度矩阵和固有频率

第一步是用式(4 - 15)计算刚度矩阵,然后用式(4 - 13)得出每个壳体在空气中的频率。以下刚度矩阵是用 Microsoft Excel 计算得出的,但也可用 Fortran 程序进行计算。此处的刚度矩阵仅供说明之用,为了简洁起见,此处仅给出采用美制单位的 $(m, n) = (1, 3)$ 模态矩阵的单元。请注意,只要在某种单位制下采用彼此相容的单位,那么就不必在每一步计算中都带上这些单位。计算以下刚度矩阵单元时,式(4 - 15)中采用的平均半径为 77.75 in 和 89.25 in。

采用美制单位时,$(m, n) = (1, 3)$ 的 k 矩阵为

	内柱 k^a			外柱 k^b		
	u	v	w	u	v	w
u	47 533	−14 107	2 114	41 356	−12 289	1 842
v	−14 107	74 526	−24 058	−12 289	57 125	−18 257
w	2 114	−24 058	8 044	1 842	−18 257	6 101

根据式（4-13），柱体在空气中的（1，3）模态频率表示为 $|[k_a]-\mu_a(2\pi f)^2[I]|=0$，其中 $\mu_a=0.001\,099\,1\,\text{lbf}\cdot\text{s}^2/\text{in}^3$。柱体 b 的解法也是如此。在 f 未知的情况下，只要采用试错法，就能用电子表格轻松求出以上行列式方程的数值解。每个柱体的每对模态下标 (m,n) 各有三个根，其中数值最小的根就是在径向占主导的模态，也就是弯曲模态，即后续结构动力分析中唯一关注的那一阶模态。因此，在搜寻以上方程的零值时，很重要的一点就是要从较小 f 开始搜寻。表 4-3 给出了用 Microsoft Excel 的 MDETEM 函数得出的两个柱体在空气中的模态频率值。请注意，（1，4）模态在空气中的固有频率最低。对各种壳体而言，"n 大于 1 的模态的频率最低"是一种常见的情形。

表 4-3　柱体在空气中的固有频率（Hz）

柱体 ＼ 模态数 (m, n)	(1, 1)	(1, 2)	(1, 3)	(1, 4)	(1, 5)
内柱（a）	151.3	84.7	54.8	51.0	64.6
外柱（b）	151.7	87.7	56.3	46.4	52.6

傅里叶系数的计算

计算水动力质量矩阵的第一步，就是计算傅里叶系数[见式（4-35）]。正如本节之前讨论的那样，傅里叶系数是对结构模态与声模态之间的相容性的测度。

$$C_{ma}=\int_0^L \psi_m(x)\phi_a(x)\mathrm{d}x=\sum \psi_m(x_i)\phi_a(x_i)\Delta x_i$$

根据式（4-20），就顶部封闭、底部释压的环状水隙而言，其声模态振型函数为

$$\phi_a(x)=\sqrt{\frac{2}{L}}\cos\frac{(2\alpha-1)\pi x}{2L}$$

第 3 章的表 3 - 1 给出了两端固支壳体在 $m = 1$ 时的轴向结构模态振型：

$$\psi_1(x) = \frac{1}{\sqrt{L}} \left\{ \left[\cosh\left(\frac{\lambda_1 x}{L}\right) - \cos\left(\frac{\lambda_1 x}{L}\right) \right] - \sigma_1 \left[\sinh\left(\frac{\lambda_1 x}{L}\right) - \sin\left(\frac{\lambda_1 x}{L}\right) \right] \right\}$$

其中，$\lambda_1 = 4.73$，$\sigma_1 = 0.982\,5$。以 $\Delta x_i = L/30$ 为条件，通过电子表格的数值积分功能，用以上轴向模态振型函数和式(4 - 35)来计算傅里叶系数，从而得到如表 4 - 4 所示的结果。

表 4 - 4　柱体的傅里叶系数

壳体边界条件	C_{11}	C_{12}	C_{13}	C_{14}	C_{15}
两端固支	0.795 8	−0.544 7	−0.239 3	0.028 43	−0.030 10

两个柱体具有相同的边界条件和长度，因此这两个柱体也具有相同的傅里叶系数。

水动力质量的计算

下一步是用式(4 - 37)来计算水动力质量分量 h。既然水动力质量对环状水隙的宽度非常敏感，那么在计算水动力质量分量 h 时，很重要的一点就是要选择合适的柱体半径，这样才能保持真实的间隙宽度(本例中的该宽度为 10 in)。可用电子表格来计算 h，不过以下结果是用 Fortran 小程序计算得出的。水动力质量取决于频率，所以必须先计算"假想"频率处的水动力质量。下面以内壳半径 78.5 in、外壳半径 88.5 in 为条件，计算了 15 Hz 频率处的数值。为简洁起见，表 4 - 5 只给出美制单位下 $n = 3$ 时的水动力质量(注意非对角线矩阵单元为负值)。

表 4 - 5　$n = 3$ 时的水动力质量分量　　(单位为 lbf · s^2/in^3)

α	h^{aa}	h^{ab}	h^{bb}	h^{ba}
1	$6.393\,0 \times 10^{-3}$	$-6.757\,0 \times 10^{-3}$	$7.207\,0 \times 10^{-3}$	$-5.993\,0 \times 10^{-3}$
2	$5.520\,0 \times 10^{-3}$	$-5.771\,0 \times 10^{-3}$	$6.218\,0 \times 10^{-3}$	$-5.119\,0 \times 10^{-3}$
3	$4.356\,0 \times 10^{-3}$	$-4.457\,0 \times 10^{-3}$	$4.899\,0 \times 10^{-3}$	$-3.953\,0 \times 10^{-3}$
4	$3.337\,0 \times 10^{-3}$	$-3.307\,0 \times 10^{-3}$	$3.744\,0 \times 10^{-3}$	$-2.933\,0 \times 10^{-3}$
5	$2.572\,0 \times 10^{-3}$	$-2.445\,0 \times 10^{-3}$	$2.877\,0 \times 10^{-3}$	$-2.169\,0 \times 10^{-3}$

由式(4 - 50)可知，有效水动力质量等于[此处省去了模态下标 (m, n)，

读者应记住此处对应的是(1，3)模态]：

$$[\hat{M}_{\mathrm{H}}^{a}] = \frac{1}{1+n^{-2}} \sum_{\alpha} (C_{\alpha}^{a})^{2} h_{\alpha}^{a}, \quad n = 3$$

$[\hat{M}_{\mathrm{H}}^{ab}]$、$[\hat{M}_{\mathrm{H}}^{ba}]$ 和 $[\hat{M}_{\mathrm{H}}^{b}]$ 也有类似的表达式。所得结果如下：

当 $(m，n)=(1，3)$ 时，$[\hat{M}_{\mathrm{H}}] = \begin{bmatrix} 5.400 \times 10^{-3} & -5.682 \times 10^{-3} \\ -5.040 \times 10^{-3} & 6.086 \times 10^{-3} \end{bmatrix}$，单位为 lbf $\cdot$ s^2/in^3。

"水中"和耦合频率

下面开始计算三个独立的"水中"频率：当柱体 b 为刚性时，柱体 a 的"水中"频率；当柱体 a 为刚性时，柱体 b 的"水中"频率；当柱体 a 和柱体 b 均为柔性时，两者的"水中"耦合频率。此处要再次强调一遍，计算时只搜寻最低的模态频率。

当柱体 b 为刚性时，柱体 a 的"水中"(1，3)模态的频率

(1，3)模态弯曲频率为以下行列式方程的最小根：

$$\left| [k_a] - (\mu_a + [\hat{M}_{\mathrm{H}}^{a}])(2\pi f)^2 [I] \right| = 0 \quad 或$$

$$\left| \begin{bmatrix} 47\,533 & -14\,107 & 2\,114 \\ -14\,107 & 74\,526 & -24\,058 \\ 2\,114 & -24\,058 & 8\,044 \end{bmatrix} - (2\pi f)^2 \begin{bmatrix} 1.099\,1 \times 10^{-3} & 0 & 0 \\ 0 & 1.099\,1 \times 10^{-3} & 0 \\ 0 & 0 & 6.499\,2 \times 10^{-3} \end{bmatrix} \right| = 0$$

可通过试错法来轻松地求出该方程的数值解（比如用 Microsoft Excel 中的 MDETERM 函数求解）。弯曲模态下可得到

$$\overline{f}_{13}^{\,a} = 23.6 \text{ Hz}$$

类似的，

$$\overline{f}_{13}^{\,b} = 23.0 \text{ Hz}$$

分别与空气中 54.8 Hz 和 56.3 Hz 的频率进行对比。最后根据式(4-51)，壳体的耦合频率可用以下特征方程的根表示：

$$\begin{bmatrix} 47\,533 & -14\,107 & 2\,114 & 0 & 0 & 0 \\ -14\,107 & 74\,526 & -24\,058 & 0 & 0 & 0 \\ 2\,114 & -24\,058 & 8\,044 & 0 & 0 & 0 \\ 0 & 0 & 0 & 41\,356 & -12\,289 & 1\,842 \\ 0 & 0 & 0 & -12\,289 & 57\,125 & -18\,257 \\ 0 & 0 & 0 & 1\,842 & -18\,257 & 6\,101 \end{bmatrix} -$$

$$(2\pi f)^2 \begin{bmatrix} 1.099\,1\times10^{-3} & 0 & 0 & 0 & 0 & 0 \\ 0 & 1.099\,1\times10^{-3} & 0 & 0 & 0 & 0 \\ 0 & 0 & 6.499\,2\times10^{-3} & 0 & 0 & -5.682\,1\times10^{-3} \\ 0 & 0 & 0 & 1.099\,1\times10^{-3} & 0 & 0 \\ 0 & 0 & 0 & 0 & 1.099\,1\times10^{-3} & 0 \\ 0 & 0 & -5.039\,8\times10^{-3} & 0 & 0 & 7.184\,8\times10^{-3} \end{bmatrix} = 0$$

这里要再次强调的是,可通过试错法来求出该方程的数值解(比如用 Microsoft Excel 中的 MDETERM 函数求解),和之前的区别仅在于此处有两个(1,3)弯曲模态频率:其中较低的频率代表了两个柱体的反相振动,较高的频率代表了两个柱体的同相振动。由此得出以下结果:

$$耦合反相(1,3)频率 = 17.5\ \mathrm{Hz}$$
$$耦合同相(1,3)频率 = 48.5\ \mathrm{Hz}$$

此时便能看出,流固耦合会显著影响大型结构的固有频率。请注意,之前本节一直假设内柱中没有水,因此所有这些流体荷载效应都来自狭窄环状间隙中的少量的水。这种现象在核反应堆的预运行试验中出现过。

示例 4 - 2　环状流体间隙中的梁式模态振动。

可建立两个同心圆柱体模型,柱体之间的环状间隙充满水,用以模拟典型的压水核反应堆,参见图 2 - 20 和图 4 - 5。其中反应堆堆芯(即内柱)由顶部法兰(该法兰具有等效扭转弹簧常数)提供支撑。此处假设堆芯在刚体结构中以某一阶复摆模态振动，并分别计算了"空气中"频率和等效扭转弹簧常数。表4-6则给出了两个柱体的直径及其他相关信息。计算位于静止的反应堆压力容器内的堆芯在梁式模态（$n=1$）振动中的有效水动力参数和"水中"固有频率，可假设堆芯质量均匀地分布在其全长范围内。

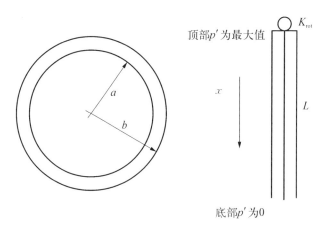

顶部p'为最大值

底部p'为0

图4-5 模型示意图

表4-6 压水反应堆数据

	美 制 单 位	国 际 单 位
堆芯(内柱)外径b	157 in	3.988 m
压力容器(外柱)内径a	177 in	4.496 m
长度L	300 in	7.62 m
水温	575°F	301.7℃
压力	2 200 psi(绝压)	1.517×10⁷ Pa
堆芯全重(含水)	728 000 lb (22 608 slugs；1 884 lbf·s²/in)	330 215 kg
"空气中"的梁式模态频率	21.9 Hz	21.9 Hz
支承件处的等效弹簧常数	1.07×10¹² lbf·in/rad	1.209×10¹¹ N·m/rad

该示例是工程师可能遇到的实际问题。工程师通常会用有限元模型来单独计算"空气中"频率（即没有流固耦合时的频率），计算时要把内柱中的水也考虑进来。不过环状间隙（即内柱与外柱之间的间隙）中的水所产生的水动力

质量效应则不在计算范围内,需要由工程师评估流固耦合的影响。

解算

美国工程师经常需要处理"不相容"单位的问题。在动力学计算中,很重要的一点就是将所有这些单位都换算为相容单位[比如第 1 章中的质量单位 $(lbf \cdot s^2/in)$]。当工程师能够熟练计算后,便能酌情跳过其中一些换算步骤(比如当简单的比率计算中涉及质量时)。为帮助读者形成习惯,尽管本示例并非一定要进行换算,但此处还是将各种质量单位换算成了相容的美制单位 $(lbf \cdot s^2/in)$。根据《ASME 蒸汽表》[17]可知:

	美 制 单 位	国 际 单 位
水的密度 ρ	45.1 lb/ft^3 (1.401 slug/ft^3 或 6.754 5 $\times$ 10^{-5} lbf $\cdot$ s^2/in^4)	723 kg/m^3
动力黏度 μ	1.834 $\times$ 10^{-6} lbf $\cdot$ s/ft^2	8.778 $\times$ 10^{-5} Pa $\cdot$ s
运动黏度 $\nu = \mu/\rho$ ①	1.876 $\times$ 10^{-4} in^2/s	1.214 $\times$ 10^{-7} m^2/s
声速 c	3 099 ft/s	944.5 m/s
内径 a	78.5 in	1.999 m
外径 b	88.5 in	2.248 m
间隙宽度 $g = b - a$	10 in	0.254 m

对表 2-1 中的数值进行插值,或按照第 12 章中示例 12.2 给出的方法进行计算,便可得出相应的声速。在计算采用美制单位的运动黏度时,必须先将密度换算为相容单位(详见第 1 章),此处为 slug/ft^3,从而计算出的运动黏度单位是 ft^2/s。然后将所得黏度值乘以 144,从而将其单位转换为 in^2/s(这种单位才适合于结构分析)。下文将逐步介绍计算过程。

声模态振型函数和结构模态振型函数

反应堆堆芯(见图 2-20)由顶部法兰提供支撑,因此水隙顶部 $(x = 0)$ 为封闭状态(p' 为最大值)。环状间隙的底部则与下腔室连通,因此 $x = L$ 处的 $p' = 0$。根据式(4-20),归一化声模态振型可用下式表示:

---

① 此处计算该数值是为了将其用于第 5 章的示例。

$$\phi_a(x) = \sqrt{\frac{2}{L}} \cos \frac{(2\alpha - 1)\pi x}{2L}, \alpha = 1, 2, 3, \cdots$$

在复摆模态下振动的梁的归一化模态振型如下：

$$\psi_1(x) = \sqrt{\frac{3}{L^3}} x$$

下标 1 旨在强调此处考虑的是一阶梁式模态。读者感兴趣可自行证明以上模态振型为归一化振型[见式(4-10)]。

傅里叶系数

各傅里叶系数可用式(4-35)表示：

$$C_{1\alpha} = \int_0^L \psi_1 \phi_1 \mathrm{d}x = \frac{\sqrt{6} \Delta x_i}{L^2} \sum x_i \cos \frac{(2\alpha - 1)\pi x_i}{2L}$$

常用的软件能轻易完成以上求和计算。作者使用电子表格通过 30 个积分步骤计算出了以下数据。这些系数为无量纲数，因此它们在两种单位制下的数值并无差别。表 4-7 给出了 $\alpha = 1 \sim 8$ 时的结果，可以看出收敛性相当不错。

表 4-7　傅里叶系数和水动力质量分量

α	傅里叶系数 C	$h/(\mathrm{lbf} \cdot \mathrm{s}^2/\mathrm{in}^3)$	$h/(\mathrm{kg/m}^2)$
1	0.567	0.040 55	11 017
2	−0.631	0.017 08	4 640
3	0.273	0.008 32	2 180
4	−0.244	0.004 53	1 230
5	0.163	0.002 92	795
6	−0.152	0.002 07	562
7	0.117	0.001 55	422
8	−0.111	0.001 22	330

水动力质量分量 h

虽然用来对贝塞尔函数求导的式(4-37)、式(4-38)和递推式看上去很棘手，但任何标准计算机语言或电子表格都能轻松地对其进行编码，所以通常

都能以此计算出 h。本文作者用一段 Fortran 小程序计算出了表 4-7 中的数值。此处应当注意的是，既然水动力质量对间隙宽度极其敏感，那么就务必要保持环状间隙宽度的真实尺寸（10 in 或 0.254 m）。在掌握这些水动力质量分量的数值和相应的傅里叶系数后，便可用式(4-43)、式(4-49)和式(4-52)得出以下结果。

	美 制 单 位	国 际 单 位
$\sum\limits_{\alpha=1}^{8} C_{1\alpha}^{2} h_{\alpha}^{a} =$	2.086×10^{-2} lbf · s^2/in^3	5 666 kg/m^2
$\hat{M}^{a}(\pi a L) =$	1 543 (lbf · s^2/in)	2.705×10^{5} kg
$f_{1}^{\text{water}} =$	16.2 Hz	16.2 Hz

相比之下，环状间隙中的水的物理质量仅为 106 lbf · s^2/in，也就是说叠加在内柱上的水动力质量几乎是环状间隙中的水质量的 15 倍。

4.6　扩展到双层环状间隙

第 4.5 节中的内容可扩展到被内外环状间隙围绕的柱壳上。在此情况下，水动力质量矩阵的各对角线单元，是内外环状间隙产生的水动力质量矩阵的各对角线单元之和；非对角线单元与通过流体间隙相耦合的壳体之间的非对角线单元相同。可将式(4-52)推广为以下形式：

$$
\begin{vmatrix}
 & & & 0 & 0 & 0 & 0 & 0 & 0 \\
 & [D(a)] & & 0 & 0 & 0 & 0 & 0 & 0 \\
 & & & 0 & 0 & [\hat{M}_{H}^{ab}] & 0 & 0 & 0 \\
0 & 0 & 0 & & & & 0 & 0 & 0 \\
0 & 0 & 0 & & [D(b)] & & 0 & 0 & 0 \\
0 & 0 & [\hat{M}_{H}^{ba}] & & & & 0 & 0 & [\hat{M}_{H}^{bc}] \\
0 & 0 & 0 & 0 & 0 & 0 & & & \\
0 & 0 & 0 & 0 & 0 & 0 & & [D(C)] & \\
0 & 0 & 0 & 0 & 0 & [\hat{M}_{H}^{cb}] & & &
\end{vmatrix} = 0
$$

$$(4-53)$$

由此可见，在示例 4.1 中，如果柱体 a 中灌满了水（现实中最可能遇到此类情形），就必须用第 5 章推导出的方程来计算内柱中的水产生的有效水动力质量，并将该质量添加到总有效水动力质量 $\left[\hat{M}_{\mathrm{H}}^{a}\right]$ 中。

4.7 全水动力质量矩阵

我们通常希望用有限元模型来计算水动力质量矩阵，并直接计算出柱体的耦合响应。若要实现这一目标，就必须推导出全水动力质量矩阵，而不是第 4.5 节中给出的 2×2 广义水动力质量矩阵。按照第 4.5 节描述的方法，欧阳和加尔福特[11]发现，柱体运动诱发在其自身上的压力可用下式表示：

$$\{p'\} = [M_{\mathrm{H}}]\{\ddot{w}\} \tag{4-54}$$

其中，

$$\{p'\} = \begin{Bmatrix} p'_a \\ p'_b \end{Bmatrix}$$

$$\{\ddot{w}\} = \begin{Bmatrix} \ddot{w}_a \\ \ddot{w}_b \end{Bmatrix}$$

$$[M_{\mathrm{H}}] = \begin{bmatrix} (1/a)\sum_{\alpha} h_{an}^{a}[\phi_a\,\mathrm{d}A_a][\phi_a\,\mathrm{d}A_a]^{\mathrm{T}} & (1/b)\sum_{\alpha} h_{an}^{ab}[\phi_a\,\mathrm{d}A_a][\phi_a\,\mathrm{d}A_b]^{\mathrm{T}} \\ (1/a)\sum_{\alpha} h_{an}^{ba}[\phi_a\,\mathrm{d}A_b][\phi_a\,\mathrm{d}A_a]^{\mathrm{T}} & (1/b)\sum_{\alpha} h_{an}^{b}[\phi_a\,\mathrm{d}A_b][\phi_a\,\mathrm{d}A_b]^{\mathrm{T}} \end{bmatrix}$$

$$\tag{4-55}$$

h^{ab} 和 h^{ba} 都是负值，因此以上矩阵的两个非对角子矩阵中的矩阵单元为负。请注意，从式（4-42）可知，水动力质量其实是一种诱发压力，因此只有在壳体运动方程的法向分量 w 上，水动力质量才是有效的质量。所以当把水动力质量输入有限元模型中的节点质量时，只应将其与法向自由度关联起来（见图 4-6）。大部分商用有限元计算机程序都有这一选项。

式（4-55）表明，对于浸没在流体中结构的每个节点，除水动力质量外，这些节点也全都（通过非对角项）与浸没在流体中的其他节点形成了耦合（见图 4-7）。

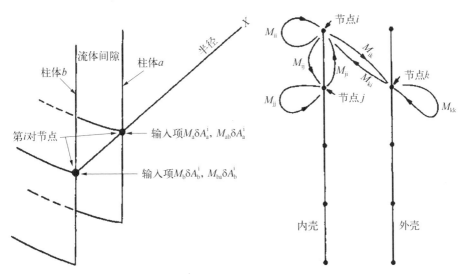

图 4 - 6　将水动力质量直接输入有限元模型的节点　　图 4 - 7　水动力质量耦合

示例 4 - 3　流体环腔中的梁式模态振动——全矩阵法。

回顾示例 4.2,现假设反应堆压力容器(外壳)受到部分的约束,然后计算这两个壳体的耦合梁式模态振动的全水动力质量矩阵。

解算

现实中经常出现情形是:不只是两个同轴柱体的自由振动,而是整个系统受到厂房的弹性约束。需要使用有限元结构分析计算机程序来计算相关响应。此时,一种简单得多的方法就是用全水动力质量法来计算示例 4.2 中同轴柱体的耦合频率。为确保计算效率,要记住以下两点:首先,不同于不连续处的物理质量或结构性质,水动力质量大体上是空间变量的良态函数。就结构分析而言,体现流体耦合效应所需的节点数远少于其他分析环节,这意味着不必计算每个结构节点处的水动力质量。其次,在式(4 - 55)中,h 之和对每个子矩阵来说都是一个常数,因此只需进行 4 次求和即可。一旦用式(4 - 37)、式(4 - 38)或第 5 章中讨论的某种简化方法计算出水动力质量分量 h,便可用电子表格轻松计算出全水动力质量。正如图 4 - 8 所示,为便于说明,此处选择了轴向只有 10 个单元的模型来代表堆芯(柱体 a)及压力容器(柱体 b)。

上一个例子中计算了水动力质量分量 h_a^a,此处也可用相同的方法(即使用电子表格或 Fortran 程序)来计算其他水动力质量分量。本文作者用 Fortran 小程序计算出了表 4 - 8 中的数值。为简洁起见,此处只给出了采用

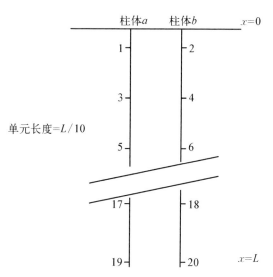

图4-8 梁式模态耦合振动的有限元模型

美制单位（lbf·s²/in³）的数值，同时为便于说明，该示例中只用了五阶声模态进行求和。

表4-8 水动力质量分量 （单位为 lbf·s²/in³）

α	h^a	h^{ab}	h^b	h^{ba}
1	0.040 577	−0.045 388	0.045 743	−0.040 259
2	0.010 708	−0.018 890	0.019 237	−0.016 755
3	0.008 010	−0.008 662	0.009 006	−0.007 684
4	0.004 532	−0.004 741	0.005 083	−0.004 205
5	0.002 922	−0.002 930	0.003 269	−0.002 598

柱体 a 和柱体 b 各单元的面积分别为 $\mathrm{d}A_a = 2\pi a\,\mathrm{d}L$ 和 $\mathrm{d}A_b = 2\pi b\,\mathrm{d}L$。

根据式（4-55），每对节点 i，j 在梁式模态（$n=1$）下的有效水动力质量为

$$\hat{M}_{ij}^a = \pi a \sum_\alpha h_\alpha^a \phi_\alpha(x_i^a)\phi_\alpha(x_j^a)\mathrm{d}L^2 \qquad \hat{M}_{ij}^{ab} = \pi a \sum_\alpha h_\alpha^{ab}\phi_\alpha(x_i^a)\phi_\alpha(x_j^b)\mathrm{d}L^2$$

$$\hat{M}_{ij}^{ba} = \pi b \sum_\alpha h_\alpha^{ba}\phi_\alpha(x_i^b)\phi_\alpha(x_j^a)\mathrm{d}L^2 \qquad \hat{M}_{ij}^b = \pi b \sum_\alpha h_\alpha^b\phi_\alpha(x_i^b)\phi_\alpha(x_j^b)\mathrm{d}L^2$$

请注意，这些质量是"有效"的水动力质量（因为它们已除以 $1+n^{-2}$），而非"广

义"水动力质量,后者由 $\{\psi\}^{\mathrm{T}}[M_{\mathrm{H}}]\{\psi\}$ 的形式给出,因此取决于两个分量的模态振型。

根据表 4-8 中的水动力质量分量,再考虑到封闭($x=0$)和开放($x=L$)边界条件下的声模态振型,可以得出以下表达式:

$$\phi_a(x) = \sqrt{\frac{2}{L}} \cos \frac{(2\alpha-1)\pi x}{2L}$$

可用电子表格或计算机小程序来计算全水动力质量矩阵。本文作者用 Fortran 小程序计算出了表 4-9 中的数值。为简洁起见,表中只给出了每间隔 1 个节点的数值。以下几点需要注意:

(1)水动力质量具有对称性。

(2)在每个子矩阵中,各水动力质量单元的值会随着与对角线间距的增大而减少,这表明节点之间的距离越远,质量耦合的强度越弱。

(3)子矩阵 $[M^a]$ 和 $[M^b]$ 中的单元均为正值,而子矩阵 $[M^{ab}]$ 和 $[M^{ba}]$ 中的单元均为负值。

表 4-9　梁式模态的全水动力质量矩阵 ($n=1$)

$$\begin{bmatrix} [\hat{M}_{\mathrm{H}}^a] & | & [\hat{M}_{\mathrm{H}}^{ab}] \\ --- & | & --- \\ [\hat{M}_{\mathrm{H}}^{ba}] & | & [\hat{M}_{\mathrm{H}}^b] \end{bmatrix}$$

	<------- [M_{aa}] ------->					<------- [M_{ab}] ------->				
	1	5	9	13	17	2	6	10	14	18
1	101.1	51.16	25.12	11.69	4.14	−111.2	−57.70	−28.33	−13.18	−4.67
5		68.21	34.57	16.11	5.70		−74.25	−39.00	−18.17	−6.43
9			59.20	28.59	10.13			−64.09	−32.25	−11.42
13	对称			53.22	19.58	对称			−57.34	−22.09
17					36.63					−38.64
2						128.3	65.07	31.95	14.87	5.26
6							86.52	43.98	20.50	7.25
10	关于主对角线							75.06	36.36	12.88
14	对称					对称			6.75	24.90
18										46.35
	<------- [M_{ba}] ------->					<------- [M_{bb}] ------->				

使用结构有限元计算机程序进行计算,将环状间隙中的水的物理质量添

加到相关节点上，计算出的第一阶反相耦合模态频率为 21.9 Hz。利用水动力质量法，并将上述全水动力质量添加到对应结构节点上水动力质量，可计算出相应的反相耦合模态的固有频率为 18.8 Hz。由于外柱受到弹性约束，因此此处的频率减幅不如示例 4.2 中那么大。要关注的问题是，在"堆芯/压力容器在水平方向上进行无弯曲形变的整体移动"情况下，如何确定具体的有效水动力质量。在此情形下，模态振型向量为 $\{\psi\} = \{1 \quad 1 \quad 1 \quad \cdots \quad 1 \quad 1\}$，系统的有效水动力质量则为

$$[\hat{M}_{\mathrm{H}}^{\mathrm{system}}] = \{1 \quad 1 \quad 1 \quad \cdots \quad 1\}[M_{\mathrm{H}}]\begin{Bmatrix} 1 \\ 1 \\ \vdots \\ 1 \end{Bmatrix}$$

即对所有水动力质量单元求和。求和后可知（注意表 4-9 中给出的不是所有节点）：

$$[\hat{M}_{\mathrm{H}}^{\mathrm{system}}] = 93(\mathrm{lbf} \cdot \mathrm{s}^2/\mathrm{in})(16\,300\,\mathrm{kg})$$

在密度为 45.1 lb/ft^3 的情况下，环状间隙中的水的总质量为 106 lbf·s^2/in 或 18 578 kg，因此在地震响应中，流固耦合的净效应大致上会减弱为环状间隙中的水的质量。从第 5 章可以看出，对于细长柱，这种关系会更为准确。

4.8 耦合流体-壳体的受迫响应

此处回顾一下流体-壳体耦合系统的运动方程。将式（4-54）代入式（4-7），则可得出以下表达式：

$$[\mu]\{\ddot{q}\} + [c]\{\dot{q}\} + [k]\{q\} = \{p_0\} + [M_{\mathrm{H}}][\delta_{33}]\{\ddot{q}\}$$

将该式重排，可以得出以下表达式：

$$([\mu] - [M_{\mathrm{H}}][\delta_{33}])\{\ddot{q}\} + [c]\{\dot{q}\} + [k]\{q\} = \{p_0\} \tag{4-56}$$

式（4-56）与无流体耦合时的结构运动方程完全相同，唯一的区别就是在原物理质量矩阵 $[\mu]$ 中新增了一个附加项 $[M_{\mathrm{H}}][\delta_{33}]$。该附加项体现了所有的流固耦合效应，几乎与物理质量完全一样，只是由于附加质量本质上是来源于压力，因此只有在壳体的法向自由度（w 方向）上的该附加质量才起作用。为

了强调这一特征,本文谨慎地将矩阵 $[\delta_{33}]$ 纳入到了 $[M_H]$ 中。如第 4.5 节所述,这对有效水动力质量的计算有着非常重要的影响。

若已知每个节点处的声模态振型函数 ϕ 的值,则可用式(4-37)和式(4-55)来计算水动力质量矩阵,进而结合运用该矩阵和有限元结构分析程序来计算相关响应。水动力质量矩阵一般都是全矩阵(参见示例 4.3)。在双侧流体耦合同轴柱壳的有限元模型中,内外壳各有 100 个单元的情形并不鲜见,因此存在着 100×100 的水动力质量矩阵。不过从经验来看,相隔多个节点的单元在计算时可以忽略不计,这并不会对结果造成显著影响。这样一来,只需保留全附加质量矩阵中的五个甚至三个对角线单元,就足以得出合理的结果。

不过水动力质量的频率依赖性大大增加了计算的复杂性。对低频下的小尺度结构而言,水动力质量相对恒定,因此频率依赖性可以忽略不计;而在其他情况下,则必须从"猜测"频率(通常低于空气中频率)开始迭代计算水动力质量。每阶模态都有一组水动力质量,因此若需用两到三阶以上的模态,那么计算可能会相当烦琐。

本章乃至本书都无意详细探讨流体-壳体耦合系统的动力学响应,不过第 8 章和第 9 章将详细探讨湍流激振等特定应用领域。下面将简要梳理当结构对三种不同的力函数(湍流、压水反应堆内因管道破裂而出现的快速降压以及地震激励)做出响应时,流固耦合对这些结构响应有何影响。

1) 湍流激振

第 8 章和第 9 章将详细探讨湍流激振,本节则考察"用弱耦合流致振动系统求解壳体湍致响应"的合理性。正如前文所述,对以结构为界的流动通道来说,若湍流导致的结构响应较小(相对于流动通道的尺寸而言),且由壳体运动诱发的压力可线性叠加到初始的湍流力函数上,那么"弱耦合"的假设就是合理的。前一项条件要根据运行经验来确认其是否成立,因此这里只需确认叠加假设是否成立即可。

图 4-9 展示了一套实验装置[18],其作用是验证在湍流激振中,是否只要振幅较小,由结构振动诱发的压力就能线性叠加到湍流产生的初始力函数上。外壳是厚壁结构,并且采用了多个加强圈对其加固,以确保外壳不会产生响应。初次试验时,内壳也是不会产生响应的厚壁结构。在试验期间,有水从两壳之间的环状间隙流过,安装在流道壁面上的多个动态压力传感器测量了相应的湍流力函数。图 4-10 中的细线便是某一位置处测得的功率谱。在之后的重复试验中,则改用了会产生响应的柔性内壳。在流动试验前,研究人员先

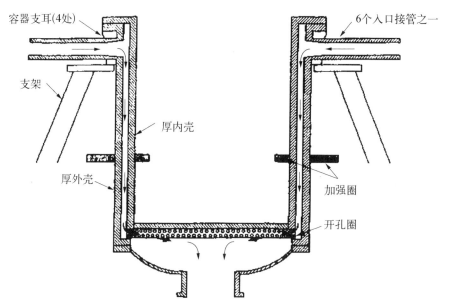

图 4-9　验证"线性叠加"假设的试验装置

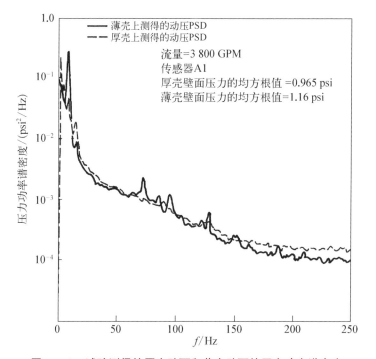

图 4-10　试验测得的厚壳壁面和薄壳壁面的压力功率谱密度

测量了柔性内壳在空气中的模态频率,然后将该壳体放置到厚外壳内的同轴位置上,接着将两者间的环状间隙灌满水,再次测量壳体模态频率。接下来,让水在环状间隙内流动起来,流量和试验 1 相同,并测量了相应的湍流力函数。图 4-10 中的粗线便是与试验 1 同一位置测量得到的动压谱。观察这两条曲线,可以明显看出两次试验中的动压几乎毫不差,唯一的差别是在第二次试验中,有若干离散的压力尖峰线性叠加到了粗线表示的初始湍流激励力函数上。与测得的"水中"壳体频率进行对比,便会发现这些离散频率对应着内壳的"水中"模态频率。这就说明这些离散的压力分量是内壳运动诱发的,从而可以推论出上述线性叠加假设是成立的。在湍流激振中,流固耦合最重要的影响就是降低了结构的固有频率,导致结构会随着更多的力函数主要频谱发生共振。

第 8 章和第 9 章将用弱流固耦合系统的方法来深入讨论湍流激振。根据弱流固耦合原则,测量或计算湍流力函数时可以不考虑流固耦合效应,这样就大大简化了湍流激振问题。

2) 冷却剂丧失事故(LOCA)问题

图 2-20 和图 4-11 展示了压水核反应堆的简化示意图。压水堆面临的一项安全问题,就是如果入口管道破裂,那么稀疏波就会经反应堆压力容器的

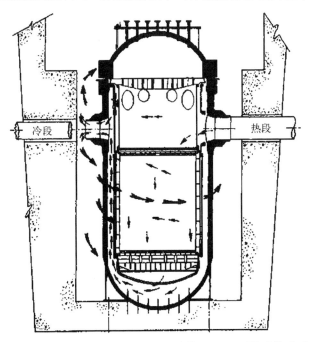

图 4-11　发生假想的丧失冷却剂事故(LOCA)时的流体流动

冷却剂入口接管传播到下降环腔（堆芯与外侧容器之间的环状间隙）中，进而产生沿堆芯圆周不对称分布的瞬时压力。这种不对称的压力分布会产生合力，导致整个反应堆系统做出瞬态响应。核工业将此现象称作冷却剂丧失事故（the lost-of-coolant accident，LOCA；见图 4-11）。

图 4-12 展示了在不考虑结构运动效应的情况下，通过计算流体动力学得出的 LOCA 期间作用在压水反应堆堆芯上典型合力，该合力为压力（绕圆周）的积分值。可以看出该力通常只持续几分之一秒。流体动力学分析表明，直到管道破裂后的 0.2 s，下降环腔内的压力仍然超过 1 700 psi（1.72 × 10^7 Pa），同时温度约为 560°F（约合 293℃）。此时冷却剂仍然处于过冷状态。为避免在 LOCA 或地震期间超出应力限值，在流体环状间隙约为 10 in（25.4 cm）的情况下，堆内设置了若干导块将堆芯响应限制在 0.5 in（1.27 cm）以下。这样一来，便可将 LOCA 问题视作一个弱耦合流体-结构交互作用问题。由于上述合力是在两个部件之间的环状间隙中产生的，那么该力就会限制这两个部件的反相运动。欧阳和加尔福特[11]用弱耦合流体-结构交互作用法分析了这一问题。示例 4.3 展示了两种方法计算得到的水动力质量矩阵，包括单独计算和使用有限元模型计算，有限元模型中堆芯和压力容器通过顶部法兰相连。反应堆系统在接管位置被厂房结构所支撑。为掌握流体-结构

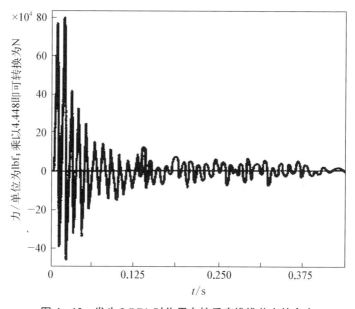

图 4-12 发生 LOCA 时作用在核反应堆堆芯上的合力

交互作用的影响,此处将该问题按两种不同的方法计算:第一种方法是在忽略流固耦合效应的情况下,将下降环腔中水的物理质量以集中质量的方式加到堆芯结构模型的节点上;第二种方法将示例 4.3 中计算出的全部水动力质量纳入该结构模型中,以此来体现流固耦合效应。图 4-13 展示了用这两种方法计算出的顶部法兰处的弯矩;图 4-14 则展示了用这两种方法计算出的

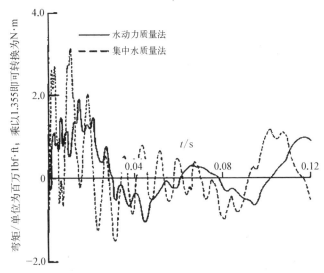

图 4-13 用两种不同方法计算出的顶部法兰处的 LOCA 弯矩

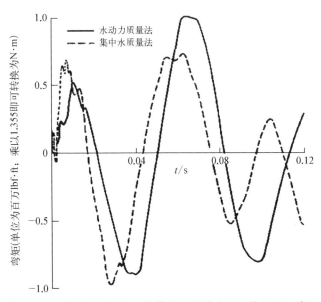

图 4-14 用两种不同方法计算出的接管支承处的 LOCA 弯矩

接管支承处的弯矩。不出所料，流固耦合明显减小了在顶部法兰处诱发的弯矩，但对接管支承处的弯矩没有太大影响。毕竟前者是由两个部件的反相模态诱发的弯矩，后者则是由同相模态诱发的弯矩。

3）地震响应

地震中的力函数源自地基运动，而地基运动多半会激励结构部件的同相模态。正如示例 4.3 和上面 2）中所示，在同相模态响应中，流固耦合的净效应往往会减弱为水的物理质量所引起的净效应，所以除晃动问题外，流体–结构交互作用对地震响应几乎没有影响。

参考文献

［1］ Abramson H N, Kana D D. Some recent research on the vibration of elastic shells containing liquids ［C］. Proceeding Symposium on the Theory of Shells. Houston：University of Houston，1967.

［2］ Fritz R J, Kiss E. The Vibration response of a cantilever cylinder surrounded by an annular fluid ［R］. Report KAPL M － 6539, Knolls Atomic Power Laboratory，1966.

［3］ Fritz R J. The effect of liquids on the dynamic motion of solids ［J］. ASME Transaction：Journal of Engineering for Industry. 1972：167 － 173.

［4］ Krajcinovic D. Vibrations of two coaxial cylindrical shells containing fluid ［J］. Nuclear Engineering ＆ Design，1974，30(2)：242 － 248.

［5］ Chen S S, Rosenberg G S. Dynamics of a coupled shell-fluid system ［J］. Nuclear Engineering ＆ Design，1975，32(3)：302 － 310.

［6］ Horvay G, Bowers G. Influence of Entrained Water Mass on the Vibration of a Shell ［C］. 1975，ASME Paper No. 75 － FE － E.

［7］ Au-Yang M K. Free vibration of fluid-coupled coaxial cylindrical shells of different lengths ［J］. Journal of Applied Mechanics，1976，43(3)：480 － 484.

［8］ Au-Yang M K. Generalized hydrodynamic mass for beam mode vibration of cylinders coupled by fluid gap ［J］. Journal of Applied Mechanics，1977，44(1)：155 － 165.

［9］ Yeh T T, Chen S S. Dynamics of a cylindrical shell system coupled by viscous fluid ［J］. Journal of the Acoustical Society of America，1977，62(2)：262 － 270.

［10］ Scavuzzo R J, Stokey W F, Radke E F. Fluid-structure interaction of rectangular modules in rectangular pools ［J］. Dynamics of Fluid-Structure Systems in the Energy Industry, ASME Special Publication PVP － 39, edited by M K Au-Yang and S J Brown，1979(39)：77 － 86.

［11］ Au-Yang M K, Galford J E. A structural priority approach to fluid-structure interaction problems ［J］. Journal of Pressure Vessel Technology，1981，103(2)：142 － 150.

［12］ Au-Yang M K, Galford J E. Fluid-structure interaction — A survey with emphasis on its application to nuclear steam system design ［J］. Nuclear Engineering & Design, 1982, 70(3): 387 - 399.

［13］ Arnold R H, Warburton G B. The flexural vibration of thin cylinders ［C］. Proceeding of the Institute of Mechanical Engineers, 1952, 167: 62 - 74.

［14］ Au-Yang M K. Natural frequencies of cylindrical shells and panels in vacuum and in a fluid ［J］. Journal of Sound and Vibration, 1978, 57(3): 341 - 355.

［15］ Au-Yang M K. Dynamics of coupled fluid-shells ［J］. Journal of Vibrations, Acoustics, Stress, Reliability in Design, 1986, 108: 339 - 347.

［16］ Warburton G B. Comments on natural frequencies of cylindrical shells and panels in vacuum and in a fluid by M. K. Au-Yang ［J］. Journal of Sound and Vibration, 1978, 60(3): 465 - 469.

［17］ ASME. Steam Tables ［M］. 4th ed. New York: ASME Press, 1979.

［18］ Au-Yang M K, Brenneman B, Raj D. Flow-induced vibration test of an advanced water reactor model — Part I: turbulence-induced forcing function ［J］. Nuclear Engineering & Design, 1995, 157(1): 93 - 109.

第 5 章

静止流体中的结构振动 Ⅱ

—— 简化方法

在只有一个柱体是柔性柱体的特殊情况下,只需利用以下简单的公式,就能用壳体的"空气中"频率求出其"水中"固有频率:

$$\overline{f}_n = f_n^{\mathrm{air}} \sqrt{\frac{\mu}{\mu + \hat{M}_{\mathrm{H}}}} \tag{5-1}$$

正如第 4 章所示,计算水动力质量分量 h 是计算水动力质量时的主要任务之一。本章给出了在各种特殊情况下计算 h 的简化表达式,其中本行业最常用的是"细长柱体"近似表达式:

$$h_{an}^{a} = \frac{\rho a}{n} \frac{b^{2n} + a^{2n}}{b^{2n} - a^{2n}} \quad h_{an}^{ab} = -\frac{2\rho b}{n} \frac{b^{2n} + a^{2n}}{b^{2n} - a^{2n}}$$

$$h_{an}^{ba} = -\frac{2\rho a}{n} \frac{b^{2n} + a^{2n}}{b^{2n} - a^{2n}} \quad h_{an}^{b} = \frac{\rho b}{n} \frac{b^{2n} + a^{2n}}{b^{2n} - a^{2n}} \tag{5-2}$$

不过在分析动力与过程行业中经常遇到的大型壳体结构时,式(5-2)时常会把水动力质量高估一倍甚至更多。另外这些方程给出的是面密度形式的水动力质量分量,因此仍需根据式(4-50)来计算有效水动力质量。有人曾因为没注意这一点,而导致求解流体-壳体耦合问题的水动力质量公式时出错。

当流体间隙的厚度与壳体直径相比很小时,曲率效应可以忽略不计。可用以下的简化方程得出水动力质量分量:

$$h_{an}^{a} = h_{an}^{b} = \rho / [\lambda_{an} \tanh(\lambda_{an} g)]$$

$$h_{an}^{ab} = h_{an}^{ba} = -\rho / [\lambda_{an} \sinh(\lambda_{an} g)] \tag{5-6}$$

其中 $g = b - a$ 为环状间隙厚度,且

$$\lambda_{an}^2 = \left(\frac{\varepsilon\pi}{L}\right)^2 + \left(\frac{2n}{a+b}\right)^2 - \left(\frac{2\pi f}{c}\right)^2$$

这就是"纹波近似法"。对大多数动力与过程装备部件来说，式(5-6)与对应精确方程的计算结果相差无几。若流体间隙的厚度远小于结构的特征尺寸，则可用式(5-6)来处理方柱壳或扁矩形通道。

可用通式(4-37)得出含流体的单一柱体的水动力质量分量，该分量可用下式表示：

$$h_{an} = \begin{cases} \dfrac{\rho I_n(\chi_a R)}{\chi_a I'_n(\chi_a R)}, & f < \dfrac{\varepsilon c}{2L} \\[3mm] \dfrac{\rho J_n(\chi_a R)}{\chi_a J'_n(\chi_a R)}, & f > \dfrac{\varepsilon c}{2L} \\[3mm] \dfrac{\rho R}{n}, & f = \dfrac{\varepsilon c}{2L} \end{cases} \tag{5-7}$$

与此类似，在"单一柱体浸没在无限流体介质中"这一特殊情况下：

$$h_{an} = \begin{cases} \dfrac{\rho K_n(\chi_a R)}{\chi_a K'_n(\chi_a R)}, & f < \dfrac{\varepsilon c}{2L} \\[3mm] \dfrac{\rho Y_n(\chi_a R)}{\chi_a Y'_n(\chi_a R)}, & f > \dfrac{\varepsilon c}{2L} \\[3mm] \dfrac{\rho R}{n}, & f = \dfrac{\varepsilon c}{2L} \end{cases} \tag{5-8}$$

若柱体为细长柱体，那么在上述两种情形下，针对任何频率都有

$$h_{an} = \frac{\rho R}{n} \tag{5-9}$$

式(5-7)至式(5-9)形式简单，因此在考察流体-结构交互作用问题时，这些式子最适合研究水动力质量公式的物理机理和一致性。

被相邻刚性管围绕的单管的水动力质量可用以下的简单方程表示：

$$附加质量系数 = \left[\frac{(D_e/D)^2 + 1}{(D_e/D)^2 - 1}\right] \tag{5-11}$$

其中，

$$D_e/D = \left(1+\frac{P}{2D}\right)\left(\frac{P}{D}\right)$$

且在此将附加质量系数定义如下：

$$单位长度的附加质量 = 附加质量系数 \times \frac{\rho\pi D^2}{4} \qquad (5\text{-}10)$$

虽然管束动力学分析中经常使用式(5-11)，但对于周围的相邻的管均是柔性管的情形，式(5-11)的形式与陈水生(Chen)[1]提出的公式并不完全一致，陈水生的要复杂得多。

流体-结构交互作用对耦合系统阻尼比的影响很小，即使夹带流体间隙很小时也是如此。在动力与过程行业中，凡是因夹带黏性流体而产生的水动力阻尼，几乎都可以忽略不计。

主要术语如下：

$g = b - a$，环状间隙宽度；　　　　　H —图 5-8 给出的函数

$S = \omega a^2/\nu$；　　　　　　　　　　ζ —阻尼比

ζ_{H} —水动力阻尼比；　　　　　　ν —运动黏度

另见第 4 章中的术语。

5.1　概述

第 4 章的示例表明，计算水动力质量分量 h 是计算流体-结构耦合频率时的主要任务之一。除了采用不可压缩流体假定的情况外，其他情况下的 h 都取决于频率，因此往往需要用数值或迭代技巧来求解流体-结构动力学问题。本章提供了一些简化方程，以供读者计算某些特殊情况下的水动力质量。这些特殊情况比较简明，因此往往会揭示流体-结构交互作用的物理机理，以及流体-结构交互作用问题中水动力质量公式的一致性。

5.2　单个柔性柱体

在许多实际应用中，柔性柱体会被放到外侧容器内的同轴位置处，外侧容器与内侧柔性柱体相比，直径略大一点、壁厚却大得多，同时在两个柱体之间的环状间隙中灌满某种液体。在这种情形下，只有内壳的振动需要关注。此

时流体耦合带来的唯一影响就是 $\hat{M}^a$ 这一项。在此情形下，往往假设可用以下的简单方程得出"水中"频率 $\overline{f}$：

$$\overline{f}_n = f_n^{\text{air}} \sqrt{\frac{\mu}{\mu + \hat{M}_n}} \qquad (5-1)$$

这种方法忽略了与壳体切向和轴向之间的交叉(结构)耦合，因此只是一种近似处理方法。举例来说，若要计算示例 4-2 中内外壳的"水中"(1,3)模态频率，且计算内壳时假设外壳为刚性壳，计算外壳时假设内壳为刚性壳，那么根据式(4-52)(将水动力质量 $\hat{M}_{\text{H}}^a$ 和 $\hat{M}_{\text{H}}^b$ 代入该方程)和该示例中计算出的空气中频率(两壳分别为 54.8 Hz 和 56.3 Hz)，可以得出以下结果：

$$\overline{f}_{13}^a = 22.5 \text{ Hz}, \quad \overline{f}_{13}^b = 22.0 \text{ Hz}$$

相比之下，示例 4-2 中求解行列式方程得出的频率则为 23.6 Hz 和 22.9 Hz。

　　若已知水动力质量，则可用式(5-1)来估算水中频率的近似值。可惜除了假定不可压缩流体($c \to \infty$)的情况外，由于式(4-37)中的 χ_a 取决于频率，因此水动力质量也取决于频率。在低频下，$\hat{M}^a$ 对频率相对不太敏感；在(硬壁)声模态频率下，$\hat{M}^a$ 则沿渐近线向 $\pm\infty$ 靠近(见图 5-1)。由于我们往往只需最小的模态频率，可从"猜测"频率(通常是空气中频率)开始迭代，以找出相应的水动力质量和耦合频率。或者也可采用图解法来找出耦合频率：若将函数 $\left(g_1 = \dfrac{f}{f_{\min}^{\text{air}}} \text{ 和 } g_2 = \sqrt{1 + \hat{M}_{mn}(f)/\mu} \right)$ 绘制成以 f 为横坐标的图(见

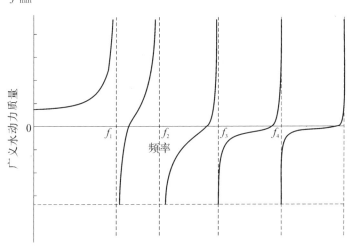

图 5-1　水动力质量 $\hat{M}^a$ 的频率依赖性

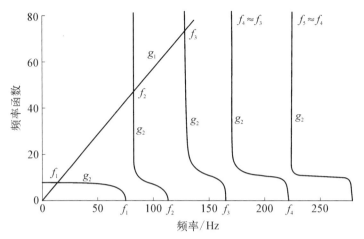

图 5 - 2　耦合模态频率的图解法

图 5 - 2），那么两条曲线的交点就对应着流体-壳体系统的耦合频率。

请注意，每组 (m, n) 都有许多解，其中最低的频率通常被视作壳体的"水中"频率，更高的频率则是以柔性壁为界的环腔的声模态频率。当频率接近于声模态频率时，$\hat{M}^a$ 会表现出渐近行为，因此读者很容易从图 5 - 1 和图 5 - 2 中看出，尽管流固耦合大幅拉低了频率，但壁面的柔性并未对声模态频率造成多大影响。

5.3　细长柱体的近似处理

当同时满足 $|\varepsilon a/L - 2fa/c|$ 和 $|\varepsilon b/L - 2fb/c| \ll 1$ 这两项条件时，式 (4 - 37)可简化为以下形式[15]：

$$h_{an}^{a} = \frac{\rho a}{n} \frac{b^{2n} + a^{2n}}{b^{2n} - a^{2n}} \quad h_{an}^{ab} = -\frac{2\rho b}{n} \frac{b^{2n} + a^{2n}}{b^{2n} - a^{2n}}$$

$$h_{an}^{ba} = -\frac{2\rho a}{n} \frac{b^{2n} + a^{2n}}{b^{2n} - a^{2n}} \quad h_{an}^{b} = \frac{\rho b}{n} \frac{b^{2n} + a^{2n}}{b^{2n} - a^{2n}} \tag{5 - 2}$$

在对细长柱体进行近似处理时，水动力质量分量与轴向模态数无关。注意 $\hat{M}$ 和 h 都是以质量面密度为单位，且有

$$ah_{an}^{ab} = bh_{an}^{ba} \tag{5 - 3}$$

所以两个柱体上的水动力质量矩阵是对称的。

示例 5-1

回到 4.2 中的核反应堆模型，用细长柱体近似法[即式(5-2)]计算堆芯的梁式模态频率。

解算

外部容器静止不动，因此只需计算 h^a 即可。本示例中的傅里叶系数与示例 4-2 中算出的傅里叶系数相同(见表 5-1)。根据示例 4-2 的表 4-6 中的数据，当式(5-2)中的 $n=1$ 时，对任何 α 都有

$$h_{1\alpha}^{a} = \frac{\rho a}{1} \frac{\left[(b/a)^2 + 1\right]}{\left[(b/a)^2 - 1\right]} = 8.38\rho a$$

表 5-1 细长柱体近似法中的傅里叶系数和水动力质量分量

α	1	2	3	4	5	6	7	8
C	0.567	−0.631	0.273	−0.244	0.163	−0.152	0.117	−0.111
$h/(\text{lbf} \cdot \text{s}^2/\text{in}^3)$	0.044 36	0.044 36	0.044 36	0.044 36	0.044 36	0.044 36	0.044 36	0.044 36
$h/(\text{kg/m}^2)$	12 051	12 051	12 051	12 051	12 051	12 051	12 051	12 051

在做细长柱体的近似处理时，水动力质量分量与声模态数无关。表 5-1 的第 3 行和第 4 行分别列出了美制单位下和国际单位下的 h 数值。总有效水动力质量为

$$\hat{M}_{H1}^{a} = \frac{2\pi a}{1+n^{-2}} \sum C_{1\alpha}^2 h_{1\alpha}^{a}$$

根据这些质量密度、傅里叶系数和上文给出的 h，可知当 $n=1$ 时，有

$$(\hat{M}_{H1}^{a})_{\text{total}} = 3\ 048(\text{lbf} \cdot \text{s}^2/\text{in}) \text{ 或 } 5.342 \times 10^5 \text{ kg}$$

这几乎是用精确方程计算出的对应数值的两倍。此结果表明当壳体较短(本示例就是如此)时，细长柱体近似法会大大高估水动力质量耦合造成的影响。既然本示例中的外柱静止不动，那么以上质量就是此处唯一需要的附加质量。根据式(5-1)，"水中"频率为

$$f_1^{\text{water}} = f_1^{\text{air}} \sqrt{\frac{m_{\text{phy}}}{m_{\text{phy}} + (\hat{M}_{H1}^{a})_{\text{total}}}}$$

其中，m_{phy} 是总的物理质量(1 884 lbf · s²/in 或 330 215 kg)。根据 21.9 Hz 的

空气中频率,可以得出以下结果:

$$f_1^{\text{water}} = 13.5 \text{ Hz}$$

5.4　不可压缩流体的近似处理

当 $2f/c \ll \varepsilon/L$ 时,可以从式(4-37)的贝塞尔函数中去掉 $2\pi f/c$ 这一项;由此得出的水动力质量与频率无关。由于当声速为无穷大时才能满足这一条件,因此该条件称作不可压缩流体假设。需要注意的是,在分析大尺寸结构时,宜谨慎使用不可压缩流体假设。比如针对典型的核反应堆堆芯支承结构,长约 300 in(8 m)在 625℉(330℃)水中振动,当振动频率高于 20 Hz 时,不可压缩流体假设通常会使水动力质量矩阵单元出现 10% 以上的误差。因此若涉及对结构响应有高频贡献的快速瞬态,则不宜采用这种假设。

5.5　弗里茨(Fritz)和基斯(Kiss)方程

对于"一个柱体在直径略大的另一同轴柱体内发生梁式模态 ($n=1$)"这一特殊情形,弗里茨和基斯[3]给出了以下的半经验方程:

$$h_a = \frac{\rho a^2}{b-a} \frac{1}{1+12a^2/L^2} \text{(面密度)} \tag{5-4}$$

$$\hat{M}_{\text{H}} = \frac{\rho \pi a^2}{(b-a)/a} \frac{1}{1+12a^2/L^2} \text{(线密度)} \tag{5-5}$$

此处的 h 是在法向上才有效的面密度,$\hat{M}_{\text{H}}$ 则是有效的线性质量密度[请与式(4-50)做比较]。

示例 5-2

再次回到示例 4-2 中的核反应堆模型,用式(5-5)计算堆芯的有效水动力质量。

解算

根据式(5-5),可直接计算出以下结果:

$$\hat{M}_{\text{H1}}^a = 1\,690 \text{(lbf} \cdot \text{s}^2/\text{in)} (2.96 \times 10^5 \text{ kg})$$

弗里茨和基斯的方程虽然简单,却能合理地估算梁式模态水动力质量。其之所以会高估水动力质量,是因为式(5-5)假设声模态和结构模态是完全耦合的(即 $C_{11}^2 = 1$,而其他所有 C_s 均为零)。该假设成立的前提是环状间隙端部开放,且柱体两端简支,这样才能用正弦函数来表达结构模态和声模态的振型。然而就此处的例子而言,由于结构模态振型函数和声模态振型函数存在差异,这两种振型并未完全耦合,因此柱体 a 的水动力质量略小于式(5-5)的预测结果。

5.6　纹波近似

当 $(b-a)/(b+a)$ 较小时,曲率效应就不再重要了。此时可将环状间隙视作一种矩形腔室。可将水动力质量的表达式简化为以下形式:

$$h_{an}^a = h_{an}^b = \rho / [\lambda_{an} \tanh(\lambda_{an} g)]$$

$$h_{an}^{ab} = h_{an}^{ba} = -\rho / [\lambda_{an} \sinh(\lambda_{an} g)] \tag{5-6}$$

其中 $g = b - a$ 为环状间隙的厚度,且有

$$\lambda_{an}^2 = \left(\frac{\varepsilon\pi}{L}\right)^2 + \left(\frac{2n}{a+b}\right)^2 - \left(\frac{2\pi f}{c}\right)^2$$

示例 5-3　压水堆的梁式模态振动。

再一次回到示例 4-2 中的核反应堆模型,用纹波近似法计算作用在堆芯上的总有效水动力质量,以及堆芯的"水中"摆动模态固有频率。

解算

与示例 4-2 中的精确解一样,此处也需要计算傅里叶系数,与示例 4-2 中的傅里叶系数并无不同,所以表 5-2 中的内容也与之前无异。

可用纹波近似式(5-6)计算不同 α 情况下的 h(表 5-2 也给出了这些数据)。注意与细长柱体近似法不同,在纹波近似法中,h 会随着 a 的减小而迅速减小。乘以傅里叶系数 C 的平方,再将八阶模态相加,便可得出以下结果:

$$\hat{M}_{H1}^a = 1\ 643(\text{lbf} \cdot \text{s}^2/\text{in})(2.882 \times 10^5\ \text{kg})$$

与用示例 4-2 中式(4-37)计算出的结果相比,两者相差在 7% 以内。将该数值代入式(5-1),可得

$$f_1^{\text{water}} = 16.0\ \text{Hz}$$

表 5 - 2　纹波近似法中的傅里叶系数和水动力质量分量

α	1	2	3	4	5	6	7	8
C	0.567	−0.631	0.273	−0.244	0.163	−0.152	0.117	−0.111
$h/(\text{lbf} \cdot \text{s}^2/\text{in}^3)$	0.043 2	0.018 2	0.008 51	0.004 81	0.003 1	0.002 18	0.001 64	0.001
$h/(\text{kg}/\text{m}^2)$	11 748	4 939	2 314	1 307	842	593	445	350

5.7　载流的单一柱体

若只有一个柱体中存有流体,则可认为式(4 - 38)中 $a \to 0$,然后将 b 替换为 R(该柱体的半径),可得

$$h_{an} = \begin{cases} \dfrac{\rho I_n(\chi_a R)}{\chi_a I'_n(\chi_a R)}, & f < \dfrac{\varepsilon c}{2L} \\[3mm] \dfrac{\rho J_n(\chi_a R)}{\chi_a J'_n(\chi_a R)}, & f > \dfrac{\varepsilon c}{2L} \\[3mm] \dfrac{\rho R}{n}, & f = \dfrac{\varepsilon c}{2L} \end{cases} \qquad (5 - 7)$$

5.8　无限流体中的单一柱体

当无限流体介质中只有一个柱体时,同样可将表达式简化为以下形式:

$$h_{an} = \begin{cases} \dfrac{\rho K_n(\chi_a R)}{\chi_a K'_n(\chi_a R)}, & f < \dfrac{\varepsilon c}{2L} \\[3mm] \dfrac{\rho Y_n(\chi_a R)}{\chi_a Y'_n(\chi_a R)}, & f > \dfrac{\varepsilon c}{2L} \\[3mm] \dfrac{\rho R}{n}, & f = \dfrac{\varepsilon c}{2L} \end{cases} \qquad (5 - 8)$$

如果该柱体为无限长,则可得出以下表达式(在任何频率下都成立):

$$h_{an} = \frac{\rho R}{n} \qquad (5 - 9)$$

式(5-9)既适用于有限流体中的单一柱体，也适用于内部含有流体的单一柱体。

5.9 水动力质量公式的一致性

在端部效应可忽略不计的细长柱体假定下，水动力质量公式必然简化成与物理观测结果一致的形式。式(5-2)以及式(5-7)～式(5-9)比较简明，因此最适合用来检验水动力质量公式的一致性。本节考察了以下三种特殊情况。

做直线运动的单一载流无限柱体

对内部含有流体且做直线运动的一个无限柱体而言，可令式(5-9)的 $n = l$，柱体上每单位表面积的 $h = \rho R$，从而用该方程得出柱体的有效水动力质量。此处分两种情形来考虑柱体内的水产生的有效水动力质量：一种情形是环状间隙的顶端和底端都封闭（$p' = $ 最大值），另一种情形是环状间隙的顶端开放（$p' = 0$），底端封闭。在这两种情形下，直线运动的归一化结构模态振型均为 $\psi_1(x) = 1/\sqrt{L}$。

在两端封闭的情形下，可由式(4-19)得出归一化的声模态振型。尤其要注意 $\phi_0(x) = 1/\sqrt{L}$。傅里叶系数 $C_0 = 1.0$，而由于余弦函数的对称性，其余各项均为0，即是说对柱体水动力质量作出贡献的只有第0阶声模态。根据式(4-62)，有效水动力质量的表达式如下：

$$\hat{M}_H = \sum C_{1a}^2 \frac{2\pi\rho r^2 L}{1 + 1^{-2}} = \pi\rho r^2 L$$

其等于柱体中所存液体的质量（理应如此）。

现在考虑一端释压（$p' = 0$）、另一端封闭（$p' = $ 最大值）的情形。可由式(4-20)得出相应的声模态振型，傅里叶系数则分别为

$$C_{11} = \int_0^L \frac{1}{\sqrt{L}} \sqrt{\frac{2}{L}} \sin\frac{\pi x}{L} \, dx = \frac{\sqrt{8}}{\pi}$$

$$C_{12} = \int_0^L \frac{1}{\sqrt{L}} \sqrt{\frac{2}{L}} \sin\frac{3\pi x}{L} \, dx = \frac{\sqrt{8}}{3\pi}$$

$$C_{13} = \frac{\sqrt{8}}{5\pi}, \cdots$$

柱体上的有效水动力质量如下：

$$\hat{M}_{H} = \sum C_{1a}^2 \, \frac{2\pi\rho b^2 L}{1+1^{-2}} = \pi\rho b^2 L \left(1 + \frac{1}{3^2} + \frac{1}{5^2} + \cdots\right) \frac{8}{\pi^2}$$

圆括号内的无穷级数的和为 $\pi^2/8$，因此与之前类似，$\hat{M}_{H} = \pi\rho b^2 L$ 为柱体所含的水的质量（也本该等于该质量）。

水动力质量产生的惯性载荷（见图 5-3）

从式（5-2）以及示例 4-1 和示例 4-2 来看，在流体间隙很窄的情况下，例如压水核反应堆，有效水动力质量可能远远大于反应堆压力容器与反应堆堆芯之间的环腔内的水的物理质量（见图 2-20）。也许会有人担心，在地震期间，如此大的水动力质量可能会导致附加惯性载荷超出反应堆的设计极限。不过从示例 4-3 来看，本书考察的情形下并不存在这种附加惯性载荷。通过研究"在两个无限长的同轴柱体之间的环状间隙中灌满液体"这一情形，读者可以更深入地了解这种"附加惯性载荷悖论"。此处假设该系统会像地震时那样发生直

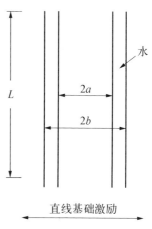

图 5-3　被基础运动激励的同轴柱体

线运动，然后计算该系统的有效广义水动力质量（见图 5-3）。既然此处考虑的是刚体运动，便可各用一个节点来代表内柱和外柱。该系统的有效水动力质量为

$$\hat{M}_{Hsystem} = \{\psi\}^{T} [\hat{M}_{H}] \{\psi\}$$

此处的 $\{\psi\} = \begin{Bmatrix} 1 \\ 1 \end{Bmatrix}$ 是代表了两柱体模态振型的列向量，$[\hat{M}_{H}]$ 是第 4.4 小节中讨论过的 2×2 有效广义水动力质量。当 $n=1$ 时，可用细长柱体近似法得出以下表达式：

$$\hat{M}_{H}^{a} = \pi\rho a^2 L \left(\frac{b^2+a^2}{b^2-a^2}\right), \quad \hat{M}_{H}^{ab} = -2\pi\rho abL \left(\frac{ab}{b^2-a^2}\right)$$

$$\hat{M}_{H}^{ab} = -2\pi\rho baL \left(\frac{ba}{b^2-a^2}\right), \quad \hat{M}_{H}^{b} = \pi\rho b^2 L \left(\frac{b^2+a^2}{b^2-a^2}\right)$$

将矩阵相乘，便可得出以下表达式：

$$\hat{M}_{\text{Hsystem}} = \rho\pi(b^2 - a^2)/L$$

这与因环状间隙中的流体质量而作用在柱体上的惯性载荷完全相同,若水动力质量公式前后一致,就理应得出这一结果。

封闭腔悖论

正如第4.4节所讨论的那样,傅里叶系数是结构模态振型与声模态振型之间的相容性的测度,并在水动力质量的计算中发挥着关键作用。只有当特定的傅里叶系数不为零时,结构模态才会与特定的声模态相耦合。若未能发现这一点(很多文献都未能发现这一点),就会像以下示例那样,得出自相矛盾的结果。设想有一个两端简支的细长柱壳(半径为 a),将该柱壳放入半径稍大的柱腔(半径为 b)内的同轴位置处,并把该柱腔灌满水(见图5-4)。图(a)中水环腔的末端条件为释压($x=0$ 和 $x=L$ 处的 $p'=0$);图(b)为封闭柱腔,$x=0$ 和 $x=L$ 处的声压 p' 达到最大值。两种情形下的内壳一模一样,但流体环腔的末端条件有所不同。若处理流体-壳体耦合问题的水动力质量公式无误,就理应预测出图(a)中的梁式模态频率低于图(b)中的梁式模态频率。

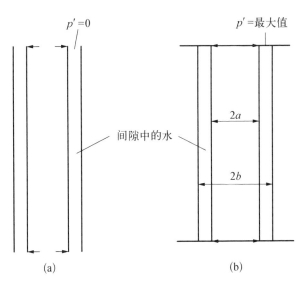

图 5 - 4　封 闭 腔 悖 论

运用"细长柱体"近似法,根据式(5-2),可知该柱壳在梁式模态振动中的水动力质量分量为

$$h_a^a = \frac{\rho a}{1} \frac{b^2 + a^2}{b^2 - a^2}$$

相关文献经常将柱体的有效水动力质量表达为以下形式：

$$\hat{M}_H^a = \rho \pi a^2 \frac{b^2 + a^2}{b^2 - a^2}$$

据此可知，该柱壳在两种情形下的水中频率并无不同，但直觉告诉我们这两者本该不同才是。事实上，虽然这两种情形下的水动力质量分量 h 并无差异，但结构模态振型与声模态振型之间的相容性却各不相同。这两种情形下的结构模态振型均为以下形式：

$$\psi_1(x) = \sqrt{\frac{2}{L}} \sin \frac{\pi x}{L}$$

在图 5 - 4(a) 中，根据式 (4 - 18)，其声模态振型为

$$\phi_a(x) = \sqrt{\frac{2}{L}} \sin \frac{\alpha \pi x}{L}$$

根据式 (4 - 35)，傅里叶系数 $C_{11} = 1.0$，$C_{1\alpha} = 0$（$\alpha \neq 1$ 时）。 结构模态与图 5 - 4(a) 情形下的声模态完美耦合，此时有效水动力质量的确可以表达如下：

$$\hat{M}_H^a = \rho \pi a^2 \frac{b^2 + a^2}{b^2 - a^2}$$

在图 5 - 4(b) 中，根据式 (4 - 19)，其声模态振型为

$$\phi_0 = \frac{1}{\sqrt{L}}, \quad \phi_a(x) = \sqrt{\frac{2}{L}} \cos \frac{\alpha \pi x}{L} \quad \alpha = 1, 2, 3, \cdots$$

结构模态振型与图 5 - 4(a) 中的振型相同。根据式 (4 - 35)，相应的傅里叶系数为

$$C_{10} = \int_0^L \frac{1}{\sqrt{L}} \sqrt{\frac{2}{L}} \sin \frac{\pi x}{L} \mathrm{d}x = \frac{2}{\pi} = 0.64$$
$$C_{1\alpha} = 0 \quad \alpha \neq 0$$

图 5 - 4(b) 中的耦合程度并非 100%，此时的水动力质量仅为

$$\hat{M}_H^a = 0.41 \rho \pi a^2 \frac{b^2 + a^2}{b^2 - a^2}$$

正如本文作者所料，图 5 - 4(b)中的柱体在水中的频率要高于图 5 - 4(a)中的柱体水中频率。

5.10　其他几何结构下的水动力质量

本章和最后几章非常详细地研究了流体-圆柱壳系统的动力学问题。虽然流体-圆柱壳系统是动力与过程行业中最常见的几何结构之一，但除了这种几何结构外，其他结构的流体-结构交互作用也会在系统对外力的响应中发挥关键作用。为处理任意形状的几何结构，一些商用有限元结构分析计算机程序采用了"流体单元"来体现流体-结构交互作用的影响。通过一些特殊技巧，通用的有限元计算机程序能处理一般性的流体-结构交互作用问题，而无需采用特殊的"流体单元"。这方面的内容可以参阅由布朗（Brown）撰写的一篇综述[4]。另外也有其他特殊技巧来处理特殊几何结构的流体-结构交互作用问题。本书无意巨细靡遗地论述流体-结构交互作用，因此下文仅引用了一些常见结果，更详细的内容请参阅相关文献。

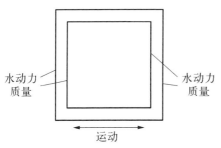

图 5 - 5　流体耦合方柱的水动力质量

方柱

不少核燃料组件和乏燃料贮存架都采用了"彼此间有流体间隙的多个同轴方柱"这种结构，斯卡武佐（Scavuzzo）的一篇文章[10]详细讨论了此类系统的动力学。当其流体间隙很窄时，便可采用第5.6节中讨论的纹波近似法。正如上文所述，只有处在方形表面的法向上，水动力质量 M_H 才是有效的质量，因此如图 5 - 5 所示，如果运动方向垂直于其中两个面，那么水动力质量就仅适用于这两个面。

晃动问题

内存流体的大型贮存罐的动力学问题既是地震工程中的一个重要问题，也是美国土木工程师学会大力研究的一个课题。若想了解此类问题，则请参阅凯那（Kana）等发布的调查报告[6]。

管束的水动力质量

流体耦合对换热器传热管和核燃料棒束的动力学状况有着极其重要的影响。这一课题已经广泛研究过，其中陈水生的研究成果[1]显著，不过这些内容已超出了本书的范围。就此处而言,水动力质量矩阵的对角线单元就是因传热管自身运动而产生的传热管附加质量,非对角线单元则与做规律性轨迹运动的相邻传热管相耦合。往往只需知道对角线单元(传热管动力学领域通常将它们直接称作"附加质量"),就能估算传热管束的稳定性或湍流激振(参见第 7 章和第 9 章)。图 5-6 和图 5-7 中的"附加质量系数"[1]定义如下:

$$单位长度的附加质量 = 附加质量系数 \times \frac{\rho \pi D^2}{4} \qquad (5-10)$$

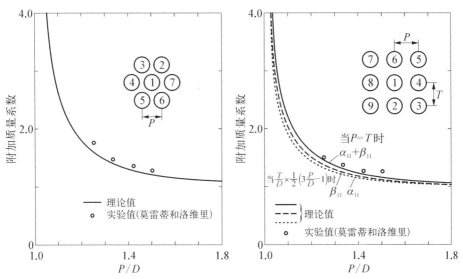

图 5-6　传热管束中某一根传热管的附 　　　　加质量系数: 三角形阵列

图 5-7　传热管束中某一根传热管的附 　　　　加质量系数: 正方形阵列

陈水生[1]计算了其数值,并与实验数据做了比较。布莱文斯(Blevins)[7]则提供了以下这则虽然粗略、却很简洁的传热管束附加质量系数表达式:

$$附加质量系数 = \left[\frac{(D_e/D)^2 + 1}{(D_e/D)^2 - 1} \right] \qquad (5-11)$$

其中,

$$D_e/D = \left(1 + \frac{P}{2D} \right) \left(\frac{P}{D} \right)$$

式(5-11)仅适用于周围传热管均处于静止状态、自身则处于振动状态的传热管，因此严格来说其适用范围非常有限。不过在开展传热管束动力学分析时，该方程仍广泛用于估算附加质量。一般来说，如果周围的传热管也是柔性传热管，那么该方程估算出的数值会低于实验中的测量值。

5.11 水动力阻尼

正如流体惯性增大了圆柱壳的有效质量一样，夹带流体的黏性也增大了流体-壳体耦合系统的有效阻尼。陈水生和罗森堡（Rosenberg）[5] 以及叶（Yeh）和陈水生[9] 研究过柱体结构与黏性流体耦合所产生的水动力阻尼（或者说附加阻尼）。这种附加阻尼的表达式往往都非常复杂，也超出了本书的讨论范围。更详细的内容请参阅本书引用的参考文献。对"半径为 a 的细长柱体在半径为 b 的刚性外壳内发生梁式模态（$n=1$）振动"这一特殊情形，则可用陈水生的文献[1]（第 2 章）推导出的以下的简化表达式表示附加模态阻尼比：

$$\zeta_1 = -\left[0.5\rho\pi a^2/(M_\mathrm{H} + \mu\pi a^2)\right]\mathrm{Im}(H) \tag{5-12}$$

此处的下标 1 表示 $n=1$（梁式）模态，$\mathrm{Im}(H)$ 则是相当复杂的修正型贝塞尔函数。另设参数 S，并将其定义如下：

$$S = \omega a^2/\nu \tag{5-13}$$

其中，ν 是所封闭流体的运动黏度。摘自陈水生文献[1] 的图 5-8 给出了不同 S 值下半径比 b/a 的函数 $-\mathrm{Im}(H)$ 的理论值。从图中可以看出，当 $S \to \infty$ 时，即使间隙很窄（$b/a \to 1$），$-\mathrm{Im}(H)$ 也仍然变得无穷小，这表明当 S 值较大时，水动力阻尼可以忽略不计，本小节末尾的例子也证实了这一点。在大多数实际问题中，$S \to 10^8$，这远远超出了图 5-8 中 S 的范围。

在大多数应用领域中，均可推导出以下的阻尼比简化方程。根据陈水生的文献[1]，梁式（$n=1$）模态下的阻尼系数（参见第 2 章）可用下式表示：

$$C = \frac{4\pi\mu a}{\sqrt{\dfrac{2\nu}{\omega}}}\left[\frac{b^4 + ba^3}{(b^2 - a^2)^2}\right] \tag{5-14}$$

其中 $\mu = \nu\rho$ 为动力黏度。阻尼比与阻尼系数的关系（参见第 2 章）如下：

$$C = 2\omega_1(\hat{M} + m)\zeta_1$$

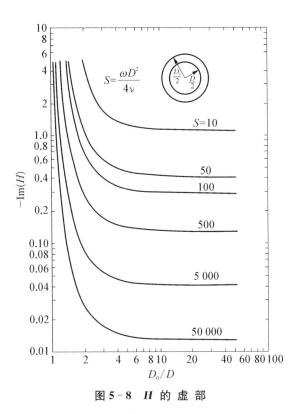

图 5 - 8 H 的 虚 部

其中，m 为单位长度的物理质量，$\hat{M}_H$ 为柱体单位长度的有效质量。根据以上两则方程，可以得出以下表达式：

$$\zeta_1 = \frac{\rho a}{\hat{M}_H + m} \sqrt{\frac{\pi \nu}{f_1}} \left[\frac{b(b^3 + a^3)}{(b^2 - a^2)^2} \right] \qquad (5 - 15)$$

式(5-15)的右端理应为无量纲数，读者宜检查是否确实如此。若环状间隙的宽度远小于柱体半径(见图 5-9)，那么以上方程可简化为以下形式：

$$\zeta_1 = \frac{\rho D^3}{16(\hat{M}_H + m) g^2} \sqrt{\frac{\pi \nu}{f_1}}$$

$$(5 - 16)$$

其中，D 是管子直径，$\hat{M}_H + m$ 是物理质量与水动力质量的线密度。

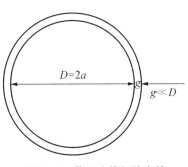

图 5 - 9 薄环流体间隙中的细长柱体的振动

示例 5 - 4 核反应堆内部构件的水动力阻尼。

回到示例 4 - 2 中的核反应堆，计算因环状水隙而产生的内柱水动力阻尼。

解算

水动力阻尼式(5 - 16)建立在"细长柱体"近似法的基础之上，因此可使用同一近似法计算出的水动力质量来估算水动力阻尼。根据示例 4 - 4 中的计算可知：

	美 制 单 位	国 际 单 位
总质量(物理+附加)线密度 $\hat{M}_H + m$	10.16 lbf·s²/in²	70 105 kg/m
ρD^2	1.665 lbf·s²/in²	11 499 kg/m
运动黏度 ν (摘自《ASME 蒸汽表》)	1.876×10^{-4} in²/s	1.214×10^{-7} m²/s

此处采用示例 4 - 2 计算出的 $f = 16.2$ Hz，那么根据式(5 - 13)，可以得出以下结果：

$$S = 2.8 \times 10^9$$

这完全超出了图 5 - 8 中的范围。尽管 $g/a = 0.13$ 不太符合"≪1.0"这一条件，但此处还是改用了近似式(5 - 16)，进而得出了以下结果：

$$\zeta_1 \approx 1.2 \times 10^{-4} \text{（美制单位或国际单位）}$$

这种情况下的附加阻尼较小。虽然以上示例针对的是无限长柱体的梁式模态振动，但从定性角度来讲，其结论同样适用于有限柱壳的梁式模态振动或壳体模态振动。此分析结果也符合实验中的观测结果。从压水堆预运行试验中测得的热屏蔽板阻尼比来看，其数值与空气中测得的阻尼比相差不大，因此大型柱体结构中的水动力阻尼可以忽略不计(高温下更是如此)。

示例 5 - 5 乏燃料贮存格架。

图 5 - 10 展示了乏燃料贮存格架在水池中的典型布局。表 5 - 3 给出了相关的尺寸和质量。这些贮存格架采用了密排布局，彼此间由极其狭窄的水隙隔开。这些水隙的宽度是防止乏燃料共同达到临界的重要因素，一旦达到临界，则会引发核链式反应。要注意这些水隙可能在地震期间收窄，进而削弱它们的中子吸收能力。这些贮存格架采用了小纵横比的设计，因此不会在地震中倾倒，但可能会沿水池底部滑动。假定地震谱中的主频为 10 Hz，然后估算其中一个格架滑向另一个格架时的水动力质量和阻尼。

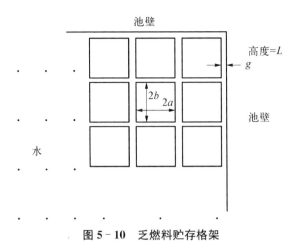

图 5-10　乏燃料贮存格架

表 5-3　乏燃料架的数据

	美 制 单 位	国 际 单 位
每个贮存架上的燃料组件数量	12×12	12×12
每个贮存架的尺寸 (2a×2b×L)	11′×11′×16′	3.353×3.353×4.877 m
贮存架与池壁之间的间隙 g	0.5 in	0.012 7 m
每个贮存架的质量	15 000 lb (38.82 lbf·s²/in)	6 804 kg
池水温度	70°F	21℃
压力	14.5 psi	101 325 Pa
地震频率	10～25 Hz	10～25 Hz

解算

按照之前的惯例,此处先把美制质量单位换算为(lbf · s²/in)。可在《ASME 蒸汽表》[17]中找到指定温度和压力下的下列数据:

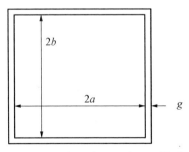

图 5-11　各贮存格架的近似模型

	美 制 单 位	国 际 单 位
水的密度	62.4 lb/ft³ [1.938 slug/ft³，9.345 5× 10^{-5} (lbf·s²/in⁴)]	998.1 kg/m³
动力黏度 μ	2.038×10^{-5} lbf·s/ft²	9.785 6×10^{-4} Pa·s
运动黏度 $\nu = \mu/\rho$	(1.052×10^{-5} ft²/s=1.514× 10^{-3} in²/s)	9.804×10^{-7} m²/s
声速	4 852 ft/s (58 224 in/s)	1 479 m/s

为了与其余的计算环节相容，此处将《ASME 蒸汽表》中的数据换算成了圆括号中的数值。要想计算美制单位下的运动黏度，质量密度的单位就必须是 slug/ft³，由此得出的运动黏度单位则是 ft²/s。为便于之后使用，此处必须将其数值乘以 144，从而将其单位换算为 in²/s。既然贮存架之间的间隙以及贮存架与池壁之间的间隙明显小于贮存架的横截面尺寸，那么可用纹波近似式(5-6)(最初推导该方程是为了分析圆形截面)来估算相应的水动力质量。正如图 5-11 所示，此处以"用均匀水隙隔开的两个同心方柱"来模拟贮存架，并假设水池顶部可以释压($p'=0$)，水池底部则为封闭结构($p'=$最大值)。首先观察是否能采用图 5-8 中的图线。在 10 Hz 的频率下：

$$S = \frac{\omega^2 a}{\nu} = 1.8 \times 10^8$$

参数 S 同样完全超出了图 5-8 中的范围，这表明水动力阻尼很小。此处改用近似式(5-16)，而该方程需要首先找出水动力质量。根据式(4-20)，相应的声模态振型为

$$\phi_1(x) = \sqrt{\frac{2}{L}} \sin \frac{\pi x}{2L}, \quad \phi_2(x) = \sqrt{\frac{2}{L}} \sin \frac{3\pi x}{2L},$$

$$\phi_3(x) = \sqrt{\frac{2}{L}} \sin \frac{5\pi x}{2L}, \cdots$$

就横向刚体运动而言，相应的结构模态振型可用下式表示：

$$\psi_1(x) = \frac{1}{\sqrt{L}}$$

用式(4-35)计算出相应的傅里叶系数(第 4.6 节已完成了这部分工作)，计算

结果如下：

$$C_{11} = \sqrt{8}/\pi, \quad C_{12} = \sqrt{8}/3\pi, \quad C_{13} = \sqrt{8}/5\pi, \cdots$$

可用式(5-6)得出每阶声模态下的 λ 和 h。表 5-4 给出了它们的数值。将各阶声模态相加，便可得出每个贮存架的水动力质量密度为

$$\hat{M}_H = 0.541 \, \text{lbf} \cdot \text{s}^2/\text{in}^3 = 1.467 \times 10^5 \, \text{kg/m}^2$$

正如第 5.10 节所述，其只应作用到贮存架四个表面中的两个表面上，因此有效线性水动力与物理质量密度为

$$\hat{M}_H = 142.8 \, \text{lbf} \cdot \text{s}^2/\text{in}^2 = 9.835 \times 10^5 \, \text{kg/m}^2$$

且总有效水动力质量为

$$2.74 \times 10^4 \, \text{lbf} \cdot \text{s}^2/\text{in} \quad \text{或} \quad 4.80 \times 10^6 \, \text{kg}$$

这比每个格架的物理质量高出 700 倍以上。最后根据式(5-16)和线性有效水动力质量密度，可以得出以下结果：

$$\zeta_H = 8.2 \times 10^{-3}$$

表 5-4　傅里叶系数(平方值)、λ 和 h

美制单位

模态	1	2	3	4	5	6	7	8
C^2	0.810 571	0.090 063	0.032 423	0.016 542	0.010 007	0.006 699	0.004 796	0.003 603
λ	0.022 24	0.015 17	0.015 07	0.015 06	0.015 06	0.015 06	0.015 06	0.015 06
h	0.378 067	0.812 739	0.823 035	0.824 184	0.824 441	0.824 523	0.824 556	0.824 571
$C^2 \times h$	0.306 450	0.073 198	0.026 685	0.013 634	0.008 250	0.005 523	0.003 955	0.002 971

国际单位

模态	1	2	3	4	5	6	7	8
C^2	0.810 571	0.090 063	0.032 423	0.016 542	0.010 007	0.006 699	0.004 796	0.003 603
λ	0.875 48	0.597 19	0.593 45	0.593 03	0.592 94	0.592 91	0.592 90	0.592 89
h	$1.025\,4 \times 10^5$	$2.203\,7 \times 10^5$	$2.231\,6 \times 10^5$	$2.234\,7 \times 10^5$	$2.235\,4 \times 10^5$	$2.235\,6 \times 10^5$	$2.235\,7 \times 10^5$	$2.235\,8 \times 10^5$
$C^2 \times h$	8.312×10^4	1.985×10^4	7.235×10^3	3.697×10^3	2.237×10^3	1.498×10^3	1.072×10^3	8.054×10^2

即使在水隙很小且水温为室温的情况下，水动力阻尼比仍然较小。正如第3章所讨论的那样，其原因在于该阻尼比并不是能量耗散的直接测度。当水隙较窄时，因液膜被挤压而产生的能量耗散确实有所增加，但水动力质量也同样有所增大。从式(5-16)可看出这两种效应会相互抵消，因此由于液膜被挤压而产生的阻尼比可能并不明显。

参考文献

[1] Chen S S. Flow-induced vibration of circular cylindrical structures [R]. Argonne National Laboratory Report ANL-85-51, Chapter 3, 1985.

[2] Au-Yang M K. Dynamics of coupled fluid-shells [J]. Journal of Vibrations, Acoustics, Stress, Reliability in Design, 1986, 108: 339-347.

[3] Fritz R J, Kiss E. The vibration response of a cantilever cylinder surrounded by an annular fluid [R]. Knolls Atomic Power Laboratory Report KAPL M-6539, 1966.

[4] Brown S J. A Survey of studies into the hydrodynamic response of fluid-coupled circular cylinders [J]. Journal of Pressure Vessel Technology, 1982, 104(1): 2-19.

[5] Scavuzzo R J, Stokey W F, Radke E F. Fluid-structure interaction of rectangular modules in rectangular pools [J]. Dynamics of Fluid-Structure Systems in the Energy Industry, ASME Special Publication PVP-39, edited by M K Au-Yang and S J Brown, 1979: 77-86.

[6] Kana D D. Fluid-structure interaction during seismic excitation [R]. American Society of Civil Engineers Report, 1984.

[7] Blevins R D. Formulas for Natural Frequencies and Mode Shapes [M]. New York: van Nostand, 1979.

[8] Chen S S, Rosenberg G S. Dynamics of a coupled shell-fluid system [J]. Nuclear Engineering & Design, 1975, 32(3): 302-310.

[9] Yeh T T, Chen S S. Dynamics of a cylindrical shell system coupled by viscous fluid [J]. Journal of the Acoustical Society of America, 1998, 62(2): 262-270.

[10] ASME. Steam tables [R]. 4th ed. New York: ASME Press, 1979.

第6章

涡 激 振 动

在横向流作用下，静止柱体的两侧会交替形成旋涡，这些旋涡随即会脱离柱体。这种旋涡脱落频率可用下式表示：

$$f_s = Sr\,\frac{V}{D} \tag{6-1}$$

其中，Sr 是斯特劳哈尔（Strouhal）数，由雷诺（Reynolds）数的取值范围确定：

$$Re = \frac{VD}{\nu} \tag{6-2}$$

（1）当 $1.0 \times 10^3 \leqslant Re \leqslant 1.0 \times 10^5$ 时，$Sr = 0.2$；

（2）当 $1.0 \times 10^5 \leqslant Re \leqslant 2.0 \times 10^6$ 时，$0.2 \leqslant Sr \leqslant 0.47$；

（3）当 $2.0 \times 10^6 \leqslant Re \leqslant 1.0 \times 10^7$ 时，$0.2 \leqslant Sr \leqslant 0.3$。

上述旋涡会对柱体施加一个波动性的反作用力，该力可分解为升力方向（即垂直于流动方向的方向）和阻力方向（即流动方向）两个分量。升力方向上的分量频率与旋涡脱落的频率 f_s 相同，而阻力方向上的分量频率则为 $2f_s$。一般来说，阻力方向上的分量远小于升力方向上的分量。

若柱体是具有多个特征固有频率的柔性柱体，则可能会发生一种被称作"锁频"的现象。当某一阶结构模态的频率接近于 f_s 或 $2f_s$ 时，旋涡脱落频率 f_s（或 $2f_s$）完全可能从柱体静止状态下的值，变成与其接近的柱体固有频率值，从而引起大幅共振。升力或阻力方向上都可能发生锁频（动力设备部件上曾出现过这两种情形），进而造成严重的经济损失。

为防止涡激振动造成的损害，在设计各种部件时，最重要的规则之一就是避免锁频。在为此提出的多项设计规则中，最常用的就是"分离规则"。若固有频率 f_n 大于 $1.3f_s$ 或小于 $0.7f_s$，则可避免升力方向上的锁频；同样，若 f_n

大于 $1.3 \times 2f_s$ 或小于 $0.7 \times 2f_s$，则可避免阻力方向上的锁频。

在锁频得以避免的情况下，便可用各种标准的结构动力学分析方法来计算结构的受迫响应（可使用有限元计算机程序或进行笔算）。此时升力方向上的力函数可用下式表示：

$$F_L = (\rho V^2/2) D C_L \sin(2\pi f_s t) \tag{6-9}$$

升力系数的保守值为 $C_L = 0.6$。阻力方向上的振幅通常要小得多，因而可以忽略不计。在发生锁频的情况下，可用《ASME 锅炉与压力容器规范》[1]中推荐的以下 3 则半经验方程来估算结构振动：

格里芬（Griffin）-兰博格（Ramberg）方程：

$$\frac{y_n^*}{D} = \frac{1.29\gamma}{[1 + 0.43(2\pi Sr^2 C_n)]^{3.35}} \tag{6-11}$$

伊凡（Ivan）-布莱文斯（Blevins）方程：

$$\frac{y_n^*}{D} = \frac{0.07\gamma}{(C_n+1.9)Sr^2} \left[0.3 + \frac{0.72}{(C_n+1.9)Sr}\right]^{1/2} \tag{6-12}$$

萨尔普卡亚（Sarpkaya）方程：

$$\frac{y_n^*}{D} = \frac{0.32\gamma}{[0.06 + (2\pi S^2 C_n)^2]^{1/2}} \tag{6-13}$$

其中，γ 是介于 1.0（结构为由弹簧支撑的刚性柱体时）与 1.305（悬臂柱的第一阶模态下）之间的模态振型因子。根据 Sr 值和折合阻尼比 C_n 的不同，这三则方程既可能得出合理的结果，也可能得出很不一致的结果。大多数动力与过程设备部件都无法承受锁频时的涡激振动。

主要术语如下：

C_D —阻力系数； C_L —升力系数

$C_n = \dfrac{4\pi\zeta_n m_n}{\rho D^2 \displaystyle\int_L \psi_n^2(x)\,\mathrm{d}x}$，折合阻尼参数

D —柱体直径或垂直于流动方向的结构宽度

f_s —旋涡脱落频率

f_D —因旋涡脱落而在阻力方向上形成的力函数的频率

f_L —因旋涡脱落而在升力方向上形成的力函数的频率

f_n ——结构的固有频率

F_D ——因旋涡脱落而在阻力方向上产生的波动力

F_L ——因旋涡脱落而在升力方向上产生的波动力

L ——结构长度

m ——结构每单位长度的总质量(物理质量+水动力质量)

$m_n = \int_0^L m(x)\psi_n^2(x)\mathrm{d}x$,广义质量;Re ——雷诺数

Sr ——斯特劳哈尔数;　　　　　　V ——横向流速度

y ——振幅;　　　　　　　　　　y^* ——振幅峰值

ψ ——模态振型函数;　　　　　　μ ——动力黏度

ν ——运动黏度;　　　　　　　　ρ ——流体质量密度

ζ_n ——模态阻尼比

6.1　概述

受横向流作用的孤立结构(如柱体)会产生旋涡,这些旋涡随即会脱离柱体。结构两侧会交替形成此类旋涡(见图 6-1[2]),因此结构上的压力分布会不断变化,使得施加在结构上的净力为波动性的升力。该波动力的频率等于旋涡脱落频率 f_s。此外这些旋涡也会在阻力方向上产生净力。根据涡街的几何结构(见图 6-1),这种波动阻力的频率为脱落频率的两倍。这种波动力的两个分量都会引起结构振动,不过只要结构的固有频率与升力和阻力方向

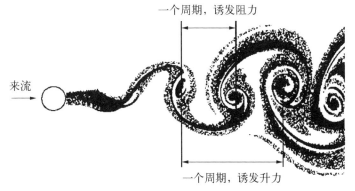

图 6-1　从受横向流作用的圆柱体上脱离的涡街

(经剑桥大学出版社许可转载)

上的脱落频率"高度分离"，就只会发生受迫振动型的结构响应，而这种响应通常都不会危及结构的完整性。相反的，如果某一结构频率"接近于"升力或阻力方向上的脱落频率，则会发生锁频现象。脱落频率完全可能从结构静止状态下的名义值，变成与其最接近的结构固有频率值。这将使结构响应从受迫振动变为共振（参见第 3 章），而后者的振幅要大得多，可能会造成结构损伤。

涡激振动是最早发现的流致振动现象之一，这方面的文献比比皆是，但它仍是一个非常热门的研究课题。本章将概述旋涡脱落型锁频的防范措施，并介绍结构响应的估算方法。若想进一步了解涡激振动的深度处理方法，则请参阅布莱文斯文献[3]的第 3 章和本章引用的参考文献。

6.2 旋涡脱落频率和斯特劳哈尔数

根据之前的引言部分，在评估涡激振动问题时，升力和阻力方向上的旋涡脱落频率 f_s 显然是最重要的参数之一。研究人员以均匀横向流中的静止圆柱体为条件，通过实验测定了这一参数，发现脱落频率 f_s 与速度 V 成正比，与圆柱直径 D 成反比，其比例常数随后称作斯特劳哈尔数（用 Sr 表示）：

$$f_s = SrV/D \qquad (6-1)$$

从其实验测量结果来看，Sr 值取决于雷诺数：

$$Re = VD/\nu \qquad (6-2)$$

其中，ν 为运动黏度，与动力黏度 μ 存在以下关系：

$$\nu = \mu/\rho \qquad (6-3)$$

其中，ρ 为流体密度。在《ASME 蒸汽表》[17]中，μ 的单位为 lbf·s/ft^2（对应的国际单位为 Pa·s）。在计算运动黏度 ν 和无量纲的雷诺数 Re 时，为了与这些单元相容，流体密度 ρ 必须以 slug/ft^3 为单位，V 和 D 则分别以 ft/s 和 ft 为单位；而 ρ、V 和 D 对应的国际单位分别为 kg/m^3、m/s 和 m（请参见第 1 章，其中对单位问题做了简短但非常重要的说明）。本章示例将更清楚地说明这个问题。

根据林哈特（Lienhard）[5] 以及阿肯巴克（Achenbach）和海内克（Heinecke）[6]的数据，图 6-2 给出了作为雷诺数的函数的近似斯特劳哈尔数。尽管这些数据是根据圆柱的测量结果得出的，但分析任意截面形状的结构时普遍会采用这种关系。如果截面并非圆形,就宜取垂直于流动方向的结构宽度作为 D。图6-2表明,在对动力与过程设备部件中的涡激振动问题进行工程评估时,可采用下列斯特劳哈尔数:

$$当 1.0 \times 10^3 \leqslant Re \leqslant 1.0 \times 10^5 时,Sr = 0.2$$
$$当 1.0 \times 10^5 \leqslant Re \leqslant 2.0 \times 10^6 时,0.2 \leqslant Sr \leqslant 0.47 \qquad (6-4)$$
$$当 2.0 \times 10^6 \leqslant Re \leqslant 1.0 \times 10^7 时,0.2 \leqslant Sr \leqslant 0.3$$

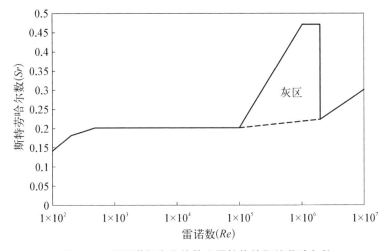

图6-2 随雷诺数变化的静止圆柱体的斯特劳哈尔数

式(6-1)给出了升力方向(即垂直于流动方向的方向)上的交替旋涡脱落频率。根据涡街的几何结构(见图6-1),可以推断阻力方向(即流动方向)上也存在波动性的力分量,且其频率为脱落频率的两倍:

$$f_L = f_s, \quad f_D = 2f_s \qquad (6-5)$$

其中,f_L 和 f_D 分别是升力方向和阻力方向作用到结构上的涡激力的频率。

6.3 锁频

对受横向流作用的柔性结构来说,其旋涡脱落频率并不像柱体静止时那么明确。若其脱落频率[式(6-1)定义了该频率]接近于结构的某一弯曲频率,就会发生锁频现象。此时旋涡脱落频率完全可能从柱体静止状态下的频率值,变成与静止柱体旋涡脱落频率值最接近的结构固有频率,从而引起振幅大得多的结构共振。从式(6-5)可知，升力方向和阻力方向上都可能发生锁频现象，不过阻力方向上发生锁频时的横向流速度，是升力方向上发生锁频时的横向流速度的两倍。

实验数据表明，阻力方向上的波动力通常比升力方向上的波动力小了近一个数量级，加上"阻力方向上发生锁频时的流速，是升力方向上发生锁频时的流速的两倍"这一事实，可见与阻力方向上的锁频相比，升力方向上的锁频不但常见得多，其后果也严重得多。不过升力和阻力方向上的涡激振动都曾造成结构失效（参见本章末尾处的案例研究）。

避免锁频的规则

根据许多研究人员的实验数据，ASME 国际部建议采取以下规则来避免锁频同步（参见《ASME 锅炉与压力容器规范》第Ⅲ章附录 N-1324[1]）。

1) 低速规则

如果结构的基本振动模态（$n=1$）的速度满足以下条件：

$$V/f_1 D < 1.0 \tag{6-6}$$

就能避免升力和阻力方向上的锁频。

2) 大阻尼规则

若将折合阻尼 C_n 定义如下：

$$C_n = \frac{4\pi\zeta_n m_n}{\rho D^2 \int_L \psi_n^2(x)\,\mathrm{d}x} \tag{6-7}$$

$$m_n = \int_0^L m(x)\psi_n^2(x)\,\mathrm{d}x\,[\text{见式}(3-32)] \tag{6-8}$$

那么只要其数值大于 64，就能抑制第 n 阶振动模态下的锁频现象。

3) 低速与大阻尼组合规则

在模态 n 下，如果 $V/f_n D < 3.3$ 且 $C_n > 1.2$，就既能避免升力方向上的锁频，也能抑制阻力方向上的锁频。

4) 分离规则

若结构模态频率至少比旋涡脱落频率低 30% 或高 30%，即是说满足以下条件：

$$f_n < 0.7 f_s \quad \text{或} \quad f_n > 1.3 f_s$$

就能避免第 n 阶模态下升力方向上的锁频。与此类似,若满足以下条件:

$$f_n < 0.7 \times (2f_s) \quad \text{或} \quad f_n > 1.3 \times (2f_s)$$

就能避免第 n 阶模态下阻力方向上的锁频。

6.4 涡激振幅

未锁频时的涡激振动属于受迫振动,此时其在升力方向上的力函数可用下式表示:

$$F_L = (\rho V^2/2)DC_L \sin(2\pi f_s t) \tag{6-9}$$

由下式得出其在阻力方向上的力函数:

$$F_D = (\rho V^2/2)DC_D \sin(4\pi f_s t) \tag{6-10}$$

升力系数的保守值为 $C_L = 0.6$(布莱文斯文献[3] 的第 3 章)。阻力系数 C_D 通常比升力系数小一个数量级。通过式(6-9)或式(6-10),既可用标准的商业有限元计算机程序来计算升力和阻力方向上的振幅,也可用针对简单结构的结构动力学方程来计算这些振幅(参见第 3 章)。若能避免锁频,那么即使 C_L 达到其保守值,也很少会因涡激振动而出现问题。阻力系数 C_D 通常比升力系数小一个数量级,因此如果也能避免阻力方向上的锁频,那么阻力方向上的涡激振动就更不是问题了。

锁频涡激振动则大不相同。发生锁频现象时,不仅流体动力系数明显增大,流体-结构之间的强耦合也会引发各种非线性效应(参见第 4 章),进而导致第 3 章中的线性结构动力学方程失效。这种情况下就要用经验方程来计算相关响应。《ASME 锅炉与压力容器规范》第 Ⅲ 章附录 N1324[1] 推荐了以下 3 则方程。

格里芬-兰博格方程:

$$\frac{y_n^*}{D} = \frac{1.29\gamma}{[1 + 0.43(2\pi Sr^2 C_n)]^{3.35}} \tag{6-11}$$

伊凡-布莱文斯方程:

$$\frac{y_n^*}{D} = \frac{0.07\gamma}{(C_n + 1.9)Sr^2}\left[0.3 + \frac{0.72}{(C_n + 1.9)Sr}\right]^{1/2} \tag{6-12}$$

萨尔普卡亚方程：

$$\frac{y_n^*}{D} = \frac{0.32\gamma}{[0.06 + (2\pi S^2 C_n)^2]^{1/2}} \tag{6-13}$$

其中，y_n^* 是旋涡脱落在（第 n 阶）模态频率锁频时的最大响应振幅；Sr 是斯特劳哈尔数；y 是模态振型因子。表 6-1 给出了几种常见结构部件的模态振型因子[3]。

表 6-1 模态振型因子

结　　构	γ
弹簧支撑的刚性柱体	1.0
旋转杆	1.91
绷紧的弦	1.155（所有模态）
简支梁	1.155（所有模态）
悬臂梁	1.305, $n=1$ 1.499, $n=2$ 1.537, $n=3$

图 6-3 和图 6-4 对比了用式（6-11）、式（6-12）和式（6-13）计算出的归一化响应 $y^*/(\gamma D)$（当斯特劳哈尔数 $Sr=0.2$ 和 0.47 时，该响应是折合阻尼参数 C_n 的一个函数）。可以看出当 $Sr=0.2$ 时（该条件下获取的试验数据

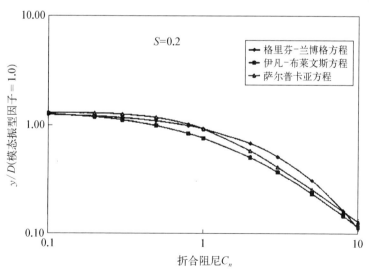

图 6-3 $S=0.2$ 时用三则方程计算出的归一化响应的对比

最多),这三则方程的结果高度吻合;而当 $Sr=0.47$ 时,这三则方程的结果则相去甚远(对应的雷诺数为 $1.0\times10^5\sim2.0\times10^6$),原因就在于该雷诺数范围内的试验数据寥寥无几。这些图展示了最佳半定量条件下锁频涡激振动的估算结果。如果采用这些计算结果,就需要大量的工程判断。除少数部件外,动力与过程行业中的大多数结构部件都无法承受锁频涡激振动;不过在锁频得以避免的情况下,涡激振动就很少危及这些部件。

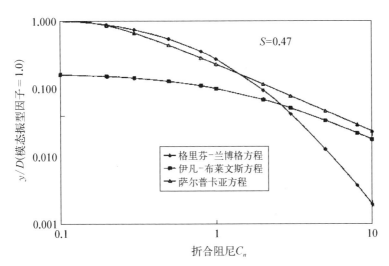

图 6-4 $S=0.47$ 时用三则方程计算出的归一化响应的对比

示例 6-1

图 6-5 展示了伸入过热蒸汽输送管的某段仪表接管。表 6-2 给出了该系统的已知参数。此处可假设接管一端固定在管壁上,另一端则无约束,然后评估该仪表接管的涡激振动问题。

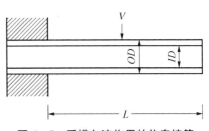

图 6-5 受横向流作用的仪表接管

表 6-2 仪表接管的已知参数

	美 制 单 位	国 际 单 位
蒸汽压力	1 075 psi	7.42×10^6 Pa
蒸汽温度	700 ℉	371 ℃
横向流速度 V	70 ft/s	21.336 m/s
外径 OD	1.495 in	0.037 97 m

（续表）

	美 制 单 位	国 际 单 位
内径 ID	0.896 in	0.022 76 m
L	14.5 in	0.368 m
材料密度	481 lbf/ft³	7 706 kg/m³
杨氏模量	25×10^6 psi	1.72×10^{11} Pa
阻尼比	0.005	0.005

解算

第一个问题是是否面临"旋涡脱落频率被锁定在悬臂梁的基本模态频率"的危险。为此首先计算脱落频率。从《ASME 蒸汽表》[17] 可知，在指定温度和压力下，蒸汽会处于过热状态，其性质则如表 6-3 所示。

表 6-3 指定环境条件下的蒸汽性质

蒸 汽 性 质	美 制 单 位	国 际 单 位
密度	1.79 lb/ft³ $=5.559 \times 10^{-2}$ slug/ft³	28.68 kg/m³
动力黏度	4.82×10^{-7} lbf·s/ft²	2.31×10^{-5} Pa·s
运动黏度 $\nu = \mu/\rho$	$4.82 \times 10^{-7}/5.559 \times 10^{-2}$ $=8.68 \times 10^{-6}$ ft·s	8,05$\times 10^{-7}$ m·s
雷诺数	$70 \times (1.495/12)/8.68 \times 10^{-6}$ $=1.0 \times 10^6$	$21.336 \times 0.037\,97/8.05 \times 10^{-7}$ $=1.0 \times 10^6$

根据图 6-2，当雷诺数为 1.0×10^6 时，斯特劳哈尔数可能是 0.2 与 0.47 之间的任意一个数值，因此脱落频率的下限和上限分别为

Sr	美 制 单 位	国 际 单 位
0.2	$f_s = 0.2 \times (70 \times 12)/1.475 = 112.4$	$0.2 \times 21.336/0.037\,97 = 112.4$
0.47	$f_s = 0.47 \times (70 \times 12)/1.475 = 264.1$	$0.47 \times 21.336/0.037\,97 = 264.1$

可将仪表接管假设为一根悬臂梁，然后计算其基本模态频率[7]：

$$f_1 = \frac{1.875^2}{2\pi L^2} \sqrt{\frac{EI}{m}}$$

此处的总线性质量密度 m 必须包括其排开的蒸汽质量(即水动力质量,参见第 4 章),不过仪表接管内的空气质量可以忽略不计。计算出下列结构参数:

结 构 参 数	美 制 单 位	国 际 单 位
$I = (\pi/64)(OD^4 - ID^4)$	$0.213\ 6\ \text{in}^4$	$8.889 \times 10^{-8}\ \text{m}^4$
内部区域 $A_i = \pi ID^2/4$	$0.630\ 5\ \text{in}^2$	$4.068 \times 10^{-4}\ \text{m}^2$
外部区域 $A_o = \pi OD^2/4$	$1.755\ 4\ \text{in}^2$	$1.133 \times 10^{-3}\ \text{m}^2$
质量密度 $=481/(32.2 \times 12 \times 1\ 728)$	$7.204 \times 10^{-4}\ \text{lbf} \cdot \text{s}^2/\text{in}^4$	$7.706 \times 10^3\ \text{kg/m}^3$
材料线密度 $=7.204 \times 10^{-4} \times$ $(1.755\ 4 - 0.630\ 5)$	$8.103 \times 10^{-4}\ \text{lbf} \cdot \text{s}^2/\text{in}^2$	$5.592\ \text{kg/m}$
蒸汽密度 $=1.79/(32.2 \times 12 \times 1\ 728)$	$2.681 \times 10^{-6}\ \text{lbf} \cdot \text{s}^2/\text{in}^4$	$28.68\ \text{kg/m}^3$
水动力质量 $=2.681 \times 10^{-6} \times 1.755\ 4$	$4.706 \times 10^{-6}\ \text{lbf} \cdot \text{s}^2/\text{in}^2$	$3.248 \times 10^{-2}\ \text{kg/m}$
总质量线密度 m	$8.150 \times 10^{-4}\ \text{lbf} \cdot \text{s}^2/\text{in}^2$	$5.625\ \text{kg/m}$
f_1	$215\ \text{Hz}$	$215\ \text{Hz}$

接管的基本模态频率位于旋涡脱落频率的可能范围之内,所以这里必须假设可能存在锁频涡激振动,然后用式(6-11)、式(6-12)和式(6-13)来估算由此产生的振幅。而要计算这些振幅,就必须先计算折合阻尼[通过式(6-7)计算]和广义质量[通过式(6-8)计算]。根据式(6-8),既然总质量线密度 m 为常数,那么有

$$m_1 = m\int_0^L \psi^2\,\mathrm{d}x$$

消去式(6-7)中的积分后,便可用式(6-7)来直接计算基本模态的折合阻尼:

美 制 单 位	国 际 单 位
C_1 $\dfrac{4\pi \times 0.005 \times 8.150 \times 10^{-4}}{2.681 \times 10^{-6} \times 1.495^2} = 8.547$	$\dfrac{4\pi \times 0.005 \times 5.625}{28.68 \times 0.037\ 97^2} = 8.547$
在 215 Hz 的锁频频率下:	
$S = \dfrac{f_1 D}{V}$　$\dfrac{215 \times 1.495}{840} = 0.383$	$\dfrac{215 \times 0.037\ 97}{21.336} = 0.383$

美 制 单 位	国 际 单 位
根据式(6-11)，$y_1^* = 0.018$ in	4.45×10^{-4} m
根据式(6-12)，$y_1^* = 0.061$ in	1.56×10^{-3} m
根据式(6-13)，$y_1^* = 0.079$ in	2.00×10^{-3} m

可用等效静力模型来估算仪表接管固定端的诱发应力（参见第 3 章第 3.8 节）。根据罗克(Roark)的文献[8]，当某一悬臂梁承受均匀载荷时，其最大弯矩（位于固定端）和最大挠度（位于自由端）可用下式表示：

$$M_{\max} = \frac{wL^2}{2} \quad 且 \quad y_{\max} = \frac{wL^4}{8EI}$$

其中的 w 是悬臂梁单位长度上的静载荷。根据式(6-12)计算出的中间数（$y^* = 0.061$ in），仪表接管固定端处的最大力矩为

	美 制 单 位	国 际 单 位
$M_{\max} = \dfrac{4EI}{L^2} y_{\max} =$	$\dfrac{4 \times 25 \times 10^6 \times 0.213\,6 \times 0.061}{14.5^2}$ $= 6\,243$ lbf·in	$\dfrac{4 \times 1.72 \times 10^{11} \times 8.889 \times 10^{-8}}{0.368^2}$ $= 704.3$ N·m
最大诱发应力为 $\sigma = M(D/2)/I =$	$\dfrac{6\,243 \times 1.495}{2 \times 0.213\,6} = 21\,839$ psi	$= 1.504 \times 10^8$ Pa

两者均是 215 Hz 处的零峰幅值。此应力水平相当高，即使是用高强度钢制成的接管，也多半会在 100 万次循环内或约 1.3 小时内因疲劳而失效（《ASME 锅炉与压力容器规范》第Ⅲ章附录Ⅰ[1]）。请注意，格里芬-兰博格式(6-11)的结果与其他两则方程中的结果并不一致，本书作者采用了式(6-12)计算出的响应来计算最终应力。

示例 6-2

此处假设示例 6-1 中的仪表接管从 14.5 in(0.368 m)缩短为 9.875 in (0.251 m)，其余参数则保持不变，然后估算该接管的涡激振幅和应力。

解算

通过与示例 6-1 中相同的计算[不过本示例中 $L = 9.875$ in(0.251 m)]，

可知悬臂梁模态频率 $f_1 = 464\,\text{Hz}$。根据示例 6-1 中的结果可知,旋涡脱落频率为 $112 \sim 264\,\text{Hz}$,因此基本模态频率比可能出现的旋涡脱落频率高 130% 以上,这意味着不会发生锁频。对此新设计的仪表接管,可用结构动力学分析中的标准技巧估算其受迫振动的振幅。此时,升力方向上每单位长度的力函数为

$$F_L = (C_L D_0 \rho V^2 / 2)(\sin 2\pi f_s t)$$

该谐激励函数的频率等同于旋涡脱落频率。此处用布莱文斯文献[3]中的保守等效升力系数 $C_L = 0.6$ 得出了以下结果:

$$|F_L| = 0.6 \times 1.495 \times 2.681 \times 10^{-6} \times 840^2 / 2 = 0.848\,\text{lbf/in(美制单位)}$$

$$|F_L| = 0.6 \times 0.037\,97 \times 28.68 \times 21.336^2 / 2 = 148.7\,\text{N/m(国际单位)}$$

可将上述力函数作为程序输入项,然后用有限元计算机程序来计算相应的振幅。就此处的"均匀横向流流过截面性质均匀的某一柱体"这一简单情形而言,可用式(3-15)和式(3-28)来计算接管末端处的响应。在第 3 章的示例 3-1 和示例 3-2 给出了其余的解算过程,并从中发现最大应力为

$$\sigma_{\max} = \frac{M_{\max}(OD/2)}{I} = 195.5\,\text{psi} \quad (1.35 \times 10^6\,\text{Pa})$$

正如本书所示,在锁频得以避免的情况下,振幅和应力都可忽略不计。

6.5 管束内的旋涡脱落

不同于孤立柱体的旋涡脱落,密排管束内的旋涡脱落是一个更具争议性的课题。甚至连管束内是否存在旋涡脱落现象这一最基本的问题,也是各方莫衷一是。在过去 40 年中,专家们的看法反转了好几次。最初,一个普遍的观点就是管束内的旋涡脱落会激励换热器的各种声模态,然而欧文(Owen)在 1965 年提出[9],密排管束内可能不存在旋涡脱落现象。从 20 世纪 60 年代后期到 70 年代前期,关于换热器流致振动的理论很大程度上受到了 Y. N. Chen[10] 的影响[Y. N. Chen 试图用卡门(Karman)涡街来解释几乎所有的流致振动现象],当时他的模型得到了广泛接受。康纳斯(Connors)在 20 世纪 70 年代前期发现了流体弹性失稳现象(参见第 7 章),于是换热器内的旋涡脱落问题(至少设计师们是这样)不再受到关注,执业工程师们转而开始关注流体

弹性失稳和湍流激振，并将这两项因素纳入换热器的设计准则之中。到了 20 世纪 90 年代前期，韦弗(Weaver)等的实验照片[11]清楚地表明，管束内前几排传热管的后方形成了旋涡(参见第 12 章)，这意味着管束内还是有可能存在涡街，而换热器管束内的涡激振动问题也再次受到重视。若想了解管束内涡激振动的历史背景和研究进展，则请参阅韦弗撰写的一篇优秀综述[12]。该综述也列明了关于该课题的许多参考书目，比如本段之前引述的那些文章。

从现有的全部实验数据来看，有一点毋庸置疑：即使管束内发生了旋涡脱落现象，但与孤立柱体的旋涡脱落相比，前者的定义要模糊得多。当脱落频率与传热管的固有频率相去甚远时(可按 30％规则判断)，传热管受迫振动的振幅通常都很小，且会受到湍流激振的限制(参见第 9 章)。就管束内的旋涡脱落而言，主要的问题在于这种现象可能会激励换热器的声模态。第 12 章会在声致振动的条件下讨论这一问题。

6.6　管阵的斯特劳哈尔数

与孤立柱体的情形不同，管阵的斯特劳哈尔数存在着大量令人费解的实验数据。抛开"管束的斯特劳哈尔数明显取决于管阵的几何结构"这一复杂性不说，不同的研究人员会采用不同的参数来表达其数据，以致局面变得更加混乱。更糟糕的是，不同的研究人员对"旋涡脱落"有着不同的解释，并可能把他们的解释与对其他现象(比如射流转换、声共振乃至限幅流体弹性失稳)的解释混为一谈，同时各种数据集也可以说大相径庭。韦弗和菲茨帕特里克(Frizpatrick)[11]提供了下列经验方程，这些方程似乎是最简单也最易用的方程(管束排列形式的定义请参见第 7 章的图 7-6)。

顺排正方形阵列：

$$Sr = \frac{1}{2(P/D-1)} \tag{6-14}$$

旋转正方形阵列：

$$Sr = \frac{1}{2(P/D-1)} \tag{6-15}$$

正三角形阵列：

$$Sr = \frac{1}{1.73(P/D - 1)} \tag{6-16}$$

旋转三角形阵列：

$$Sr = \frac{1}{1.16(P/D - 1)} \tag{6-17}$$

以上方程依据的是来流速度，而不是管束动力学分析中常用的间隙流速（参见第 7 章和第 9 章）。与孤立柱体时的情况一样，此处可用标准的结构动力学分析方法计算出管束的涡激振动，而相应的单位长度的力函数可用下式表示：

$$F_L = (C_L D_0 \rho V^2 / 2)(\sin 2\pi f_s t) \tag{6-18}$$

佩蒂格鲁(Pettigrow)等[13]发现，管束 C_L 的上界为 0.07，比孤立柱体的该数值小了近一个数量级，因此与孤立柱体的涡激振动相比，管束内的涡激振动就远未受到重视，最好将其与湍流激振一起处理（参见第 8 章）。需要关注的是换热器内受旋涡脱落激励的声模态。

6.7　偏离理想情况

现实中很少遇到"均匀来流流过均匀圆柱体的整个跨段、且流动方向垂直于圆柱轴"这种理想情况。很多时候不是圆柱而是圆锥，或来流并未均匀流过柱体全长，或流动方向并不垂直于柱轴等情况，此时就需要做出工程判断。下文将介绍一些处理上述情况的常见做法，其中一些做法得到了试验数据的支持，另一些则是纯粹的工程判断，似乎管用的，但尚需严格的实验验证。

非圆截面的钝体

此情形下取垂直于流动方向的结构宽度作为直径 D。此时的斯特劳哈尔数不同于圆形截面时的斯特劳哈尔数，但奇怪的是两者相差不大。从一些研究人员汇编的数据来看，Sr 一般介于 $0.1 \sim 0.2$ 之间。请参见布莱文斯的文献[3]（见图 3-6）。

锥形截面

此情形下宜分别用最小和最大的直径来计算雷诺数和脱落频率。必须假设在任意模态下，只要固有频率既低于脱落频率上限的 130%，又高于脱落频率下限的70%，那么该模态下就可能发生锁频现象。

不均匀的结构性质

对于截面性质不均匀的结构，只要已知相应的力函数，就能用广泛使用的有限元结构分析计算机程序轻松计算出此类结构的固有频率、模态振型和振动响应。在计算出固有频率后，宜逐一检查各低阶模态下是否可能发生锁频现象。若能避免锁频，那么涡激振动通常就不是问题。不过也可输入式（6-9）和式（6-10）中的力函数，然后用保守的升力系数值和阻力系数值来计算相应的受迫振动响应。

流过结构的不均匀流

此情形下宜用直径为$D(x)$的结构段上的横向流速度$V(x)$来计算旋涡脱落边界频率。若结构有任一固有频率位于旋涡脱落频率的范围之内，则宜假设该特定模态下会发生锁频现象。

斜流

当来流并不完全垂直于结构的轴向时，习惯做法是将其速度分解为两个分量（即平行于柱轴的分量和垂直于柱轴的分量），然后只用其中的法向速度分量来计算旋涡脱落频率和谐激励函数。

受两相横向流作用的结构

大概是因为两相混合物拥有额外的耗能能力，迄今尚未发现两相横向流作用下的结构存在旋涡脱落现象。两相流致振动很大程度上仍是一个尚待探索的领域。

6.8 案例研究

虽然涡激振动是最容易避免的流致振动问题之一，但其还是给动力行业造成了巨大的经济损失。以下是两个广为人知（至少在核工业的范围内是如此）并记录在案的例子，本节将以此表明如何通过直接的流致振动分析来避免此类经济损失。

案例研究6-1　因涡激振动而导致的核反应堆堆内仪表导管破裂[14]。

堆内仪表导管亦称指套管或接管，正是有了这种护套，各种仪表才能够进入核反应堆的堆芯内进行测量。按照设计，这些导管的压力边界理应能承受核反应堆内的高压（见图6-6；另见图2-20）。在某反应堆原始设计中，堆芯内导管的柔性过大，以至于这些导管在预运行试验（仅持续了短短几天）中发生了锁频旋涡脱落。试验后的检查表明,大部分导管都已破裂,它们的碎片散落在反应堆压力容器的底部。由于运行前试验期间并未将燃料组件装入堆芯(见图2-20),其中一些松散的碎片便被冷却剂带入了蒸汽发生器的上腔室。

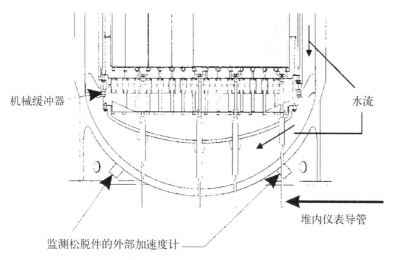

机械缓冲器

水流

堆内仪表导管

监测松脱件的外部加速度计

图6-6 压水核反应堆下部结构

这些碎片被困在管板与上腔室封头之间(该蒸汽发生器的示意图请参见第9章中的图9-2),它们随着冷却剂的流动而旋转,并反复撞击传热管末端,结果对蒸汽发生器造成了严重损伤。重新设计了刚性更强的堆内仪表导管后,这些新的导管再也未发生过任何流致振动问题。不过在其他核电厂中,曾有指套管和导管因受限的轴向或横向湍流激振而发生磨损(参见第9章和第10章)。

案例研究6-2 热电偶套管失效[15]。

在1995年,日本文殊(Monju)快中子增殖反应堆的热电偶套管失效。在中间热传输系统的一根管道上,热电偶套管作为管内液钠与管外部绝热层之间的压力边界(见图6-7),其外形相当细长,并采用了梯级管设计(颈部外径从10 mm猛然扩大到25 mm)。事后检查发现,该套管的变径段发生破裂,导致管道中的液钠发生泄漏。从运行经历来看,该热电偶套管曾在100%功率下工作了一个循环,当时并未出现任何问题。故障似乎是在功率减少到40%时发生的。研究人员用该热电偶套管的全尺寸模型开展了实验室试验,结果发现不论是在40%功率所对应的流速下,还是在100%功率所对应的流速下,只要热电偶套管未出现降级状况,升力和阻力方向上的振幅就始终不大。不过当热电偶模型的颈部有一道人为预制的裂纹时，在40％功率所对应的流速情况下，阻力方向上观测到了远大于升力方向上的振幅（见图6-8[16]），足以导致热电偶迅速失效。

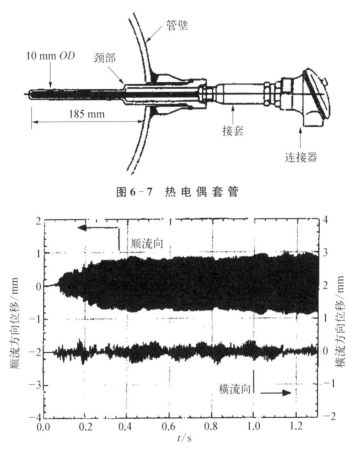

图6-7　热电偶套管

图6-8　40％功率对应的流速下热电偶套管在阻力和
升力方向上的振幅

对该问题的根本原因分析如下：涉事热电偶相当细长，阻尼比也很小。在此状况下，有关方面没有设法将梯级过渡段的拐角"磨圆"，以至于拐角处集中了较大的应力，并助长了疲劳裂纹的生长。很可能最初因湍流激振而萌生了微小的疲劳裂纹，这些裂纹又反过来削弱了热电偶套管的整体刚度。不过由于未与旋涡脱落频率形成共振（在升力和阻力方向上都是如此），这些裂纹的扩展速率较为缓慢（不过很可能最终还是会导致套管失效）。当系统运行的流速为40％功率对应的流速时，阻力方向上的旋涡脱落频率（是升力方向上的旋涡脱落频率的两倍）与热电偶套管顶端的基本模态（以变径点作为固定点）形成同步，进而产生了较大的交变应力，导致热电偶套管的变径点很快破裂。

参考文献

[1] ASME, ASME Boiler and Pressure Vessel Code [S], 1998, Section Ⅲ, Appendix N1324.

[2] Griffin O M, Ramberg S E. The vortex-street wakes of vibrating cylinders [J]. Journal of Fluid Mechanics, 1974, 66(03): 553 – 576.

[3] Blevins R D. Flow-Induced Vibration [M]. 2nd ed. New York: Van Nostrand Reinhold, 1990.

[4] ASME. Steam tables [R]. 4th ed. New York: ASME Press, 1979.

[5] Lienhard J H. Synopsis of lift, drag and vortex frequency data for rigid circular cylinders [D]. Washington D C: Washington State University, College of Engineering, Research Division Bulletin 300, 1966.

[6] Achenbach E, Heinecke E. On vortex shedding from smooth and rough cylinders in the range of Reynolds number 6×10^3 to 5×10^6 [J]. Journal of Fluid Mechanics, 1981, 109: 239 – 251.

[7] Blevins R D. Formulas for Natural Frequencies and Mode Shapes [M]. New York: van Nostand, 1979.

[8] Roark. Roark's Formula for Stress and Strain, 6th Edition [M]. revised by W. C. Young, New York: McGraw Hill, 1989.

[9] Owen P R. Buffeting excitation of boiler tube vibration [J]. Archive Journal of Mechanical Engineering Science, 1965, 7(4): 431 – 439.

[10] Chen Y N. Flow-induced vibration and noise in tube bank heat exchangers due to von Karman streets [J]. Journal of Engineering for Industry, 1968, 90: 134 – 146.

[11] Weaver D S, Fitzpatrick J A. A review of cross-flow induced vibrations in heat exchanger tube arrays [J]. Journal of Fluids and Structures, 1988, 2(1): 73 – 93.

[12] Weaver D S. Vortex shedding and acoustic resonance in heat exchanger tube arrays [G]. Technology for the 90s, edited by M. K. Au-Yang. ASME Press, 1993: 775 – 810.

[13] Pettigrew M J, Sylvestre Y, Campagna A O. Vibration analysis of heat exchanger and steam generator designs [J]. Nuclear Engineering & Design, 1978, 48(1): 97 – 115.

[14] Paidoussis M P. Flow-induced vibration in nuclear reactors and heat exchangers [G]. Practical Experience with Flow-Induced Vibrations, edited by E. Naudascher and D. Rockwell. Heidelberg: Springer-Verlag, 1980: 1 – 81.

[15] Yamaguchi A, et al. Failure mechanism of a thermocouple well caused by flow-induced vibration [C]. Proceeding of 4th International Symposium on Flow-Induced Vibration, Vol. I, edited by M. P. Paidoussis. ASME Special Publication AD-Vol.

53 - 1, 1997: 139 - 148.

[16] Ogura K, Morishita M, Yamaguchi A. Cause of flow-induced vibration of thermocouple well [G]. Flow-Induced Vibration and Transient Thermal-Hydraulics, edited by M. K. Au-Yang. ASME Special Publication PVP - 363, 1998: 109 - 117.

第7章
管束的流体弹性失稳

当作用在管束上的横流速度不断增大时,管束响应会在某一时刻不受约束地骤然增大,直到发生管间碰撞或管束运动受到其他非线性效应的限制为止。这种现象称作流体弹性失稳,管子振幅骤然增大时的流体速度则称作临界流速。与旋涡脱落现象不同,即使超过了临界流速,处于流体弹性失稳状态的管束的振幅也仍会继续增大。此时管束中各管的运动彼此关联,且相互间存在明确的相位关系。1970 年,康纳斯(Connors)首先发现了流体弹性失稳现象,并基于量纲分析推导出以下简化方程,以用于预测管束的临界流速:

$$V_c = \beta f_n \left(\frac{2\pi \zeta_n m_t}{\rho} \right)^{1/2} \qquad (7-4)$$

常数 β 后来称作康纳斯常数或流体弹性失稳常数。后来陈水生(Chen)[1]提出的管束动力学理论公式表明,β 其实并不是常数,对在重流体中振动的管束来说更是如此,只有当流体密度较小(如空气或过热蒸汽)时,β 大致上保持不变。流体弹性失稳理论也包含其他一些理论公式,不过用它们得出的方程都与康纳斯式(7-4)相差无几,且在实际的行业应用中,这些方程无一明显优于康纳斯方程。在使用康纳斯方程时,建议采用表 7-4 推荐的流体弹性失稳常数和阻尼比。

表 7-4　推荐的康纳斯常数和阻尼比

	康纳斯常数 β	ζ_n,水或湿蒸汽,紧支承	ζ_n,空气或其他气体,紧支承	ζ_n,松支承
平均值	4.0	0.015	0.005	0.05
保守值	2.4	0.01	0.001	0.03

可将流体弹性稳定裕量定义如下：

$$FSM = V_c/V_p \qquad (7-5)$$

$FSM > 1.0$ 意味着管束处于稳定状态；$FSM < 1.0$ 意味着管束处于失稳状态。如果流经管束流体的密度和速度不是常量，那么流体的等效横向激励速度计算公式如下：

$$\overline{V}_{pn}^2 = \frac{\dfrac{1}{\rho_0}\displaystyle\int_0^L \rho(x)V_p^2(x)\psi_n^2(x)\,\mathrm{d}x}{\dfrac{1}{m_0}\displaystyle\int_0^L m_t(x)\psi_n^2(x)\,\mathrm{d}x} \qquad (7-6)$$

$$FSM = V_c/\overline{V}_{pn} \qquad (7-7)$$

对传热管与支承之间存在间隙的多跨工业换热器而言，由于正则模态为密集型分布，且传热管-支承板之间的交互作用通常需要在时域内进行非线性结构动力学分析，康纳斯方程常常会遇到各种问题。时域内的康纳斯方程等价于以下表达式：

$$M\ddot{y} + (C_{sys} + C_{fsi})\dot{y} + ky = F_{inc} \qquad (7-14)$$

其中，

$$C_{fsi} = -4\pi M f_c \frac{\rho V_p^2/2}{\pi f_c^2 m \beta^2} = -\frac{4qL}{f_c\beta^2} \qquad (7-19)$$

其中，

$$q = \rho V_p^2/2 \qquad (7-20)$$

如果传热管的间隙流速和线密度并不均匀，则用更具普适性的方程来取代式（7-19）：

$$\sum_i C_{fsi}^{(i)} = -\frac{4\sum q_i \mathrm{d}x_i}{f_c\beta^2} \qquad (7-21)$$

$$q_i = \rho V_{pi}^2/2 \qquad (7-22)$$

其中的求和是对各节点 i 求和。流体弹性稳定裕量可用下式表示：

$$FSM = \sqrt{\frac{q_c L}{\sum_i q_i \mathrm{d}x_i}} \qquad (7-23)$$

$$q_c L = -f_{cc}\beta^2 (C_{fsi})_c / 4 \qquad (7-24)$$

其中，$(C_{fsi})_c$ 是负阻尼系数，f_{cc} 是失稳临界处的超越频率。

对各阶模态频率相近且传热管-支承板之间存在交互作用的多跨工业换热器传热管而言，可用时域式(7-14)来预测传热管的临界流速(逐渐增大 C_{fsi} 的量级，直至方程的解发散为止)。在实际操作中，采用带间隙和阻尼单元的非线性有限元结构动力学分析程序开展时程分析。

首字母缩写词

FSM—流体弹性稳定裕量；　　OTSG—直流式蒸汽发生器

RSG—再循环式蒸汽发生器

主要术语如下：

C_M —管子的附加质量系数

C_{sys} —系统阻尼系数(不包括由流体-结构交互作用引起的阻尼系数)

C_{fst} —由流体-结构交互作用引起的阻尼系数

D —管子外径；　　　　　　E —杨氏模量

F_{fsi} —由流体-结构交互作用引起的作用力

F_{inc} —入射(外)力；　　　　f —频率(Hz)

f_c —超越频率(Hz)；　　　　f_{cc} —临界超越频率(Hz)

$G_d(f)$ —管子响应的功率谱密度(参见第 8 章和第 9 章)

k —管子刚度；　　　　　　L —管长或梁长

l_i —跨长；　　　　　　　　m_0 —单位管长内的平均总质量

m_t —单位管长内的总质量；　m_n —广义质量

M —总质量 $= m_t L$；　　　P —管间距

q —广义坐标或动压 $(=\rho V_p^2 / 2)$

V_c —临界流速；　　　　　　V —自由流或接近速度

V_p —间隙流速；　　　　　　$\overline{V}_{pn}$ —第 n 阶模态的等效横向激励速度

x —坐标；　　　　　　　　Δx —有限元长度

y —振幅；　　　　　　　　β —流体弹性失稳常数(康纳斯常数)

$\delta^{①}$—对数衰减率（$=2\pi\zeta$）；　　ρ—壳侧（管子外侧）流体密度

ρ_0—壳侧流体平均密度；　　　ρ_i—管侧（单管内侧）流体密度

ρ_m—管材的质量密度；　　　　ψ—模态振型函数

ζ—阻尼比；　　　　　　　　ω—频率（rad/s）

角标和标记：

fsi—由流体-结构交互作用引起的作用力、阻尼系数或阻尼比；sys—系统性质（不包括由流体-结构交互作用引起的系统性质）；·—时间导数；c—临界值（失稳临界处的数值）；n—模态下标；v—真空中的数值。

7.1 概述

康纳斯[2]报告称，用钢琴弦将一排管子悬吊在风洞中，开展横向流下的流致振动实验。他观察到当平均流速逐渐增大时，管子的振幅最初随着流速逐渐增大（这是湍流激振的典型特征）。随着横流流速的继续增大，管子振幅在某一时刻骤然增大，并一直增大到发生管间碰撞为止。这一排管子基本进入失稳状态。除非受限于非线性效应和管间碰撞，否则管子振幅会无限增大。康纳斯发现了一种相当基础的管束流致振动机理，这种机理在随后的 20 年间成为流致振动领域最热门的研究课题。

管束的流体弹性失稳与旋涡脱落的不同之处，在于前者导致管子振动的原因并不是非定常流体的作用力，而是流场与相邻传热管之间的交互作用。在涡激振动中，一旦横向流速超过了锁频斯特劳哈尔数的范围，管子的振幅就会减小（见第 6 章）；而在流体弹性失稳中，一旦超过临界流速，管束的振幅就会一直无限制地增大（见图 7-1）[3]，不过在现实情况下，非线性效应和管间碰撞会限制住其振幅。流体弹性失稳和旋涡脱离的区别还在于旋涡脱落可能在孤立的管内发生，流体弹性失稳则只会发生在管排或管阵中，且即使管阵中只有一根柔性管，也仍可能发生流体弹性失稳。当然，鉴于行业应用环境中几乎不存在最后一种情形，因此这种情形只有学术研究上的意义。正如图 7-2 所示[4]，由此产生的运动属于高度规律的轨道运动，且相邻管子之间存在明确的相位关系。

---

① 译者注：原文将 $2\pi m_v \zeta_v / \rho D$ 称为折合阻尼（reduced damping），并与对数衰减率（$2\pi\zeta$）一样，均用符号 δ 表示。译者为避免混淆，将符号 δ 仅用于代表对数衰减率（$2\pi\zeta$）。

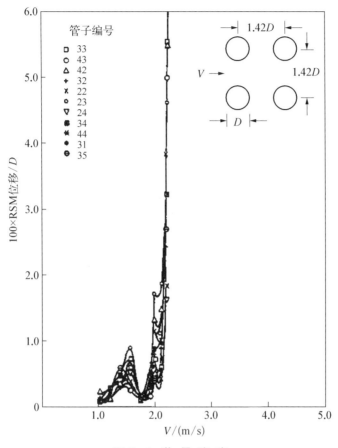

图 7 - 1 临界流速

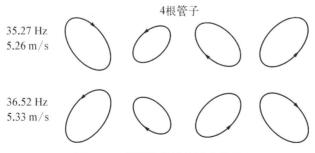

图 7 - 2 管子失稳后的运动状况

流体弹性失稳之所以广受关注，是因为它可能因下列机理而迅速损伤管子结构：

（1）当相邻管子的零峰振幅超过管间间隙的一半时，相邻管子就可能发生管间碰撞，且碰撞通常发生在管子中部。这种碰撞会造成冲击磨损，导致管壁上的材料不断剥落，最终管子厚壁将不足以承受内部压力，从而发生爆管。此类管子失效现象通常伴有纵向的鱼嘴型长裂纹（参见第 11 章的图 11 - 12），整个失效过程可能只有几天甚至几小时。

（2）当管子的振幅过大以至于管子应力超过了持久极限时，就会发生疲劳失效，导致管子在其应力最大处突然断开。该断裂位置通常位于管子支承处，如果管子支承板与管子之间的空隙被氧化物积垢"填塞"，就更有可能在支承处发生断裂。

（3）当流速接近临界流速时，管束会发生严重的微动磨损。此时管束本应该进入失稳状态，但由于管子与支承板之间存在交互作用，而这种交互作用有助于耗散能量和增大管子的表观阻尼比。增加的能量耗散机理，使得管子又暂时返回稳定状态，管子与管子支承之间的交互作用减小，阻尼也随之减小。接着振幅又再次开始增大。泰勒（Taylor）等将这种现象称作"幅度受限型"流体弹性失稳[5]。当在幅度受限型流体弹性失稳模式下振动时，管束在支承处的微动磨损率会大幅增加，以至于只能通过堵管等方式停用这些管子[6]。

在 20 世纪 70 年代到 80 年代的大约 20 年间，大量关于流体弹性失稳的技术论文和报告问世，并提出了其他许多方程来代替式（7 - 4）预测临界流速。不过与康纳斯最初提出的简单方程相比，这些方程都没有什么优势可言（稍后讨论），其中一些方程过于复杂，需要的输入参数过多，而这些参数通常又只能通过实验测得，因此尽管这些方程可能在一定程度上反映了失稳机理的源头，但在工业环境中却并不实用。许多研究人员在这方面开展了大量杂乱无章的工作：不同的研究人员总是以不同的方式来呈现其数据，且经常用相同的术语来表示不同的变量，或用不同的术语来表示相同的变量，从而为工程师带来了很大困扰，毕竟工程师们处理的系统并不是很多文献中的高度规律的均匀流和单跨管束结构。以下几节将讨论用于估算临界流速的基本方程和输入参数。本章无意巨细靡遗地论述流体弹性失稳，若想深入了解这一课题，请参阅普莱斯（Price）[7]、佩杜西斯（Paidoussis）[8]和陈水生[9]撰写的几篇优秀综述，以及佩杜西斯[10]、陈水生[11]和布莱文斯

（Blevins）[3]编著的几本书籍和报告。这些出版物也都列明了许多关于流体弹性失稳的参考书目。

7.2　换热器管阵的几何结构

　　换热器是一种复杂而昂贵的设备。核电厂中用于将水转化为蒸汽的换热器称作蒸汽发生器，为了实现传热速率最大化，这些高性能换热器采用了较高的流量和薄壁传热管。图 7 - 3 是典型卧式 U 形管换热器的剖视图[12]，图 7 - 4 则展示了典型再循环式核蒸汽发生器中的 U 形管布置。图 7 - 5 展示了法玛通公司给出的一种高性能核蒸汽发生器示意图。在该设计中，来自反应堆的热水会从倒 U 形管的一侧（称作"热段"）进入 U 形管并向上流动，在 U 形弯管处拐弯，然后向下流到 U 形管的另一侧（称作"冷段"），从而加热传热管周围的水（即壳侧水）。第 9 章展示了更多的核蒸汽发生器示意图，图 9 - 12 展示了一种采用直管的蒸汽发生器，其中壳侧水从蒸汽发生器的底部进入蒸汽发生器，然后沿直管向上流动，最后从蒸汽发生器的顶部流出，而管侧水则会从蒸汽发生器的顶部进入传热管，从蒸汽发生器的底部流出。这种设计称作直流蒸汽发生器（OTSG）。

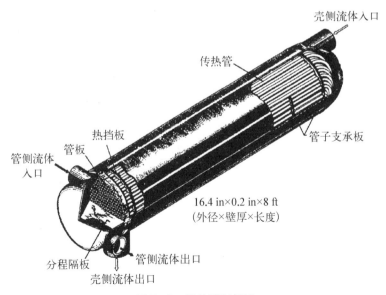

图 7 - 3　换热器剖视图

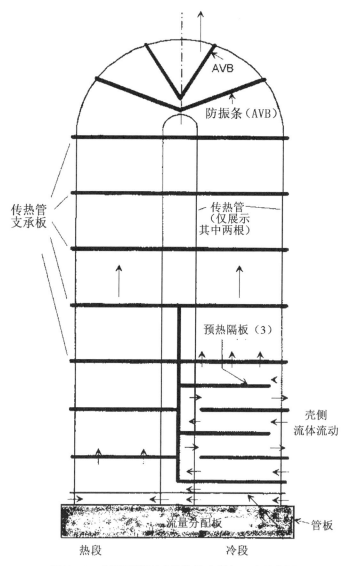

图 7-4 典型再循环式蒸汽发生器(RSG)示意图

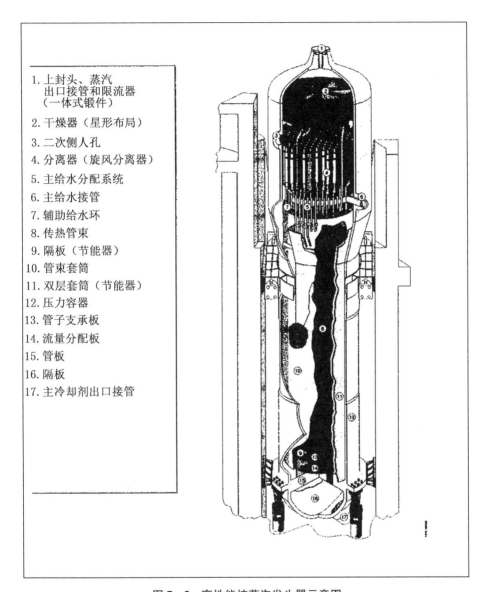

1. 上封头、蒸汽
   出口接管和限流器
   （一体式锻件）

2. 干燥器（星形布局）

3. 二次侧人孔

4. 分离器（旋风分离器）

5. 主给水分配系统

6. 主给水接管

7. 辅助给水环

8. 传热管束

9. 隔板（节能器）

10. 管束套筒

11. 双层套筒（节能器）

12. 压力容器

13. 管子支承板

14. 流量分配板

15. 管板

16. 隔板

17. 主冷却剂出口接管

图 7-5　高性能核蒸汽发生器示意图

（来源：法玛通公司）

图 7-6 展示了换热器和核蒸汽发生器内的常见管阵排列形式[14]，其中相邻传热管中心之间的距离，就是管阵的节距 P。参数 P/D 为节径比，它是管束动力学分析中的一个重要参数。流经传热管间隙的横向流速称为间隙流速，从以下方程可知，该速度与自由来流或迎流速度 V 有关：

$$V_\mathrm{p} = \frac{P}{P-D}V = \frac{P/D}{(P/D)-1}V \qquad (7-1)$$

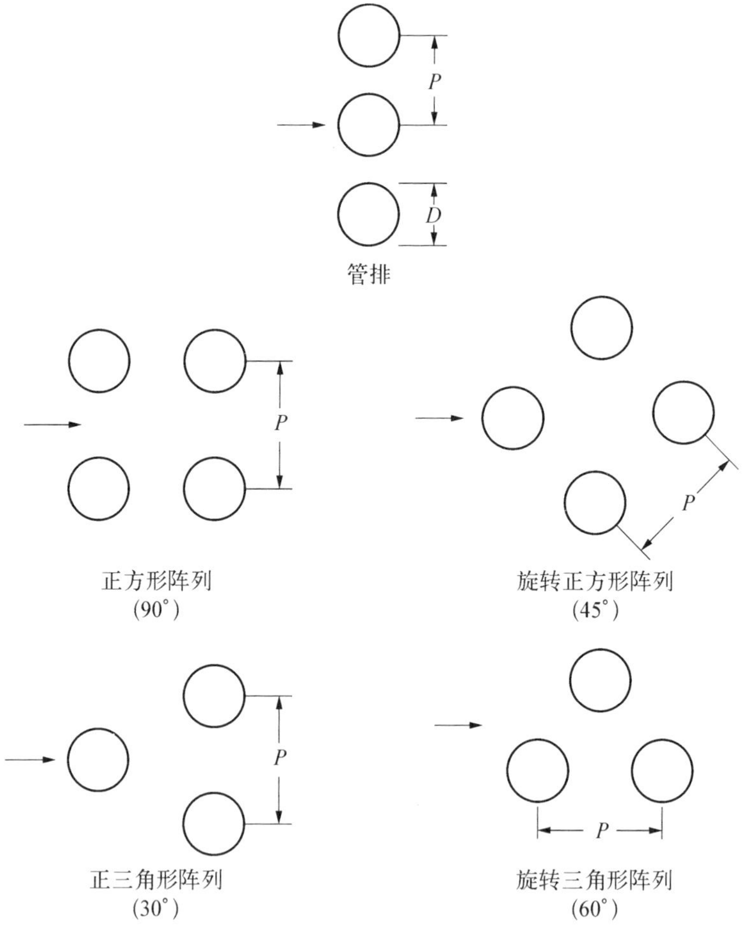

管排

正方形阵列
(90°)

旋转正方形阵列
(45°)

正三角形阵列
(30°)

旋转三角形阵列
(60°)

图 7-6 换热器传热管阵的排列形式

大多数换热器管束的节径比在 1.2～1.5 之间。许多研究人员都认为临界流速取决于管阵的几何结构，因此相关文献往往都把数据与特定的管阵排列形式及节径比联系到一起。不过在实际应用中，横向流的精确方向往往难以测定,因此这方面的差别并不重要。此外从管阵排列形式和节径比各不相同的多项试验来看,每项试验内的数据分散程度,都不亚于各项试验之间的数据集分散程度。

7.3　康纳斯方程

1970 年,康纳斯在一项实验(他用钢琴弦将一排 P/D 比为 1.42 的刚性管悬吊在风洞中)中发现了流体弹性失稳现象,然后又根据简单的量纲分析推导出了预测临界流速的经验方程。临界流速 V_c(即管束失稳初始时刻流经管间隙的流速)取决于流体密度 ρ、管子单位长度的总质量 m_t、管子外径 D、管子的频率 f_n 和管子的模态阻尼比 ζ_n。不过作为实验学者,康纳斯选择用对数衰减 $\delta_n = 2\pi\zeta_n$ 来代替工程师更为常用的阻尼比 ζ_n,本书采用 ζ_n 来开展讨论。这些变量可以得出 3 个无量纲参数,即 (V_c/f_nD)、$(m_t/\rho D^2)$ 和 $\delta_n = 2\pi\zeta_n$。所以此处可做出以下合理结论:

$$\frac{V_c}{f_nD} = \beta\left(\frac{m_t}{\rho D^2}\right)^a (2\pi\zeta_n)^b \qquad (7-2)$$

其中,a、b 和 β 均为无量纲常数,而 β 此后称为康纳斯常数或流体弹性失稳常数。康纳斯后来发现通过以下常数拟合的公式与试验数据最为吻合:

$$a = b = 0.5$$
$$\beta = 9.9$$

据此可将式(7-2)简化为以下形式:

$$\frac{V_c}{f_nD} = 9.9\left(\frac{2\pi\zeta_n m_t}{\rho D^2}\right)^{1/2} \qquad (7-3)$$

在 20 世纪的 70 年代到 80 年代,康纳斯的发现掀起了研究管束流致振动的热潮。这一时期发表的论文多达数百篇,其中许多都是在不同的管阵排列形式、流体介质和流动状态下开展康纳斯的试验,以期更精确地测定 a、b 和 β。这些试验发现常数 β 取决于管束的几何结构。特别是当横向流流经的是管阵而非管排时,临界流速将远低于式(7-3)的预测值。若将该式修正为更通用的形式,则可得出以下表达式:

$$V_c = \beta f_n \left(\frac{2\pi \zeta_n m_t}{\rho} \right)^{1/2} \qquad (7-4)$$

其中，常数 β 需要根据具体的管阵几何结构通过相关试验测定。式(7-4)即著名的康纳斯方程。

流体弹性稳定裕量(FSM)

为便于设计换热器的传热管束，可将实际运行中的间隙流速与临界流速之比定义为流体弹性稳定裕量(FSM)，其含义与安全系数相同：

$$FSM = V_c / V_p \qquad (7-5)$$

根据这一定义，$FSM > 1.0$ 意味着传热管处于稳定状态，$FSM < 1.0$ 意味着传热管处于失稳状态。一些作者用"裕量"一词来表示 V_p / V_c，为确保稳定性，裕量应低于 1.0。第一种定义更符合"裕量"平时在工程领域的含义，第二种定义则更像是一种"习惯"。

不均匀横向流速

若流过管子的横向流并不均匀，则要通过以下的模态振型加权计算有效的间隙流速[15]：

$$\overline{V}_{pn}^2 = \frac{\dfrac{1}{\rho_0} \displaystyle\int_0^L \rho(x) V_p^2(x) \psi_n^2(x) \, dx}{\dfrac{1}{m_0} \displaystyle\int_0^L m_t(x) \psi_n^2(x) \, dx} \qquad (7-6)$$

相应的流体弹性稳定裕量可表示为

$$FSM = V_c / \overline{V}_{pn} \qquad (7-7)$$

其中，ψ_n 是第 n 阶模态振型函数；$\rho(x)$ 和 $m_t(x)$ 是沿管线分布的流体密度和总的传热管线密度；ρ_0 和 m_0 是相应的平均密度，而积分则是对单跨或多跨管子做积分。这样便得出了每一阶模态下的有效间隙流速和流体弹性稳定裕量(FSM)。请注意：

(1) 从式(7-6)中的定义可知，$\overline{V}_{pn}$ 与模态振型归一化无关。

(2) 若要计算多跨管子的稳定裕量，则不能只考虑有横向流流过的那些跨(见示例7-2)。

(3) 正如下例所示，第一阶模态的 FSM 不一定最低。

图7-7展示了有十七跨的换热器传热管的模态振型和频率。横向流只

流过底部跨和第 16 跨(从顶部算起的第 2 跨),其中第 16 跨上的流速最大,因此 FSM 最低的模态不是固有频率为 33.1 Hz 的一阶模态或固有频率为 36 Hz 的二阶模态,而是固有频率为 37.4 Hz 的三阶模态。在另一项相似的设计中,FSM 最低的模态则是 25 阶模态。

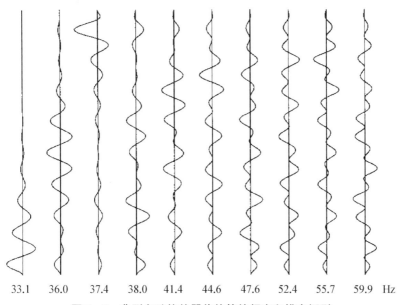

| 33.1 | 36.0 | 37.4 | 38.0 | 41.4 | 44.6 | 47.6 | 52.4 | 55.7 | 59.9　Hz |

图 7 - 7　典型多跨换热器传热管的频率和模态振型

其他形式的康纳斯方程

康纳斯式(7-4)较为简单,因此工业界普遍把该方程作为评估换热器设计中流体弹性失稳问题的标准方法。《ASME 锅炉规范》[14]《管式换热器制造商协会设计指南标准》[16]以及其他许多关于流致振动设计的规范指南都采纳了这一方程。作为一则"以高度简化的方式来反映极其复杂的现象"的经验方程,一旦用于多跨和不均匀横向流速下的工业换热器传热管,式(7-4)就会暴露出其在概念和应用上的缺陷。此外该方程往往无法以合理的精度预测出临界流速,即使是简单的实验室管束模型中的临界流速也是如此,部分原因在于难以确定某些参数(如固有频率和阻尼比)。另外也有一些因误解式(7-4)而出现的问题。采用了式(7-4)的公开数据通常不会明示频率 f_n 和阻尼比 ζ_n 是在静止还是流动的空气或水中测得的,也不会说明 m_t 是否包含附加水动力质量(参见第 4 章)。

为了"改进"康纳斯式(7-4),许多人将无量纲参数(如雷诺数、斯特劳哈尔数和节径比)引入式(7-4)，然后用由此得出的方程来替代康纳斯基本方程。另一些人则建议保留更一般的式(7-1)，并根据管束的几何结构为参数 a、b 和 β 赋予不同的值。工业界和学术界开展了长达20年的深入研究，除了发现管阵中的 β 通常在2.5到6.0之间，而非康纳斯在其管排实验中测得的9.9外，这些备选经验方程无一明显优于最初的康纳斯方程。虽然有证据表明，根据阵列排列形式及其与横向流夹角的不同，参数 a 和 b 可能并非0.5，但所有具体试验中的数据都太过分散，以至于无法充分证明这种论断。此外在实际的工业环境中，流动方向本身也存在着较大的不确定性。

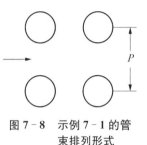

图7-8 示例7-1的管束排列形式

示例7-1

图7-8所示是一组单跨正方形排列的管束，其中传热管的两端均用铰链进行支承。表7-1给出了传热管的尺寸以及流体的速度和密度。估算该管束的临界流速和流体弹性稳定裕量(FSM)。

表7-1 示例7-1的管束参数

	美 制 单 位	国 际 单 位
管长 L	24 in	0.609 6 m
管子外径 D	0.75 in	0.010 95 m
管子内径	0.66 in	0.016 76 m
管节距 P	1.00 in	0.025 4 m
管材密度	511.5 lb/ft^3 (7.661×10^{-4} lbf·s^2/in^4)	8 193 kg/m^3
杨氏模量 E	2.81×10^7 psi	1.937×10^{11} Pa
阻尼比 ζ	0.01	0.01
管侧流体密度 ρ_i	37.55 lb/ft^3 (5.624×10^{-5} lbf·s^2/in^4)	601.5 kg/m^3
壳侧流体密度 ρ	47.55 lb/ft^3 (7.11×10^{-5} lbf·s^2/in^4)	760.9 kg/m^3
横向流速 V	2 ft/s(24 in/s)	3.658 m/s
康纳斯常数 β	3.3	3.3

表 7 - 2　示例 7 - 1 的参数计算值

	美 制 单 位	国 际 单 位
传热管的内截面积 A_i	0.342 1 in^2	2.207×10^{-4} m^2
传热管的外截面积 A_o	0.441 8 in^2	2.850×10^{-4} m^2
传热管的金属截面积 A_m	0.099 67in^2	6.430×10^{-5} m^2
截面惯性矩 I	6.217×10^{-3} in^4	2.588×10^{-9} m^2
D_e/D	2.222 2	2.222 2
附加质量系数 C_M	1.51	1.51
单位管长的总质量 m	2.377×10^{-4} lbf·s^2/in^2	0.986 6 kg/m^3
基频 f_1	95.3 Hz	95.3 Hz
间隙流速 V_p	96 in/s	2.44 m/s
临界流速 V_c	111.8 in/s	2.838 m/s
$FSM = V_c/V_p$	1.164	1.164

解算

按本书的标准做法,首先把所有的美制单位换算到统一的单位制下(参见第 1 章),比如将质量密度换算为 lbf·s^2/in^4,将速度换算为 in/s,详见表 7 - 1 中圆括号内的单位。下文将采用换算后的数据进行计算。如果读者仍不明白使用统一的单位制的重要性,则建议先仔细研读第 1 章,然后才阅读下文。下一步计算传热管的固有频率,为此必须先计算传热管的内外截面积、传热管单位长度的管内流体质量、壳侧流体的附加质量(参见第 4 章和第 5 章)以及传热管截面的惯性矩等。表 7 - 2 的第 1 至 4 行列出了这些数值。下面将概述其中一些步骤,但不做详细说明。

根据式(5 - 11),可计算得到附加质量系数:

$$C_M = \left[\frac{(D_e/D)^2 + 1}{(D_e/D)^2 - 1} \right]$$

其中,

$$D_e/D = \left(1 + \frac{P}{2D} \right) \left(\frac{P}{D} \right)$$

表 7 - 2 的第 5 行和第 6 行给出了根据上述方程计算出的 D_e/D 值和附加质量系

数。需要注意的是,不论采用美制单位还是国际单位,这两者都是无量纲的。传热管单位长度的总质量等于管子本身质量、管内水的质量和壳侧水产生的附加质量之和(参见第4章)。采用表7-1和7-2中的符号后,可以得出以下关系:

$$m_t = \rho_m A_m + \rho_i A_i + C_M \rho A_o$$

根据表7-1和7-2中的 ρ_m、A_m、ρ_i、A_i、C_M、ρ 和 A_o,可以计算出美制单位和国际单位下的 m_t 值。表7-2给出了相应的计算结果。根据表3-1,第一阶的固有频率[由式(7-4)可知该模态下的 FSM 最低]可用下式计算:

$$f_1 = \frac{\pi}{2L^2} \sqrt{\frac{EI}{m_t}}$$

根据表7-1中的 L 和 E 值以及表7-2中 m_t 和 I 的计算值,可以计算出表7-2第7行所示的基频。接着用式(7-1)计算间隙流速 V_p:

$$V_p = \frac{P}{P - D} V$$

根据表7-1中的 P、D 和 V 值,可以计算出美制单位和国际单位下的间隙流速。表7-2的第8行列出了相应数值。临界流速可用康纳斯式(7-4)表示:

$$V_c = \beta f_n \left(\frac{2\pi \zeta_n m_t}{\rho} \right)^{1/2}$$

根据表7-1中的 β、ζ 和 ρ 值,以及表7-2中 f_1 和 m_t 的计算值,可用以上方程计算出相应的临界流速。表7-2给出了美制单位和国际单位下的相应数值。最终根据式(7-5)可知:

$$FSM = V_c / V_p$$

根据计算出的临界流速值和间隙流速值,可求出流体弹性稳定裕量为

$$FSM = 1.16$$

美制单位和国际单位下均为这一数值,因此上述管束在防止流体弹性失稳方面的安全裕量为 16%。

示例7-2

图7-9展示了3等跨管束,每跨长度为 l,总长度 $L = 3l$。该管在两端和中部支承处均采用简支形式。均匀分布的横向间隙流(流速10个单位/秒)仅

从第一跨流过。假设：

$$f_1 = 10\ \text{Hz}$$

$$\beta = 3.4$$

$$\zeta = 0.01$$

$$m_t = 1\ \text{个单位}$$

$$\rho = 1\ \text{个单位}$$

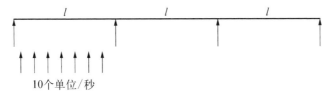

10个单位/秒

图 7-9　三 等 跨 管 束

第一阶模态的流体弹性稳定裕量(FSM)是多少?

解算

根据式(7-4),临界流速为

$$V_c = 3.4 \times 10 \times \sqrt{2\pi \times 0.01} = 8.5$$

若只考虑第一跨,模态振型函数则为[1]

$$\psi = \sqrt{\frac{2}{\zeta}} \sin \frac{\pi x}{l}$$

有效间隙流速为

$$\overline{V}_p^2 = \frac{\int_0^l (10)^2 \sin^2 \dfrac{\pi x}{l}\,\mathrm{d}x}{\int_0^l \left(\dfrac{2}{l}\right) \sin^2 \dfrac{\pi x}{l}\,\mathrm{d}x} = 100$$

或

$$\overline{V}_p = 10$$

---

　① 式(7-6)与模态振型归一化无关,因此不必对模态振型函数进行归一化处理,可以直接计算相应的模态振型加权间隙流速[参见第3章的式(3-30)]。这种情况并不常见,加之后面几章会谈及湍流激振,因此还是建议读者养成对模态振型函数进行合理的归一化处理的习惯。

$$FSM = 8.52/10 = 0.85$$

由此我们本可断定该管并不稳定，但实际上我们应该考虑整根管子，这样就会得出另外的结果：

$$\overline{V}_{p}^{2} = \frac{\int_{0}^{l}(10)^{2}\left(\dfrac{2}{L}\right)\sin^{2}\dfrac{3\pi x}{L}\mathrm{d}x}{\int_{0}^{L}\left(\dfrac{2}{L}\right)\sin^{2}\dfrac{3\pi x}{L}\mathrm{d}x} = 100/3$$

$$\overline{V}_{p} = 5.77$$

此时

$$FSM = 8.5/5.77 = 1.48$$

管束实际上是稳定的。本示例表明，在用式(7-6)计算模态振型加权速度时，必须对整根管子做积分，而不是仅仅对有横向流流过的跨做积分。

示例 7-3

至此，本文已多次强调了单位转换的重要性。本示例参数均在相容的单位制下，因此便不再专门提及单位。如果读者熟悉换热器传热管的尺寸，就会发现本示例提供的数据都采用了美制单位。但为快速浏览，阅读时无需关注单位制。

图 7-10 展示了有 3 跨的换热器传热管。该传热管一端简支($x=0$)、中间布置两块支承板、另一端固支($x=L$)。该传热管的各跨均有横向流流过（表 7-3 的第三列给出了相应的横向流速，图 7-11 则是相应的速度分布图）。此处可假定流过每跨的流体密度都大致相同。其他相关数据如下所示（均在相容的单位制下）。

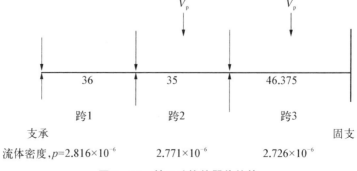

图 7-10 某 3 跨换热器传热管

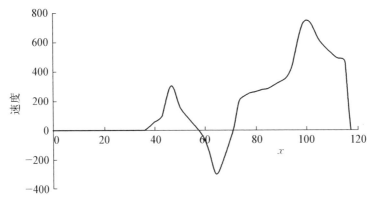

图 7 - 11　传热管长度方向上的横向间隙流速分布

传热管外径：$D_o = 0.625$ 个长度单位；传热管内径：$D_i = 0.555$ 个长度单位；杨氏模量：$E = 2.922\ 8 \times 10^7$ 个单位。

壳侧流体密度 ρ：

跨 1：2.816×10^{-6}、跨 2：2.711×10^{-6}、跨 3：2.726×10^{-6}（单位均为质量单位/体积单位）；单位长度的总质量 m_t［包括管内水的质量和壳侧流体产生的附加质量（见第 4 章）］：跨 1：$6.981\ 1 \times 10^{-5}$、跨 2：$6.977\ 0 \times 10^{-5}$、跨 3：$6.972\ 8 \times 10^{-5}$（单位均为质量单位/长度单位）；所有模态下的阻尼比 $\zeta = 0.03$；康纳斯常数 $\beta = 3.3$。

计算该管束第一阶模态振型加权间隙流速、临界流速和流体弹性稳定裕量。

解算

正如示例 7 - 1 和示例 7 - 2 所示，第一步就是计算固有频率和模态振型。此处采用有限元结构分析程序 Nastran 计算，不过既然只是计算频率和模态振型，那么也可以使用更简单的有限元模态分析程序进行计算。在有限元模型中，前两跨各有 10 个单元，第三跨则有 20 个单元。表 7 - 3 的前两列给出了相应的节点编号及其 x 坐标。基于该模型的第 1 阶模态频率的计算结果为 $f_1 = 41.37\ \text{Hz}$。

表 7 - 3　示例 7 - 3 的节点参数

节 点	x	V_p	ρ	ψ	$m_i \psi_i^2 \Delta x_i$	$\rho_i V_p^2 \psi_i^2 \Delta x_i$
30020	117.38	0	2.726×10^{-6}	0	0.000	0.000
30019	115.061	465	2.726×10^{-6}	0.475 4	3.655×10^{-5}	3.089×10^{-1}

（续表）

节 点	x	V_p	ρ	ψ	$m_i\psi_i^2\Delta x_i$	$\rho_i V_p^2\psi_i^2\Delta x_i$
30018	112.742	482	2.726×10^{-6}	1.765	5.037×10^{-4}	4.575
30017	110.423	508	2.726×10^{-6}	3.666	2.173×10^{-3}	2.192×10
30016	108.104	543	2.726×10^{-6}	5.98	5.782×10^{-3}	6.665×10
30015	105.785	586	2.726×10^{-6}	8.51	1.171×10^{-2}	1.572×10^2
30014	103.466	655	2.726×10^{-6}	11.07	1.982×10^{-2}	3.324×10^2
30013	101.147	732	2.726×10^{-6}	13.5	2.947×10^{-2}	6.173×10^2
30012	98.828	732	2.726×10^{-6}	15.64	3.955×10^{-2}	8.286×10^2
30011	96.509	603	2.726×10^{-6}	17.36	4.873×10^{-2}	6.927×10^2
30010	94.19	431	2.726×10^{-6}	18.56	5.570×10^{-2}	4.045×10^2
30009	91.871	353	2.726×10^{-6}	19.17	5.942×10^{-2}	2.895×10^2
30008	89.552	327	2.726×10^{-6}	19.12	5.911×10^{-2}	2.471×10^2
30007	87.233	302	2.726×10^{-6}	18.43	5.492×10^{-2}	1.958×10^2
30006	84.914	280	2.726×10^{-6}	17.09	4.723×10^{-2}	1.448×10^2
30005	82.595	271	2.726×10^{-6}	15.15	3.711×10^{-2}	1.066×10^2
30004	80.276	258	2.726×10^{-6}	12.7	2.608×10^{-2}	6.787×10
30003	77.957	250	2.726×10^{-6}	9.835	1.564×10^{-2}	3.822×10
30002	75.638	228	2.726×10^{-6}	6.668	7.190×10^{-3}	1.461×10
30001	73.319	194	2.726×10^{-6}	3.441	1.915×10^{-3}	2.817
30000	71	0	2.726×10^{-6}	0	0.000	0.000
20009	67.5	-181	2.771×10^{-6}	-4.758	5.528×10^{-3}	7.193
20008	64	-300	2.771×10^{-6}	-8.846	1.789×10^{-2}	6.830×10
20007	60.5	-100	2.771×10^{-6}	-11.95	3.487×10^{-2}	1.385×10
20006	57	0	2.771×10^{-6}	-13.84	4.677×10^{-2}	0.000
20005	53.5	70	2.771×10^{-6}	-14.38	5.050×10^{-2}	9.827
20004	50	150	2.771×10^{-6}	-13.54	4.477×10^{-2}	4.001×10
20003	46.5	300	2.771×10^{-6}	-11.42	3.185×10^{-2}	1.138×10^2
20002	43	100	2.771×10^{-6}	-8.241	1.658×10^{-2}	6.587

节　点	x	V_p	ρ	ψ	$m_i\psi_i^2\Delta x_i$	$\rho_i V_p^2\psi_i^2\Delta x_i$
20001	39.5	50	2.771×10^{-6}	-4.308	4.532×10^{-3}	4.500×10^{-1}
20000	36	0	2.771×10^{-6}	0	0.000	0.000
10009	32.4	0	2.816×10^{-6}	4.391	4.846×10^{-3}	0.000
10008	28.8	0	2.816×10^{-6}	8.324	1.741×10^{-2}	0.000
10007	25.2	0	2.816×10^{-6}	11.43	3.283×10^{-2}	0.000
10006	21.6	0	2.816×10^{-6}	13.41	4.519×10^{-2}	0.000
10005	18	0	2.816×10^{-6}	14.08	4.982×10^{-2}	0.000
10004	14.4	0	2.816×10^{-6}	13.37	4.493×10^{-2}	0.000
10003	10.8	0	2.816×10^{-6}	11.36	3.243×10^{-2}	0.000
10002	7.2	0	2.816×10^{-6}	8.252	1.711×10^{-2}	0.000
10001	3.6	0	2.816×10^{-6}	4.337	4.727×10^{-3}	0.000
10000	0	0	2.816×10^{-6}	0	0.000	0.000
					和=1.02	和=4.493 $\times10^3$

跨 1：$\Delta x=3.6$；跨 2：$\Delta x=3.5$；跨 3：$\Delta x=2.319$。

表 7-3 的第 5 列给出了相应的模态振型。为求出临界流速，这里首先计算了传热管单位长度的平均总质量以及壳侧流体的平均密度。虽然可以对 3 个跨求平均的方式进行计算，但实际操作中更多是用电子表格数据计算平均值，电子表格的数据在后面的计算也会用到。这里可快速得出以下结果：$m_0=6.9766\times10^{-5}$ 个质量单位/单位长度，$\rho_0=2.7670\times10^{-6}$ 个质量单位/单位体积。

根据康纳斯式(7-4)可知：

$$V_c=\beta f_1\left(\frac{2\pi\zeta_1 m_0}{\rho_0}\right)^{1/2}$$

代入上文中的 β、f_1、ζ、m_0 和 ρ_0 值，可以得到 $V_c=297.6$ 个单位。

最好用电子表格来计算模态振型加权平均速度。表 7-3 展示了用于计算的电子表格设置示例。首先注意该模型中模态振型的归一化方式(见第 3 章中关于模态振型归一化的内容)。可用电子表格轻松得出以下结果：

$$\sum m_i \psi_i^2 \Delta x_i \approx 1.0$$

因此可将式(7-6)简化为以下形式：

$$\overline{V}_{pn}^2 = \frac{m_0}{\rho_0} \int_0^L \rho(x) V_p^2(x) \psi_n^2(x) \mathrm{d}x = \frac{m_0}{\rho_0} \sum \rho_i V_i^2 \psi_i^2 \Delta x_i$$

有了之前计算出的线密度和壳侧流体平均密度，加之用电子表格计算出的和，可得：$\overline{V}_p = 336.6$ 个单位，这样可得

$$FSM = 0.884$$

可见管束处于流体弹性失稳状态。

7.4 流体弹性失稳的理论方法

自从康纳斯发现管束流体弹性失稳机理以来，许多人都试图以流体与结构动力学的各种方程为基础，推导出一则能预测失稳起始点的方程。本章无意深入探讨流体弹性失稳理论，感兴趣的读者可以参阅陈水生[11]和普莱斯[7]的综述以及其中列出的海量参考文献。不过下文将简述为何在 30 年以后，康纳斯最初提出的简单半经验式(7-4)和式(7-6)虽然饱受批评，却仍然是接受范围最广的管束临界流速估算方法。

位移控制型失稳理论

在流体弹性失稳理论发展的前期，认为失稳是由位移机理所导致的。管束中相邻的柔性管之间的耦合是管束失稳的必要条件，相邻管之间的相对位移诱发的流体刚性力导致了管束失稳。基于这一观点，布莱文斯[17]以解析方式推导出了临界流速方程：

$$\frac{V_c}{f_n D} = \beta \left(\frac{2\pi \zeta_n m}{\rho D^2} \right)^{1/2}$$

该方程显然与康纳斯式(7-4)别无二致。佩杜西斯等[18]基于位移控制型流体弹性失稳理论，推导出了一则稍显复杂的类似方程：

$$\frac{V_c}{f_n D} = \alpha_1 \left[1 + \left(1 + \alpha_2 \frac{2\pi \zeta_n m}{\rho D^2} \right)^{1/2} \right] \tag{7-8}$$

虽然这两则方程能用流体刚性力来表达常数 α 和 β，但与原始康纳斯方程中的

康纳斯常数一样需要通过实验才能测得。因此与最初的康纳斯方程相比,这两则方程并没有明显的优势。此外位移控制型失稳理论还存在一个严重的缺陷:按照该理论的预测,既然相邻柔性管之间的位移耦合是失稳的必要前提,那么被刚性管包围的单根柔性管就不可能失稳,然而利弗(Lever)和韦弗(Weaver)[19]的实验却无情地推翻了这一预测。在世界各地的流致振动座谈会上,播放的一段影像表明,当横向流速增大到某一临界值以上后,被若干刚性管包围的一根柔性管明显陷入了失稳状态。

速度控制型失稳理论

利弗和韦弗[19]提出,取决于流速的某项负阻尼力控制着流体弹性失稳。当这项负阻尼力的数值超过管束的系统阻尼力时,管束就会失稳。根据这一理论,利弗和韦弗得出了一则形式上与康纳斯方程一模一样的方程:

$$\frac{V_c}{f_n D} = \beta \left(\frac{2\pi \zeta_n m}{\rho D^2} \right)^{1/2}$$

利弗和韦弗的理论正确预测出被刚性管包围的一根柔性管可能会陷入失稳状态。不过对工程师而言,除了这一预测结果,该理论在估算管束临界流速方面并没有超过最初的康纳斯方程。

陈水生的理论

借助于一个高度数学化的模型(该模型考虑了完整的流体动力学和结构力学方程组),陈水生[1]为受横向流作用的一组柱体构建了相应的运动方程,并表明了管束失稳既取决于刚度控制型机理,也取决于流体阻尼控制型机理。但不论遵循哪种机理,临界流速方程的形式都与最初的康纳斯方程无异:

$$\frac{V_c}{f_v D} = \beta \left(\frac{2\pi \zeta_v m_v}{\rho D^2} \right)^{1/2}$$

除模态频率外,上式中的模态阻尼和管子线密度都是"真空"中的数值,而用来表达常数 β 的流体力系数则必须通过实验才能测得。所以与之前的理论一样,陈水生的理论对执业工程师也没有多大帮助,毕竟大多数执业工程师都没有时间、预算或设施来测量众多流体力系数(何况仅仅是为了计算一个康纳斯常数),他们中的大多数人都宁愿设计一项实验来直接测量康纳斯常数。

陈水生的理论被公认为是解释管束失稳现象最为全面的理论。田中(Tanaka)和高原(Takahar)[20]以及哈拉(Hara)[21]等在实验中测量过上述流体力系数。另外陈水生的理论还能推导出许多对管束设计影响重大的因素,其中包括：

β 的恒定性

根据陈水生的理论，对在空气或过热蒸汽等轻流体中的管束而言，康纳斯"常数" β 理应大致保持不变。不过对在水等重流体中的管束而言，该"常数"则是无量纲速度 V/fD 的一个函数，并非真正的常数。

流体-结构耦合

按照陈水生的预测，当质量阻尼参数[①]$2\pi m_v \zeta_v/(\rho D^2)$ 较低（水等重流体中主要是这种情况）时，失稳机理受速度机理控制（流体阻尼控制），此时相邻管之间的耦合并非发生失稳的必要条件。在水等重流体中，被刚性管包围的一根柔性管也可能失稳。出于同样的原因，对在水等重流体中振动的管束而言，失谐管（即各管的固有频率互不相同）对临界流速的影响不大。另一方面，当质量阻尼参数 $2\pi m_v \zeta_v/(\rho D^2)$ 较高（轻流体中主要是这种情况）时，失稳机理则受以流体-结构耦合为前提的流体刚性的控制，因此对在过热蒸汽或其他气体等轻流体中振动的管束而言，只要让该管束失谐，便可增大其临界流速。

7.5 ASME 指南

从上述讨论可以看出，截至 20 世纪末，虽然经过了 30 年的广泛研究，但对设计工程师来说，仍没有任何流体弹性失稳理论明显强于最初的康纳斯方程。1998 年版的《ASME 锅炉规范》[14] 只推荐用基本的康纳斯式(7-4)及其在不均匀横向流条件下的推广式(7-6)来预测管束的临界流速，不过也规定了在这两则方程中，m_t 必须是单位长度管子的总质量（包括附加质量；见第 4 章），且 ζ_n 要包含流体产生的一切阻尼。

康纳斯常数和阻尼比的数值

式(7-4)及其推广式(7-6)需要输入康纳斯常数 β 和模态阻尼比 ζ_n 这两项参数值，而这两者又都必须通过实验才能测得。在相关文献中，这两项参数的测量值如同一团乱麻。从理论上讲，阻尼比和模态频率都是结构的固有性质，因此可以单独测量。若已知振幅突然增加时的速度，则可用式(7-4)来推导康纳斯常数。

---

① 译者注：原文将 $2\pi m_v \zeta_v/(\rho D^2)$ 称为折合阻尼（reduced damping），译者根据更常用的习惯，将之称为质量阻尼参数（mass damping parameter），因为该参数中不仅包含无量纲的阻尼项，同时还包括结构和流体的质量比。

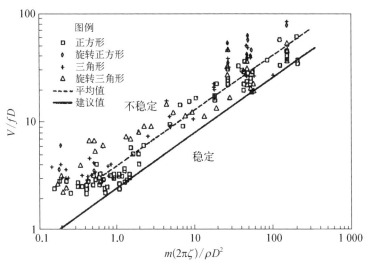

图 7 - 12　稳　定　性　图

表 7 - 4　推荐的康纳斯常数和阻尼比

	康纳斯 常数 β	ζ_n，水或 湿蒸汽，紧支承	ζ_n，空气或 其他气体，紧支承	ζ_n，松支承
平均值	4.0	0.015	0.005	0.05[*]
保守值	2.4	0.01	0.001	0.03[*]

注：该数值并非来自 ASME，而是本书作者根据自身经验得出的数值。

　　在现实中，管束在横向流作用下的阻尼比和模态频率，不同于其在空气中测得的阻尼比和模态频率，当流体为液体或湿蒸汽时，两者的差别更为明显。式(7 - 4)中应采用流体中的阻尼比和模态频率。因此，要想推导出康纳斯常数，就必须分别测量"流动时"的临界流速、模态频率和模态阻尼比，问题在于没有哪种方法能够可靠地测定最后一项参数（即流动时的阻尼比）。若不说明用于推导康纳斯常数的阻尼比（相关文献往往都是这样），而是仅仅给出康纳斯常数的测量值，那么该测量值就没有多大意义。简而言之，实验人员只能一起测出 $\beta\sqrt{\zeta_n}$ 的数值，再根据空气中单独测量的结果和理论分析，在假设 ζ_n 为某一数值的情况下推导 β。

　　从上述讨论可知，康纳斯常数值和阻尼比值必须放到一起考虑。根据若干管束（它们的排列形式和几何结构各不相同）的 170 个失稳起始数据点，ASME 建议在分析典型的换热器传热管束（此类管束的节径比 P/D 介于

1.25～1.50 之间)时,采用表 7 - 4 中的康纳斯常数值和阻尼比值[14]。图 7 - 12 转载自《ASME 锅炉规范》[14],其中展示了拟合 170 个数据点后得出的平均值和下界。从该图中可以明显看出,试验中的数据点太过分散,所以对不同的排列形式的几何结构采用不同的 β 值是毫无意义的。

7.6 流体弹性失稳的时域公式

从解析的角度来看,康纳斯式(7 - 4)或其推广式(7 - 6)很适合于各正则模态高度分离的单跨管,然而工业换热器内的传热管几乎都设有多个支承件。正如图 7 - 7 所示,这种多跨结构会产生许多固有频率相近的模态。更糟糕的是,工业换热器传热管往往是通过管子支承板上的超径孔来获得支撑,而支承板与传热管之间的间隙会引起传热管和支承板的交互作用,这种交互作用只能通过非线性结构动力学来加以分析。这样一来,正则模态的存在本身就成了一个问题。康纳斯方程大致上属于频域方程。相较于得出康纳斯常数的精确值或康纳斯方程的精确形式,在真实工业系统上验证康纳斯方程才是重点。

当用康纳斯方程分析采用 U 形管的再循环换热器(见图 7 - 4)时,又会出现另一项问题。该方程往往预测低阶的面内模态(见图 7 - 13;包括跷振(pogo)模态)会失稳,然而在现实中,即使在计算出的理论稳定裕量远低于 1.0 的情况,也从未在这些模态下观测到失稳现象①。这一切都表明该系统相当复

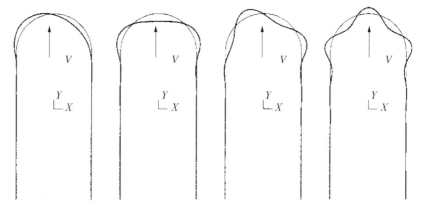

图 7 - 13 传热管面内振动模态

---

① 译者注:在本书原著出版之前,国内外确实未发现传热管面内流体弹性失稳的工程问题。但在 2012 年,美国圣奥诺弗雷核电站(SONGS)出现了传热管面内流致振动导致的传热管磨穿事故,造成该核电站的永久停堆,从而引起了众多学者对面内流致振动问题的广泛关注。

杂,简化的模态分析可能不适合于分析此类系统的传热管。

时域内的流体弹性稳定方程

陈水生[1]、阿西萨(Axisa)等[22]和索韦(Sauvé)[23]的研究表明,康纳斯式(7-4)等效于时域内耦合的流体-结构动力学方程。下面将介绍索韦所做的简化推导(不过青睐数学的读者可能更愿意按照陈水生的步骤进行更严谨的推导)。

第 4 章探讨了在静止流体中振动的单管运动方程,该运动方程可写作以下形式:

$$M\ddot{y} + C_{sys}\dot{y} + ky = F_{fsi} \tag{7-9}$$

其中,F_{fsi} 是由流体-结构交互作用引起的作用力。第 4 章和第 5 章假设这种交互作用较弱,因此在存在外力(入射力)的情况下,运动方程右端的合力为入射力与由流体-结构引起的作用力之和:

$$M\ddot{y} + C_{sys}\dot{y} + ky = F_{inc} + F_{fsi}$$

为了求解弱流固耦合系统(第 4 章和第 5 章充分探讨了此类系统),这种"线性叠加"假设随即引出了附加质量或者水动力质量的概念。而在流体弹性失稳管束中,管子位移明显大于流动通道(即管子之间的间隙),这表明此类管束属于交互作用较强的流体-结构系统,因此不能将流体-结构耦合力 F_{fsi} 线性叠加到与动压成正比的入射力上。

$$F_{inc} = \frac{C}{2}\rho V_p^2 \tag{7-10}$$

其中的 C 是一个常数。索韦[23]假设流体-结构交互作用力与管子响应的无量纲速度 $\dot{y}/\omega D$ 成正比,且该作用力不是线性叠加到入射流体力 F_{inc} 上,而是与流体力相乘,从而得到作用在管子上的合力。相关的运动方程则变为以下形式:

$$M\ddot{y} + C_{sys}\dot{y} + ky = \frac{C}{2\omega D}\rho V_p^2 DL\dot{y}$$

其中 $M = mL$。将该式重新排列,便可得出以下表达式:

$$M\ddot{y} + \left(C_{sys} - \frac{C}{2\omega}\rho V_p^2 L\right)\dot{y} + ky = 0 \tag{7-11}$$

利用第 3 章介绍的模态分解技术，此处可将式(7 - 11)写成以下模态方程（见第 3 章中定义的符号）：

$$m_n\ddot{q} + \left(2m_n\omega_n\zeta_n - \frac{C}{2\omega_n}\rho V_{\text{p}}^2\right)\dot{q} + m_n\omega_n^2 q = 0 \qquad (7 - 12)$$

当圆括号中的量等于零时，便会发生失稳。

$$2m_n\omega_n\zeta_n - \frac{C}{2\omega_n}\rho V_{\text{p}}^2 = 0$$

或

$$V_{\text{c}} = f_n\sqrt{\frac{2\pi m_n\zeta_n}{\rho}\left(\frac{8\pi}{C}\right)} \qquad (7 - 13)$$

若令

$$\beta = \left(\frac{8\pi}{C}\right)^{\frac{1}{2}} \qquad (7 - 14)$$

式(7 - 13)则变为以下形式：

$$V_{\text{c}} = \beta f_n\sqrt{\frac{2\pi m_n\zeta_n}{\rho}}$$

这便是康纳斯式(7 - 4)。由此可见，时域内的管束动力学运动方程可以写成以下形式：

$$M\ddot{y} + (C_{\text{sys}} + C_{\text{fsi}})\dot{y} + ky = F_{\text{inc}} \qquad (7 - 15)$$

其中，

$$C_{\text{fsi}} = 4\pi M f_0\zeta_{\text{fsi}} \quad \text{且} \quad \zeta_{\text{fsi}} = -\frac{\rho V_{\text{p}}^2/2}{\pi f_0^2 m\beta^2} \qquad (7 - 16)$$

这就遇到了一个问题：f_0 是什么？阿西萨等[22]之所以用模态频率 f_n 来代替 f_0，并不是为了写出时域内的稳定方程，而是为了避免在非线性分析中使用正则模态的概念。索韦[23]将 f_0 称作参与频率，并在每个求解步中都计算和更新了这一频率。正如索韦所述，对时域稳定方程的求解程序而言，一项主要任务就是计算这项"参与频率"。由于求解时需要不断更新该频率,因此相关计算非常耗时。欧阳[24]提出,在存在密集模态频率和非线性效应的情况下,f_0 就是超越频率。下一段将讨论这一概念。

振动结构的超越频率

按照定义,振动结构的超越频率(更准确地说是正超越频率)是指结构上某一点处的响应(位移、应力和应变等)在每秒内跨越零响应线(有静态平均响应的情况下则为平均响应线)从负值变为正值的次数。正如图 7 - 14 所示,对在某一阶模态下振动的线性结构而言,超越频率就是该结构的模态频率。对在多阶模态下振动的线性结构而言,则可发现超越频率是该结构的模态参与加权的平均频率[25-26]:

$$f_c^2 = \frac{\displaystyle\int_0^\infty f^2 G_d(f)\mathrm{d}f}{\displaystyle\int_0^\infty G_d(f)\mathrm{d}f} \tag{7 - 17}$$

如图 7 - 14 和图 7 - 15 所示,若结构主要在一阶模态下振动,其超越频率就基本等于其一阶模态频率;若结构主要在二阶模态下振动,其超越频率基本等于其二阶模态频率。如果这两阶模态对相关响应做出了同等贡献,那么结构的超越频率就是这两阶模态频率的加权平均值。图 7 - 16 展示了采用超径支承板孔的换热器传热管的超越频率。此时的运动表现为不规则运动。

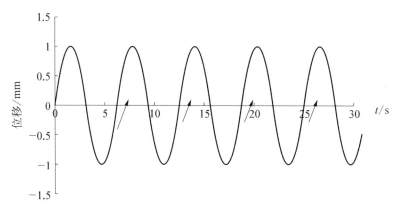

图 7 - 14　对某一阶模态下振动的结构的正超越时刻示意图

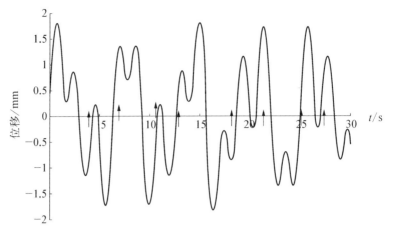

图 7－15　在某两阶模态下振动的结构超越时刻示意图

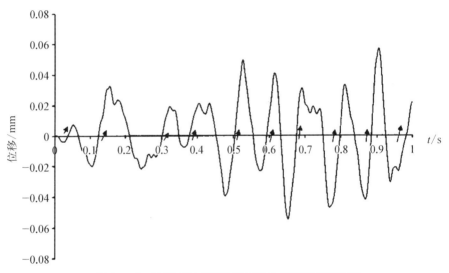

图 7－16　经历不规则运动的系统的超越时刻示意图

　　工程师们用每阶频率下循环载荷试验的数据点拟合得到疲劳曲线，然后运用超越频率的概念来预测当结构部件同时在多种正则模态下振动时，这些部件的疲劳使用系数。模态频率是结构在该特定模态下振动时刚度的度量，超越频率则是各模态频率的模态参与加权平均值，由此可以推断，对在多种正则模态共同作用下振动的结构而言，超越频率就是结构系统刚度的模态参与加权的度量。模态临界流速完全受制于管子的模态刚度，因此可以合理地假设，当多阶模态同时失稳时，系统临界流速（而非模态临界流速）将取决于管子的系统刚度（或超越频率）。

非线性支承的管束临界流速

用 f_c 取代式(7-16)中的 f_0，便可得出以下表达式：

$$C_{fsi} = -4\pi M f_c \frac{\rho V_p^2/2}{\pi f_c^2 m \beta^2} = -\frac{4qL}{f_c \beta^2} \qquad (7-18)$$

其中，

$$q = \rho V_p^2/2 \qquad (7-19)$$

正如用更具普适性的式(7-6)来取代康纳斯式(7-4)一样，如果传热管的间隙流速和线密度并不均匀，则用更具普适性的以下方程来取代式(7-18)：

$$\sum C_{fsi}^{(i)} = -\frac{4\sum q_i \mathrm{d}x_i}{f_c \beta^2} \qquad (7-20)$$

$$q_i = \rho V_{pi}^2/2 \qquad (7-21)$$

其中，求和是对各节点 i 进行。此时可像式(7-5)那样来定义流体弹性稳定裕量 FSM：

$$FSM = \sqrt{\frac{q_c L}{\sum_i q_i \mathrm{d}x_i}} \qquad (7-22)$$

$$q_c L = -f_{cc} \beta^2 (C_{fsi})_c/4 \qquad (7-23)$$

其中，$(C_{fsi})_c$ 是负阻尼系数；f_{cc} 是失稳临界处的超越频率。

对存在多跨、密集模态频率且传热管-支承板之间和流体-结构之间都存在交互作用的工业换热器传热管而言，可用时域式(7-15)来预测管子的临界流速(逐渐增大 C_{fsi} 的量级，直至方程的解开始发散为止)。在实际操作中，可以用带间隙和阻尼单元的非线性有限元结构动力学分析程序进行此类时域分析。按照这一方法，欧阳[24]发现(见图7-17、图7-19和图7-20)：

(1) 低于失稳临界值时，超越频率取决于传热管与支承板之间的间隙。

(2) 经历了初始瞬态后，超越频率会变得与时间无关。

(3) 一旦达到或超过失稳临界值，超越频率就和传热管与支承板之间的间隙无关。

根据第二条结论，若管子与支承之间存在间隙，那么对与支承之间存在间隙的管子进行时程分析,除短暂的初始瞬态外,其他每一时间步中都无需更新超越频率,这就是超越频率这一概念特别好用的奥秘所在。

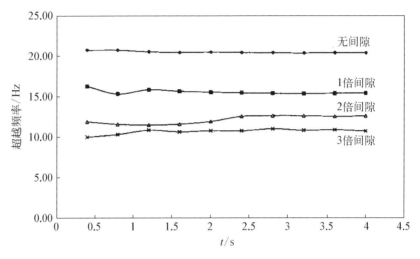

图 7 - 17　管子失稳前不同支承间隙条件下的超越频率

示例 7 - 4

本示例的有限元模型模拟了再循环核蒸汽发生器的内排传热管(见图 7 - 4)。本示例旨在展示一点,即对管子与支承之间存在间隙的多跨管而言,如何分步估算该管的流体弹性稳定裕量(FSM)。所以除表明本示例中的各个单位均在统一的单位制下,本示例不再明确提及这些单位(见第 1 章)。凡是熟悉核蒸汽发生器尺寸的读者,都多半能猜中本示例采用了美制单位。

图 7 - 18 展示了某核蒸汽发生器内排中某传热管的有限元模型。该传热管的下端[分别标记为 HL(热段)和 CL(冷段)]被固支,中间各点则由超径孔进行支承。主要激励源是 U 形弯管区的横向流,并假设 U 形弯管区的速度矢量方向为径向(这意味着速度始终垂直于管线)。不过 U 形弯管区流体速度和密度沿管线的分布均不均匀。假设康纳斯常数 $\beta = 5.2$,且有

$$\sum q_i \Delta x_i = 7.77$$

在该模型中,U 形管与每个节点相对应的单元长度 $\Delta x_i = 1.308\,6$ 个单位,弯曲半径为 15.0 个单位。在节点 80 和节点 100 处设置负阻尼单元,均在面外(z)方向上。这些阻尼单元的参数会逐渐改变,直到 U 形弯管区(节点 90)顶点处的响应开始发散为止。在管子与支承板之间的间隙等于名义间隙的情况下,

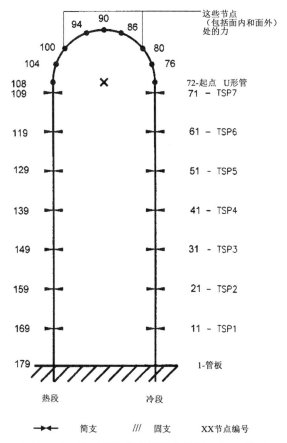

图 7 - 18 某核蒸汽发生器传热管的有限元模型

图 7 - 19 和图 7 - 20 分别展示了在 $C_{fsi} = -0.0592$ 处和 $C_{fsi} = -0.0595$ 处,节点 90 的面外(z)时间历程响应,而图 7 - 21 则展示了在 $C_{fsi} = -0.0595$ 处作为时间函数的超越频率。从图 7 - 19 和图 7 - 20 可以明显看出,C_{fsi} 的临界值(即管子刚好失稳时的数值)介于 $C_{fsi} = -0.0592$ 与 $C_{fsi} = -0.0595$ 之间。从图 7 - 21 中可以推断出临界超越频率(即管子失稳后的超越频率)为 $f_{cc} = 20.1\ Hz$。在节点 80 和节点 100 处设置阻尼单元,通过式(7 - 20)求流体弹性稳定裕量:

$$2 \times (C_{fsi})_c = \frac{4 \times q_c \times \pi \times 15}{20.1 \times 5.2^2} = 2 \times 0.0595$$

$$q_c = \frac{2 \times 0.0595 \times 20.1 \times 5.2^2}{4 \times \pi \times 15} = 0.343 = \frac{\rho V_c^2}{2}$$

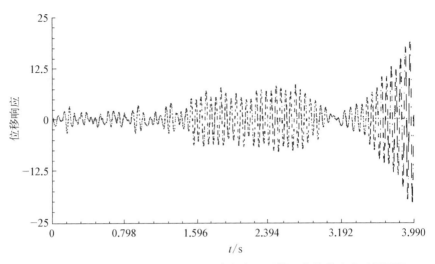

图 7 - 19　$C_{fsi} = -0.0592$ 时面外 (z) 方向上 U 形管顶点处的响应时间历程

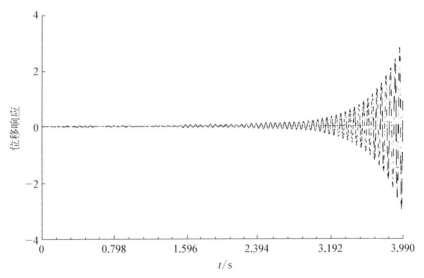

图 7 - 20　$C_{fsi} = -0.0595$ 时面外 (z) 方向上同一点处的响应时间历程

根据式 (7 - 22)，可以得出以下结果：

$$FSM = \sqrt{\frac{0.343 \times 15\pi}{7.77}} = 1.44$$

通过类似的方式，可以得出管子与支承之间间隙为 0、2 倍名义间隙和 3 倍名义间隙时的流体弹性稳定裕量。图 7 - 21 展示了这 4 种情形下作为时间函数的超越频率。需要注意的是，当管子失稳时，这 4 种情况下的超越频率都接近于 20.1 Hz,而该频率正是管子与支承间隙为零时的恒定超越频率。表 7‐5 给出了 0 倍、1 倍、2 倍和 3 倍支承名义间隙下的流体弹性稳定裕量,以及失稳临界处的 C_{fsi} 值。请注意,不论在哪种情况下,均为两个节点施加了这一临界阻尼值,因此总的流体‐结构交互作用临界阻尼系数为 $2C_{fsi}$。作为对比,此处还按照相同的输入参数和有限元模型,用频域康纳斯式(7‐6)计算了零间隙情况下的流体弹性稳定裕量。此处得出 U 形管在面外模态下的 $FSM = 0.89$,时域分析的结果则是 $FSM = 1.32$。之所以存在差别,是因为频域分析时假设了每种模态都是彼此独立的。计算出的临界流速是最不稳定的模态下的临界流速。在时域分析中,任何时刻都有多阶模态参与响应之中,这意味着计算出的临界流速是一个系统参数,而非模态参数。

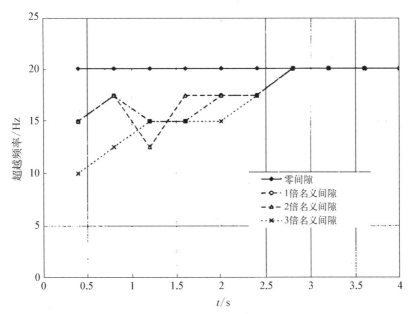

图 7‐21　不同的支承间隙条件下作为时间函数的超越频率

表 7‐5　不同支承间隙的流体弹性稳定裕量

	0 间隙	1 倍安装 初始间隙	2 倍安装 初始间隙	3 倍安装 初始间隙
C_{fsi}(每个节点)	−0.05	−0.059 5	−0.077 5	−0.090
q_c	0.288 3	0.343 1	0.446 9	0.519 0
FSM	1.32*	1.44	1.65	1.77

注:用式(7‐6)和式(7‐8)计算出的 FSM 为 0.89。

案例研究 7-1　核蒸汽发生器传热管突然开裂

1988 年，美国有一根再循环式核蒸汽发生器传热管开裂，导致放射性冷却剂泄漏到环境之中。该蒸汽发生器已使用多年，且事发不久前才检查过出现问题的传热管，检查时未发现任何退化迹象。当用视频设备对该蒸汽发生器进行事后检查时，发现防振条（用于限制 U 形管的面外运动，缩写为 AVB；见图 7-4）插入管束的深度不够深，以至于没有任何 AVB 为问题传热管提供支承，这种情况是违反设计规范的。冶金学检验表明该传热管因高周疲劳而失效，失效位置在管子顶部支承板处。事件原因确定为流体弹性失稳，该现象既导致面外方向上的振幅过大，又在顶部支承板处产生了较大的弯曲应力（美国核管理委员会案卷[27]）。

1991 年，日本另一根几乎完全相同的蒸汽发生器传热管发生了类似的故障（该蒸汽发生器之前已运行了 19 年）。事后检查表明，此次事件中的 AVB 同样未按要求触及内排传热管。冶金学检验表明，此次事件和美国当年的事件一样，问题传热管也是因高周疲劳而失效，且失效位置也在顶部的支承板处[28]。

在正常情况下，发生流体弹性失稳的传热管会产生很大的振幅，以至于要么发生管间碰撞，要么在支承处产生较大的弯曲应力。不论是哪种情形，通常都会在运行数月乃至数天后发生故障，而上述两台蒸汽发生器则是在运行了许多年后，才发生了传热管故障。

在事后检查中，还发现这两台蒸汽发生器的管子支承板与壳侧水发生了化学反应，从而形成了氧化物四氧化三铁。四氧化三铁的体积要大于母体金属，因此这种氧化物逐渐填塞了传热管与支承板之间的间隙。当蒸汽发生器刚投入使用时，由于设计有安全裕量，这些传热管即使没有 AVB 的支撑，也仍会处于流体弹性稳定状态。不过正如示例 7-4 所示，随着管子-支承板间隙的缩小，用于防止流体弹性失稳的裕量也随之减小。这种状况会一直持续到传热管在某一刻突然失稳为止，届时会在顶部支承板处产生较大的弯曲应力，从而使传热管发生疲劳破坏。

参考文献

［1］　Chen S S. Instability mechanisms and stability criteria of a group of circular cylinders subjected to cross-flow — Part I and Part II ［J］. Journal of Vibration Acoustics Stress & Reliability in Design, 1983, 105(2): 51-58 and 243-253.

[2]　Connors H J. Fluid-elastic vibration of tube arrays excited by cross-flow [G]. Flow-Induced Vibration of Heat Exchangers, ASME Special Publication, edited by D. D. Reiff, 1970: 42 - 56.

[3]　Chen S S, Jendrzejczyk J A, Lin W H. Experiments on fluid-elastic instability in tube banks subject to liquid cross-flow [R]. Argonne National Laboratory Report ANL - CT - 78 - 44, 1978.

[4]　Southworth D J, Zdravkovich M M. Cross flow induced vibration of finite tube banks with in-line arrangements [J]. Journal of Mechanical Engineering Sciences, 1975, 17: 190 - 198.

[5]　Taylor C E, Bourcher K M, Yetisir M. Vibration and impact forces due to two-phase cross-flow in U-bend region of heat exchangers [C]. Proceeding of Sixth International Conference on Flow-Induced Vibration, London, UK, 1995: 404 - 411.

[6]　Au-Yang M K. Development of stabilizers for steam generator tube repair [J]. Journal of Nuclear Engineering and Design, 1987, 107: 189 - 197.

[7]　Price S J. Theoretical model of fluid-elastic instability for cylinder arrays subject to cross-flow [G]. Technology for the 90s, ASME Special Publication, edited by M. K. Au-Yang, 1993: 711 - 774.

[8]　Paidoussis M P. Flow-induced instabilities of cylindrical structures [J]. Applied Mechanics Reviews, 1987, 40(2): 163 - 175.

[9]　Chen S S. A general theory for the dynamic instability of tube arrays in cross-flow [J]. Journal of Fluids and Structures, 1987, 1: 35 - 53.

[10]　Paidoussis M P. Fluid-Structure Interaction: Vol. 1 [M]. New York: Academic Press, 1998.

[11]　Chen S S. Flow-induced vibration of circular cylindrical structures [R]. Argonne National Laboratory Report No. ANL - 85 - 51, 1985.

[12]　Blevins R D. Flow-Induced Vibration [M]. 2nd ed. New York: van Nostrand Reinhold, 1990.

[13]　Nelms H A. Flow-induced vibrations: A problem in the design of heat exchangers for nuclear services [C]. The ASME Winter Annual Meeting, 1970.

[14]　ASME. Boiler Code Sec Ⅲ Appendix N - 1300 Series [S], 1998.

[15]　Connors H J. Fluid-elastic vibration of tube arrays excited by non-uniform cross-flow [G]. Flow-Induced Vibration of Power Plant Components, ASME Century 2 Special Publication PVP - 41, edited by M. K. Au-Yang, 1980: 93 - 107.

[16]　THEMA Standard. Sec. V, Flow-induced vibration[S]. Tubular Heat Exchanger Manufacturer Association, 1988.

[17]　Blevins R D. Fluid-elastic whirling of a tube row [J]. Journal of Pressure Vessel Technology, 1974, 96: 263 - 267.

[18]　Paidoussis M P, Mavriplis D, Price S J. A Potential theory for the dynamics of cylinder arrays in cross-flow [J]. Journal of Fluid Mechanics, 1984, 146: 227 - 252.

[19] Lever J H, Weaver D S. A Theoretical model for fluid-elastic instability in heat exchanger tube bundles [J]. Journal of Pressure Vessel Technology, 1982, 104: 147 - 158.

[20] Tanaka H, Takahara S. Unsteady Fluid dynamic force on tube bundle and its dynamics effect on vibration [G]. Flow-Induced Vibration of Power Plant Components, ASME Century 2 Special Publication PVP - 41, edited by M. K. Au-Yang, 1980: 93 - 107.

[21] Hara F. Unsteady fluid dynamic forces acting on a single row of cylinders [G]. Flow-Induced Vibration, ASME Special Publication PVP, Vol. 122, edited by M. K. Au-Yang and S. S. Chen, 1987: 51 - 58.

[22] Axisa F, Antune J, Villard B. Overview of numerical methods for predicting flow-induced vibration [J]. Journal of Pressure Vessel Technology, 1988, 110: 6 - 14.

[23] Sauvé R G. A Computational Time domain approach to solution of fluid-elastic instability for non-linear tube dynamics [G]. Flow-Induced Vibration - 1966, ASME Special Publication, PVP Vol. 328, edited by M. J. Pettigrew, 1996: 327 - 336.

[24] Au-Yang M K. The crossing frequency as a measure of heat exchanger tube support plate effectiveness [G]. Flow-Induced Vibration, edited by S. Ziada and T. Staubli, Rotterdam: Balema, 2000: 497 - 504.

[25] Rice S O. Mathematical analysis of random noise [J]. Bell System Technical Journal, 1954, 23: 282 - 332, and 24: 46 - 156.

[26] Crandall S H, Mark W D. Random Vibrations in Mechanical Systems [M]. New York: Academic Press, 1973.

[27] US Nuclear Regulatory Commission. Rapidly propagating fatigue cracks in steam generator tube [R]. Bulletin No. 88 - 02, 1988.

[28] Ministry of International Trade and Industry of Japan. Final report on steam generator tube break at mihama unit 2 on February 9, 1991 [R]. 1991.

第 8 章
轴向流中的湍流激振

尽管最近计算流体动力学研究取得了一定进展,但目前最实用的湍流激振分析方法还是实验与解析相结合的方法。力函数由模型试验、量纲分析和无量纲换算确定,而响应则通过有限元概率结构动力学分析进行计算,在计算中采用鲍威尔(Powell)于 20 世纪 50 年代提出的容纳积分法。通常将以下方程用于估算由湍流激发的结构均方根(rms)响应,或从均方根响应反算力函数:

$$\langle y^2(\boldsymbol{x}) \rangle = \sum_\alpha \frac{AG_{\mathrm{p}}(f_\alpha)\psi_\alpha^2(\boldsymbol{x})J_{\alpha\alpha}(f_\alpha)}{64\pi^3 m_\alpha^2 f_\alpha^3 \zeta_\alpha} \tag{8-50}$$

式中 $\boldsymbol{J}_{\alpha\alpha}$ 为常见的容纳积分。按照实际情况来说,式(8-50)为通用式,适用于轴向流或横向流中的一维和二维结构。下一章将讨论横向流相关情况。只要在式中使用相同的归一化方法,则该方程也与模态振型归一化无关。然而,式(8-50)是根据许多简化假设推导出来的,其中最重要的假设是忽略模态交叉项对响应的贡献以及来流为均匀、稳定的各向同性湍流。此外,如果假设相干函数可以分解为一个顺流向(或者称为纵向)分量 x_1 和一个与横流向(或者称为横向)分量 x_2,且每个因子都可以以对流速度和相关长度这两个参数表示,则顺流向的容纳积分可以表示为

$$\mathrm{Re}J_{mr} = \frac{1}{L_1}\int_0^{L_1}\mathrm{d}x''\psi_{\mathrm{m}}(x'')\int_0^{x''}\psi_{\mathrm{r}}(x')\mathrm{e}^{-(x'-x'')/\lambda}\cos\frac{2\pi f(x'-x'')}{U_{\mathrm{c}}}\mathrm{d}x' +$$
$$\frac{1}{L_1}\int_0^{L_1}\mathrm{d}x''\psi_{\mathrm{m}}(x'')\int_{x''}^{L_1}\psi_{\mathrm{r}}(x')\mathrm{e}^{-(x''-x')/\lambda}\cos\frac{2\pi f(x''-x')}{U_{\mathrm{c}}}\mathrm{d}x'$$

$$\tag{8-42}$$

$$\mathrm{Im}J_{\mathrm{mr}} = \frac{1}{L_1}\int_0^{L_1}\mathrm{d}x''\psi_{\mathrm{m}}(x'')\int_0^{x''}\psi_{\mathrm{r}}(x')\mathrm{e}^{-(x'-x'')/\lambda}\sin\frac{2\pi f(x'-x'')}{U_{\mathrm{c}}}\mathrm{d}x' +$$

$$\frac{1}{L_1}\int_0^{L_1}\mathrm{d}x''\psi_{\mathrm{m}}(x'')\int_{x''}^{L_1}\psi_{\mathrm{r}}(x')\mathrm{e}^{-(x''-x')/\lambda}\sin\frac{2\pi f(x''-x')}{U_{\mathrm{c}}}\mathrm{d}x'$$

$$(8-43)$$

同样的，根据式(8-34)和式(8-40)可知，横向容纳为一实数，其表达式为

$$J'_{ns} = \frac{1}{L_2}\iint_{L_2}\phi_n(x'_2)\mathrm{e}^{-|x'_2-x''_2|/\lambda}\phi_s(x''_2)\mathrm{d}x'_2\mathrm{d}x''_2 \qquad (8-44)$$

式中 ψ、ϕ 为顺流向与横流向的模态振型函数，$\alpha=(m,n)$ 和 $\beta=(r,s)$ 为模态阶数，其中，m、r 为顺流向的模态阶数，n、s 为横流向的模态阶数。式(8-42)~式(8-44)是一般情况下轴向流流致振动的容纳积分的最简形式。更复杂的布尔(Bull)[1]表达式则用于计算附录 8A 中图表给出的容纳积分。

边界层湍流引起的脉动压力功率谱密度(PSD) G_{p} 如图 8-15~图 8-17 所示。图 8-16 中的低频功率谱密度可由以下经验公式给出：

$$\frac{G_{\mathrm{p}}(f)}{\rho^2 V^3 D_{\mathrm{H}}} = 0.272\times10^{-5}/S^{0.25}, \quad S < 5$$

$$= 22.75\times10^{-5}/S^3, \quad S > 5 \qquad (8-68)$$

式中，

$$S = 2\pi f D_{\mathrm{H}}/V \qquad (8-69)$$

在诸如存在弯管、阀门和横截面变化且边界层不明确的工业管道系统等受约束通道中，强湍流压力功率谱密度曲线如图 8-17 和图 8-18 所示，或可用以下经验公式表示：

对于不存在气蚀现象的湍流而言，有

$$\frac{G_{\mathrm{p}}(f)}{\rho^2 V^3 R_{\mathrm{H}}} = 0.15\mathrm{e}^{-3.0F}, \quad 0 < F < 1.0$$

$$= 0.027\mathrm{e}^{-1.26F}, \quad 1.0 \leqslant F \leqslant 5.0 \qquad (8-70)$$

式中

$$F = f R_{\mathrm{H}}/V \qquad (8-71)$$

为无量纲频率，R_H 为水力半径。对于存在轻微气蚀现象的湍流而言，有

$$\frac{G_p(f)}{\rho^2 V^3 R_H} = \min\{20 F^{-2} (-|x|/R_H)^{-4},\ 1.0\} \qquad (8-72)$$

式(8.72)与式(8.70)的计算结果取较大值，式中 $|x|$ 为与气蚀源(如弯管或阀门)之间距离的绝对值。

对于边界层湍流而言，对流速度由下述经验方程[2]表示：

$$U_c/V = 0.6 + 0.4 e^{-2.2(\omega \delta^*/V)} \qquad (8-56)$$

或[1]

$$U_c/V = 0.59 + 0.30 e^{-0.89(\omega \delta^*/V)} \qquad (8-57)$$

对于边界层不明确的受约束通道中的强湍流而言[3-4]，

$$U_c \approx \overline{V} \qquad (8-58)$$

对于边界层湍流而言，相关长度近似等于位移边界层厚度，有

$$\lambda \approx \delta^*$$

对于受约束通道中的极强的湍流而言，相关长度近似等于通道水力半径的 0.4 倍，即

$$\lambda \approx 0.4 R_H \qquad (8-65)$$

在波前沿着结构表面传播时，对流系数会改变力函数的相位，因此，通常需要通过数值积分的方式计算轴向流的容纳积分。矩形板上的边界层湍流容纳积分图表如附录 8A 所示。图表中的容纳积分根据更复杂的相干函数布尔表达式[1]数值积分得到。在横流向上，力函数始终同相，因此，轴向流中的横向容纳积分与以下章节中所述的横向流中的纵向容纳积分相同。

容纳积分的数值取决于模态振型归一化。在本章中所假设的具有均匀表面质量密度的结构中，可以将模态振型函数归一化，

$$\int_A \phi_\alpha(\boldsymbol{x}) \phi_\beta(\boldsymbol{x}) \mathrm{d}\boldsymbol{x} = \delta_{\alpha\beta}$$

在这种情形下，可知：

$$\sum_\alpha \boldsymbol{J}_{\alpha\alpha} = 1.0$$

此外，容纳积分具有两阶模态间的跃迁概率振幅的物理意义，是对这两阶模态振型和力函数相干性的相容性的度量。对于作用于质量-弹簧系统上的集中力而言，容纳积分始终为1。

对密集模态频率的一般情况，模态交叉项对响应的贡献不可忽略。在这种情况下，可以通过响应PSD曲线下的数值积分获得均方响应：

$$\langle y^2(\boldsymbol{x})\rangle = \int_0^{f_{\max}} G_y(\boldsymbol{x}, f)\mathrm{d}f \qquad (8-45)$$

$$G_y(\boldsymbol{x}, f) = A G_{\mathrm{p}}(f)\sum_{\alpha}\psi_{\alpha}(\boldsymbol{x})H_{\alpha}(f)H_{\alpha}^*(f)\psi_{\alpha}(\boldsymbol{x})\boldsymbol{J}_{\alpha\alpha}(f) +$$

$$2A G_{\mathrm{p}}(f)\sum_{\alpha\neq\beta}\psi_{\alpha}(\boldsymbol{x})H_{\alpha}(f)H_{\beta}^*(f)\psi_{\beta}(\boldsymbol{x})\boldsymbol{J}_{\alpha\beta}(f) \qquad (8-46)$$

$$H_{\alpha}(f) = \frac{1}{(2\pi)^2 m_{\alpha}\big[(f_{\alpha}^2 - f^2) + \mathrm{i}2\zeta_{\alpha}f_{\alpha}f\big]} \qquad (8-47)$$

式中，$\boldsymbol{J}_{\alpha\beta} = J_{mr}J'_{ns}$，两个系数分别为上文式（8-42）和式（8-44）中给出的纵向和横向容纳积分。这种直接法用当今个人电脑进行计算完全没有问题。

首字母缩写词

PSD—功率谱密度

主要术语如下：

A —结构的总表面积

D_{H} —水力直径=4×横截面面积/湿周

f —频率，单位为Hz；　　　　　　　F —无量纲频率

g —环状流动通道中的间隙宽度，$=R_{\mathrm{H}}$

$G_{\mathrm{p}}(f)$—湍流造成的单面脉动压力功率谱密度（PSD），单位为（力/面积）^{2}/Hz

$G_y(f)$—单面响应功率谱密度；　　H —传递函数

$\mathrm{i}^2 = -1$

$\boldsymbol{J}_{\alpha\beta} = J_{mr}J'_{ns}$，容纳积分（注：一些作者将其写成 J^2）

J_{mr} —纵向容纳（注：一些作者将其写成 J^2）

J'_{ns}—横向容纳（注：一些作者将其写成 J'^2）

L —结构长度

$l_c = 2\lambda$，一些作者将其定义为相关长度

m —质量面密度(单位面积质量)；m_α —广义质量

$p(t)$ —湍流引起的脉动压力；　$P_\alpha(t)$ —广义压力

$P_\alpha(\omega)$ —广义压力的傅里叶变换；R —相关函数

R_H —水力半径，$=D_H/2$

$S_p(\boldsymbol{x'}, \boldsymbol{x''}, \omega)$ —脉动压力的互功率谱

$S_y(\omega)$ —y 的功率谱密度，为 $-\infty$ 到 $+\infty$ 之间的 ω 的函数；

T —积分总时间间隔的一半；　U_c —对流速度

U_{phase} —相速度；　　　　　V —速度

$\overline{V}$ —平均速度

x_1 —"1"方向(通常为纵向或顺流向)上的位置

x_2 —"2"方向(通常为横向或横流向)上的位置

$\boldsymbol{x}$ —结构表面上的位置矢量；　$\mathrm{d}\boldsymbol{x}$ —积分区域，与 $\mathrm{d}A$ 或 $\mathrm{d}S$ 相同

$y(t)$ —响应；　　　　　　　$y(\omega)$ —$y(t)$ 的傅里叶变换

Γ —相干函数；　　　　　　δ —结构或流道的特征长度

Δ_1、$\Delta_2 = \delta^*/L_1$、δ^*/L_2；　　δ^* —位移边界层厚度

ζ —阻尼比；　　　　　　　λ —相关长度 $l_c/2$

$\psi_\alpha(\boldsymbol{x}) = \psi_m(x_1)\phi_n(x_2)$，模态振型函数

σ —泊松比；　　　　　　　σ_y^2 —记录集 y_i 方差

Φ —归一化压力 PSD；　　　ω —频率，单位为 rad/s

标记：

1、2—纵向(通常为顺流向)和横向(通常为横流向)

$\alpha = (m, n)$，模态阶数，两个方向

β —模态阶数，两个方向；　　　$\langle\rangle$ —平均值

8.1　概述

　　湍流激振与所有其他流致振动现象的不同之处在于,湍流激振是动力与过程行业中不可避免的"恶魔",就像灰尘、噪声或杂草是日常生活中不可避免的问题一样。可通过设计消除涡激振动、流体弹性失稳和声共振或降低它们的影响,但湍流激振在工业应用中几乎是不可避免的。即使流道表面非常光滑,当流速超过渗流的最小特征速度,旋涡就会产生。含旋涡的流动称为"湍流";而流动中没有旋涡时称为"层流"。所有流体动力学教科书都讨论了流态

从层流变为湍流时的雷诺数（参见第 6 章）。在工业应用中，通常将流动通道设计为可产生湍流的形状，以提高传热或传质效率，或抑制旋涡脱落或其他失稳现象。因此，在工业应用中无法避免湍流激振，甚至在大多数情况下连减轻湍流激振都无法实现。

　　图 8-1 是通过动压传感器测得的湍流脉动压力时程。脉动压力显然是一种随机力。与作为激励的脉动压力一样，湍流激振响应也是一个只能通过概率方法处理的随机过程。这种方法不计算详细的时程响应，而只计算响应的均方根（rms）值。根据该均方根响应（位移幅值和应力），可评估结构损伤的潜在风险（冲击磨损、疲劳和微动磨损）。这种基于均方根响应的损伤评估还包括其他主要分析步骤，具体情况将在第 11 章中讨论。本章概述了估算结构表面轴向湍流激发的均方根响应的步骤。本章和后续章节中将会提及概率方法的相关概念，但不会进行详细论证。关于功率谱密度函数和傅里叶变换的更多信息，请参见讨论数字信号处理的第 13 章。关于概率密度分布函数的信息，参见统计学方面的书籍。如果读者想要更深入地理解概率方法，可参考赫特（Hurty）和鲁宾斯坦（Rubinstein）[5]所著的结构动力学以及本达特（Bendat）和皮索尔（Piersol）[6]所著的关于信号分析的书籍，获取更多统计理论方面的知识。

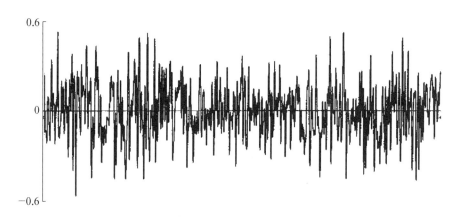

图 8-1　湍流中测得脉动压力的时间历程

　　尽管计算流体力学有了新的发展，但要通过数值技术来确定湍流力函数仍然是不可行的。目前，大多数湍流激振分析都基于理论分析与实验相结合的方法。随机压力以及表征湍流场的其他参数均可在现场试验或比例模型试验中测量。对于传热管束而言，可对有限根数和跨数的传热管束模型进行测量。模型试验中测得的数据可通过量纲分析按比例放大到原型尺寸。以力函数作为输入,借助专用有限元程序,采用概率结构动力学方法估算响应。确定力函数时仅涉及流体力学参数,流体力学中已形成完善的模型试验、相似准则和量纲分析技术。另一方面,响应分析仅以结构参数和力函数作为输入,有限元法作为一种完善的方法,已广泛应用于结构动力学分析。因此,这种方法结合了两个不同工程学科中的两种完善技术。希望有一天,可以通过计算流体动力学解析分析得到湍流流体力,而在此之前,还是必须采用上述混合方法。

8.2　随机过程和概率密度函数

记录集[如湍流中的脉动压力时程 $p(t)$ 以及结构响应时程 $y(t)$]可以表示为

$$y_i = y(t_i), \quad i = 1, 2, 3, 4, \cdots, n \tag{8-1}$$

式中, t_i 为随着 T 的增大, $-T$ 和 $+T$ 之间的某一时间点。如果可以用统计特性来表征记录,则该记录集便可称为随机过程。也就是说,如果可以通过以下方程估算其平均值:

$$\langle y \rangle = \lim_{n \to \infty} \frac{1}{n} \sum_{i=1}^{n} y_i \tag{8-2}$$

且其方差 σ_y^2 可用下式表示:

$$\begin{aligned}
\sigma_y^2 &\equiv \lim_{n \to \infty} \frac{1}{n} \sum_{i=1}^{n} (y_i - \langle y \rangle)^2 \\
&= \lim_{n \to \infty} \frac{1}{n} \sum_{i=1}^{n} (y_i^2 - 2y_i \langle y \rangle + \langle y \rangle^2) \\
&= \langle y^2 \rangle - \langle y \rangle^2
\end{aligned} \tag{8-3}$$

式中 $\langle y^2 \rangle$ 为均方值,而 $\langle y \rangle^2$ 是平均值的平方。方差在随机振动分析中很重要,原因有几个,其中一个原因是在包括湍流激振在内的大多数随机振动中,我们感兴趣的只有相对于平均值的变化量。如果平均值非零,则可以分别计算平均值及其变化量。从此处开始假设平均值为零,则根据式(8-3)所得的方差等于均方值:

$$\langle y^2 \rangle = \sigma_y^2 = \lim_{n \to \infty} \frac{1}{n} \sum_{i=1}^{n} (y_i - \langle y \rangle)^2 \qquad (8-4)$$

式(8-4)表明，要得到平均值，就必须对大量数据点求平均。同样，要得到均方值，就必须用各数据点减去平均值，求取差的平方值，将各平方值求和，最后求取和的平均值。一般来说，求平均的总时长如果不同，求得平均值和均方值可能不同。在这种情况下，随机过程称为非平稳随机过程。相反，如果求得的平均值和均方值与选择数据点的时间无关，则随机过程为平稳随机过程。此外，如果每条记录在统计学意义上与任何其他记录等效，也就是说，该过程独立于空间和用来求和的时间点，则该过程是遍历过程。如果平均值和方差随时间缓慢变化，则该过程称为准平稳过程或准遍历过程。在所有的计算中，始终假设该过程至少为准平稳过程，即使事实并非如此。这就是偶尔会在结构响应功率谱密度图中看到双共振峰等异常现象的原因。

从图8-1可以明显看出，对于最终目标是评估结构部件振动幅度和应力的设计工程师而言，力函数或响应这一随机过程的时间历程并没有太大的意义。此外，测量和记录如图8-1所示力函数的时间历程并将其用于时间历程响应分析非常耗时，而且也不容易将与如图8-1所示类似的响应时间历程和疲劳等故障机制联系在一起。这就是为什么即使最近要增加电子计算机内存和提高电子计算机速度已经不再那么昂贵，也仍然只是通过谱分析法在频域中开展湍流激振响应的原因。采用这种方法时，我们牺牲了时间历程响应细节，但通过计算响应功率谱和均方根响应获得了总体情况。湍流激振的时域分析将在关于疲劳和磨损分析的章节中简要介绍。

回到式(8-1)，在时间步长无限小的极限情况下，y 会成为时间变量 t 的连续函数，即 $y = y(t)$。y 的平均值和方差可用下式表示：

$$\langle y \rangle = \lim_{T \to \infty} \frac{1}{2T} \int_{-T}^{T} y(t) \mathrm{d}t = 0$$

$$\sigma_y^2 = \lim_{T \to \infty} \frac{1}{2T} \int_{-T}^{T} (y - \langle y \rangle)^2 \mathrm{d}t = \langle y^2 \rangle$$

再次假设我们只关心相对于平均值的变化量，所以 $y(t)$ 的平均值为零。

在一条时间很长的记录中，在某一特定数值带宽中找到 $y(t)$ 的概率遵循某一特定函数 $f(y)$，因此在 y_0 和 $y_0 + \delta y$ 之间找到 y 的概率可用下式表示：

$$\text{Prob}(y_0 < y < y_0 + \delta_y) = \int_{y_0}^{y_0 + \delta y} f(y) \mathrm{d}y \qquad (8-5)$$

函数 $f(y)$ 称为随机变量 y 的概率密度函数。随机变量 y 的平均值和方差可用概率密度函数的形式表示，如下式：

$$\langle y \rangle = \int_{-\infty}^{\infty} y f(y) \mathrm{d}y \qquad (8-6)$$

$$\sigma_y^2 = \int_{-\infty}^{\infty} (y - \langle y \rangle)^2 f(y) \mathrm{d}y \qquad (8-7)$$

如果像在随机变量集合中一样，平均值为零或需单独估算，则方差就是随机过程的均方值。概率密度函数必须满足另外两个特性：① 由于概率不能小于零，因此 $f(y)$ 必须是 y 的正函数：

$$f(y) \geqslant 0 \qquad (8-8)$$

所有 y 均是如此。② 因为发现 y 的值处于 $-\infty$ 和 $+\infty$ 之间的总概率肯定是一，因此有

$$\int_{-\infty}^{\infty} f(y) \mathrm{d}y = 1 \qquad (8-9)$$

下述函数

$$f(y) = \frac{1}{\sqrt{2\pi}\sigma_y} \mathrm{e}^{-(y - \langle y \rangle)^2 / 2\sigma_y^2} \qquad (8-10)$$

满足式(8-6)和式(8-7)，并且是 y 的良态函数。由式(8-6)和式(8-7)可知，在概率分布函数为式(8-10)的随机过程中，平均值和方差由 $\langle y \rangle$ 和 σ_y^2 表示。该函数称为高斯分布函数，是概率密度函数的表达形式之一。由中心极限定理可知，高斯分布函数特别重要。该定理称，如果从统计学角度来看，随机过程 y_i 相互独立，则随机变量

$$y = \sum_i y_i$$

遵循高斯分布函数。如果先减去平均值，只考虑相对于平均值的变化量，则均方值等于方差。此外，如果选择一个比例，使得随机过程的均方值等于1，则高斯分布由下述简单形式表示：

$$f(y) = \frac{1}{\sqrt{2\pi}} e^{-y^2/2} \tag{8-11}$$

式(8-11)称为归一化高斯分布,或称为正态分布。除了正弦和余弦函数外,它可能是数学物理学中最重要的函数。应用于湍流激振时,综上所述：结构的随机压力分布和随机响应分布都遵循正态分布,均方值由式(8-7)表示。也就是说,压力和振动幅度的均方值可用下式表示：

$$\langle p^2 \rangle = \int_{-\infty}^{\infty} p^2 f(p) \mathrm{d}y$$

$$\langle y^2 \rangle = \int_{-\infty}^{\infty} y^2 f(y) \mathrm{d}y$$

$f(y)$ 由式(8-10)表示。

8.3　傅里叶变换、功率谱密度和帕塞瓦尔定理

上文已经指出,可能无法在时域中轻易解释湍流或湍流导致的结构响应等随机过程。出于这个原因,同时也出于计算成本的原因,需在频域中进行分析。从时域切换到频域的"方法"是一个称之为"傅里叶变换"的数学过程(另见第 13 章)。如果 $y(t)$ 是时间变量 t 的函数,则函数

$$Y(\omega) = \int_{-\infty}^{\infty} y(t) e^{-j\omega t} \mathrm{d}t, \quad \mathrm{j} = \sqrt{-1} \tag{8-12}$$

称为 $y(t)$ 的傅里叶变换,它是 ω 的函数。相反, $y(t)$ 是 $Y(\omega)$ 的逆变换,定义如下：

$$y(t) = \frac{1}{2\pi} \int_{-\infty}^{\infty} Y(\omega) e^{+j\omega t} \mathrm{d}\omega$$

可以在任何一本关于统计学的书籍中找到下列方程。该方程能够凸显傅里叶变换的意义[①]：

[①]　因子 $1/(2\pi)$ 的位置是任意的。有些作者将它放在正变换中,而有些作者则将它放在逆变换中。尽管如此,有时还将 $1/\sqrt{2\pi}$ 包括在正变换和逆变换中,以实现对称性。只要用法一致,所有这些定义都可以获得可观测物理变量的最终相同结果。

$$\langle y^2(t) \rangle = \lim_{T \to \infty} \int_{-T}^{T} y^2(t) \mathrm{d}t = \lim_{T \to \infty} \frac{1}{2\pi} \int_{-\infty}^{\infty} \frac{Y(\omega)Y^*(\omega)}{2T} \mathrm{d}\omega$$

这就是所谓的帕塞瓦尔（Parseval）定理。该定理给出了频域中随机变量的平均值和均方值。如果规定

$$S_y(\omega) = \frac{Y(\omega)Y^*(\omega)}{4\pi T} \tag{8-13}$$

则 y 的均方值可用下式表示：

$$\langle y^2 \rangle = \int_{-\infty}^{\infty} S_y(\omega) \mathrm{d}\omega \tag{8-14}$$

$S_y(\omega)$ 为 y 的双面功率谱密度（PSD），表示为 rad/s 的函数。如上定义，$S_y(\omega)$ 便于湍流激振分析中方程的数学推导。然而，在工程应用中，更方便的方法是用以 Hz 为单位的频率 f 表示功率谱密度，并将其定义为 f 为正值时的函数。根据该定义，可以轻易地看出，PSD 是频率的偶函数。因此，可以定义

当 $\omega \geqslant 0$ 时，　　　　　　$G_y(\omega) = 2S_y(\omega)$

当 $\omega < 0$ 时，　　　　　　$G_y(\omega) = 0$ $\tag{8-15}$

但是，想要以频率 f（单位为 Hz）代替 ω 用来表示 G，可以通过以下方程实现：

$$\langle y^2 \rangle = \int_0^{\infty} G_y(\omega) \mathrm{d}\omega = \int_0^{\infty} G_y(\omega) \mathrm{d}(2\pi f) = \int_0^{\infty} G_y(f) \mathrm{d}f \tag{8-16}$$

于是有

$$G_y(f) = 2\pi G_y(\omega) \tag{8-17}$$

当 $f \geqslant 0$ 时，　　　　　$G_y(f) = 4\pi S_y(\omega)$

当 $f < 0$ 时，　　　　　　$G_y(f) = 0$ $\tag{8-18}$

从物理学角度来看，功率谱密度是随机变量 y 的频率的函数，用以表征能量分布。如果 y 是通过带通滤波器某一频带并采集到不同采集器的电压，则 G_y 是各采集器中电压的平方。

8.4 结构表面轴向流中的容纳积分

在本章中，我们关注的是表面存在湍流（轴向流）的结构的响应。下一章将讨论与这一章形成对比的横向湍流中的管和梁的响应。解决这类问题的最常用方法是鲍威尔[7]首次提出的容纳积分法。陈水生（Chen）和万布斯甘斯（Wambsganss）[8]将该方法用于估算核燃料棒的轴向流流致振动，褚（Chyu）和欧阳[9]将该方法用于估算边界层湍流激发的壁板响应。欧阳[10]将该方法用于估算冷却剂流动激发的反应堆堆内构件响应，还将该方法用于多跨管的横向流流致振动[11-12]。下文概述了获得响应方程容纳积分格式的基本步骤。读者应该参见引用的参考文献，以获得更多细节。

为了简化推导，在本章中假设结构表面密度是均匀的，因此可以根据第 3 章中的式（3-30）将模态振型函数归一化为 1：

$$\int_A \psi_\alpha(\boldsymbol{x}) \psi_\beta(\boldsymbol{x}) \mathrm{d}\boldsymbol{x} = \delta_{\alpha\beta} \qquad (3-30)$$

我们先讨论第 3 章中关于质量-弹簧系统（见图 2-1）的模态响应式（3-20）和式（3-25）。第 3 章中的运动方程如下：

$$m\ddot{y} + 2m\omega_0\zeta\dot{y} + ky = f$$

进行上式的傅里叶变换，可以得到下式：

$$Y(\omega) = H(\omega)F(\omega) \qquad (8-19)$$

$$H(\omega) = \frac{1}{m\left[(\omega_0^2 - \omega^2) + \mathrm{i}2\zeta\omega_0\omega\right]} \qquad (8-20)$$

ω_0 为质量-弹簧系统的固有频率。将式（8-19）乘以其共轭复数，并使用 PSD 的定义式（8-13），可以得到下式：

$$S_y(\omega) = \left[H(\omega)\right]^2 S_f(\omega) \qquad (8-21)$$

熟悉模态分析基本原理的工程师可以看出 H 为熟悉的传递函数。式（8-21）表明响应的 PSD 等于力函数 PSD 乘以传递函数的模的平方。当力函数为随机函数时，不能通过结构动力学常用的确定性方法求解式（8-19）。通常采用计算响应的均方值的方法，而不用直接求解方程得到时程响应，式（8-21）给出了均方响应的解。然而,对于有限空间范围的结构受到空间分布随机压力机理的情况而言,情况要复杂得多,因为除了力函数的功率谱密度之外,还必须考虑空间分布及其如何匹配结构的模态振型的问题。这可通过鲍威尔[7]提出的容纳积分法实现。首先,在这里再次给出第 3 章的式(3 - 15)和式(3 - 20):

$$y(\boldsymbol{x}, t) = \sum_{\alpha} a_{\alpha}(t) \psi_{\alpha}(\boldsymbol{x}) \qquad (8 - 22) = (3 - 15)$$

$$m_{\alpha} \ddot{a}_{\alpha}(t) + 2\omega_{\alpha} m_{\alpha} \zeta_{\alpha} \dot{a}_{\alpha}(t) + k_{\alpha} a_{\alpha}(t) = P_{\alpha}(t)$$
$$(8 - 23) = (3 - 20)$$

式中,

$$m_{\alpha} = \int_{A} \psi_{\alpha}(\boldsymbol{x}) m(\boldsymbol{x}) \psi_{\alpha}(\boldsymbol{x}) \mathrm{d}\boldsymbol{x}$$

$$P_{\alpha} = \int_{A} \psi_{\alpha}(\boldsymbol{x}) p(\boldsymbol{x}, t) \mathrm{d}\boldsymbol{x} \qquad (8 - 24)$$

为第 3 章中定义的广义质量和广义力。然而,由于要考虑结构表面上的湍流,所以 $m(x)$ 为表密度,而力现在为压力 p。进行式(8 - 23)的傅里叶变换并重新排列,可得到下述方程:

$$A_{\alpha}(\omega) = H_{\alpha}(\omega) P_{\alpha}(\omega) \qquad (8 - 25)$$

式中 $A_{\alpha}(\omega)$ 为 $a_{\alpha}(t)$ 的傅里叶变换,不要与第 3 章中式(3 - 28)的动力放大因子 A 混淆。H 为模态传递函数(参见第 3 章):

$$H_{\alpha}(\omega) = \frac{1}{m_{\alpha} \left[(\omega_{\alpha}^2 - \omega^2) + \mathrm{i}2\zeta_{\alpha}\omega_{\alpha}\omega \right]} \qquad (8 - 26)$$

且

$$P_{\alpha}(\omega) = \int_{-\infty}^{+\infty} P_{\alpha}(\boldsymbol{x}, t) \mathrm{e}^{-\mathrm{i}\omega t} \mathrm{d}t \qquad (8 - 27)$$

为式(8 - 24)中定义的广义压力的傅里叶分量。将上述方程等号两边都乘以其共轭复数,并使用 PSD 函数的定义式(8 - 13),可得

$$S_{y}(\omega) = |H_{\alpha}(\omega)|^2 S_{p}(\omega)$$

将式(8 - 24)和式(8 - 27)代入式(8 - 13),在极限 $T \to \infty$ 的情况下,可得

$$S_y(\boldsymbol{x}, \omega) = \begin{array}{l} \sum\limits_{\alpha} \sum\limits_{\beta} H_\alpha(\omega) H_\beta^*(\omega) \dfrac{1}{4\pi T} \int_A \mathrm{d}\boldsymbol{x}' \int_A \mathrm{d}\boldsymbol{x}'' \psi_\alpha(\boldsymbol{x}') \\ \int_{-T}^{+T}\int_{-T}^{+T} p(\boldsymbol{x}') p(\boldsymbol{x}'') \mathrm{e}^{-\mathrm{i}\omega(t''-t')} \mathrm{d}t' \mathrm{d}t'' \psi_\beta(\boldsymbol{x}'') \end{array} \qquad (8-28)$$

如果湍流产生的随机压力完全不相关，像屋顶上的雨滴一样，则结构就不会出现振动。随机压力激励结构的唯一方法是确定力函数在结构的不同点上是否存在某种相关性。这种相关性由互相关函数表征，定义如下：

$$R_p(\boldsymbol{x}', \boldsymbol{x}'', \tau) = \lim_{T \to \infty} \frac{1}{2T} \int_{-T}^{T} p(\boldsymbol{x}', t') p(\boldsymbol{x}'', t'+\tau) \mathrm{d}t' \qquad (8-29)$$

相关函数为时域函数。按照定义，该函数的傅里叶变换是力函数的互谱密度：

$$S_p(\boldsymbol{x}', \boldsymbol{x}'', \omega) = \frac{1}{2\pi} \int_{-\infty}^{+\infty} R_p(\boldsymbol{x}', \boldsymbol{x}'', \tau) \mathrm{e}^{-\mathrm{i}\omega\tau} \mathrm{d}\tau \qquad (8-30)$$

当 $x'' = x'$ 时，$R_p(\boldsymbol{x}', \boldsymbol{x}', \tau)$ 为自相关函数。任何一本关于信号分析的书籍（如本达特和皮索尔[6]的书）都表明自相关函数的傅里叶变换就是PSD：

$$S_p(\boldsymbol{x}, \omega) = \lim_{T \to \infty} \frac{1}{2\pi} \int_{-T}^{+T} R_p(\boldsymbol{x}, \boldsymbol{x}, \tau) \mathrm{e}^{-\mathrm{i}\omega\tau} \mathrm{d}\tau = \frac{P(\omega)P^*(\omega)}{4\pi T}$$

必须进行所有上述变换的原因是，目前没有测量湍流压力互相关函数（为时域函数）的实验技术，但至少有测量压力互谱密度（为频域函数）的方法。有了这些定义，可将式（8-28）转换为下述格式：

$$S_y(\boldsymbol{x}, \omega) = AS_p(\omega) \sum_\alpha \psi_\alpha(\boldsymbol{x}) H_\alpha(\omega) H_\alpha^*(\omega) \psi_\alpha(\boldsymbol{x}) \boldsymbol{J}_{\alpha\alpha}(\omega) +$$

$$2AS_p(\omega) \sum_{\alpha \neq \beta} \psi_\alpha(\boldsymbol{x}) H_\alpha(\omega) H_\beta^*(\omega) \psi_\beta(\boldsymbol{x}) \boldsymbol{J}_{\alpha\beta}(\omega)$$

$$(8-31)$$

α、β 计一次，式中

$$\boldsymbol{J}_{\alpha\beta}(\omega) = \frac{1}{A} \int_A \int_A \psi_\alpha(\boldsymbol{x}') [S_p(\boldsymbol{x}', \boldsymbol{x}'', \omega)/S_p(\boldsymbol{x}', \omega)] \psi_\beta(\boldsymbol{x}'') \mathrm{d}x' \mathrm{d}x''$$

$$(8-32)$$

$\boldsymbol{J}_{\alpha\beta}$ 为容纳积分。当 $\beta = \alpha$ 时，$\boldsymbol{J}_{\alpha\alpha}$ 称为联合容纳积分。请注意，一些作者将 $\boldsymbol{J}_{\alpha\alpha}$ 写成 $J_{\alpha\alpha}^2$。当 $\alpha \neq \beta$ 时，$J_{\alpha\beta}$ 称为交叉容纳积分。$S_p(\boldsymbol{x}', \boldsymbol{x}'', \omega)$ 为两个空间点

x' 和 x'' 之间的互谱密度，$S_p(\omega)$ 为 x' 处的功率谱密度（PSD）。式(8-32)为通式，因为 A 可以代表二维结构的表面或一维结构的长度。同样，x 可以代表二维结构的向量坐标或一维（梁或管）结构的标量坐标。在受到流体激励的整个结构上积分。因此，对于一维结构而言，J 是二重积分，对于二维结构，J 是四重积分。通常会引入相干函数：

$$\Gamma(x', x'', \omega) = S_p(x', x'', \omega)/S_p(x', \omega) \qquad (8-33)$$

并将式(8-32)改写为下述形式：

$$J_{\alpha\beta}(\omega) = \frac{1}{A} \int_A \int_A \psi_\alpha(x') \Gamma(x', x'', \omega) \psi_\beta(x'') \mathrm{d}x' \mathrm{d}x'' \qquad (8-34)$$

注意，当根据式(3-30)将模态振型函数归一化时，式(8-34)中定义的容纳积分是无量纲的。相干函数一般取决于频率和两个空间点。均方响应等于响应 PSD 式(8-14)在整个频率范围（从 $-\infty$ 到 $+\infty$）内的积分：

$$\langle y^2(x) \rangle = \int_{-\infty}^{+\infty} S_y(x, \omega) \mathrm{d}\omega = \lim_{f_{\max} \to \infty} \int_0^{f_{\max}} G_y(x, f) \mathrm{d}f \qquad (8-35)$$

按照实际情况来说，容纳积分取决于任何一对空间点，因此很难进行评估，尤其是在鲍威尔[7]首次提出容纳积分的时候。为了导出容纳积分和估算结构的均方根响应，进行了各种简化，其中大部分过于简略并且不太合理。以下几节将对此进行探讨。

8.5　相干函数和容纳积分的因式分解

在一般情况下，结构都是二维的，如边界层激励情况下的板或壳，相干函数 Γ 可能相当复杂。通常假设 Γ 是顺流向分量和横流向分量的乘积，各分量仅取决于其各自的坐标：

$$\Gamma(x', x'', \omega) = \Gamma_1(x_1', x_1'', \omega) \Gamma_2(x_2', x_2'', \omega) \qquad (8-36)$$

式中，x_1、x_2 分别为顺流向坐标和横流向坐标，x'、x'' 分别为结构表面上的两个不同点。即使是做出了这种简化，但用于确定相干函数的程序和对一般二维情况下容纳积分的后续评估仍然可能极其复杂，并且常常会涉及实验测量和数值技术。读者可以在褚和欧阳[9]所著书籍中查询估算湍流边界流动所激励板的响应的应用实例,也可以在欧阳的文章[10][13]中查询核反应堆堆芯支承围板流致振动响应的案例。

一维相干函数

相干函数必须满足以下约束,以便与其定义的物理性质一致:

$$\Gamma(x', x'', f) = \Gamma^*(x'', x', f)$$

当 $x' \rightarrow x''$ 时, $\qquad \Gamma(x', x'', f) \rightarrow 1$

当 $|x' - x''| \rightarrow \infty$ 时, $\Gamma(x', x'', f) \rightarrow 0$

$\qquad\qquad\qquad\qquad (8-37)$

在此基础上,一些作者假设相干函数可以用以下函数形式表示:

$$\Gamma(x', x'', f) = e^{-|x'-x''|/\lambda} e^{-i2\pi f(x'-x'')/U_{\text{phase}}}$$

式中,U_{phase} 是波前的相速度(见图 8-2)。一般情况下,当流动方向与 x_1 方向存在夹角 θ 时,x_1、x_2 方向上的相速度如下:

$$U_{\text{phase 1}} = U_c / \cos\theta, \quad U_{\text{phase 2}} = U_c / \sin\theta \qquad (8-38)$$

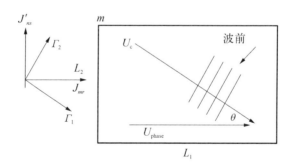

图 8-2　对流速度和相速度

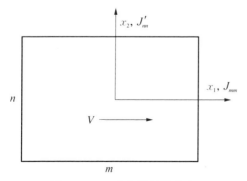

图 8-3　x_1 方向的假设速度

在后续讨论中,假设流动方向为 x_1 方向(见图 8-3),因此在顺流方向上,相速度与对流速度相同。相干函数的形式如下:

$$\Gamma_1(x'_1, x''_1, f)$$
$$= e^{-|x'_1-x''_1|/\lambda_1} e^{-i2\pi f(x'_1-x''_1)/U_c}$$

$$(8-39)$$

其满足式(8-37)的所有要求。在式

(8-39)中,第一个因子控制力函数的相干范围。λ 越大,力函数的相干范围也越大。当 $\lambda \to \infty$ 时,力函数在结构的整个长度上都是 100% 相干的;当 $\lambda \to 0$ 时,力函数在结构的整个长度上都是完全不相干的。因此,λ 称为力函数的相关长度。应注意的是,一些作者[如布莱文斯(Blevins),1990 年[14]]将相关长度定义为 l_c:

$$\Gamma(x_1', x_1'', f) = \mathrm{e}^{-2\,|\,x_1'-x_1''\,|\,/l_c}\,\mathrm{e}^{-\mathrm{i}2\pi f(x_1'-x_1'')/U_c}$$

因此,$l_c = 2\lambda$。式(8-39)中的第二个因子表示点 x' 和 x'' 处力的相位差。同样,U_c 通常称为对流速度,是湍流旋涡顺流而下的快慢的度量。在顺流方向上,$(x_1' - x_1'')/U_c$ 为压力波波前到达两个点 x_1' 和 x_1'' 的时间差,$2\pi f(x_1' - x_2'')/U_c$ 为两个点 x_1' 和 x_1'' 力函数的相位差。应强调的是,相干函数中的两个因子是完全相互独立的。一个完全相干的力在结构上两个点的相位可能是相反的。相反,结构上两个点的同相力可能是完全不相干的。

在横流方向 (x_2) 上,由于波前同时到达波前上的每一个点,因此相位角为零。力函数始终是同相的。相干函数如下:

$$\Gamma_2(x_2', x_2'', f) = \mathrm{e}^{-|\,x_2'-x_2''\,|\,/\lambda_2} \tag{8-40}$$

式(8-39)和式(8-40)是相干函数的最简单表达式。还有其他更复杂的经验表达式。其中一个经验表达式用于计算附录 8A 中图表给出的容纳积分。

纵向容纳积分和横向容纳积分

根据式(8-34),容纳积分可以分解为顺流向容纳积分 J_{mr}(也称为纵向容纳积分)和横流向容纳积分 J_{ns}'(也称为横向容纳积分)的乘积:

$$\boldsymbol{J}_{\alpha\beta} = J_{mr}J_{ns}' \tag{8-41}$$

对于矩形板而言,$\alpha = m, r, \cdots$ 和 $\beta = n, s, \cdots$ 是顺流向和横流向的模态下标(见图 8-3)。根据式(8-34)和式(8-39)可知:

$$J_{mr} = \frac{1}{L_1}\iint_{L_1} \psi_m(x_1')\,\mathrm{e}^{-|\,x_1'-x_1''\,|\,/\lambda-\mathrm{i}2\pi f(x_1'-x_1'')/U_c}\,\psi_r(x_1'')\,\mathrm{d}x_1'\,\mathrm{d}x_1''$$

纵向容纳积分通常很复杂,实部和虚部如下:

$$\text{Re} J_{mr} = \frac{1}{L_1} \int_0^{L_1} \mathrm{d}x'' \psi_m(x'') \int_0^{x''} \psi_r(x') \mathrm{e}^{-(x'-x'')/\lambda} \cos \frac{2\pi f(x'-x'')}{U_c} \mathrm{d}x' +$$

$$\frac{1}{L_1} \int_0^{L_1} \mathrm{d}x'' \psi_m(x'') \int_{x''}^{L_1} \psi_r(x') \mathrm{e}^{-(x''-x')/\lambda} \cos \frac{2\pi f(x''-x')}{U_c} \mathrm{d}x'$$

$$(8-42)$$

$$\text{Im} J_{mr} = \frac{1}{L_1} \int_0^{L_1} \mathrm{d}x'' \psi_m(x'') \int_0^{x''} \psi_r(x') \mathrm{e}^{-(x'-x'')/\lambda} \sin \frac{2\pi f(x'-x'')}{U_c} \mathrm{d}x' +$$

$$\frac{1}{L_1} \int_0^{L_1} \mathrm{d}x'' \psi_m(x'') \int_{x''}^{L_1} \psi_r(x') \mathrm{e}^{-(x''-x')/\lambda} \sin \frac{2\pi f(x''-x')}{U_c} \mathrm{d}x'$$

$$(8-43)$$

同样地,根据式(8-34)和式(8-40)可知:

$$J'_{ns} = \frac{1}{L_2} \iint_{L_2} \phi_n(x_2') \mathrm{e}^{-|x_2'-x_2''|/\lambda} \phi_s(x_2'') \mathrm{d}x_2' \mathrm{d}x_2'' \qquad (8-44)$$

式中,ψ、ϕ 为顺流方向和横流方向上的模态振型函数,$\alpha = (m, n)$ 和 $\beta = (r, s)$ 为模态数,其中,m、r 表示顺流方向的,n、s 表示横流方向的。通常通过数值积分来计算轴向流中的容纳积分。根据容纳积分的对称性,可以减少 50% 以上的计算量。

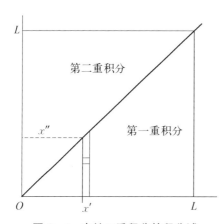

图 8-4 容纳二重积分的积分域

积分域如图 8-4 所示。在大多数应用中,$x=0$ 和 $x=L$ 处的边界条件是相同的。第一项加或减第二项,这取决于模态振型的对称性。读者可自行证明,在这种特殊情况下:

● 顺流向交叉容纳积分通常很复杂。

● 联合容纳积分 J_{mn}、J'_{nn} 始终是实数。

● 横流向容纳积分 J'_{ns} 始终是实数。

● 对于四边简支或固支的矩形板而言,

如果 $m+r$ 为奇数: $\text{Re} J_{mr} = 0$

如果 $m+r$ 为偶数: $\text{Im} J_{mr} = 0$

如果 $n+s$ 为奇数：$\qquad\qquad J'_{ns}=0$

那么，数值积分则可以在一半的积分域内进行。

图 8-5 给出了矩形平板上轴向流纵向容纳积分的平方项的示例[9]。附录 8A 给出了所有四边均固支的矩形板上边界层湍流的容纳积分图表。通过布尔二重数值积分格式[1]计算这些容纳积分（见附录 8A）。需要指出的是，该积分格式计算代价较大。如图 8-5 所示，简支和固支边界条件的容纳积分差异通常很小。这是因为容纳积分是对结构模态振型与力函数分布之间兼容性的度量，简支或固支边界条件下矩形板的模态振型之间没有太大差异。因此，附录中的图表也可用于估算边界层湍流下简支矩形板的响应。

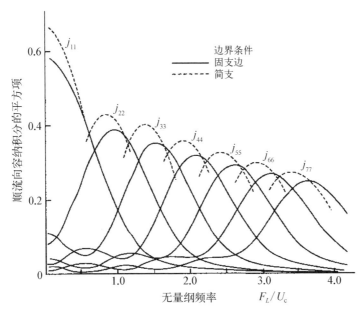

图 8-5　平矩形板上边界层湍流的容纳积分的平方项

8.6　均方响应

根据式(8-35)，通过对整个频率范围内的响应 PSD 进行积分，可以获得均方响应为

$$\langle y^2(\boldsymbol{x})\rangle=\int_{-\infty}^{+\infty}S_y(\boldsymbol{x},\omega)\mathrm{d}\omega=\int_0^{f_{\max}}G_y(\boldsymbol{x},f)\mathrm{d}f \qquad (8-45)$$

根据式(8-31)和式(8-26)可知：

$$G_y(\boldsymbol{x}, f) = AG_p(f)\sum_\alpha \psi_a(\boldsymbol{x})H_a(f)H_a^*(f)\psi_a(\boldsymbol{x})J_{aa}(f) +$$

$$2AG_p(f)\sum_{a\neq\beta}\psi_a(\boldsymbol{x})H_\alpha(f)H_\beta^*(f)\psi_\beta(\boldsymbol{x})J_{a\beta}(f) \qquad (8-46)$$

$$H_a(f) = \frac{1}{(2\pi)^2 m_a\left[(f_a^2 - f^2) + i2\zeta_a f_a f\right]} \qquad (8-47)$$

如果力函数已知,则可以通过数值二重积分计算不同频率间隔下的联合容纳积分和交叉容纳积分,然后通过将式(8-45)、式(8-46)和式(8-47)在 f 到截止频率 $f_{\max}$ 上进行数值积分,得到均方根响应。该方法可以说明交叉项和非共振部分对响应的贡献。得益于当今的计算机,该方法虽然耗时,但绝对可行。而在高速和大内存计算机出现之前,这种方法是不可能的。因此,有必要回顾简化式(8-45)~式(8-47)的传统方法,以得出均方响应的近似值。这也可以让我们对湍流激振分析中最常用的方程之一有更深刻的了解。

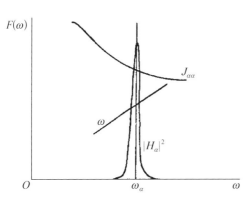

采用式(8-31)中给出的 S_y 对式(8-35)进行简化所用到的第一个假设是忽略交叉项 $(\alpha \neq \beta)$ 对 S_y 的贡献。如果阻尼很小,并且正则模态在频域中"充分独立",则这种假设是合理的。第二个假设是湍流是均匀的,因此结构表面的 S_p 是相同的,且 Γ 仅仅取决于两点之间的相对距离,即 $\Delta x = |\boldsymbol{x}' - \boldsymbol{x}''|$ [见式(8-39)和式(8-40)]。第三

图 8-6 固有频率附近 $\boldsymbol{H}$ 和 $\boldsymbol{J}$ 的变化

个假设是 J_{aa} 和 S_p 是 ω_a 附近随 ω 缓慢变化的函数(见图 8-6)。将响应 PSD 在 $-\infty$ 至 $+\infty$ 的 ω 上积分,可得到均方根响应。如果模态阻尼很小、并且正则模态"充分独立",则对上述积分的大部分贡献将来自以固有频率为中心的共振峰。如果 S_p 和 J_{aa} 都是各固有频率附近随 ω 缓慢变化的函数,则

$$\overline{y}^2(\boldsymbol{x}) = \int_{-\infty}^{+\infty} S_y(\boldsymbol{x}, \omega)\mathrm{d}\omega$$

$$= \sum_\alpha \langle y_\alpha^2(\boldsymbol{x}) \rangle = \sum_\alpha AS_p(\omega_a)\psi_a^2(\boldsymbol{x})\boldsymbol{J}_{aa}(\omega_a)\int_{-\infty}^{+\infty} |H_a(\omega)|^2\mathrm{d}\omega$$

由于大部分贡献来自 ω_a 附近，因此可以将被积函数乘以 ω，然后将乘积除以 ω_a，而不会显著影响结果：

$$\langle y_a^2 \rangle = AS_p(\omega_a)\psi_a^2(\boldsymbol{x})J_{aa}(\omega_a)\,\frac{1}{\omega_a}\int_{-\infty}^{+\infty}|H_a(\omega)|^2\omega\,\mathrm{d}\omega$$

现在，将积分变量从 ω 修改为 ω^2，并通过围道积分和残数计算积分。注意，随着 ω 从 $-\infty$ 向 $+\infty$ 靠近，ω^2 会从 $+\infty$ 向 0 靠近，然后再重新返回 $+\infty$。因此，复平面 ω^2 中的积分围道从 $+\infty$ 向 0 靠近，然后再从 0 返回 $+\infty$。图 8-7 显示了积分围道。将 H 替换为式（8-26），可得

$$\langle y_a^2 \rangle = AS_p(\omega_a)\psi_a^2(x)J_{aa}(\omega_a)\,\frac{1}{2m_a^2\omega_a}\oint\frac{\mathrm{d}(\omega^2)}{\left[(\omega_a^2-\omega^2)^2+4\zeta_a^2\omega_a^4\right]}$$

$$(8-48)$$

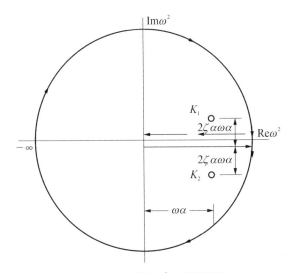

图 8-7　复平面 $\boldsymbol{\omega}^2$ 的围道积分

可将被积函数写为下述形式：

$$\frac{-\dfrac{i}{4\zeta_a\omega_a^2}}{\omega^2-\omega_a^2(1+i2\zeta_a)}+\frac{\dfrac{i}{4\zeta_a\omega_a^2}}{\omega^2-\omega_a^2(1-i2\zeta_a)}$$

$\omega^2=\omega_a^2(1\pm i2\zeta_a)$ 时，被积函数有两极，残数等于 $K_j=\mp\dfrac{i}{4\zeta_a\omega_a^2}$。根据残数

计算：

$$\oint = 2\pi i \sum_j K_j \tag{8-49}$$

积分围道将两极包围在内。将两极的残数值代入式(8-48)和式(8-49)，可得

$$\langle y^2(\boldsymbol{x}) \rangle = \sum_\alpha \frac{\pi A S_p(\omega_\alpha) \psi_\alpha^2(\boldsymbol{x}) J_{\alpha\alpha}(\omega_\alpha)}{2 m_\alpha^2 \omega_\alpha^3 \zeta_\alpha}$$

此时，可以很方便地通过单面脉动压力功率谱密度 $G_p(f)$ 来表达均方响应，这种方法在工程中更加常用。根据式(8-18)，可得

$$\langle y^2(\boldsymbol{x}) \rangle = \sum_\alpha \frac{A G_p(f_\alpha) \psi_\alpha^2(\boldsymbol{x}) J_{\alpha\alpha}(f_\alpha)}{64 \pi^3 m_\alpha^2 f_\alpha^3 \zeta_\alpha} = \sum_\alpha \pi f_\alpha G_y(\boldsymbol{x}, f_\alpha) \tag{8-50}$$

式中，

$$G_y(\boldsymbol{x}, f_\alpha) = \frac{A G_p(f_\alpha) \psi_\alpha^2(\boldsymbol{x}) J_{\alpha\alpha}(f_\alpha)}{64 \pi^4 m_\alpha f_\alpha^4 \zeta_\alpha} \tag{8-51}$$

为 f_α 时的响应 PSD。

到目前为止，式(8-50)和式(8-51)都是通用式，可以用于二维结构，也可以用于一维结构。在一维结构中，将 A 替换为 L，即结构的受流体激励部分的长度。在式(8-50)中，$\boldsymbol{x}$ 为结构表面上的向量坐标，$J_{\alpha\alpha}$ 应该通过结构表面上的积分获得。尽管式(8-50)的推导方式简洁，但必须认识到只有在满足以下情况时推导才成立：

- 式(8-31)中的交叉项可以忽略不计。
- 湍流均匀，因此 S_p 与 x 无关，且 Γ 仅取决于 Δx。
- 容纳积分是 ω_α 附近随 ω 缓慢变化的函数。

下一节中将严格检验上述假设的依据。

响应方程的有效性

推导式(8-50)时，假设交叉项对总均方响应的贡献可以忽略不计。如果满足以下所有条件，则该假设成立：

- 与联合容纳积分相比，交叉容纳积分很小，或者与从某一阶模态到相同模态的传递函数 H 相比，从某一阶模态到其他不同模态的传递函数 H 很小。
- 容纳积分是固有频率附近频率的缓慢变化函数(见图8-6)。

● 力函数均匀且各向同性。也就是说,不仅功率谱密度 $G_p(x, f)$ 独立于 x,相干函数也仅取决于相对距离 $|x' - x''|$,而不取决于位置矢量 x。

附录 8A 中的图表是从褚和欧阳[9]所著书籍中复制的,为湍流边界层激励下矩形板的联合容纳积分和交叉容纳积分,是通过容纳积分的数值积分方法计算得到的,同时使用了附录 8A 中给出的布尔经验关系式[1]。由于相干函数的对称性,当 m 为奇数时,$J_{1m} = 0$。从这些图表中可以明显看出,与联合容纳积分相比,交叉容纳积分一般是不可忽略的。

当结构的固有频率"充分独立"时,比如针对单跨梁,前两个条件成立。不过,在换热器传热管等多支点梁中,情况可能并非如此。下一章将讨论多跨梁或管的横向流湍流激振。鉴于在过去十年中,并不昂贵的高速计算机得到了广泛使用,应当严格论证忽略交叉项和非共振部分对总响应的贡献的必要性。可以进行最少量的编程工作,在采用式(8-45)~式(8-47)通过频率下响应 PSD 的数值积分计算容纳积分之后,更加直接地计算均方响应。这样,不仅将交叉项考虑在内,还将非共振部分对均方响应的贡献包括在内。

8.7　容纳积分的物理意义

仔细观察式(8-31),其实与式(8-24)非常相似。事实上,这些表达式在结构响应中发挥相似的作用。对于受到随机力的质量-弹簧系统而言,容纳积分缩减为 1。如果容纳积分是一个点,则它在结构响应中不起作用。由此可以明确看出,容纳积分与力函数的空间分布和结构的模态振型之间的匹配性有关。事实上,传递函数式(8-26)是对力函数周期性和结构振动固有周期之间时域匹配性的度量,而容纳积分是对力函数和结构模态振型之间空间匹配性的度量(见图 8-8)。式(8-26)表明,当激振力频率与结构的某一固有频率完

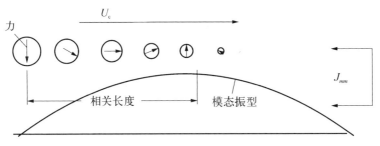

图 8-8　作为力函数和结构模态振型之间协调性度量的联合容纳积分

全相同时，传递函数会达到最大值，这就是常见的共振现象。联合容纳积分也可能包含最大值，如图8-5所示。与时域中的共振类似，当这种情况发生时，可称为吻合。

很容易看出联合容纳积分存在最大值的原因。图8-9展示了一根受到轴向湍流激励的梁。当涡沿着梁流动时，净力的相位会发生变化。这种变化的速度取决于力函数的频率和涡沿梁运动的对流速度。如果涡流过梁时，其相位没有反转，则很明显会优先激励对称模态，如图8-9(a)所示。相反，当涡流过梁时，其相位出现反转，则会优先激励反对称模态，而抑制一阶模态，如图8-9(b)所示。图8-10表明，脉动压力的高频分量不能激发低阶的模态，除非是在非常高的对流速度下。图8-11表明，在轴向流流致振动中，当相关长度约为"压力波长"U_c/f 的 1/4 时，会出现基本模态的最大响应。

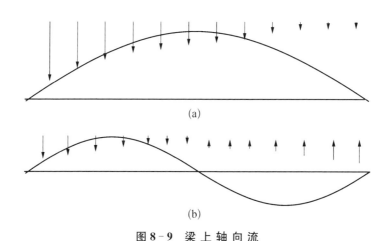

图 8-9　梁 上 轴 向 流

(a) 力函数的相位关系有利于对称的一阶模态；(b) 有利于反对称的二阶模态

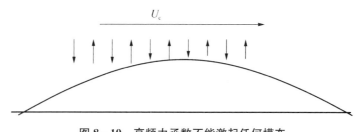

图 8-10　高频力函数不能激起任何模态

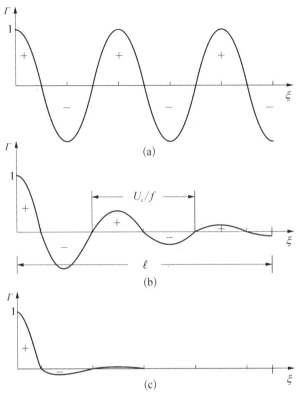

图 8 - 11　压力相干，为 $L = U_c/4f$ 特殊情况下分隔距离 $|x' - x''|$ 的函数

(a) $\lambda \to \infty$；(b) $\infty > \lambda > U_c/4f$；(c) $\lambda \approx U_c/4f$

　　物理学家将容纳积分称为跃迁概率幅值。$J_{\alpha\beta}$ 是对原先在 α 阶模态下振动的某一结构在力函数 $S_p(x', x'', \omega)$ 激励下变为 β 模态的概率的度量。

　　联合容纳积分是对原先在 α 阶模态下振动的某一结构在力激励下保持相同模态的概率的度量。由此可知，容纳积分有一个上限，因为跃迁概率不能超过 1。

8.8　联合容纳积分的上限

　　根据式(8 - 31)和式(8 - 35)中，可以看出，估算结构湍流响应的第一步是计算容纳积分。不巧的是，如式(8 - 42)～式(8 - 44)所示，即使相关长度和对流速度这两个必要输入参数均为已知，也难以计算容纳积分。通常没有相关的数学表达式。近似估算响应的常见方法是估算联合容纳积分的上限，并忽

207

略交叉项对响应的贡献。这种保守估算也能给出可接受的结构响应。通常，对于所有 α 都有 $J_{\alpha\alpha} \leqslant 1.0$ 然而，上述说法往往缺乏证据。欧阳[11-12]指出，只有当模态振型归一化为 1 时，如第 3 章中的式(3-30)所示，上述陈述才是正确的：

$$\int_A \psi_\alpha(\boldsymbol{x}) \psi_\beta(\boldsymbol{x}) \mathrm{d}\boldsymbol{x} = \delta_{\alpha\beta} \qquad (8-52)=(3-30)$$

式(8-52)为模态振型的常见正交条件。然而，只有当结构的质量密度(包括水动力质量，参见第 3 章)均匀时，结构的各模态振型才相互正交。总质量密度不均匀的情况将在下一章讨论。此外，使用正则模态分析方法时，本质上假设可以通过其模态响应的线性组合来合成任何结构振动形式。可通过下列方程完整表示：

$$\sum_\alpha \psi_\alpha(\boldsymbol{x}') \psi_\alpha(\boldsymbol{x}'') = \delta(\boldsymbol{x}' - \boldsymbol{x}'') \qquad (8-53)$$

只有满足式(8-52)时，式(8-53)才成立。式(8-52)和式(8-53)在证明联合容纳积分的上限为 1.0 时至关重要：对所有联合容纳积分求和，根据式(8-34)，可得

$$\sum_\alpha \boldsymbol{J}_{\alpha\alpha}(\omega) = \sum_\alpha \frac{1}{A} \iint_{00}^{AA} \psi_\alpha(\boldsymbol{x}') \Gamma(\boldsymbol{x}', \boldsymbol{x}'', \omega) \psi_\alpha(\boldsymbol{x}'') \mathrm{d}\boldsymbol{x}' \mathrm{d}\boldsymbol{x}''$$

交换求和与积分的顺序，可得

$$\sum_\alpha \boldsymbol{J}_{\alpha\alpha}(\omega) = \frac{1}{A} \iint_{AA} \sum_\alpha \psi_\alpha(\boldsymbol{x}') \psi_\alpha(\boldsymbol{x}'') \Gamma(\boldsymbol{x}', \boldsymbol{x}'', \omega) \mathrm{d}\boldsymbol{x}' \mathrm{d}\boldsymbol{x}''$$

$$= \frac{1}{A} \iint \delta(\boldsymbol{x}' - \boldsymbol{x}'') \Gamma(\boldsymbol{x}', \boldsymbol{x}'', \omega) \mathrm{d}\boldsymbol{x}' \mathrm{d}\boldsymbol{x}'' = \frac{1}{A} \int_A \Gamma(\boldsymbol{x}', \boldsymbol{x}', \omega) \mathrm{d}\boldsymbol{x}'$$

但是，根据式(8-37)中相干函数的定义，$\Gamma(\boldsymbol{x}', \boldsymbol{x}', \omega) = 1.0$。因此有

$$\sum_\alpha \boldsymbol{J}_{\alpha\alpha}(\omega) = A/A = 1.0 \qquad (8-54)$$

给定频率下联合容纳积分的总和等于 1.0，因此，对于所有 α 且在任意频率点 ω，均有

$$\boldsymbol{J}_{\alpha\alpha}(\omega) \leqslant 1.0 \qquad (8-55)$$

可以看出，式(8-55)主要取决于式(8-52)和式(8-53)，即取决于模态振型的

归一化方式。实际上，分析人士常常将商用有限元计算机程序用于求解固有频率和模态振型。商用计算机程序中，通常将广义质量视为1[见第3章式(3-33)]，从而根据质量归一化其模态振型。因此，如果通过将广义质量归一化为1的有限元计算机程序进行湍流激振分析，则假定容纳积分的上限为1是错误的。

8.9　湍流PSD、相关长度和对流速度

回到解决湍流激振问题的另一重要方面，即确定湍流流体力函数。从响应式(8-45)～式(8-47)、式(8-50)和容纳积分式(8-42)～式(8-44)中可以看出，表征湍流流体力函数需要三个参数：对流速度U_c，用于确定结构表面两个不同点上流体力函数的相位关系；相关长度λ，用于确定结构表面上两个不同点上流体力函数的相干度；功率谱密度函数G_p，用于确定能量分布（为力函数频率的函数）。如引言中的讨论，通过模型试验和无量纲换算获得这些参数。面对"同类别首个"结构的流致振动计算问题的设计师应设计比例模型试验，用于估算这些参数。欧阳和乔丹(Jordan)[3]、欧阳等人[4]、陈水生和万布斯甘斯[2]和许多其他人都开展了这项工作。然而，最常见的结构通常是管子、管道或同心柱壳之间环状间隙，这些结构的试验数据在文献中都可以找到。本节将回顾文献中的现有数据，以便应用于动力与过程装备部件的湍流激振估算。

对流速度

根据从湍流获得的数据，陈水生和万布斯甘斯[2]推导出了下述对流速度经验式为频率的函数：

$$U_c/V = 0.6 + 0.4e^{-2.2\omega\delta^*/V} \tag{8-56}$$

布尔[1]提出了一个稍微不同的方程：

$$U_c/V = 0.59 + 0.30e^{-0.89\omega\delta^*/V} \tag{8-57}$$

式中，δ^*是边界层流动的位移边界层厚度或受约束内流的"水力半径"。图8-12显示了通过式(8-56)和式(8-57)计算所得对流速度之间的比较[1-2]。两式均表明除了非常低的频率外，对流速度相对独立于频率，大约等于自由流速度的0.6倍。

显然，上述等式只有在边界层湍流中才成立。在受约束流道中，对于在冲击或90°通道（如弯头）引起的强湍流，欧阳和乔丹[3]、欧阳等人[4]分别开展了实验，均发现对流速度大约等于平均自由流速度。这即是说，对于受约束的强湍流流动而言：

$$U_c \approx V \tag{8-58}$$

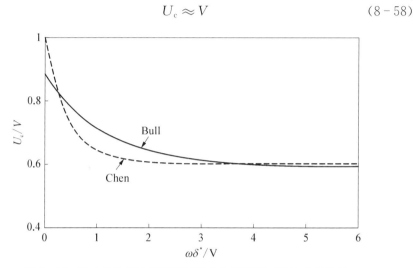

图8-12　陈水生和万布斯甘斯以及布尔所预测对流速度的比较

位移边界层厚度

在式(8-56)和式(8-57)中，δ^* 为位移边界层厚度，这是在流体力学书籍中讨论的一种流体力学参数。对于平板上的湍流而言，用于估算位移边界层厚度的一个简单表达式如下[15]：

$$\delta^* = \frac{0.37x}{Re^{1/5}}, \quad Re = \frac{Vx}{\nu} \tag{8-59}$$

式中，Re 为距平板前缘的距离为 x 处的雷诺数（见第6章）。式(8-59)预测称，从平板前缘开始，湍流边界层厚度会沿着下游方向快速增长。然而在大多数工业应用中，流动为长管道或导管中的内流。显然边界层不可能无限增长。在小管道和狭窄流动通道中，边界层最终将填满流动通道的整个横截面。在这种情况下，δ^* 为流动通道的半宽度或水力半径，针对管道内流，有

$$\delta^* = D_H/2 = R_H \tag{8-60}$$

对于相隔 $2h$ 的窄平行板之间的流动，有

$$\delta^* = h \tag{8-61}$$

在大管道或流动通道中,边界层厚度最终将逐渐趋近一个终值。该值取决于雷诺数,并已通过实验进行测量[16]:

$$\delta^* = \frac{D_{\mathrm{H}}}{2(n+1)} \tag{8-62}$$

n 值取决于雷诺数,如图 8-13[16] 所示。

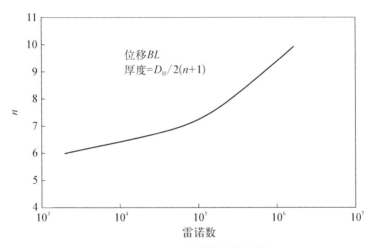

图 8-13 n 对雷诺数的依赖性

相关长度

欧阳和乔丹[3] 以及欧阳等人[4] 分别开展了环形轴流试验,发现除了力函数由声学主导的超低频外,相关长度 λ 也相对独立于频率,大约等于流动通道环状间隙宽度的 0.4 倍(见图 8-14[3]):

$$\lambda/g = 0.4 \tag{8-63}$$

式中,g 为环状间隙宽度,等于水力半径 R_{H}。应再次提出的是,相关长度 λ 为由布莱文斯[14] 等作者定义的相关长度 l_{c} 的一半。由于 l_{c} 是一种对力函数相干范围更合适的度量,上述实验结果与我们的直觉一致,即湍流力函数的相干范围近似等于流动通道的特征长度。因此,可以将式(8-63)外推至其他流动通道几何形状。对于通过管束的外部轴向流而言[另见式(5-11)],有

$$\lambda = 0.2P[1 + P/(2D)] \tag{8-64}$$

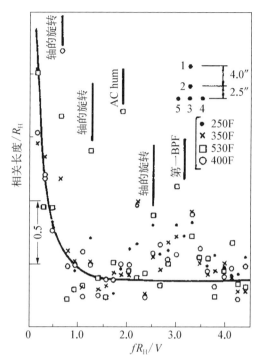

图 8‑14　环状流中相关长度为无量纲频率的函数

式中，P 为节距，D 为管子外径。对于其他流动通道横截面而言，可以认为

$$\lambda \approx 0.4R_{\text{H}} \tag{8-65}$$

式中，

$$R_{\text{H}} = D_{\text{H}}/2 \tag{8-66}$$

R_{H} 为水力半径，D_{H} 为水力直径。

根据第 8.5 节中的讨论，边界层流的相关长度大约等于位移边界层厚度，这在物理学上有重要的意义。

湍流随机压力功率谱密度

用于表征湍流力函数的最后一个、也是最重要的一个流体力学参数是功率谱密度（PSD）。图 8‑15 来源于陈水生的专著[17]，显示了作为圆频率 ω 的函数的归一化 PSD。该图根据无量纲圆频率 $\omega\delta^{*}/V$ 绘制。该组数据用于平板上或直的流道中的边界层湍流。使用该组数据时，应注意在图 8‑15 中，有

$$G_{\mathrm{p}}(f)=2\pi G_{\mathrm{p}}(\omega)=2\pi\Phi_{\mathrm{pp}}(\omega)=2\pi\rho^2 V^3\delta^*\left\{\frac{\Phi_{\mathrm{pp}}(\omega)}{\rho^2 V^3\delta^*}\right\} \quad (8-67)$$

其中,位移边界层厚度 δ^* 在式(8-62)中给出,并在关于位移边界层厚度的小节中进行了详细讨论。$\{\ \}$中的量是图 8-15 中的纵坐标。正如陈水生[17]指出的,图 8-15 中的数据在标有"有效范围"的低频区内是不可靠的。图 8-16 也来源于陈水生的专著[17],显示了低频下的归一化边界层湍流谱。陈水生提出了下述低频 PSD 经验方程:

$$\frac{G_{\mathrm{p}}(f)}{\rho^2 V^3 D_{\mathrm{H}}}=\begin{cases} 0.272\times10^{-5}/S^{0.25}, & S<5 \\ 22.75\times10^{-5}/S^3, & S>5 \end{cases} \quad (8-68)$$

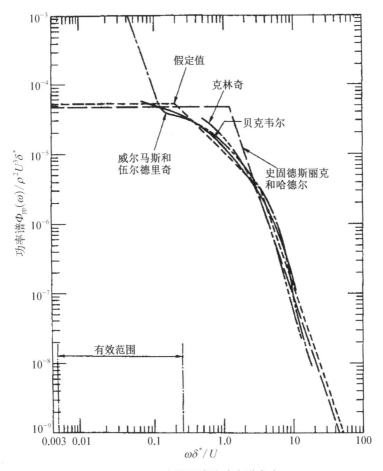

图 8-15 边界层湍流功率谱密度

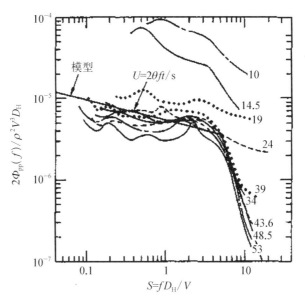

图 8-16 低频下边界层湍流的归一化 PSD

式中，

$$S = 2\pi f D_H / V \qquad (8-69)$$

式(8-67)和式(8-68)适用于直的流道，例如核燃料棒束和长直管中的流动。工业管道系统通常包含弯管和 $90°$ 转弯，并且可能安装有阀门。这些弯管和阀门的下游可能会出现气蚀现象。这些管道系统中的湍流 PSD 通常比式(8-67)和式(8-68)中给出的要高得多，欧阳等[4]以及欧阳和乔丹[3]都证明了这一点。在 1995 年的试验中观察到轻微气蚀现象，而在 1980 年的试验中则没有观察到明显的气蚀现象。基于这两组数据，提出下述经验方程：

对于不存在气蚀现象的湍流而言，有

$$\frac{G_p(f)}{\rho^2 V^3 R_H} = \begin{cases} 0.155 e^{-3.0F}, & 0 < F < 1.0 \\ 0.027 e^{-1.26F}, & 1.0 \leqslant F \leqslant 5.0 \end{cases} \qquad (8-70)$$

式中

$$F = f R_H / V \qquad (8-71)$$

为无量纲频率，$R_H = g$ 为环状间隙宽度。

对于存在轻微气蚀现象的湍流而言，有

$$\frac{G_p(f)}{\rho^2 V^3 R_H} = \min\{20F^{-2}(-|x|/R_H)^{-4}, 1.0\} \qquad (8-72)$$

或根据式(8-70)计算所得数值,以较大值为准,式中$|x|$为与气蚀源(如弯管或阀门)之间距离的绝对值。

图 8-17 将通过式(8-70)计算的归一化随机压力 PSD 与欧阳和乔丹[3]的数据做了对比。该经验方程是根据比例模型试验数据推导所得,与全尺寸原型测量数据相当吻合。图 8-18 比较了通过式(8-70)和式(8-72)计算的

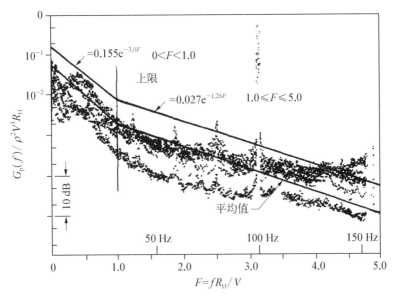

图 8-17　受约束环状流道的归一化 PSD 经验方程与现场测量数据的比较

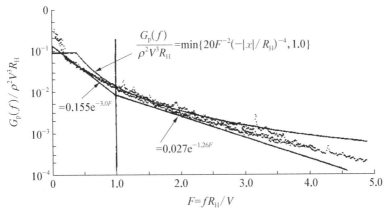

图 8-18　归一化 PSD 经验方程与受约束且含气蚀环状流试验数据的比较

归一化随机压力 PSD 与欧阳等人[4]专著中的数据。

图 8-16、图 8-17 和图 8-18 之间的比较表明，一般而言，在相同的速度下，欧阳数据中的湍流强度更高。这并不奇怪，因为在欧阳的试验中，允许流体在沿环状流动通道向下流动之前垂直冲击流动通道。简而言之，流体比平板或直管中的流体更加湍急。由于工业管道系统中直管很少，所以式（8-70）可能更能代表实际情况中的湍流 PSD。

8.10　示例

本节中给出了两个示例，用于说明本章中讨论的用于解决过程与动力工业中常见湍流激振问题的技术应用。第一个示例为采用本章附录 8A 中图表所示容纳积分开展的定量计算。第二个示例为将一般概念在现场问题"根本原因分析"上的应用，而不进行详细的定量计算。

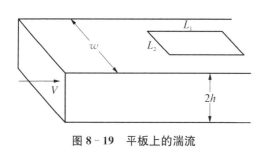

图 8-19　平板上的湍流

示例 8-1

气流通过矩形截面导管的模型如图 8-19 所示。矩形盖板用螺栓固定在导管顶部。导管、盖板尺寸以及空气密度和黏度如表 8-1 所示。估算板的前四阶模态的湍流激振振幅。假设在盖板所有四边进行简支。

表 8-1　问题 8.1 的输入（WJ-255）

	美 制 单 位	国 际 单 位
空气密度 ρ	0.076 3 lb/ft^3 （1.143×10^{-7} lbf·s^2/in^4）	1.222 kg/m^3
空气运动黏度 ν	0.000 157 ft^2/s	1.459×10^{-5} m^2/s
流速 V	200 ft/s（2 400 in/s）	60.96 m/s
通道高度 $2h$	18 in	0.457 m
通道宽度 w	24 in	0.610 m
盖板长度 L_1	18 in	0.457 m

（续表）

	美 制 单 位	国 际 单 位
盖板宽度 L_2	12 in	0.305 m
盖板厚度 t	1/8 in	0.003 18 m
板材密度 ρ_m	0.283 1 lb/in^3 (7.327×10^{-4} lbf·s^2/inin^4)	7 863 kg/m^3
泊松比 σ	0.29	0.29
杨氏模量 E	2.96×10^7 psi	2.041×10^{11} Pa
阻尼比 ζ	0.005	0.005

解算

与前面一样,首先将以美制单位给出的输入参数转换为以(lbf·s^2/in)、英寸和秒为基本单位的统一的单位制(在表 8-1 中用圆括号给出)。然后使用式(8-50)估算响应。如前所述,响应计算的主要工作体现在容纳积分中,所以必须首先决定如何计算容纳积分。从问题的本质来看,模态的频率之间充分独立能够确保可以忽略交叉项。可以使用式(8-42)~式(8-44)以及第8.9 节中讨论的对流速度和位移边界层厚度,通过数值方法计算联合容纳积分。然而,由于问题是平板上的边界层湍流,因此可以使用本章附录中的容纳积分图表。下文列出了响应式(8-50)中所有变量的计算过程。应计算每阶模态的最大响应:

$$\langle y_\alpha^2(\boldsymbol{x}) \rangle = \frac{A G_p(f_\alpha) \psi_\alpha^2(\boldsymbol{x}) \boldsymbol{J}_{\alpha\alpha}(f_\alpha)}{64\pi^3 m_\alpha^2 f_\alpha^3 \zeta_\alpha} \tag{8-50}$$

模态振型函数和广义质量

必须非常谨慎而恰当地对模态振型进行归一化。由于板具有均匀厚度且计划使用附录中的图表,因此可以并且必须根据式(3-30)归一化模态振型:

$$\int_A \psi_\alpha(\boldsymbol{x}) \psi_\beta(\boldsymbol{x}) \mathrm{d}\boldsymbol{x} = \delta_{\alpha\beta} \tag{3-30}$$

对于简支矩形板而言,纵向和横向归一化模态振型函数如下:

$$\psi_m = \sqrt{\frac{2}{L_1}} \sin\frac{m\pi x}{L_1}, \quad \phi_n = \sqrt{\frac{2}{L_2}} \sin\frac{n\pi x}{L_2}$$

根据这些模态振型函数，各模态的模态振型最大值如下：

$$\psi_{\max} = \sqrt{2/L_1}, \quad \phi_{\max} = \sqrt{2/L_2}$$

请注意，四阶模态的最大均方根振动幅度出现在板上的不同点。如果将有限元计算机程序用于计算固有频率，则模态振型归一化方法很可能与上文式(3-30)不同。在该情况下，必须根据式(3-30)重新归一化模态振型，以便可以使用附录中的容纳积分值。根据该模态振型归一化，有

$$(A\psi_a^2)_{\max} = A(\psi_m\phi_n)^2 = A\frac{2}{L_1L_2} = 2.0$$

且可以将式(8-50)简化如下：

$$\langle y_a^2(\boldsymbol{x}) \rangle = \frac{2G_p(f_a)\boldsymbol{J}_{aa}(f_a)}{64\pi^3 m_a^2 f_a^3 \zeta_a} \quad \alpha = (m, n) = (1, 1), (2, 1), (1, 2), (2, 2)$$

所有模态的广义质量恰好是质量面密度，针对所有模态：

$$m_{mn} = \rho_m t = 9.159 \times 10^{-5} (\text{lbf} \cdot \text{s}^2/\text{in}) = 25.00 \text{ kg/m}^2$$

固有频率

可将有限元计算机程序用于计算固有频率。对于表面密度均匀的简支矩形板而言，也可通过手册公式计算频率。根据布莱文斯所著书籍[18]中的表11-4，固有频率计算方程如下：

$$f_{mn} = \frac{\lambda_{mn}^2}{2\pi L_1^2}\left[\frac{Et^3}{12\rho_m t(1-\sigma^2)}\right]^{1/2}$$

$$\lambda_{mn}^2 = \pi^2\left[m^2 + n^2\left(\frac{L_1}{L_2}\right)^2\right]$$

根据这些方程，前四阶模态的固有频率如下：

m	n	f_{mn}/Hz
1	1	119
2	1	230
1	2	367
2	2	478

使用无交叉项的式(8-50)的理由是至少对于前四阶模态而言,固有频率之间是充分独立的。所以,只需要计算始终为实数的联合容纳积分。

位移边界层厚度和 $\triangle^*$

应从图 8-15 中找出湍流压力 PSD。为此,必须知道取决于雷诺数的位移边界层厚度。由于这是一个内流问题,可将特征长度取为半通道高度 h(参见第 8.9 节),得到下式:

$$Re = hV/\nu = 9.6 \times 10^5$$

在该雷诺数下,参考图 8-13 中 $n = 9.5$。根据式(8-62),位移边界层厚度如下:

$$\delta^* = \frac{h}{(n+1)} = 0.857 \text{ in} = 0.022 \text{ m}$$

$$\triangle_1^* = \delta^*/L_1 = 0.048, \quad \triangle_2^* = \delta^*/L_2 = 0.072$$

从附录 8A 的图表中读取容纳积分值时,最后两个参数是必需的。

对流速度

因为要使用附录中给出的容纳积分,而这些积分是使用相干函数布尔表达式[1]计算所得,因此还将布尔经验式用于计算对流速度:

$$U_c = V(0.59 + 0.30 e^{-0.89(2\pi f)\delta^*/V}) \tag{8-57}$$

表 8-2(a)第 2 列和第 3 列以美制单位和国际单位给出了模态频率下的对流速度。

无量纲频率

在 U_c 已知的情况下,可以将两个无量纲参数 $4fL_1/U_c$、$4fL_2/U_c$ 作为模态频率的函数进行计算,如表 8-2(a)第 4 列和第 5 列所示。计算位移边界层 δ^* 后,便开始计算无量纲频率 $\omega\delta^*/V$,这是计算压力 PSD 所必需的,如表 8-2(a)第 8 列所示。

表 8-2(a)　U_c、频率参数和容纳积分的平方项

(模态),f/Hz	U_c/(in/s)	U_c/(m/s)	$4fL_1/U_c$	$4fL_2/U_c$	J_{mn}	J'_{nn}	$\omega\delta^*/V$
(1, 1), 119	1 963	50.4	4.33	2.89	0.132	0.36	0.266
(2, 1), 230	1 871	47.5	8.83	5.89	0.03	0.25	0.516

（续表）

（模态），f /Hz	U_c / (in/s)	U_c / (m/s)	$\dfrac{4fL_1}{U_c}$	$\dfrac{4fL_2}{U_c}$	J_{mn}	J'_{nn}	$\omega\delta^*/V$
（1，2），367	1 762	44.7	15.0	10.0	0.01	0.135	0.825
（2，2），478	1 693	43.0	20.3	13.5	0.01	0.125	1.072

联合容纳积分

可以通过数值二重积分，使用附录中给出的相干函数布尔表达式或第 8.5 节中给出的更简单表达式，计算纵向和横向联合容纳积分。或者可以使用附录 8A 中的图表。此处，必须做出一些工程判断。附录中给出的容纳积分适用于所有四边均固支的矩形板。然而，图 8 - 5 表明，所有四边均固支和简支的矩形板的联合容纳积分差异很小，特别是远离"吻合"峰值时。因此，即使本示例中的板为简支，也可以使用附录中的图表。根据 $\Delta_1^* = 0.048$、$\Delta_2^* = 0.072$ 和上文计算的归一化频率，能够读取图表中的纵向和横向联合容纳积分，如表 8 - 2(a) 第 6 列和第 7 列所示。由于模态频率充分独立，可以忽略交叉项。计算中不需要交叉容纳积分。

随机压力 PSD

得到 $\omega\delta^*/V$ 之后，现在可以从图 8 - 15 中读取归一化脉动压力 PSD，如表 8 - 2(b) 的第 2 列所示。最后，根据式(8 - 67)中归一化 PSD 获得随机压力 PSD：

$$G_p(f) = 2\pi\rho^2 V^3 \delta \times (\text{归一化 } PSD)$$

如表 8 - 2(b) 第 3 列和第 4 列以美制单位和国际单位所示。

表 8 - 2(b)　PSD 和均方根响应

（模态），f /Hz	归一化 PSD	G_p (psi^2/Hz)	G_p (Pa^2/Hz)	y_{rms} (in)	y_{rms} (m)
（1，1），119	3.00×10^{-5}	2.918×10^{-8}	1.391	1.34×10^{-4}	3.54×10^{-6}
（2，1），230	2.50×10^{-5}	2.432×10^{-8}	1.159	1.90×10^{-5}	4.81×10^{-7}
（1，2），367	1.50×10^{-5}	1.459×10^{-8}	0.695	3.09×10^{-6}	8.11×10^{-8}
（2，2），478	1.00×10^{-5}	9.727×10^{-9}	0.464	1.64×10^{-6}	4.15×10^{-8}

均方根响应

计算式(8 - 50)中的所有变量之后，可以计算各阶模态下的均方响应，然后据此计算模态均方根模态响应,如表 8-2(b)最后两列以美制单位和国际单位所示。请注意,最大振动幅度出现在板上的不同点。读者宜注意以下几点:

- 联合容纳积分通常很小。
- 高频下的纵向联合容纳积分非常小。
- 在更高阶模态下,均方振动幅度迅速降低,这证明了使用正则模态分析方法的合理性。

要得到总均方根响应,必须将板上同一点的所有模态下均方响应相加,然后取和的平方根。

示例 8-2 和案例研究。

在压水堆中,通过法兰将堆芯悬挂在反应堆压力容器上部(见图 2-20)。该法兰为堆芯提供了必要的夹紧力和刚度。如果保持该夹紧力,从而确保其保持在设计的足够高的系统刚度和基本模态频率上,则反应堆堆芯周围落水环廊中冷却剂流引起的湍流激振尚不足以在连接螺栓中造成过大应力。然而,如果夹紧力因热膨胀、材料退化或其他原因而降低,引起系统刚度损失和基本模态频率相应降低,由此导致的湍流激振响应的增加程度要远远大于仅由系统刚度降低引起的振动响应增加程度。

该示例发生在 20 世纪 70 年代初。在运行前试验中,压水堆堆芯的振动幅度的测量值过高。很明显,夹紧力不足以为堆芯提供足够的刚度,导致基本梁模态频率降低。在 20 世纪 80 年代初再次出现与此类似的问题。在美国的所有三种不同压水堆设计中均发现了将热屏蔽板连接到堆芯的螺栓出现断裂的问题[19]。关于后一种情况的大量振动分析表明,如果连接螺栓的材料能够保持其性能,则湍流或冷却剂泵声致振动均不会造成螺栓疲劳。得出的结论是,螺栓中的材料随着时间的推移而退化,导致夹紧力损失,进而导致热屏蔽板梁式模态的基频降低。这一过程一旦开始就会自蔓延,直到螺栓最终因疲劳而失效。根据从核反应堆堆芯逸出中子的能谱测量,采用堆芯外的振动探测器探测到了梁模态基频的降低。将用不同类型材料制造的新设计螺栓更换这些螺栓,在随后的 15 年运行中,这些问题就没有再次出现。

上述两个问题在本质上非常相似。在下文中,我们使用示例 4-3(第 4 章)中的反应堆堆芯模型进行了定性研究。该示例表明,我们通常不需要进行详细的定量数值计算就能洞察问题所在。因为是半定量分析,所以只给出了使用美制单位开展的简单计算。

考虑示例 4-3 中的压水堆。我们之前发现,堆芯摆动模态的固有频率为

21.9 Hz。堆芯长度为 300 in(7.62 m)，直径为 157 in(3.988 m)，环状间隙宽度为 10 in(0.254 m)。由于落水环腔中的冷却剂流动，反应堆堆芯会受到湍流激励（见图 8-20）。假设冷却剂流的平均流速为 20ft/s，如果因为热膨胀而使夹紧力降低，且摆动模态基频降低到 2.0 Hz，则进行湍流激振振幅增加的定性评估。此时，假设流动通道的水力半径等于环状间隙宽度，即 $R_H = g = 10$ in(0.254 m)。在 21.9 Hz 下，有

$$F = fR_H/V = 0.91，\quad 且 \quad \omega R_H/V = 5.7$$

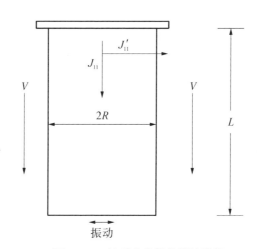

图 8-20 核反应堆堆芯湍流激振

对于没有明确边界层的环状流，根据式(8-58)，有

$$U_c = V = 240 \text{ in/s}$$

根据式(8-70)计算归一化 PSD：

$$\frac{G_p(f)}{\rho^2 V^3 R_H} = 0.155 e^{-3 \times 0.91} = 0.01$$

在 2.0 Hz 处，$F = 2 \times 10/240 = 0.083$，再次根据式(8-70)计算归一化 PSD：

$$\frac{G_p(f)}{\rho^2 V^3 R_H} = 0.155 e^{-3 \times 0.083} = 0.12$$

由于系统受到更低频率湍流谱的激励，能量增加了 12 倍。接下来讨论一下容

纳积分。根据式(8-65)计算相关长度：

$$\lambda = 0.4R_H = 4 \text{ in}$$

因为只对基本梁模态感兴趣，

$$J_{11,11} = J_{11}J'_{11}$$

不涉及交叉项。由于仅需处理(1,1)模态，从现在起省略下标。下一章将指出，横向联合容纳积分

$$J' \approx 2\lambda_1/\pi R = 0.032$$

不会随频率而改变。根据第 8.4 节的讨论，联合容纳积分始终是实数。因此，积分只涉及顺流向相干函数的实部。根据式(8-39)，顺流向相干函数的实部如下：

$$Re\Gamma_1 = \mathrm{e}^{-|x'-x''|/\lambda_1} \cos \frac{2\pi f(x'-x'')}{U_c}$$

在 21.9 Hz 下，$U_c = 240$ in/s，"压力波长"为

$$l = U_c/f = 11 \text{ in}$$

反应堆堆芯长度上有 $300/11 = 27.38$ 个完整压力波。也就是说，在反应堆堆芯长度上，相干函数变号 27.38 次。由于这种频繁的变号，对联合容纳积分的净贡献非常小，量级如下：

$$\approx \text{const} \times 0.38 \times 11/300 = 0.014 \times \text{const}$$

在 2.0 Hz 下，$U_c = 240$ in/s，"压力波长"为

$$l = U_c/f = 120 \text{ in}$$

堆芯长度上只有 2.5 个压力波。这就留下了对容纳积分的更大剩余贡献，量级如下：

$$\approx \text{const} \times 0.5 \times 120/300 = 0.2 \times \text{const}$$

摆动基频降低导致联合容纳积分增加了 14 倍。最后，根据式(8-4)，均方响应与 f^{-3} 成比例。这使得均方响应又增加了 $(21.9/2)^3 = 1\,313$ 倍。总之，由于夹紧力松弛，均方响应上升了约 $12 \times 14 \times 1\,313 = 220\,000$ 倍，或均方根响应上升了 470 倍。系统刚度占比较小，为其中的 36 倍。正是振动幅度的大幅增

加使连接螺栓因疲劳而迅速失效。

上文示例表明，在很多时候，不需要进行冗长的数值分析就可以了解湍流激振。

附录8A　容纳积分图表
相干函数布尔表达式

式(8-39)和式(8-40)是最简单的方程，但绝不是相干函数的唯一经验方程。根据平坦表面上的边界层湍流，布尔[1]提出了下列顺流向和横流向相干函数的经验方程。

$$\Gamma_1(x_1', x_1'', f)$$

$$=\begin{cases} e^{-2\pi f\alpha_1 \, |\, x_1'-x_1''\,|\, /U_c}\,e^{-i2\pi f(x_1'-x_1'')/U_c}, & 2\pi f\Delta_1^* \geqslant 0.37 \\ e^{-\alpha_2 \, |\, x_1'-x_1''\,|\, /\delta^*}\,e^{-i2\pi f(x_1'-x_1'')/U_c}, & 2\pi f\Delta_1^* < 0.37 \end{cases} \quad (8-73)$$

$$=\begin{cases} e^{-2\pi f\alpha_3 \, |\, x_2'-x_2''\,|\, /U_c}, & \left|\dfrac{x_2'-x_2''}{L_2}\right| \geqslant -\Delta_2^*\left[9.1\log\left(\dfrac{2\pi f\delta^*}{U_c}\right)+5.45\right] \\ c+de^{-\alpha_4 \, |\, x_2'-x_2''\,|\, /\delta^*}, & \left|\dfrac{x_2'-x_2''}{L_2}\right| < -\Delta_2^*\left[9.1\log\left(\dfrac{2\pi f\delta^*}{U_c}\right)+5.45\right] \end{cases} \quad (8-74)$$

式中：

$$\alpha_1=0.1, \quad \alpha_2=0.037, \quad \alpha_3=0.715, \quad \alpha_4=0.547$$

$$c=0.28, \quad d=0.72, \quad \Delta_1^*=\delta^*/L_1, \quad \Delta_2^*=\delta^*/L_2$$

对流速度方程如下：

$$U_c=V(0.59+0.30e^{-0.89(2\pi f)\delta^*/V})$$

δ^*为上文讨论的位移边界层厚度。

本附录给出了具有均匀面密度且四边固支的矩形板的容纳积分图表（见图8-21～图8-29）。由于容纳积分无量纲且积分是基于无量纲参数进行评估，因此这些图表适用于受到边界层湍流激励的矩形板。设流向为板的纵向方向。这些容纳积分图表来源于褚和欧阳[9]的文献，原文中容纳积分最多达到(7,7)模态。为简洁起见，本附录中仅给出了(3,3)模态以内的容纳积分。这些值是通过布尔关系式(8-73)和式(8-74)的容纳积分的数值二重积分获得，模态振型根据式(3-30)归一化。由于模态振型函数的对称性，J_{nn}'始终是实数，$\mathrm{Re}J_{12}=0$，$\mathrm{Re}J_{23}=0$，$\mathrm{Im}J_{13}=0$。

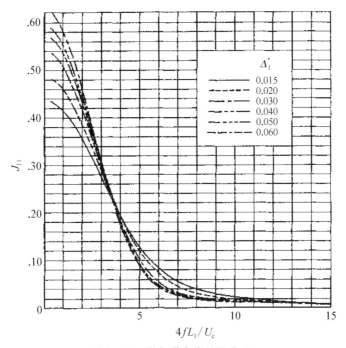

图 8‑21　纵向联合容纳积分 J_{11}

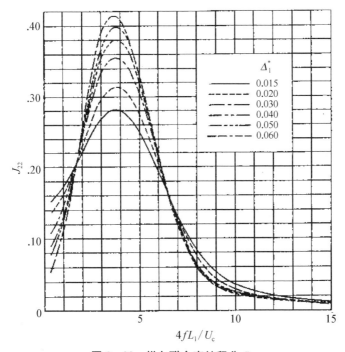

图 8‑22　纵向联合容纳积分 J_{22}

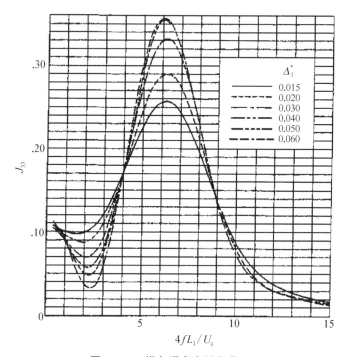

图 8‑23　纵向联合容纳积分 J_{33}

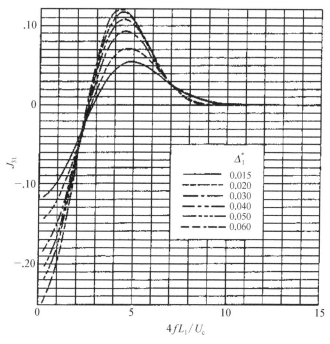

图 8‑24　纵向交叉容纳积分 J_{31} 的实部

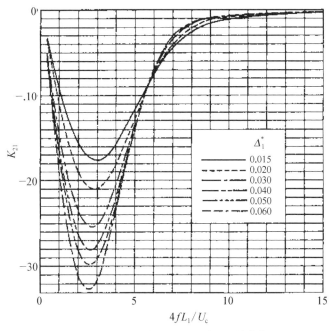

图 8–25　纵向容纳交叉积分 J_{21} 的虚部

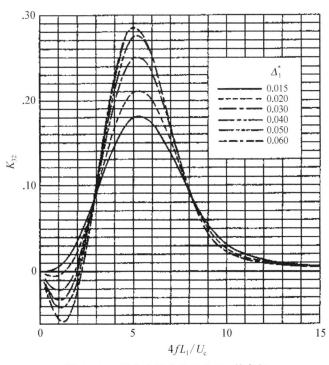

图 8–26　纵向交叉容纳积分 J_{32} 的虚部

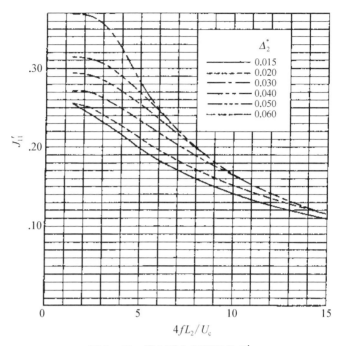

图 8－27　横向联合容纳积分 J'_{11}

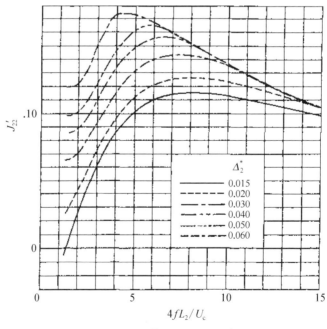

图 8－28　横向容纳积分 J'_{22}

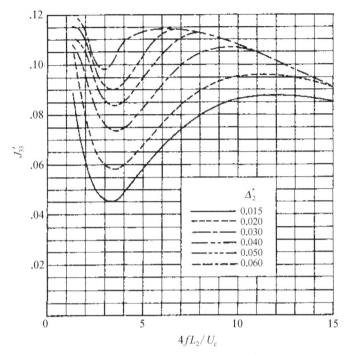

图 8‑29 横向联合容纳积分 $\mathbf{J}'_{33}$

参考文献

［1］ Bull M K. Wall-pressure fluctuations associated with subsonic turbulent boundary layer flow ［J］. Journal of Fluid Mechanics，1967，28(4)：719‑754.

［2］ Chen S S，Wambsganss M W. Response of a flexible rod to near field flow noise ［C］. Proceeding of Conference on Flow-Induced Vibration in Reactor System Components，Argonne National Laboratory Report ANL‑7685，1970：5‑31.

［3］ Au-Yang M K，Jordan K B. Dynamic pressure inside a PWR — A study based on laboratory and field test data ［J］. Nuclear Engineering and Design，1980，58(1)：113‑125.

［4］ Au-Yang M K，Brenneman B，Raj D. Flow-induced vibration test of an advanced water reactor model Part 1：turbulence-induced forcing function ［J］. Nuclear Engineering and Design，1995，157(1)：93‑109.

［5］ Hurty W C，Rubinstein M F. Dynamics of Structures ［M］. Prentice Hall，Englewood Cliffs，1964.

［6］ Bendat J S，Piersol A G. Random Data Analysis and Measurement Procedures ［M］. New York：Willey and Sons，Inc，1971.

［7］ Powell A. On the fatigue failure of structures due to vibrations excited by random pressure fields ［J］. Journal of the Acoustical Society of America，1958，30(12)：

1130 - 1135.

[8]　Chen S S, Wambsganss M W. Parallel-flow-induced vibration of fuel rods [J]. Nuclear Engineering & Design, 1972, 18(2): 253 - 278.

[9]　Chyu W J, Au-Yang M K. Random response of rectangular panels to the pressure field beneath a turbulent boundary laver in subsonic flow [R]. NASA TN D - 6970, 1972.

[10]　Au-Yang M K. Response of reactor internals to fluctuating pressure forces [J]. Nuclear Engineering & Design, 1975, 35(3): 361 - 375.

[11]　Au-Yang M K. Turbulent buffeting of a multispan tube bundle [J]. Journal of Vibration Acoustics Stress & Reliability in Design, 1986, 108(2): 150 - 154.

[12]　Au-Yang M K. Joint and cross acceptances for cross-flow-induced vibration — Part I: Theory and Part II: Charts and applications [J]. Journal of Pressure Vessel Technology, 2000, 122(3): 349 - 361.

[13]　Au-Yang M K, Connelly W H. A computerized method for flow-induced random vibration analysis of nuclear reactor internals [J]. 1977, 42(2): 257 - 263.

[14]　Blevins R D. Flow-Induced Vibration [M]. 2nd ed. New York: Van Nostrand Reinhold, 1990.

[15]　Streeter V L. Fluid Mechanics, Fourth Edition [M]. New York: McGraw Hill, 1966.

[16]　Duncan W J, Thom A S, Young A D. An Elementary Treatise on the Mechanics of Fluids [M]. London: Arnold, E, 1960.

[17]　Chen S S. Flow-induced vibration of circular cylindrical structures [R]. Argonne National Laboratory, Report No. ANL - 85 - 51, 1985.

[18]　Blevins R D. Formulas for Natural Frequencies and Mode Shape [M]. New York: van Nostrand Reinhold, 1979.

[19]　Sweeney F J, Fry D N. Thermal shield support degradation in pressurized water reactors [C]. in Flow-Induced Vibration - 1986, ASME Special Publication PVP - Vol. 104, Edited by S. S. Chen, 1986: 59 - 66.

第 9 章
横向流中的湍流激振

梁和管子等一维构件对横向湍流的响应，在换热器设计、运行和维护中有着重要应用。横向流中，因压力波的波前到达构件长度方向各点的时间相同，所以与轴向流流致振动不同的是，构件长度方向各位置的激振力始终同相。这将大幅简化湍流激振分析容纳积分法。通过再做一项假设——构件整个宽度方向的随机压力完全相干，可将上一章推导的构件均方响应方程简化为

$$\langle y^2 \rangle = \sum_n \frac{LG_F(f_n)\phi_n^2(x)}{64\pi^3 m_n^2 f_n^3 \zeta_n} J_{nn} + 交叉项 \tag{9-4}$$

式中，$G_F = D^2 G_p$ 是随机力功率谱密度（PSD），单位为（力/长度）^{2}/Hz，J_{nn} 是轴向（横流向）的联合容纳积分。因相干函数中无相位角，所以相较前一章的轴向流，一维构件的横向流的 J_{nn} 的计算要容易得多。使用有限元法，梁和管子在任意边界条件下对横向流的联合容纳积分和交叉容纳积分可用 λ/L 进行计算，具体请参见附录 9B 的设计图表。尤其需指出，只要相关长度相对于构件的半弯曲波长而言较小，那么，不论梁的边界条件如何，下列关系式均成立：

当 $n\pi\lambda/L \to 0$ 时，$\qquad\qquad J_{nn} = 2\lambda/L \tag{9-14}$

在相关长度 λ 与随机压力功率谱密度 G_F 已知的情况下，可用式（9-4）和式（9-14）来计算线质量密度均匀的单跨梁或管子的响应。对于线质量密度不均匀的多跨梁，容纳积分法的广义方程为

$$\langle y^2 \rangle = \sum_n \frac{\phi_n^2(x)}{64\pi^3 m_n^2 f_n^3 \zeta_n} \sum_i l_i G_F^{(i)}(f_n) j_{nn}^{(i)} + 交叉项 \tag{9-34}$$

式中，

$$G_F^{(i)} = \int_0^{l_i} G_F(x)\phi_n^2(x)\,\mathrm{d}x \qquad (9-35)$$

上述参数是第 i 跨的"广义随机力功率谱密度（PSD）"。式（9-34）中，相加的和涵盖所有模态 n，在每一模态，该和涵盖横向流流过的所有跨 i。若可进一步假设多跨梁的各跨中的线密度大致恒定，则其每跨的容纳积分式子 $j_{nn}^{(i)}$ 与附录 9B 图表中的单跨梁的容纳积分式子一样。

　　如第 8 章所述，只有正则模态在频域上充分独立，才可将交叉项在均方响应式（9-34）中的贡献量忽略不计。但由于多支点梁或管子通常在频域上未充分独立，所以分析中应当考虑模态交叉项在总均方响应中的贡献量。可用各跨的联合容纳积分和交叉容纳积分来求模态交叉项在总响应中的贡献量，具体见第 9.7 节的讨论。

　　目前最先进的湍流激振分析中要求通过实验来描述力函数的参数：相关长度 λ 和随机力功率谱密度 G_F。利用若干实验得出数据后，基于此类数据估算出间隙为 P、管径为 D 的管束中，相关长度约为水力直径（或有效直径）的 0.2 倍。

$$\lambda \approx 0.2P(1+P/(2D)) \qquad (9-18)$$

若干其他文献曾提出相关长度是管径倍数的上限的 3～4 倍，但这一上限值更多代表的是单根管的横向流的相关长度。佩蒂格鲁（Pettigrow）和戈尔曼（Gorman）[1] 提出了随机力 PSD 的最简公式：

$$G_F = \left\{ C_R D\left(\frac{1}{2}\rho V_p^2\right) \right\}^2 = D^2 G_p \qquad (9-20)$$

式中，随机升力系数 C_R 在图 9-4 中以频率的函数形式给出，或者可用下式近似表示：

$$C_R = \begin{cases} 0.025(s^{1/2}), & 0 < f < 40\ \mathrm{Hz} \\ 0.108 \times 10^{-0.015\,9f}, & f \geqslant 40\ \mathrm{Hz} \end{cases} \qquad (9-21)$$

从定义式（9-20）可看出，随机升力系数以时间为量纲，而随机压力功率谱密度 G_F 的量纲为（力/长度）^{2}/Hz。下面给出了其他替代经验方程，该经验方程与近期试验数据的拟合度更优，将用于估算归一化随机压力 PSD：

$$\overline{G}_p = \begin{cases} 0.01, & F < 0.1 \\ 0.2, & 0.1 \leqslant F \leqslant 0.4 \\ 5.3E-4/F^{7/2}, & f > 0.4 \end{cases} \qquad (9-25)$$

换热器中的流体通常为两相混合物。这让发生振动的构件的力函数和能量耗散机理变得非常复杂。两相流流致振动领域的研究在很大程度上还不成熟。试验表明,空泡份额为 $60\%\sim85\%$ 的两相流会使构件的临界阻尼值增加 $2\%\sim3\%$。

两相流的随机压力 PSD 数据还要更少一些。在现有的为数不多的数据中,有证据表明,在动压头相同的条件下,两相流的力函数小于相应的单相流。两相流的力函数更小并且阻尼比更高,表示两相流的湍流激振没有单相流严重。

首字母缩写词

1D——一维;　　　　　　　　　PSD—功率谱密度

主要术语如下:

C_{ij} —相干矩阵元;　　　　　　C_{R} —随机升力系数

d_{B} —特征空泡长度;　　　　　D —管子外径

f —频率(单位为 Hz)

F —单相流式(9 - 23)和两相流式(9 - 42)定义的无量纲频率

G_{F} —单面随机力 PSD,单位为(力/长度)^2/Hz,等于 $D^2 G_p$

$G_{F}^{(i)}$ —第 i 跨的广义随机力 PSD

G_{p} —单面随机压力 PSD,单位为(力/单位面积)^2/Hz

$\overline{G}_{p}$ —归一化随机压力 PSD(无量纲)

$j_{nn}^{(i)}$ —第 i 跨的联合容纳积分

J'_{mm} —管子或梁轴线的正交方向的联合容纳积分

J_{ns} —管子或梁轴线方向的容纳积分

L —管子或梁的长度;　　　　　L_{e} —横向流流经的管长

$l_{c}=2\lambda$,相关长度的另一种定义

l_{i} —一跨的长度;　　　　　　m_{n} —广义质量

P —管束节距;　　　　　　　　U_{c} —对流速度

U_{phase} —相速度;　　　　　　ν_{f} —液相比容

ν_{g} —气相比容;　　　　　　　ν_{fg} — $\nu_{g} - \nu_{f}$

V —横向流流速;　　　　　　　V_{p} —间隙流速

x —空泡份额,或管子或梁轴线方向的位置坐标

Δx —有限元长度;　　　　　$\langle y^2 \rangle$ —均方振幅

α —空泡份额;　　　　　　　δ —狄拉克 δ 函数

θ —速度矢量与管子或梁轴线的夹角

ρ —流体密度； ρ_f —液相质量密度

ρ_g —气相质量密度； $\rho_{fg} = 1/\nu_{fg}$

ϕ —管子或梁轴线方向的模态振型函数

$\overline{\phi}$ ——跨的归一化模态振型函数；λ —顺流向(横向)相关长度

λ_2 —横流向(轴向)相关长度

Φ —式(9-41)定义的调整后的两相流 PSD

Γ_1 —顺流向相干函数； Γ_2 —横流向相干函数

ω —频率，单位为 rad/s； ζ —阻尼比

下标：

m，r —管子或梁轴线垂直方向的模态下标

n，s —管子或梁轴线方向的模态下标

9.1 概述

第8章中对轴向流流过构件表面导致的湍流激振进行了分析。本章将对图 9-1 所示的横向流流过一维(1D)构件(如管子或梁)引起的湍流激振做分析(请比对图 8-2)。流体通常以某一角度 θ 倾斜冲击构件的轴线方向。波前沿构件长度方向的传播速度为

$$U_{phase} = U_c / \cos\theta$$

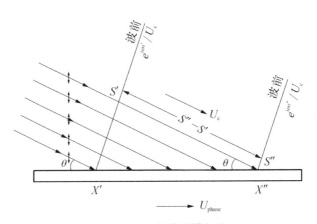

图 9-1 1D 构件的横向流

因此,构件轴线方向各点对力函数同一波前的响应时间是不同的。换言之,构件沿线各不同点处的力函数之间存在相位差。本节将分析来流方向垂直于构件轴线的特殊情况。此情况下,$\theta = 90°$,U_{phase} 无穷大。波前同时到达构件轴线所有点,因此,构件对应的力函数的相位始终相同。往前回顾,前一章中轴向流的横流方向的各点就是如此,不过前一章的横流方向对应的是横向容纳积分(x_2 方向)。

本章所考虑的构件是一维的,所以将 x_1 方向视作沿构件轴向(垂直于流体流动方向)。流体倾斜撞击构件轴线时,仅需将速度沿两个方向分解为横向分量和轴向分量,前者在本章中进行分析,后者在下一章中进行分析。本章中的横向湍流激振分析容纳积分法严格遵循非强制性规范 ASME《锅炉规范》第三章附录 N－1300[17] 的要求。

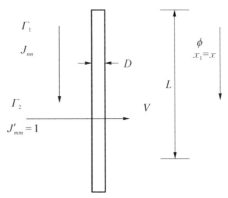

本章中按第 8 章的逻辑,规定了 1D 构件横向流流致振动的相应符号,具体如图 9－2 所示。

- 构件轴线为 x_1 方向,即横流向。
- x_1 方向模态振型函数表示为 ϕ_n。
- 顺流向为 x_2,即构件的横向。
- 纵向容纳积分的方向沿着构件轴向,与流向垂直,表示为 J_{ns}。

最后,本章做了一个简化假设,即构件 x_2 方向的尺寸相较力函数中的相

图 9－2　一维构件上的横向流符号图

关长度而言较小,所以力函数中的相关长度 100% 相干,在整个构件宽度方向上相位相同。根据式(8－39)和式(8－40)得出:

$$\Gamma_1(x_1', x_1'', f) = \mathrm{e}^{-|x_1'-x_1''|/\lambda} \tag{9-1}$$

$$\Gamma_2(x_2', x_2'', f) = \mathrm{e}^{-|x_2'-x_2''|/\lambda_2} = 1 \tag{9-2}$$

根据式(8－42)～式(8－44)得出:

$$J_{ns} = \frac{1}{L} \iint_L \phi_n(x_1') \mathrm{e}^{-|x_1'-x_1''|/\lambda} \phi_s(x_1'') \mathrm{d}x_1' \mathrm{d}x_1'' \tag{9-3}$$

且

$$J_{mr}' = 1$$

基于上述假设，对于 1D 构件横向流的特殊情况（从此时开始消除下标 1），将式(8-50)简化为

$$\langle y^2 \rangle = \sum_n \frac{L G_{\mathrm{F}}(f_n) \phi_n^2(x)}{64\pi^3 m_n^2 f_n^3 \zeta_n} J_{nn} + \text{交叉项} \tag{9-4}$$

式中，$G_{\mathrm{F}} = D^2 G_{\mathrm{P}}$ 是随机力 PSD，单位为(力/长度)^2/Hz；J_{nn} 是纵向联合容纳积分。特此提醒，在有关换热器传热管动力学的文献中，G_{F} 常指随机压力 PSD。本书中用 G_{F} 表示力的 PSD，用 G_{P} 表示压力 PSD。只有当梁具有均匀的线质量密度时，才可将模态振型函数归一化处理为 1，如式(3-30)所示。根据第 8.8 节的讨论，如果此处也做此归一化处理，那么有

$$\sum_n J_{nn} = 1.0 \tag{9-5}$$

9.2 联合容纳积分的精确解

随着相干函数表达式的大大简化，本章可以利用式(9-3)，针对最简单的 1D 构件——两端弹簧支撑均匀梁，推导容纳积分表达式。此时可以根据式(3-30)对模态振型作归一化处理，得出

$$\int_0^L \phi_n(x) \phi_r(x) \mathrm{d}x = \delta_{ns} \tag{9-6}$$

满足式(9-6)的模态振型函数为

$$\phi_1 = 1/\sqrt{L}$$
$$\phi_2 = \sqrt{\frac{12}{L}}(x - L/2) \tag{9-7}$$

代入式(9-3)，得出

$$J_{11} = \frac{1}{L} \int_0^L \frac{1}{\sqrt{L}} e^{-|x'-x''|/\lambda} \frac{1}{\sqrt{L}} \mathrm{d}x' \mathrm{d}x''$$

将积分区域一分为二(见图 8-4)，一个为 $x' > x''$ 的区域，另一个为 $x' < x''$ 的区域，则可通过直接积分计算得出

$$J_{11} = \frac{2\lambda}{L} \left[1 - \frac{\lambda}{L}(1 - e^{-L/\lambda}) \right] \tag{9-8}$$

相关长度 λ 较小时（例如梁长的 1/10 倍），则式（9-8）可简化为下述著名式子：

$$J = 2\lambda/L, \quad \lambda \ll L \tag{9-9}$$

此时已推导出式（9-9），此式仅适用于两端弹簧支撑刚性梁。工业系统中更常见的是两端简支梁。如果如上述弹簧支撑梁一样，两端简支梁的线质量密度是均匀的，则可再次根据式（9-6）对模态振型作归一化处理，此时模态振型函数为

$$\phi_n = \sqrt{\frac{2}{L}} \sin \frac{n\pi x}{L} \tag{9-10}$$

联合容纳积分的推导过程要烦琐得多。附录 9A 中已给出简支梁的联合容纳积分方程为

$$J_{nn} = \frac{2(\lambda/L)^2}{1+(n\pi)^2(\lambda/L)^2} \left[\frac{2(n\pi)^2(\lambda/L)^2\{(-1)^{n+1}e^{-L/\lambda}+1\}}{1+(n\pi)^2(\lambda/L)^2} + \frac{L}{\lambda} \right]$$

$$\tag{9-11}$$

从式（9-11）可轻松推导出：

当 n 为奇数并且 $\lambda \gg L$ 时， $\quad J_{nn} = 8/(n\pi)^2 \tag{9-12}$

当 n 为偶数并且 $\lambda \gg L$ 时， $\quad J_{nn} = 0 \tag{9-13}$

而

当 $n\pi\lambda/L \rightarrow 0$ 时， $\quad J_{nn} = 2\lambda/L \tag{9-14}$

针对所有 n 对式（9-12）进行求和，可得

$$\sum_n J_{nn} = \frac{8}{\pi^2} \left(1 + \frac{1}{3^2} + \frac{1}{5^2} + \frac{1}{7^2} + \cdots \right) = \frac{8}{\pi^2} \left(\frac{\pi^2}{8} \right) = 1.0$$

上式是式（8-54）的特殊情况。需注意，只有当相关长度小于构件每个弯曲波长时，式（9-14）才成立。所以，鉴于简支管的长度可能比整根管上力函数的相关长度大 10 倍；式（9-14）不能用于对 $J_{10,10}$ 等进行求值。此情况与小相关长度的常规结论不符，并且对多跨梁的响应计算有很大影响。

对此，再次指出一些文献[如布莱文斯专著[3]中的式(7-47)]对相关长度 l_c 采用下述定义式：

$$\Gamma(x',\ x'',\ f) = e^{-2|x'-x''|/l_c}$$

也即

$$l_c = 2\lambda \qquad\qquad (9-15)$$

已经发现，对于单根管子，l_c 为管径的 6～8 倍不等。也就是说，λ 为管径的 3～4 倍不等。而在管束中，λ 更接近于管径的 1 倍，而非管径的 3 倍，具体见后文讨论。但是，如果旋涡脱落频率接近管子的某阶固有频率，则相关长度会急剧增加。因此，本章中的计算方法可用于对管束内部深处的锁频涡激振幅求值，详见示例 9-1 和示例 9-3。

利用上述相关长度测量值，在忽略交叉项的情况下，将广泛采用式(9-14)和式(9-4)来估算管子在横向流作用下的响应。但必须谨记推导这些方程时做了有极大限制的假设。除了第 8.6 节中列出的推导式(8-51)时所做的三个假设外(推导式(9-4)也做了这些假设)，式(9-14)设定的另一个限制条件是横向流流过管子或梁时，$n\pi\lambda$ 相较构件长度 L 而言是小值。

9.3 容纳积分求值的有限元法

用有限元结构分析方法可对容纳积分式(9-3)轻松求值。有限元法中，将结构的模态振型函数近似处理成若干个离散"单元"。用于表示构件的单元数越多，此表示的精度越高。首先对各单元进行结构特性和外力积分计算，再将各单元的计算结果整合成构件的响应。欧阳和康奈利(Connelly)[4]采用此方法估算了反应堆内构件对非均匀湍流的响应。他们的方法将构件表面离散成若干单元，假设其中各单元的力函数一样，然后对每对单元进行容纳积分求值。布伦尼曼(Brenneman)[5]推导了相干函数对各单元的综合效应的封闭型表达式，其中假设各单元的模态振型一样。在特殊横向流情况中，这些表达式(即布伦尼曼提出的相干积分)可简化成：

当 $x_j > x_i$ 时，$C_{ij} = 4\lambda^2 \sinh^2(\Delta x/2\lambda) e^{-(x_j-x_i)/\lambda}$

当 $i=j$ 时，$C_{ii} = 2\lambda^2 \left[\Delta x/\lambda - 2\sinh(\Delta x/2\lambda) e^{-\Delta x/2\lambda}\right]$ (9-16)

布伦尼曼使用这些"相干积分"对构件响应进行直接求解,从而绕过了计算容纳积分的中间步骤。布伦尼曼的计算方法最直接,但需要专门的计算机程序来处理大型相干矩阵。本章旨在介绍用标准商用结构分析计算机程序计算容纳积分的方法。在计算出这些容纳积分并将之制成表格后,可利用它们来计算多类梁构件对随机力的响应。

整个梁的容纳积分可通过将所有单元的贡献量相加来求取。根据式(9-3)和式(9-16)得出

$$J_{ns} = \frac{1}{L} \sum_i \sum_j \phi_n(x_i) C_{ij} \phi_s(x_j) \qquad (9-17)$$

式中,模态振型 ϕ_n 可用闭合解来求取,也可用有限元计算机程序来进行数值求解。

为了用式(9-16)和式(9-17)验证容纳积分有限元解的精度,用两种不同方法对前文闭合解推导中涉及的两种特殊情况的横向流流致振动的联合容纳积分进行了计算。

第 1 种情况:质量密度均匀的弹簧支撑刚性梁

首先用闭合型表式(9-8)计算联合容纳积分 J_{11},然后用有限元表式(9-16)和式(9-17)按 λ/L 比值为 $0.01 \sim 100$ 的条件在电子表中对 30 个单元进行数值计算。结果参见图 9-3[12]。

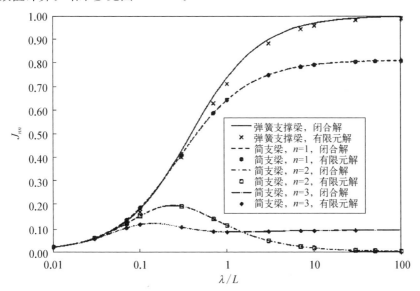

图 9-3　用闭合解和有限元解计算联合容纳积分的比较

第 2 种情况：质量密度均匀的简支梁

首先用闭合解表式(9-11)计算联合容纳积分 J_{11}、J_{22}、J_{33}，然后再用有限元表式(9-10)、式(9-16)和式(9-17)在电子表格中对 30 个单元计算上述容纳积分。结果也请参见图 9-3。从图 9-3 可看出，这两种特殊情况下，有限元解与精确解之间非常吻合。

欧阳[12]利用有限元法、式(9-16)、式(9-17)以及标准商用有限元结构分析计算机程序得出的模态振型函数计算了线质量密度均匀但边界条件不同的单跨梁的联合容纳积分和交叉容纳积分。此计算已转载到附录 9B。结合利用这些图表与式(9-4)，可计算线质量密度均匀的单跨梁对横向湍流的响应。下一节将讨论这些单跨梁容纳积分如何用于计算多支点梁的响应。

9.4 单相横向流的相关长度和功率谱密度

响应式(9-4)用两个实验测定参数来定义力函数：随机压力功率谱密度 G_p 和相关长度；相关长度是容纳积分求值的必备参数。这与轴向流流致振动的计算非常相似，只是在横向流中无需对流速度。第 8.9 节中已讨论轴向流的随机压力 PSD 和相关长度。本节将给出横向流的随机压力 PSD 和相关长度。

相关长度

要直接测量相关长度 λ，需使用动压传感器阵列来测量力函数的时空相干性，这与第 8.9 节中的轴向湍流一样。遗憾的是，力函数的时空相干性数据很少，相关长度通常是从管子振幅测量值或作用力"反过来求值"的。然而，由于管子振动也与随机压力 PSD 和阻尼比相关，后两项参数都具有很大的实验不确定性，因此可以知道的是，根据管子响应测量值确定的相关长度具有很大的不确定性。布莱文斯等[7]提出相关长度约为管径的 3.0 倍，不过得出此结论时依据的数据非常有限。另一方面，阿西萨(Axisa)等[8]提出相关长度为管径的 4.0 倍，但指出此相关长度可能比管束中的相关长度大得多。这些值与横向流流过单根管子时的相关长度是一致的。对于管束中的管子，从物理直觉来说，管束的相关长度应当取决于管束的水力直径或有效直径。第 8.9 节已揭示，根据环状流中随机压力相干性的直接测量值，相关长度约为管子水力直径或有效直径的 0.2 倍，即[见式(8-64)]：

$$\lambda = 0.2P(1 + P/2D) \tag{9-18}$$

由于大多数换热器的 P/D 比在 $1.3\sim1.5$ 之间,在上述方程的运用中得知,实际换热器的特征是管束为密排管束,此类管束的相关长度的近似式为

$$\lambda \approx 0.5D \tag{9-19}$$

此结果也与物理直觉相符,即横向流流过管束时的相关长度与管间间隙差不多大。使用此相关长度值以及佩蒂格鲁和戈尔曼[1]提出的单相流 PSD(参见下文)计算出的均方根振幅,似乎与实地观测结果总体上能够合理匹配。

单相横向流的随机力 PSD

佩蒂格鲁和戈尔曼的文献[1]根据大量的室内试验数据和现场试验数据,提出了下述管束单相横向湍流随机力 PSD 经验方程:

$$G_{\mathrm{F}} = \left\{ C_{\mathrm{R}} D \left(\frac{1}{2}\rho V_{\mathrm{p}}^2 \right) \right\}^2 = D^2 G_{\mathrm{p}} \tag{9-20}$$

式中,间隙流速 V_{p} 是流体流过管间间隙的流速;C_{R} 是佩蒂格鲁和戈尔曼提出的随机升力系数。但由于 C_{R} 有时间单位,它不是真正的空气动力系数。注意,G_{F} 的单位为(单位长度上的力)^2/Hz。

随机升力系数不仅是频率的函数,也与管子位置有关。图 9-4 转载自上述参考文献[1],图中揭示实际换热器管子的常见频率范围内的随机升力系数典型值。下列方程与上游圆柱曲线能够较好地吻合:

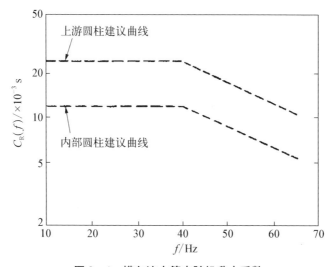

图 9-4　横向流中管束随机升力系数

$$C_R = \begin{cases} 0.025(s^{\frac{1}{2}}), & 0 < f < 40 \text{ Hz} \\ 0.108 \times 10^{-0.015\,9f}, & f \geqslant 40 \text{ Hz} \end{cases} \tag{9-21}$$

下游圆柱曲线的值约为式(9-21)计算值的一半。由于推导曲线所依据的频率范围有限，难以对 200 Hz 以外的频率做数据外推。

更常见的管束随机压力数据的表示方法是绘制归一化随机压力 PSD 与无量纲频率的关系图，类似于第 8.9 节中的图 8-16、图 8-17 和图 8-18，不过更惯常的做法是将归一化随机压力 PSD 定义如下：

$$\overline{G}_p = \frac{G_p}{\left(\frac{1}{2}\rho V_p^2\right)^2 \left(\frac{D}{V_p}\right)} = \frac{4G_p}{\rho^2 V_p^3 D} \tag{9-22}$$

将无量纲频率定义如下：

$$F = \frac{fD}{V_p} \tag{9-23}$$

根据式(9-20)和式(9-22)得出

$$C_R^2 = \frac{D}{V_p}\overline{G}_p \tag{9-24}$$

根据陈水生(Chen)和詹德拉柴杰兹克(Jendrizejczyk)[9]以及泰勒(Taylor)等人[10]给出的数据，布莱文斯[3]提出归一化 PSD 的限值如下：

当 $0 < F < 0.1$ 时，　　　　$\overline{G}_p = 0.02$

当 $0.1 \leqslant F \leqslant 0.7$ 时，　　$\overline{G}_p = 0.2$

当 $F > 0.7$ 时，$\overline{G}_p$ 指数下降

当 $F = 10$ 时，$\overline{G}_p = 1.0 \times 10^{-7}$

根据 P/D 为 1.95、1.5 和 3.0 的管束的试验数据，以及陈水生和詹德拉柴杰兹克[9]及泰勒等人[10]给出的数据，欧恩格伦(Oengoeren)和翟阿达(Ziada)[11]提出归一化随机压力 PSD 的限值如下：

当 $F < 0.4$ 时，　　　　$\overline{G}_p = 8.0 \times 10^{-3}/F^{1/2}$

当 $F > 0.4$ 时，　　　　$\overline{G}_p = 5.3 \times 10^{-4}/F^{7/2}$

布莱文斯[3]提出的方程可能略显保守,因为 $F < 0.1$ 时,似乎没有高于 $\overline{G}_p = 0.01$ 的试验数据。$F > 0.4$ 时,欧恩格伦和翟阿达[11]提出的公式算出的数据充分包络了试验数据。但试验数据在 $F = 0.1$ 和 $F = 0.4$ 之间出现的"峰",表示可能存在旋涡脱落激励,因此该"峰值"是真实存在的,需要考虑进来。基于上述各项考虑,建议将以下经验方程作为管束归一化随机压力 PSD 的上限:

当 $F < 0.1$ 时,　　　　　　　　$\overline{G}_p = 0.01$

当 $0.1 \leqslant F \leqslant 0.4$ 时,　　　　$\overline{G}_p = 0.2$　　　　　　　(9 - 25)

当 $F > 0.4$ 时,　　　　　　　$\overline{G}_p = 5.3 \times 10^{-4}/F^{7/2}$

图 9-5 绘制了由不同作者提出的经验公式,这些公式以陈水生和詹德拉柴杰兹克[9]以及泰勒等人[10]的试验数据为背景。为了便于比较,也在该图上展示以下两种特殊情况下用式(9-20)算出的归一化随机压力 PSD 以及图 9-4 中的随机升力系数:① 管子频率固定在 50 Hz 时;② 间隙流速固定在 $V_p = 120$ in/s(3 m/s) 时。可以看出,佩蒂格鲁和戈尔曼[1]的经验方程整体很保守,几乎包络了整个旋涡脱落范围。

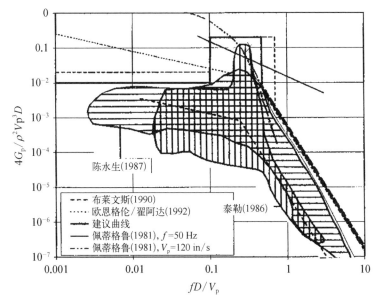

图 9 - 5　归一化随机压力 PSD 与无量纲频率建议关系图

数据来源:布莱文斯(1990)[3];欧恩格伦/翟阿达(1992)[11];佩蒂格鲁(1981)[1]。

涡激振动响应

欧恩格伦和翟阿达[11]观察到，在 $F=0.1$ 至 $F=0.4$ 区间有"涡运动"存在。这可以解释此区间为什么会出现归一化 PSD 的"峰"。因此，当无量纲频率（斯特劳哈尔数）在 $F=0.1$ 至 $F=0.4$ 之间时，可用式(9-4)和式(9-25)估算管束内管子的涡激振动响应。但必须知道，当发生旋涡锁定时，不仅随机压力 PSD 增加，而且整根管上的力函数的相干度将大幅增加。为了估算锁定发生时管子的涡激振幅，式(9-4)中的容纳积分 J 应设为 1.0 来确保保守度，或者 λ 应设为管长，但后者的保守度更低一些。

示例 9-1

图 9-6 展示了由四个等间距点支承的管子。此管子的所有跨均有均匀横向流流过。表 9-1 中以美制单位和国际单位给出了此管子的结构尺寸、材料特性、横向流流速和流体密度以及管内水密度。假设两种情况来计算横向流作用下此管的最大均方根振幅：① $\lambda=3\times D_o$；② $\lambda=L$（总管长）。

图 9-6　三跨等跨距管子对单相横向流的响应

表 9-1　示例 9-1 的输入参数

	美 制 单 位	国 际 单 位
总管长 L	150 in	3.81 m
每跨长度	50 in	1.27 m
外径 D_o	0.625 in	0.015 88 m
内径 D_i	0.555 in	0.014 10 m
杨氏模量 E	29.22×10⁶ psi	2.02×10¹¹ Pa
管材密度 ρ_m	0.306 lb/in³ (7.919×10⁻⁴ lbf·s²/in⁴)	8 470 kg/m³
阻尼比 ζ	0.01	0.01
横向流速度 V	40 ft/s(480 in/s)	12.19 m/s

（续表）

	美 制 单 位	国 际 单 位
壳侧流体密度 ρ_s	1.82 lb/ft^3 （2.734×10^{-6} lbf · s^2/in^4）	29.15 kg/m^3
管侧水密度 ρ_i	43.6 lb/ft^3 （6.550×10^{-5} lbf · s^2/in^4）	698.4 kg/m^3

解算

按标准惯例，第一步是将所有美制单位转换为一组相容单位。即流速 V 单位为 in/s，密度单位为 lbf · s^2/in^4。如不熟悉如何转换，须参阅第 1 章的单位和量纲部分。表 9-1 括号中给出了转换后的单位。

支撑板未将管的三跨进行分隔，可使用式(9-4)。此管的质量密度均匀，所以可将模态振型归一化[见式(9-6)]：

$$\int_0^L \phi_n(x)\phi_s(x)\mathrm{d}x = \delta_{ns}$$

此多跨管的一阶模态振型函数为

$$\phi_1(x) = \sqrt{\frac{2}{L}}\sin\frac{3\pi x}{L}$$

对此模态振型做归一化处理后，广义质量就是单位长度的总均匀质量。此质量包括管材质量、管中水质量以及管排开的流体的质量(参见第 4 章水动力质量部分)。

$$m_1 = \rho_m A_m + \rho_s A_o + \rho_i A_i$$

表 9-2 以美制单位和国际单位给出参数计算值，如管子横截面积、上述广义质量以及其他中间计算值。

表 9-2 示例 9-1 的参数计算值

	美 制 单 位	国 际 单 位
外横截面积 A_o	0.307 in^2	1.99×10^{-4} m^2
内横截面积 A_i	0.242 in^2	1.56×10^{-4} m^2
管子横截面积 A_m	0.064 9 in^2	4.19×10^{-5} m^2

（续表）

	美 制 单 位	国 际 单 位
惯性矩 $I = \pi(D_o^4 - D_i^4)/64$	0.002 83 in^4	1.18×10^{-9} m^4
广义质量 $m_1 = \rho_m A_m + \rho_s A_o + \rho_i A_i$	6.81×10^{-5} lbf · s^2/in^2	0.469 kg/m
$\rho_s V^2/2$	0.317 psi	219 Pa
C_R（21.9 Hz 频率条件下，见图 9-4）	0.025	0.025
$G_F = [D_o C_R(\rho_s V^2/2)]^2$	2.42×10^{-5} (lbf/in)^2/Hz	0.739(N/m)^2/Hz
最大值 $\left\{ \phi_1(x) = \sqrt{\dfrac{2}{L}} \sin \dfrac{3\pi x}{L} \right\}$	0.115	0.725
$\langle y^2 \rangle / J_{33}$	5.01×10^{-2} in^2	3.21×10^{-5} m^2

此三跨梁的一阶模态与全长为 L 的简支梁的三阶模态相同，模态频率的计算式为（见第 3 章表 3-1）：

$$f_1 = \frac{9\pi^2}{2\pi} \sqrt{\frac{EI}{m_1 L^4}}$$

用表 9-1 中的 E 和 L 的给定值以及表 9-2 中的 I 的计算值，可得

$$f_1 = 21.9 \text{ Hz}$$

根据式（9-20）和图 9-4，得出随机力 PSD 为

$$G_F = \left[D C_R \left(\frac{\rho_s V^2}{2} \right) \right]^2$$

美制单位和国际单位的随机力 PSD 值均在表 9-2 给出。

当模态振型最大值假设如下时，发生最大响应：

$$\phi_{\max} = \sqrt{\frac{2}{L}} \times 1$$

因为模态振型函数有量纲，所以两种单位制的值不一样。模态振型最大值出现在每跨的中点，其美制单位和国际单位的值均在表 9-2 中给出。最终，用式（9-4）求出一阶模态均方根响应为

$$\langle y^2 \rangle = 0.050 \, 1 J_{33} \text{ in}^2 \quad \text{或} \quad 3.21 \times 10^{-5} J_{33} \text{ m}^2$$

(1) 根据附录 9B 图 9-17 或图 9-3,在 $\lambda/L=3\times0.625/150=0.0125$ 的条件下:

$$J_{33} \approx 2\lambda/L = 2\times3\times0.625/150 = 0.025$$

一阶模态对响应的最大贡献量为

$$y_{rms} = 0.035 \text{ in} \quad 或 \quad 8.95\times10^{-4} \text{ m}, \quad 发生在每跨中点$$

(2) 根据附录 9B 图 9-17,在 $\lambda/L=1.0$ 的条件下:

$$J_{33} \approx 0.09$$

$$y_{rms} = 0.067 \text{ in} \quad 或 \quad 1.7\times10^{-3} \text{ m}$$

上述值约为情况(1)中相关长度较小时的两倍。

9.5　质量密度不均匀的构件的容纳积分

在实际情况中,构件的质量密度和刚度往往不均匀。例如,核蒸汽发生器中,二次侧(即壳侧)流体密度沿管长变化,在过冷水变过热蒸汽的过程中,流体密度通常差异巨大,具体如图 9-12 所示。所以,水动力质量不均匀(参见第 4 章),水动力质量可能远大于传热管排开的流体的质量。许多情况下,泄漏的管子可能通过套上套管进行修复,或用杆或线缆进行封堵稳固[12]。这些套管或稳固器件很少敷设到整个传热管。因此,执业工程师通常需对总质量密度和刚度不均匀的传热管进行动力学分析。在这种情况下,模态振型之间不再正交,不过,从质量密度上讲仍存在正交。相应的正交式为[相较式(3-30)]

$$\int_0^L m(x)\phi_n(x)\phi_s(x)\mathrm{d}x = m_{ns}\delta_{ns} \tag{9-26}$$

摩士(Morse)和费什巴赫(Feshbach)的著作(第 6 章)[13]已证明,按式(9-26)作归一化处理后,模态振型的完备性关系式如下:

$$\sum_n \phi_n(x')\phi_s(x'')/m_n = \delta(x'-x'')/m(x') \tag{9-27}$$

大多数商用有限元结构分析计算机程序将广义质量 m_n 归一化处理为 1.0。欧阳[14]依据式(9-26)和式(9-27)提出了梁质量或管质量不均匀时的容纳积分广义定义式：

$$J_{ns}(f) = \frac{1}{L(m_n m_s)^{1/2}} \iint_{00}^{LL} m^{1/2}(x') \phi_n(x') \Gamma(x', x'', f) \phi_s(\boldsymbol{x}'') m^{1/2}(x'') \mathrm{d}x' \mathrm{d}x''$$

$$(9 - 28)$$

式(9-28)的定义表明,如果希望将容纳积分的原始含义保持为一个物理可观测的跃迁概率幅值(参见第 8 章),则容纳积分不依赖于模态振型归一化。用正交式(9-26)和完备性式(9-27),按照第 8.8 节中的步骤,可再次轻松证明：

$$\sum_n J_{nn}(f) = 1.0$$

从上述推导可得出,文献中常引用的关系只有当梁或管的质量均匀时才成立。

$$\frac{J_{aa}}{\int \phi_n^2(x) \mathrm{d}x} \leqslant 1.0 \qquad (9 - 29)$$

9.6　实际中的换热器多支点传热管-管跨的容纳积分

工业换热器传热管或核燃料管束通常为多跨,整个管长上的截面特性有较大差异。如前所述,在这些条件下,传热管的正则模态之间不再正交。这表示无法满足式(9-6)和式(8-53)的条件,须根据式(9-26)对模态振型做归一化处理。有许多商用有限元计算机程序可用于为具有不均匀截面特性和任意支承板约束条件的多支点传热管开展模态分析。这些计算机程序几乎无一例外地按式(9-26)对模态振型做归一化处理,从而本质上假设了式(9-27)成立。此外,所有这些计算机程序至少能将质量矩阵归一化处理为单位矩阵,有限元表达式为

$$\{\phi\}^{\mathrm{T}}[m]\{\phi\} = [I] \qquad (9 - 30)$$

为结合容纳积分法与有限元计算机程序模态分析结果对工业换热器多跨传热管横向湍流激振振幅开展估算,欧阳[14]提出了"管跨联合容纳积分"概念,其定义式为

$$j_{nn}^{(i)}(f) = \frac{1}{l_i m^{(i)}} \iint_{00}^{l_i l_i} m^{1/2}(x')\,\overline{\phi}_n(x')\,\Gamma(x',\,x'',\,f)\,\overline{\phi}_n(x'')\,m^{1/2}(x'')\,\mathrm{d}x'\,\mathrm{d}x''$$

$$(9-31)$$

式中,

$$m_n^{(i)} = \int_0^{li} m(x)\,\overline{\phi}_n^2(x)\,\mathrm{d}x \qquad (9-32)$$

$\overline{\phi}_n(x)$ 和 $\phi_n(x)$ 是相同的模态振型函数,但不同之处在于 $\overline{\phi}_n(x)$ 为一个跨的归一化参数,而 $\phi_n(x)$ 是整个管的归一化参数。这即是说:

$$\overline{\phi}_a(x) = k\phi_a(x) \qquad (9-33)$$

式中,k 是一个常数。注意,从式(9-31)的定义可看出,$j_{nn}^{(i)}$ 不依赖于模态振型归一化。欧阳[14]已证明,如果可将每个跨的线质量密度近似视为恒定,则多跨传热管任意点的响应以管支承板为分界点,不同跨之间不相关[相较式(9-4)],式子可写为

$$\langle y^2 \rangle = \sum_n \frac{\phi_n^2(x)}{64\pi^3 m_n^2 f_n^3 \zeta_n} \sum_i l_i G_{\mathrm{F}}^{(i)}(f_n)\,j_{nn}^{(i)} + 交叉项 \qquad (9-34)$$

式中[①],

$$G_{\mathrm{F}}^{(i)} = \int_0^{l_i} G_{\mathrm{F}}(x)\,\phi_n^2(x)\,\mathrm{d}x \qquad (9-35)$$

上述参数是第 i 跨的"广义随机力功率谱密度(PSD)"。式(9-34)中,求和涵盖所有模态阶数 n,在每一阶模态,该求和涵盖横向流流过的所有跨 i。 模态振型函数 ϕ_n 和模态广义质量 m_n 从同一有限元模型取得。大多数计算机程序中,所有模态的 $m_n = 1.0$。

在式(9-34)中,式(9-31)定义的联合容纳积分式子与单跨传热管的式子一样,因此可以使用第 9.2 节和第 9.3 节的推导结果。若可假设此传热管

---

① 原公式[14]中,广义随机力 PSD 定义为 $G_{\mathrm{F}}^{(i)} = \int_0^{l_i} G_{\mathrm{F}}(x)\,\phi_n^2(x)\,\mathrm{d}x \Big/ \int_0^{l_i} \phi_n^2(x)\,\mathrm{d}x$,同时均方响应 $\langle y^2 \rangle$ 纳入了一个额外因式 $\int_0^{l_i} \phi_n^2(x)\,\mathrm{d}x$ 来消除 $G_{\mathrm{F}}^{(i)}$ 的分母中的积分。这保留了广义力 PSD 的物理意义,但增加了不必要的计算。

各中间支承为简支形式,则根据式(9-11)可得

$$j_{nn}^{(i)} = \frac{2(\lambda/l_i)^2}{1+(n\pi)^2(\lambda/l_i)^2} \left[\frac{2(n\pi)^2(\lambda/l_i)^2\{(-1)^{n+1}e^{-l_i/\lambda}+1\}}{1+(n\pi)^2(\lambda/l)^2} \right] + \frac{l_i}{\lambda} \right]$$

$$(9-36)$$

且当 $n\pi\lambda/l_i \to 0$ 时,

$$j_{nn}^{(i)} = 2\lambda/l_i \qquad (9-37)$$

或者可用附录 9B 中的图表来估算每一跨的容纳积分。由于在实际当中,一跨内很少出现三个以上半波,因此,附录 9B 给出的容纳积分足以用于计算实际当中可能遇到的所有情况。

应当指出,容纳积分概念的基础是假设湍流是均匀的。这表示直到式(9-34)为止,均已假设 G_F 恒定。最后引入式(9-35)做工程近似处理,解决工业换热器传热管负载不均匀等实际问题。在所有管跨长度相等、均为 l_0 的特殊情况下,沿整个管长的随机力功率谱密度 G_0 相同时,式(9-34)联合式(9-37)退化为

$$\langle y^2 \rangle = \sum_n \frac{l_0 G_0(f_n)\phi_n^2(x)}{64\pi^3 m_n^2 f_n^3 \zeta_n} (2\lambda/l_0) \sum_i \int_0^{l_i} \phi_n^2(x)\,dx$$

最后一个参数就是模态振型在所有跨上的积分。由此可见当 $\lambda \ll l_0$ 时,

$$\langle y^2 \rangle = \sum_n \frac{l_0(f_n)\phi_n^2(x)}{64\pi^3 m_n^2 f_n^3 \zeta_n} (2\lambda/l_0) G_0 \int_0^L \phi_{nn}^2(x)\,dx \qquad (9-38)$$

如果质量密度也相同,则有

$$m_n = m\int_0^L \phi_{nn}^2(x)\,dx$$

式(9-34)将退化为

$$\overline{y^2} = \sum_n \frac{l_0(f_a)\phi_a^2(x)}{64\pi^3 m^2 f_n^3 \zeta_n} G_0 \left[(2\lambda/l_0) \Big/ \int_0^L \phi_{nn}^2(x)\,dx \right] \qquad (9-39)$$

管跨部分负载

应当指出,式(9-34)和式(9-37)中,即便横向流只流过部分管跨, l_i 也是指整个管跨长度。当 $\lambda \ll l_i$ 时,即便跨中只有 $l_e < l_i$ 的部分负载, $j_{ns}^{(i)} \approx$

$2\lambda/l_i$ 也成立。联合容纳积分中的管跨长度消掉了总和 $\sum_i l_i G_F^{(i)} j_{nx}^{(i)}$ 中的管跨长度 l_i。广义随机力 PSD $G_F^{(i)}$ 完全计入了部分负载的影响。

示例 9 - 2

本示例没有具体使用任何单位制,因此,本例中问题的物理过程不会因为单位问题变复杂。

图 9 - 7 展示了两根两端弹簧支撑刚性梁。图 9 - 7(a)中,传热管的负载均匀,随机力 PSD 恒定,等于(1.0/单位长度)²/赫兹,而图 9 - 7(b)中,管跨只有中间部分负载。这两种情况下,$\lambda \ll L$。假定总线质量密度均匀,在单位长度上等于 m,用 L、m、f_1 和 ζ_1 求每种情况下的一阶模态响应。

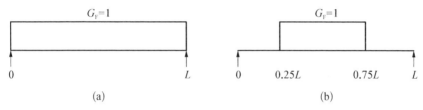

图 9 - 7　全负载简支梁和部分负载简支梁

解算

(1)假设采用有限元的传统方法进行模态振型归一化,即 $m_1 = 1.0$,则模态振型函数为 $\phi_1 = 1/\sqrt{mL}$。由于管跨的联合容纳积分与模态振型归一化无关,所以得出

$$j_1^{(1)} = 2\lambda/L$$

且

$$G_a = \int_0^L 1 \phi^2 \, \mathrm{d}x = \frac{1}{m}$$

根据式(9 - 34),忽略交叉项,可得

$$\langle y_a^2 \rangle = \frac{2\lambda}{64\pi^3 m^2 f_1^3 \zeta_1 L}$$

(2)由于联合容纳积分不涉及管跨部分负载,因此采用前述模态振型归一化处理,再次得出

$$j_i^{(1)} = 2\lambda/L$$

但

$$G_b = \int_{L/4}^{3L/4} 1\phi^2 \, dx = \frac{1}{2m}$$

于是有

$$\langle y_b^2 \rangle = \frac{\lambda}{64\pi^3 m^3 f_1^3 \zeta_1 L} = \langle y_a^2 \rangle /2$$

这与直观预估情况相符。若根据下式对模态振型做归一化处理：

$$\int_0^L \phi^2 \, dx = 1$$

则

$$m_1 = m$$

两种情况下，管跨联合容纳积分仍等于 $j = 2\lambda/L$，但这时有

$$G_a = \int_0^L 1\phi^2 \, dx = 1，且 \, G_b \int_{L/4}^{3L/4} 1\phi^2 \, dx = \frac{1}{2}$$

得出的响应与前文算出的一样。此示例表明，在一个可适当公式化的问题中，任何可在物理上观测到的变量结果均与模态振型归一化无关。

示例 9-3

回到示例 9-1，不同之处只是本例中的管子是换热器中由支撑板支撑的管子，支承板将随机压力场完全分隔，所以各管跨之间的压力完全不相关。再次假设两种情况来求一阶模态的最大均方根响应：(1) $\lambda = 3D$；(2) $\lambda = l$。

本示例的第 (2) 种情况对该多跨管的情况有实际重要意义。在管束内部深处，即使发生锁定涡激振动 (参见第 5 章)，响应谱也不会像单根管子那样出现经典共振尖峰。在能否使用第 5 章的经验方程来估算锁频涡激振幅的问题

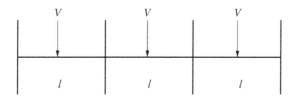

图 9-8　三跨等跨距换热器传热管对横向流的响应

上,存在极大争议。然而众所周知,当旋涡脱落频率接近传热管一个固有频率时,随机压力场的相关长度会大大增加。因此,估算管束内锁频涡激振动的一种方法是使用本章中的横向湍流激振计算方法,并且假设相关长度约为整个管跨长度(或者,更保守地,$j_{mn}^{(i)} = 1.0$),如本示例的第(2)种情况所示。

(1) 当相关长度较小时,对于每一跨而言,有

$$j_{11}^{(i)} \approx 2\lambda/l_i = 2 \times 3 \times 0.625/50 = 0.075$$

$$\langle y_1^2 \rangle = \frac{\phi_1^2(x)}{64\pi^3 m_1^2 f_1^3 \zeta_1} \sum_i l_i G_F^{(i)}(f_1) j_{11}^{(i)}$$

$$= \frac{\phi_1^2(x)}{64\pi^3 m_1^2 f_1^3 \zeta_1} \sum_i 2\lambda G_F \int_0^{l_i} \phi_1^2 \, \mathrm{d}x$$

鉴于

$$\sum_i \int_0^{l_i} \phi_1^2 \, \mathrm{d}x = \int_0^l \phi_1^2 \, \mathrm{d}x = 1$$

通过对恒定线质量密度作归一化处理,得出与示例 9-1 一样的结果。本示例表明,当相关长度相对管跨长度而言较小时,支承板几乎不会破坏压力场的相干性。不论支承形式为支承点还是分隔流域的支承板,传热管的响应均一样。但是,若出现第二种情况:

(2) 当相关长度等于每个管跨的跨长时,则根据附录 9B 图 9-17,有

$$j_{11}^{(i)} = 0.64 \quad i = 1,\, 2,\, 3$$

$$\langle y_1^2 \rangle = 0.050 \, 1 \times (3 \times 0.64) = 0.096 \, 2 \ \text{in}^2$$

$$y_{rms} = 0.31 \ \text{in}$$

相比而言,示例 9-1 中管跨未被支承板分隔时,相应结果为 0.067 in。上述示例表明,即使横向流中,相关长度较小将导致响应较小这点也未必成立。在实际当中,梁沿线通常装设盘片来“分解”相关长度,从而减少梁对横向流的响应。上述示例表明,这些盘片不应装在梁的支承点上。

9.7　模态交叉项对响应的贡献

到此为止,均已将交叉项对式(9-4)或式(9-34)中的响应的贡献量忽略

不计。如第 8.6 节所述，如果忽略交叉容纳积分，或者模态频率是完全独立的，则可以忽略交叉项的贡献。若模态频率充分独立，则包含因式 $H_n(f)H_s(f)$，$n \neq s$ 的交叉项相较联合项而言很小。但若 $f_n \approx f_s$，并且 J_{ns} 不小，则模态交叉项在均方响应中有贡献。式 (9-34) 中的"交叉项贡献量"为

$$\langle y^2 \rangle = \sum_{n \neq s} \frac{2\phi_n(x)\phi_s(x)}{64\pi^3 m_n m_s f_{ns}^3 \zeta_{ns}} \sum_i l_i G_{\mathrm{F}}^{(i)}(f_{ns}) j_{ns}^{(i)}$$

$$G_{\mathrm{F}}^{(i)} = \int_0^{l_i} G_{\mathrm{F}}(x)\phi_n(x)\phi_s(x)\mathrm{d}x \tag{9-40}$$

其中，所有 n 和 s 只计一次数，使得 $f_n \approx f_s$。式 (9-40) 中，m_n、m_s、ϕ_n 和 ϕ_s 均为整体广义质量和模态振型。这些值通常来自模态分析中使用的有限元计算机程序。f_{ns} 和 ζ_{ns} 分别是这两个模态的平均固有频率和阻尼比。举例而言，图 9-9 展示了 17 跨换热器传热管的前 10 种模态。此例子中，关注的跨为从上面数的第二个跨（第 16 跨），该跨有高速蒸汽横向流流过。从图 9-9 观察到，对此跨响应的贡献量最大的模态是模态 3 和模态 4，频率分别为 37.4 Hz 和 38.0 Hz。因此，这两个模态在频域上未"充分独立"。由式 (9-39) 可知，模态 3 和模态 4 之间的容纳积分交叉项涉及第 16 跨在这两种模态之间的交叉容纳积分。分析模态振型图可知，模态 3 和模态 4 在第 16 跨均有一个半波。

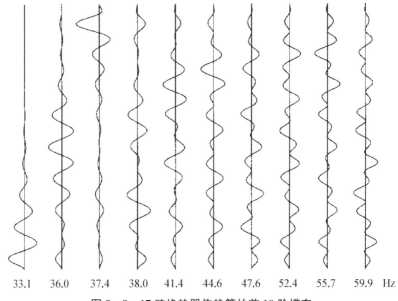

33.1　36.0　37.4　38.0　41.4　44.6　47.6　52.4　55.7　59.9　Hz

图 9-9　17 跨换热器传热管的前 10 阶模态

因此,此跨的交叉容纳积分 j_{34}^{16} 与跨长为 l_{16} 的单跨管的联合容纳积分相同。考虑到联合容纳积分不易受确切的模态振型影响,尤其是当相关长度较小时,因此,即使此跨内的质量密度仅大致均匀,也可从附录9B图 9 - 17 或图 9 - 18 中找 j_{34}^{16} 的值。相关长度 λ 比 l_{16} 小时,$j_{34}^{16} = 2\lambda/l_{16}$。假设唯一的有效力函数处于第 16 跨,则根据式(9 - 39),(模态 3 和模态 4 之间)交叉项对响应的贡献量为

$$\langle y_{34}^2 \rangle = \frac{\phi_3(x)\phi_4(x)}{64\pi^3 m_3 m_4 f_{34}^3 \zeta_{34}} \{l_{16} G_{\mathrm{F}}^{(16)}(f_{34})\} \{2\lambda/l_{16}\}$$

$$G_{\mathrm{F}}^{16} = \int_0^{l_{16}} G_{\mathrm{F}}(x)\phi_3(x)\phi_4(x)\mathrm{d}x$$

式中,f_{34} 和 ζ_{34} 是模态 3 和模态 4 的平均固有频率和阻尼比。

同样得出,$\langle y_{43}^2 \rangle = \langle y_{34}^2 \rangle$。

可用类似方法估算其他密集模态的模态交叉项贡献。显然,一般情况下,当所有跨都受到横向流激振且存在许多密集模态时,上述计算过程可能非常烦琐。为此我们开发了专门的计算机程序来更有效地开展分析。通过本示例可见,模态 3 和模态 4 交叉项对响应的贡献量与这两种模态的直接贡献量大致相同。因此,将式(9 - 34)中的交叉项忽略不计,可能导致结果不保守。

示例 9 - 4

为了突出本章讨论的基本主题——利用商用有限元结构分析计算机程序解决实际流致振动问题,下文中给出的示例中未提及具体单位,但其中的单位都是统一的。如果读者熟悉换热器传热管的尺寸,就会发现本示例提供的数据都采用了美制单位,不过阅读本示例时无需关注采用了何种单位制。

图 9 - 10 展示了三跨换热器传热管。此传热管为一端固支,另一端和中

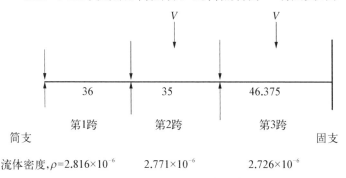

图 9 - 10　三跨换热器传热管

间支承板都为简支。两个支承板将壳体完全分成三个部分，使得不同跨的压力场不交叉相关。管跨有横向流流过，横向流流速在表 9 - 3 最后一栏给出，并绘制在图 9 - 11 中。此处可假定流过每个跨段的流体密度都大致不变。其他相关数据如下所示（均采用了统一的单位制）。

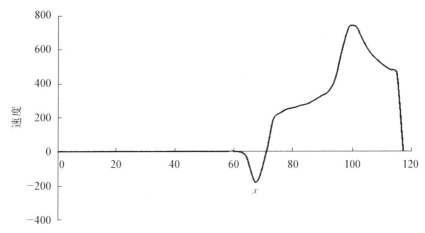

图 9 - 11　管长上的横向流流速分布

传热管外径 $D_\text{o} = 0.625$ 个长度单位；传热管内径 $D_\text{i} = 0.555$ 个长度单位；杨氏模量 $E = 2.9228 \times 10^7$ 个单位；泊松比 $= 0.3$；材料等效质量密度（包括管中的水质量），$\rho_\text{m} = 7.9257 \times 10^{-4}$（水动力质量计算参见第 4 章）；管侧流体密度 $= 6.532 \times 10^{-5}$ 质量单位/单位体积。壳侧流体密度：第 1 跨为 2.816 质量单位/单位体积、第 2 跨为 2.711 质量单位/单位体积、第 3 跨为 2.726 质量单位/单位体积；阻尼比为 0.03；相关长度 $\lambda = 3D_\text{o}$。

计算最大挠度点处的一阶模态振幅。如果各跨的压力充分相关，那么振幅是多少？

解算

如示例 9 - 1 和示例 9 - 3 一样，第一步是计算固有频率和模态振型。应用商用有限元结构分析计算机程序 Nastran 求解该问题。在为此建立的有限元模型中，前两个跨段各有 10 个单元，第三个跨段则有 20 个单元。节点编号、位置、边界条件（如有）如表 9 - 3 前三栏所示。根据式（9 - 40），一阶模态的均方响应为

$$\langle y_1^2 \rangle = \frac{\phi_1^2(x)}{64\pi^3 m_1^2 f_1^3 \zeta_1} \sum_{i=1}^{3} G_\text{F} l_i j_{11}^{(i)}$$

此时应计算最大挠度点处,即节点 30 009(第 3 跨中点附近)的一阶模态的均方根位移。根据表 9-3,此节点处有

$$\phi_1(30\ 009) = 19.17$$

其他已知量如下:$m_1 = 1.0$(从 Nastran 归一化处理方式中得出);$f_1 = 41.37$ Hz(Nastran 求出);$\zeta_1 = 0.03$(已给定);$l_1 = 36, l_2 = 35, l_3 = 46.375$(已给定)。

下面将讨论其他变量。

各跨的容纳积分 $j_{11}^{(i)}$

由于各跨的线质量密度恒定,所以可使用附录 9B 图表中给出的单跨联合容纳积分。此外,即使以各个跨来算,传热管也相当细长,因此可以对每跨使用的近似结果为

$$j_{11}^{(i)} \approx 6D_0/l_i$$

据此得出 $j_{11}^{(1)} = 0.104$;$j_{11}^{(2)} = 0.107$;$j_{11}^{(3)} = 0.08$

表 9-3　有限元模型中的节点方案

边界条件	节　点	x	模态振型 ϕ_1	流　速
	30 020	117.380	0	0
	30 019	115.061	0.475 4	465
	30 018	112.742	1.765	482
	30 017	110.423	3.666	508
	30 016	108.104	5.98	543
	30 015	105.785	8.51	586
固　支	30 014	103.466	11.07	655
	30 013	101.147	13.5	732
	30 012	98.828	15.64	732
	30 011	96.509	17.36	603
	30 010	94.190	18.56	431
	30 009	91.871	19.17	353
	30 008	89.552	19.12	327
	30 007	87.233	18.43	302

（续表）

边界条件	节 点	x	模态振型 ϕ_1	流 速
固 支	30 006	84.914	17.09	280
	30 005	82.595	15.15	271
	30 004	80.276	12.7	258
	30 003	77.957	9.835	250
	30 002	75.638	6.668	228
	30 001	73.319	3.441	194
简 支	30 000	71.000	0	0
	20 009	67.500	−4.758	−181
	20 008	64.000	−8.846	−24.4
	20 007	60.500	−11.95	0
	20 006	57.000	−13.84	0
	20 005	53.500	−14.38	0
	20 004	50.000	−13.54	0
	20 003	46.500	−11.42	0
	20 002	43.000	−8.241	0
	20 001	39.500	−4.308	0
简 支	20 000	36.000	0	0
	10 009	32.400	4.391	0
	10 008	28.800	8.324	0
	10 007	25.200	11.43	0
	10 006	21.600	13.41	0
	10 005	18.000	14.08	0
	10 004	14.400	13.37	0
	10 003	10.800	11.36	0
	10 002	7.200	8.252	0
	10 001	3.600	4.337	0
简 支	10 000	0.000	0	0

各跨随机力 PSD $G_F^{(i)}$ ($f = 41.37\ \text{Hz}$)

根据式(9 - 35)得出

$$G_F^{(i)} = (D_o C_R / 2)^2 \sum_j (\rho_i V_j^2)^2 \phi_j^2 \Delta x_j$$

(注：j 为节点编号，i 为管跨编号)

从图 9 - 4 可知，当 $f = 41.37\ \text{Hz}$ 时，$C_R = 0.025$。使用表 9 - 4 各节点的模态振型和流速值，通过手动计算或电子表格计算，求得

$$G_F^{(1)} = 0$$
$$G_F^{(2)} = 3.68 \times 10^{-5}$$
$$G_F^{(3)} = 0.22$$

所有单位均为(力/长度)^2/Hz。

响应

根据式(9 - 40)以及上文给出的 $G_F^{(i)}$，可得

$$\langle y^2 (\text{node } 30\,009) \rangle = \frac{19.17^2}{64\pi^3 \times 1^2 \times 41.37^3 \times 0.03} \times \{35 \times 3.68 \times 10^{-5} \times$$
$$0.107 + 46.375 \times 0.22 \times 0.08\}$$
$$= 7.07 \times 10^{-5}$$

节点 30 009 处，$y_{\text{rms}} = 8.4 \times 10^{-3}$ 个长度单位。

当各跨的压力 PSD 充分相关时

每跨的联合容纳积分 $j_{11}^{(i)} = 1$。则响应为

$$\overline{y}_{\text{max}}^2 = \frac{19.17^2}{64\pi^3 \times 1^2 \times 41.37^3 \times 0.03} \times \{35 \times 3.68 \times 10^{-5} \times 1 +$$
$$46.375 \times 0.22 \times 1\}$$
$$= 8.88 \times 10^{-4}$$

$y_{\text{rms}} = 29.8 \times 10^{-3}$ 个长度单位

此响应是对管束内的管子发生锁频涡激振动时的响应值的近似估算。在密排管束中，即便发生锁频涡激振动，传热管的响应也不会像单根圆柱中一样出现经典尖峰。同样，密排管束的响应也将小于单根圆柱锁频涡激振动经典经验公式计算出的响应。但若发生锁定，满足锁定发生条件的管跨上的压力

场将充分相关。因此，使用湍流激振分析法可以估算锁定涡激振动响应，但条件是 $j_{nn}^{(i)} = 1.0$。

9.8 两相横向湍流诱发振动

换热器中壳侧流体通常是蒸汽和水的两相混合物。图 9-12 展示了直流式核蒸汽发生器。管侧流体是来自核反应堆的一回路水。这部分水被加热至 600°F（315.6℃）以上，从管顶流到管底。壳侧流体以过冷水的形式进入蒸汽发生器底部向上流动。在上流过程中，这部分水吸收管侧水的热量，从过冷水变成两相蒸汽-水混合物，最后变成过热蒸汽后离开蒸汽发生器。这种特殊设

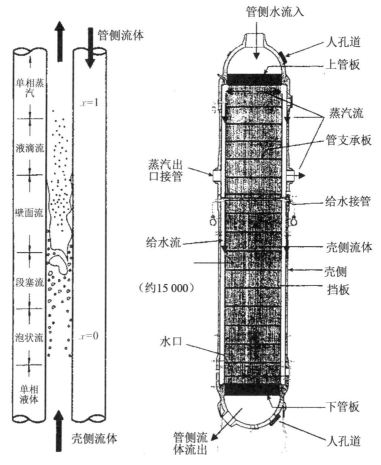

图 9-12　直流核蒸汽发生器壳侧流型

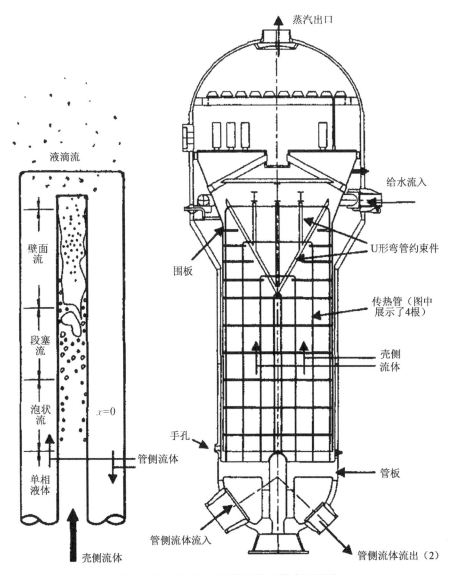

图 9‑13 再循环式核蒸汽发生器壳侧流型

计称作直流蒸汽发生器（OTSG）。此设计中，横向流区域是管束的底跨和顶
跨,底跨和顶跨中流体分别是单相水和过热蒸汽。而大多数再循环蒸汽发生
器(RSG,见图 9 - 13)不同于上述情况。虽然壳侧流体通常仍以过冷水形式进
入底部管束,但其上升到临界 U 形弯管区域时,不会变成过热蒸汽,此 U 形弯
管处为两相横向湍流。

两相流型

如图 9 - 12 和图 9 - 13 所示，当壳侧流体从单相水变为单相过热蒸汽时，会经历不同的两相流型。这些流型的力函数不仅不同于按单相流式（9 - 20）和式（9 - 21）或式（9 - 25）和图 9 - 4 推导出的力函数，而且它们彼此之间也不同。此外，两相流体的热力学性质与单相流体的热力学性质迥然不同，导致发生振动的构件与流动流体间的能量传递机制也迥然不同。下文将对此进行讨论。

两相流参数

由于两相混合物包含两种组分，因此可知，表征两相流体比表征单相流体要复杂得多。两相流体的一般热力学性质在本书中将基本不做讨论。有兴趣的读者可参考童（Tong）的文献[15]或埃尔-韦基尔（El - Wakil）的文献[16]。

下文定义了两相流流致振动分析的必备参数。后文始终假设两相流体形成的是均匀混合物。本节将尽可能严格遵循 ASME《蒸汽表》[17]中的参数和符号规定，并假定读者熟悉饱和压力和温度的含义：

ρ_f 是混合物中的液相质量密度

ρ_g 是混合物中的气相质量密度

$\nu_f = 1/\rho_f$ 是液体比容

$\nu_g = 1/\rho_g$ 是蒸汽比容

$$\nu_{fg} = \nu_g - \nu_f$$

$$\rho_{fg} = 1/\nu_{fg}$$

x 是两相混合物的品质参数（蒸汽在混合物中的质量占比）

在给定的温度和压力下，可以从本文几个分析示例中使用的 ASME《蒸汽表》获得上述参数。但流致振动的相关两相参数不用上述参数表示，而是用空泡份额表示。空泡份额用符号 α 表示。空泡份额是两相混合物中的气体体积的量度，与品质参数 x 的关系式为[16]

$$\alpha = \frac{x\nu_g}{\nu_f + x\nu_{fg}} \tag{9-41}$$

两相流阻尼

加拿大和欧洲已开展试验，试验最终表明两相混合物诱发振动的管子的阻尼比高于单相流体诱发振动的管子的阻尼比。阻尼比为何更高（能量耗散更多)的确切原因尚不清楚,并且本书也不做探讨。本书只需说明此情况的原因似乎不是流体在两种状态之间的相变,因为即便是空气-水混合物,也观察到阻尼比出现类似上升的情况。图 9-14 转载自佩蒂格鲁和泰勒的文献[18],图中展示了在不同空泡份额条件下,空气-水"两相"混合物诱发振动的管子的流体阻尼比测量值。假设 1% 的阻尼是管材的阻尼和单相流体的阻尼,从图 9-14 可以看出,两相混合物可让管子阻尼增加 3%,这个数值很大,可以解释为什么在两相流中从未观察到旋涡脱落现象。佩蒂格鲁和泰勒的空气-水"两相"混合物结论与阿西萨等[19]的蒸汽-水混合物试验结论大体一致。基于这两组数据,保守地假设,在空泡份额为 60%~85% 的条件下——这是大多数 RSG 的 U 形弯管区壳侧流体对应的空泡份额,在管子和管支承板的相互作用产生的阻尼的基础上,两相流体将让常见蒸汽发生器管的阻尼比增加,增幅至少为 2% 的临界阻尼值(参见第 4 章)。管和管支承板的相互作用导致的阻尼值,对紧支撑的管子而言通常为 0.5% 左右,对松支撑的多跨管而言通常为 3%~5%,因此可以看出,在振动分析中应计入两相流体的阻尼。

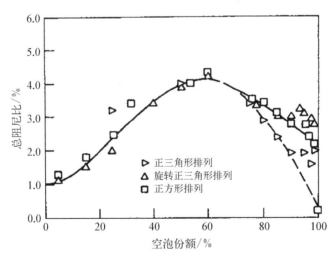

图 9-14　两相流体的阻尼

两相流的随机压力 PSD

仅仅在两相混合物的物理状态表示上,便有许多不同流型和许多参数,因此,可以想象两相流的随机压力 PSD 经验方程推导中的涉及面有多大。两相流流致振动领域的研究在很大程度上还不成熟。本节仅引用已经成熟的成果。大多数再循环式核蒸汽发生器 U 形弯管区的相应流型为"壁面"流,佩蒂格鲁和泰勒[18]通过将调整后的 PSD Φ 表示为缩减频率 F 的函数，合理地压缩了几次试验的数据，即有下述定义式：

$$\Phi = \frac{G_F(f)}{D^2} \qquad (9-42)$$

$$F = f d_B / V_p \qquad (9-43)$$

式中，

$$d_B = 0.001\,63 \sqrt{\frac{V_p}{1-\alpha}} m \qquad (9-44)$$

式(9-44)为泰勒提出的特征空泡长度，单位为 m。佩蒂格鲁和泰勒[18]用 Φ 表示归一化 PSD，本书中此项应该为"无量纲谱"，但由式(9-42)可知 Φ 与第 8 章中定义的随机压力 PSD 的量纲相同。由此可见 Φ 并不是真正的两相随机压力场的功率谱密度。尽管存在这类短板，但佩蒂格鲁和泰勒提出的式子似乎很好地压缩了几个不同试验的数据，具体如图 9-15[8]所示。下式包含了图 9-15 中的所有数据：

$$\Phi = \begin{cases} 10^{-(4\lg F + 1)}, & F \geqslant 0.1 \\ 1\,000, & F < 0.1 \end{cases} \qquad (9-45)$$

其中，Φ 的单位为 $(N/m^2)^2/Hz$。必须注意的是，式(9-45)是从常见尺寸换热器的传热管试验中取得的非常有限的数据。因此，此方程只适用于常见换热器传热管的两相流流致振动分析。根据式(9-42)[①]，得出

$$G_F(f) = D^2 \Phi \qquad (9-46)$$

式(9-46)中必须统一使用国际单位。

---

① 根据佩蒂格鲁和泰勒[18]的推演，式(9-42)表示为

$$\Phi = \frac{G_F(f)(L_e/L_o)}{D^2}$$

L_e 是横向流经过的管长，借助参考长度 L_o 表示。然后，作者选择以 $L_o = 1.0$ m 作为"参考"长度。从概念上讲此推演本身很难进行，因为它意味着，如果两相相同的管子在有相同的横向流流过时，若横向流流过的管长不一样，每单位长度所受的力将不同。显然，作者选择这一方法是因为将联合容纳积分定义为 $J = 2\lambda/L_e$，而非 $J = 2\lambda/L$。后一种规则将和管跨部分负载对广义压力 PSD 的影响一起在后文中讨论。按照本书中的推演方法，最好将佩蒂格鲁和泰勒原表达式中的 L_e/L_o 因式忽略。由于图 9-15 取决于作者如何对源数据作归一化处理，因此使用式(9-42)时需谨慎。建议不要将该方法外推到管长远远超过 1.0 m（大多数换热器的管跨长度）的管子上。

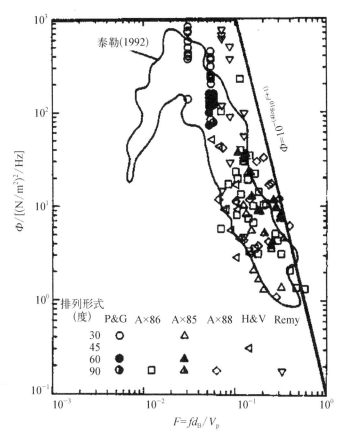

图 9 - 15　$L_o=1.0$ m 条件下壁面流流型的两相流体随机压力 PSD

示例 9 - 5

换热器传热管的整个管跨均有两相横向流流过。流体的温度、压力和流速以及传热管尺寸如表 9 - 4 所示。估算以下参数：(1) 空泡份额；(2) 两相流的附加阻尼；(3) 随机力函数 G_P、G_F，该参数同时以美制单位和国际单位给出；(4) 用单相流体随机力函数式 [见式 (9 - 20)] 及图 9 - 4 计算相应的 G_P 和 G_F，同样同时以美制单位和国际单位给出。

表 9 - 4　示例 9 - 5 的输入参数

	美 制 单 位	国 际 单 位
传热管外径 D_o	0.875 in	0.022 2 m
管长 L_e	40 in	1.016 m

（续表）

	美 制 单 位	国 际 单 位
横向流间隙流速 V_p	15 ft/s	4.572 m/s
流体密度 ρ	11 lb/ft³	176.2 kg/m³
温度 T	517.27 ℉	315.6 ℃
传热管固有频率	20 Hz	20 Hz

解算

（1）为了用式（9-41）求出空泡份额，必须知道在给出的饱和温度条件下的两相混合物的气相和液相比容。根据 ASME《蒸汽表》[17] 两相混合物在 517.27℉（315.6℃）的温度和 11 lb/ft³（176.2 kg/m³）的密度条件下的气相比容、液相比容和品质参数在表 9-5 的前 3 排中给出。用这些值可对 $\nu_{fg} = \nu_g - \nu_f$ 开展计算。计算出的值在表 9-5 第 4 排给出。然后可用式（9-41）算出空泡份额 α 等于 0.80。

表 9-5　示例 9-5 的参数计算值

	美 制 单 位	国 际 单 位
汽相比容 ν_g	0.575 3 ft³/lb	0.035 92 m³/kg
液相比容 ν_f	0.020 84 ft³/lb	0.001 3 m³/kg
混合物蒸汽品质 x	0.126	0.126
$\nu_{fg} = \nu_g - \nu_f$	0.554 5 ft³/lb	0.034 6 m³/kg
空泡份额 α	0.80	0.80
20 Hz 的两相流 G_P	2.07×10^{-5} psi²/Hz	984 Pa²/Hz
20 Hz 的两相流 G_F	1.58×10^{-5} (lbf/in)²/Hz	0.486 (N/m)²/Hz
20 Hz 的单相流 G_P	4.50×10^{-5} psi²/Hz	2 139 Pa²/Hz
20 Hz 的单相流 G_F	3.45×10^{-5} (lbf/in)²/Hz	1.056 (N/m)²/Hz

（2）由图 9-14 可见，空泡份额为 0.80 时，传热管的总阻尼比约为临界阻尼的 3.0%。其中，1% 是由管子在单相水中振动产生的。因此，两相混合物给管子增加了约 2% 临界阻尼的阻尼。

（3）根据式（9-44）和给定的间隙流速，可以计算特征空泡长度。此时必须注意，经验方程的单位是国际单位。因此，必须用单位为 m/s 的间隙流速来

计算 d_B。根据式(9 - 44)得出

$$d_B = 0.001\,63\sqrt{\frac{4.572}{1 - 0.80}} = 0.007\,8\ \text{m}$$

20 Hz 频率条件下根据式(9 - 43)得出无量纲频率 F 为

$$F = 20 \times 0.007\,8/4.572 = 0.034 < 0.1$$

因此有

$$\Phi = 1\,000\ \text{Pa}^2/\text{Hz}$$

根据式(9 - 46)得出

$$G_F(f = 20\ \text{Hz}) = \frac{0.022\,22^2}{(1.016/1.0)} \times 1\,000 = 0.486(\text{N/m})^2/\text{Hz}$$

或

$$G_p(f = 20\ \text{Hz}) = \frac{1}{(1.016/1.0)} \times 1\,000 = 984\ \text{Pa}^2/\text{Hz}$$

此时,若是美国的工程师,应将单位转换回美制单位:

$$G_F(f = 20\ \text{Hz}) = 0.486 \times (0.225/39.37)^2 = 1.58 \times 10^{-5}(\text{lbf/in})^2/\text{Hz}$$

$$G_p(f = 20\ \text{Hz}) = 984/(6.895 \times 10^3)^2 = 2.07 \times 10^{-5}\ \text{psi}^2/\text{Hz}$$

(4) 如果使用单相流体方程,则根据图 9 - 4,20 Hz 频率条件下,$C_R = 0.025$。根据式(9 - 20)可轻松计算出相应的随机压力 PSD 和随机力 PSD。计算出的值在表 9 - 5 最后两排给出。本示例中,两相流体激振力小于对应单相流体的激振力,同时,阻尼比单相流体的更高。

附录 9A　式(9 - 11)的推导(源自布伦尼曼)

根据式(9 - 3)得出

$$J_{nn}(\omega) = \frac{1}{L}\iint_{00}^{LL} \phi_n(x')\Gamma(x', x'', \omega)\phi_n(x'')\mathrm{d}x'\mathrm{d}x''$$

其中,

$$\Gamma(x', x'', f) = \mathrm{e}^{-|x'-x''|/\lambda}$$

且

$$\phi_n = \sqrt{\frac{2}{L}} \sin \frac{n\pi x}{L}$$

据此得出：

$$J_{nn} = \frac{2}{L} \int_{x''=0}^{L} \left[\int_{x'=0}^{x''} \sin \frac{n\pi x'}{L} e^{-(x''-x')/\lambda} dx' + \right.$$

$$\left. \int_{x'=x''}^{L} \sin \frac{n\pi x'}{L} e^{-(x'-x'')/\lambda} dx' \right] \sin \frac{n\pi x''}{L} dx''$$

此时将积分变量转变为

$$u = \sin \frac{n\pi x'}{L}, \quad du = \frac{n\pi}{L} \cos \frac{n\pi x'}{L} dx'$$

$$v = \lambda e^{-(x''-x')}, \quad dv = e^{-(x''-x')} dx'$$

上式适用于第一项积分，有

$$u = \sin \frac{n\pi x'}{L}, \quad du = \frac{n\pi}{L} \cos \frac{n\pi x'}{L} dx'$$

$$v = -\lambda e^{-(x'-x'')}, \quad dv = e^{-(x'-x'')} dx'$$

上式适用于第二项积分。对于第一项积分，得出

$$I_1 = \lambda \sin \frac{n\pi x'}{L} e^{-(x''-x')/\lambda} \bigg|_{x'=0}^{x''} - \frac{n\pi\lambda}{L} \int_{x'=0}^{x''} \cos \frac{n\pi x'}{L} e^{-(x''-x')/\lambda} dx'$$

再次将积分变量转变为

$$u = \cos \frac{n\pi x'}{L}, \quad du = -\frac{n\pi}{L} \sin \frac{n\pi x'}{L} dx'$$

$$v = \lambda e^{-(x''-x')/\lambda}, \quad dv = \lambda e^{-(x''-x')/\lambda} dx'$$

对于第一项积分，得出

$$I_1 = \lambda \sin \frac{n\pi x''}{L} - n\pi\lambda^2 \cos \frac{n\pi x''}{L} + n\pi\lambda^2 e^{-x''/\lambda} + (n\pi\lambda)^2 I_1$$

$$I_1 = \left[\lambda^{-1} \sin \frac{n\pi x''}{L} - \frac{n\pi}{L} \cos \frac{n\pi x''}{L} + \frac{n\pi}{L} e^{-x''/\lambda} \right] \bigg/ \left[\frac{1}{\lambda^2} + \left(\frac{n\pi}{L} \right)^2 \right]$$

同样，对于第二项积分，得出

$$I_2 = \left[\lambda^{-1} \sin \frac{n\pi x''}{L} + \frac{n\pi}{L} \cos \frac{n\pi x''}{L} - \right.$$

$$\left. (-1)^n \frac{n\pi}{L} e^{-(L-x'')/\lambda} \right] \bigg/ \left[\frac{1}{\lambda^2} + \left(\frac{n\pi}{L} \right)^2 \right]$$

因此有

$$J_{nn} L^2 \left[\frac{1}{\lambda^2} + \left(\frac{n\pi}{L} \right)^2 \right] \bigg/ 2$$

$$= \int_{x''=0}^{L} \left[\frac{2}{\lambda} \sin^2 \frac{n\pi x''}{L} + \frac{n\pi}{L} \sin \frac{n\pi x''}{L} e^{-x''/\lambda} - (-1)^n \frac{n\pi}{L} \sin \frac{n\pi x''}{L} e^{-(L-x'')/\lambda} \right] dx''$$

$$= x''/\lambda \big|_{x''=0}^{L} + \frac{n\pi}{L} (I_3 + I_4)$$

再次将积分变量转变为

$$u = \sin \frac{n\pi x''}{L}, \quad du = \frac{n\pi}{L} \cos \frac{n\pi x''}{L} dx''$$

$$v = -\lambda e^{-x''/\lambda}, \quad dv = e^{-x''/\lambda} dx''$$

且

$$v = +\lambda e^{-(L-x'')/\lambda}, \quad dv = e^{-(L-x'')/\lambda} dx''$$

得出

$$I_3 = -\lambda \sin \frac{n\pi x''}{L} e^{-x''/\lambda} \bigg|_{x''=0}^{L} + \frac{n\pi\lambda}{L} \int_{x''=0}^{L} \cos \frac{n\pi x''}{L} e^{-x''/\lambda} dx''$$

最后一个积分的求值方法是将积分变量转变为

$$u = \cos \frac{n\pi x''}{L}, \quad du = -\frac{n\pi}{L} \sin \frac{n\pi x''}{L} dx''$$

$$v = -\lambda e^{-x''/\lambda}, \quad dv = e^{-x''/\lambda} dx''$$

由此得出

$$I_3 = -\frac{n\pi\lambda^2}{L} [(-1)^n e^{-L/\lambda} - 1] - \left(\frac{n\pi\lambda}{L} \right)^2 I_3$$

$$I_3 = [-(-1)^n e^{-L/\lambda} + 1] \left[\left(\frac{n\pi}{L} \right) \bigg/ \left\{ \lambda^{-2} + \left(\frac{n\pi}{L} \right)^2 \right\} \right]$$

以此类推，得

$$I_4 = \left[e^{-L/\lambda} - (-1)^n \right] \left[\left(\frac{n\pi}{L} \right) \middle/ \left\{ \lambda^{-2} + \left(\frac{n\pi}{L} \right)^2 \right\} \right]$$

因此有

$$J_{nn} = \frac{2(\lambda/L)^2}{1 + (n\pi)^2 (\lambda/L)^2} \left[\frac{2(n\pi)^2 (\lambda/L)^2 \{ (-1)^{n+1} e^{-L/\lambda} + 1 \}}{1 + (n\pi)^2 (\lambda * L)^2} + \frac{L}{\lambda} \right]$$

当 n 为奇数时，　　　　　　　　$J_{nn}(\lambda/L \to \infty) \to 8/(n\pi)^2$

当 n 为偶数时，　　　　　　　　$J_{nn}(\lambda/L \to \infty) \to 0$

对于所有 n，　　　　　　　　$J_{nn}(n\pi\lambda/L \to \varepsilon) \to 2\lambda/L$

附录 9B　容纳积分图表

本附录中给出了均匀单跨梁在不同边界条件下的联合容纳积分和交叉容纳积分（见图 9 - 16～图 9 - 19）。针对每种情况，均以两个区间绘图：第一个区间 $\lambda/L = 0$ 线性增加到 $\lambda/L = 0.2$，第二个区间为半对数增加到 $\lambda/L = 10$。这些容纳积分用闭合解方程进行计算（适用于弹簧支撑梁和简支梁），或用有限元法进行计算。这些图表转载于欧阳的文献[12]。注意，容纳积分受边界条件的影响不大。因此，对于一端简支、另一端固支的梁，可以使用两端简支梁与两端固支梁之间的平均值。

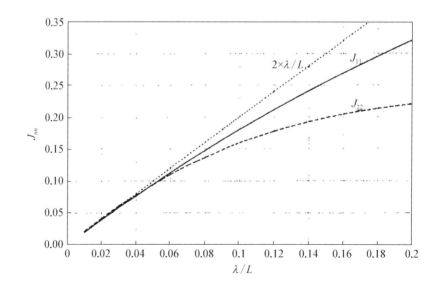

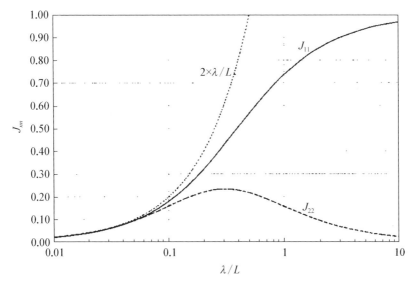

图 9 ‑ 16　两端弹簧支撑刚性梁的联合容纳积分

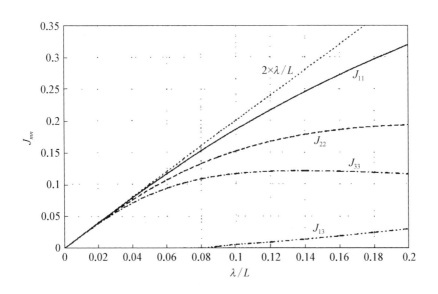

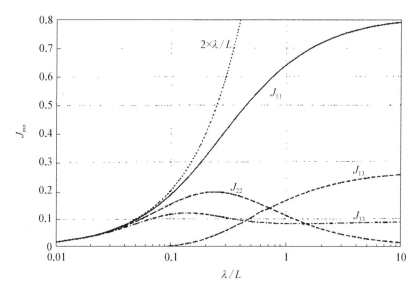

图 9‑17　两端简支梁的联合容纳积分和交叉容纳积分

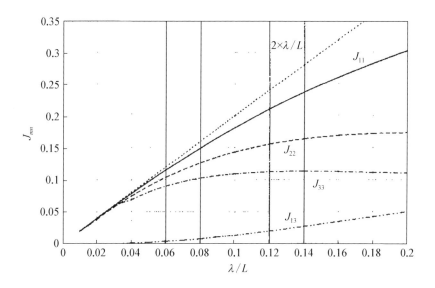

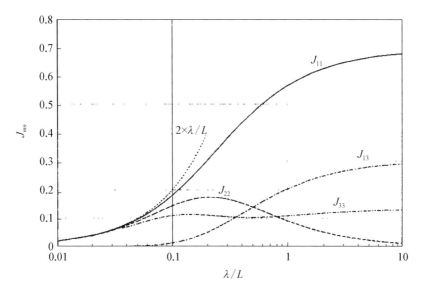

图 9 - 18　两端固支梁的联合容纳积分和交叉容纳积分

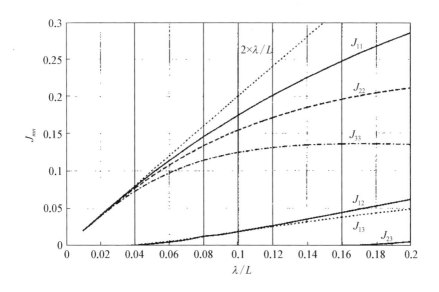

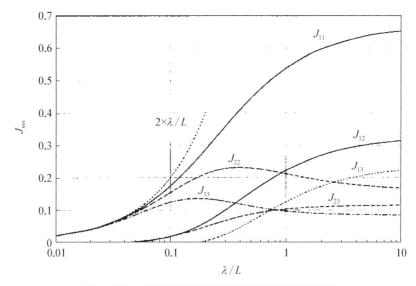

图 9 - 19　悬臂梁的联合容纳积分和交叉容纳积分

参考文献

[1]　Pettigrew M J，Gorman D J. Vibration of heat exchanger tube bundles in liquid and two-phase cross-flow [J]. American Society of Mechanical Engineers，Pressure Vessels and Piping Division (Publication) PVP，1981，52：89 - 110.

[2]　ASME. Boiler code Sec III Appendix N - 1300 series [S]，1998.

[3]　Blevins R D. Flow-Induced Vibration [M]. 2nd ed. New York：van Nostrand Reinhold，1990.

[4]　Au-Yang M K，Connelly W H . A computerized method for flow-induced random vibration analysis of nuclear reactor internals [J]. Nuclear Engineering and Design，1977，42(2)：257 - 263.

[5]　Brenneman B. Random vibrations due to small-scale turbulence with the coherence integral method [J]. Journal of Vibration and Acoustics，1987，109(2)：158.

[6]　Au-Yang M K. Joint and cross acceptances for cross-flow-induced vibration — Part I：Theory and Part II：Charts and applications [J]. Journal of Pressure Vessel Technology，2000，122(3)：349 - 361.

[7]　Blevins R D，Gilbert R J，Villard B. Experiments on vibration of heat exchanger tube arrays in cross-flow [C]. Transaction of the Sixth International Conference on Structural Mechanics in Reactor Technology，Paper B6/9，1981.

[8]　Axisa F，Antunes J，Villard B. Random excitation of heat exchangertubes by cross-flows [J]. Journal of Fluids and Structures，1990，4(3)：321 - 341.

[9]　Chen S S，Jendrzejczyk J A. Fluid excitation forces acting on a square tube array [J]. Journal of Fluids Engineering，1987，109(4)：415.

［10］ Taylor C E, Pettigrew M J, Axisa F, et al. Experimental determination of single and two-phase cross-flow-induced forces on tube rows ［C］. in Flow-Induced Vibration 1986. ASME Special Publication PVP Vol. 104, edited by S. S. Chen, 1986: 31 - 39.

［11］ Oengoeren A, Ziada S. Unsteady fluid force acting on a square tube bundle in air cross-flow ［C］. in Proceedings of 1992 International Symposium on Flow-Induced Vibration and Noise, Volume 1, edited by M. P. Paidoussis, ASME Press, 1992: 55 - 74.

［12］ Au-Yang M K. Development of stabilizers for steam generator tube repair ［J］. Nuclear Engineering & Design, 1987, 103(2): 189 - 197.

［13］ Morse P M, Feshbach H. Method of Theoretical Physics ［M］. Chapter 6. New York: McGraw Hill, 1953.

［14］ Au-Yang M K. Turbulent buffeting of a multispan tube bundle ［J］. Journal of Vibration Acoustics Stress & Reliability in Design, 1986, 108(2): 150.

［15］ Tong L S. Boiling Heat Transfer and Two-Phase Flow ［M］. New York: Wiley, 1966.

［16］ El-Wakil M M. Nuclear Power Engineering ［M］. Chapter 11. New York: McGraw Hill, 1962.

［17］ ASME. Steam tables ［R］. 4th ed. New York: ASME Press, 1979.

［18］ Pettigrew M J, Taylor C E. Two-phase flow-induced vibration ［C］. in Technology for the 90s, edited by M. K. Au-Yang, ASME Press, 1993: 811 - 864.

［19］ Axisa F, et al. Flow-induced vibration of steam generator tubes ［R］. Electric Power Research Institute, EPRINP - 4559, 1986.

第 10 章
轴向流和漏流诱发振动

正常工况中,在同样的流速和流体密度下,动力与过程装备部件的轴向流流致振动问题的严重程度远小于横向流流致振动的。因此,20世纪80年代以来业内研究工作一直集中在横向流流致振动上,所以轴向流流致振动往往被业界忽视。按照法律要求,每一流致振动事件均须做好详细记录,向公众公开。细致回顾这些商业核电运行历史可知,过去40年轴向流流致振动对业界造成的经济损失相当于横向流流体弹性失稳问题和涡激振动问题造成的经济损失总和。

在没有窄流动通道的情况下,轴向流流致振动可通过三种不同方法进行估算:

(1) 第8章针对轴向流流致振动制定的容纳积分法;

(2) 万布斯甘斯(Wambsganss)和陈水生(Chen)[1]给出的方程,该方程估算的是杆或管对轴向流的响应下限;

$$y_{rms}(x) = \frac{0.025\,5\kappa\gamma D^{1.5} D_H^{1.5} V^2 \psi(x)}{L^{0.5} f^{1.5} m_t \zeta} \qquad (10-1)$$

(3) 佩杜西斯(Paidoussis)方程[2],该方程估算的是响应上限;

$$\frac{y_{max}}{D} = (5 \times 10^{-4}) K \alpha^{-4} \left\{ \frac{u^{1.6} \varepsilon^{1.8} Re^{0.25}}{1+u^2} \right\} \left\{ \frac{D_h}{D} \right\}^{0.4} \left\{ \frac{\beta^{2/3}}{1+4\beta} \right\} \qquad (10-2)$$

正常工况中,上述三个方程计算出的轴向流响应结果相较同样流速和流体密度的横向流流致振动而言均很小。但是,当柔性构件附近有极窄流动通道时,可能发生一种漏流流致振动现象,此现象中,构件从压力势能中吸收能量,发生自激振动,通常会引起极不利的后果。过去40年来,漏流流致振动给核工业造成了巨大的经济损失。尽管如此,但目前还没有任何行业公认的简单公式来估算发生漏流诱发失稳的临界流速。下文指导了如何避免漏流诱发失稳的触发条件：

- 尽量避免柔性构件边界形成的极窄间隙中有流体流动。
- 在柔性构件边界形成的流动通道中，避免流动通道上游端压降高于下游端压降。
- 如果悬臂杆周围有狭窄的流体间隙，应避免流体从悬臂自由端流向固支端。
- 避免部件重的端件处于窄流动通道中。

正常运行工况下，采取了抗震措施和抗断裂措施的工业管道系统中，通常不会发生轴向流诱发失稳问题。

主要术语如下：

A，A_o —外横截面积； A_i —内横截面积

D，D_o —管道外径； D_i —管道内径

D_H —水力直径； E —杨氏模量

f —模态频率，Hz； I —惯性矩

J_{11} —一阶模态联合容纳积分

$K = 1.0$（适用于"受控的"极安定流体）

$\quad = 5.0$（适用于工业系统中的湍流）

L —杆长或管长； m —构件的单位长度质量

m_1 —单位长度总质量（包含构件质量和水动力质量）

Re —雷诺数； $u = VL\sqrt{\rho A/EI}$

V —流速； $y_{0\text{-}p}$ —管或杆的零峰响应

y_{rms} —管或杆的均方根响应

$\alpha = \pi$（适用于简支杆）

$\quad = 4.73$（适用于两端固支杆）； $\beta = \rho A/(\rho A + m)$

γ —流体比重； Γ_1 —顺流向相干函数

Γ_2 —横流向相干函数； $\varepsilon = L/D$

ζ —模态阻尼比； κ —式（10-1）中的数值常数

ν —运动黏度； ρ —流体密度

ψ —模态振型函数

10.1　概述

在没有窄流动通道的情况下，轴向流流致振动问题的严重程度远小于横

向流流致振动,但蒸汽接管和汽蚀文氏管中的轴向流除外。在一起事件中,因为蒸汽接管流出高速不稳定蒸汽流而引起相连管道系统发生严重振动问题,现场改造的代价高昂。也发生过一些其他事件,通过"节流"来限制管道系统中的质量流量的汽蚀文氏管出现问题,造成相连管道系统发生大振幅振动,导致手轮变松,接管接头开裂。除了上述个例外,轴向流流致振动问题不是动力与过程行业的常见问题,不过在火箭和喷气发动机排气喷管当中却较为严重。

但是,当柔性构件处于窄流动通道中时,情况将发生显著变化。当满足相关发生条件后,会发生漏流诱发失稳现象,即构件会发生自激振动。"漏流"一词的得来是因为这类流致振动通常只涉及很小的体积流量,构件不是受湍流涡旋或旋涡脱落等的激励,而是从周围流体的静压中吸收势能,当负"流体阻尼"比系统总阻尼大时发生失稳。

回顾 40 年来商用核电运行中的流致振动问题,发现漏流流致振动屡屡给业界带来意外问题。继湍流激振诱发的微动磨损外,漏流流致振动是核工业付出第二大代价的流致振动机理,在商用核电发展早期尤为显著。湍流激振诱发的微动磨损目前基本上已被认为是常规运行问题,但漏流流致振动现象方面的研究却极少。目前,漏流诱发失稳的确切发生机理尚不太清楚,也没有任何业界公认方法来预测漏流诱发失稳的发生条件。更有甚者,规范、标准和设计导则也很少论及漏流诱发失稳问题。工程师在发现可能发生漏流流致振动时,通常采用定性方法来避免漏流诱发失稳的发生,而不是在设计部件时预留出充分的安全裕量。下面几节给出了计算稳态轴向流引起的振幅的简化表达式,以及漏流流致振动的数值计算实例和定性分析,但未讨论脉动流、水锤或蒸汽锤、管道甩击等非稳态流体作用力引起的管道系统激振以及柔性极大的构件的轴向流流致振动问题,这些专题可参考陈水生[3]和佩杜西斯[4]的文献。

10.2　轴向湍流激振

第 8 章的轴向流流致振动容纳积分法适用于轴向湍流激振。事实上,许多功率谱密度方面的数据,如克林奇(Clinch)[5]、欧阳(Au-Yang)和乔丹(Jordan)[6]、欧阳等[7]提供的数据,都是关于轴向流的。本章只讨论当流体沿一维构件的轴线流动时发生的部分轴向流流致振动问题(见图 10-1;另请比

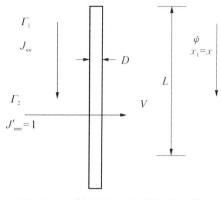

图 10-1　轴向流流过一维构件时的参数符号

对图 9-2）。构件的纵向容纳方向是流体方向和构件轴线，而横向容纳方向垂直于流体方向和构件轴线。与横向流流过 1D 构件的情况一样，本章将假设当轴向流流过 1D 构件时，构件横截面上的脉动压力完全相干，因此，横向容纳积分等于 1。基于这一假设，只须计算纵向容纳积分，此计算可以按照第 8 章示例和本章示例 10-2 开展。但在这类特殊情况下，也可使用其他简化表达式来估算振幅。

10.3　外部轴向流的一些简化方程

对于外部轴向流流致振动，万布斯甘斯和陈水生[1]从理论上推导出一个估算柔性柱形构件对湍流的响应下限的简化方程①：

$$y_{\text{rms}}(x) = \frac{0.025\ 5\kappa\gamma D^{1.5} D_{\text{H}}^{1.5} V^2 \psi(x)}{L^{0.5} f^{1.5} m_{\text{t}} \zeta} \tag{10-1}$$

式中，κ 为 $2.56\times10^{-3}\ \text{lbf}\cdot\text{s}^{2.5}\cdot\text{ft}^{-5.5}=7.85\ \text{N}\cdot\text{s}^{2.5}\cdot\text{m}^{-5.5}$；$\gamma$ 为流体比重（流体密度/水密度）；D 为柱体外径（OD）；D_{H} 为水力直径 $=4\times$ 横截面积/湿周；为杆外径 $=$ 环形流道的径向间隙宽度；V 为流速；ψ 为模态振型函数，归一化处理后最大值等于 1.0；L 为杆长；f 为模态频率，Hz；m_{t} 为单位长度的总质

---

①　在陈水生 1985 年的报告[3]中，式（10-1）中无 γ，原方程为

$$y_{\text{rms}}(x) = \frac{0.018\kappa D^{1.5} D_{\text{H}}^{1.5} V^2 \psi(x)}{L^{0.5} f^{1.5} m_{\text{t}} \zeta}$$

上式只适用于水流体。此报告中提出的 κ 的单位为 $\text{lb}\cdot\text{s}^{2.5}\cdot\text{ft}^{-5.5}$，$m_{\text{t}}$ 为单位长度的质量。如果本处像示例 1-2 中那样核实量纲，可发现为了使式（10-1）右侧和左侧的长度单位一致，则模态振型函数必须无量纲，并且 κ 中的 lb 必须是力单位 lbf。陈水生 1988 年在其他一些文献中提出模态振型函数等于 $\sqrt{2}\sin(\pi x/L)$，此函数与无量纲模态振型函数一致，但在模态振型归一化处理中极不常用。陈水生在其他出版物中提出 $\kappa=0.244\ \text{N}\cdot\text{s}^{2.5}\cdot\text{m}^{-5.5}$，此值与 $2.56\times10^{-3}\ \text{lbf}\cdot\text{s}^{2.5}\cdot\text{ft}^{-5.5}$ 不符。由于陈水生最初以美制单位推导该方程，所以 $\kappa=7.85\ \text{N}\cdot\text{s}^{2.5}\cdot\text{m}^{-5.5}$ 正确。式（10-1）中对 $\sqrt{2}=1.414$ 和陈水生的原方程中的 0.018 进行合并，以便于对模态振型函数归一化处理为最大值等于 1（例如正弦函数）。本章的式（10-1）对原式做了修改，计算结果与容纳积分法得出的结果匹配度更高。

量(构件质量＋水动力质量)；m 为构件的单位长度质量；ζ 为模态阻尼比。

理论上,式(10-1)适用于一切振动模态。在实际应用中,式(10-1)存在定义不明的参数符号。佩杜西斯[2]提出的方程为

$$\frac{y_{max}}{D} = (5 \times 10^{-4}) K \alpha^{-4} \left\{ \frac{u^{1.6} \varepsilon^{1.8} Re^{0.25}}{1 + u^2} \right\} \left\{ \frac{D_h}{D} \right\}^{0.4} \left\{ \frac{\beta^{2/3}}{1 + 4\beta} \right\} \quad (10-2)$$

上式更常用于人工计算。式(10-2)是柔性构件对外部轴向流的响应的简化经验式,仅适用于基本模态。式(10-2)中的变量定义如下:

$\alpha = \pi$(简支杆),$\alpha = 4.73$(两端固支杆)；$K = 1.0$("受控的"极安定流体)或 5.0(湍流)；$u = VL \sqrt{\dfrac{\rho A}{EI}}$；$\rho$ 为流体密度；A 为横截面积；E 为杨氏模量；I 为惯性矩；$\varepsilon = L/D$；$Re = $雷诺数 $= VD/\nu$；ν 为运动黏度；$\beta = \rho A/(\rho A + m + $水动力质量)；其他参数符号定义见万布斯甘斯和陈水生的方程。

示例 10-1

本示例的管子与示例 9-1 中的一样,但本示例中仅分析一个管跨。假设此管为两端简支,承受的外部流体流速与示例 9-1 中的相同,但差别在于流体沿管轴线流动,而非沿垂直于管轴线方向流动(见图 10-2),且流体的压力和温度采用表 10-1 所给的值。所有其他参数与示例 9-1 中的一样,已在表10-1 再次给出。此管的响应为多少?

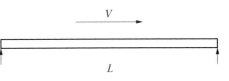

图 10-2　轴向流流过简支管

表 10-1　示例 10-1 的输入参数

	美 制 单 位	国 际 单 位
环境压力	1 200 psi	8.27×10^6 Pa
环境温度	600°F	315℃
管长 L	50 in	1.27 m
外径 D_o	0.625 in	0.015 88 m
内径 D_i	0.555 in	0.014 10 m
杨氏模量 E	29.22×10^6 psi	2.02×10^{11} Pa
管材密度 ρ_m	0.306 lb/in³ (7.919×10^{-4} lbf·s²/in⁴)	8 470 kg/m³

（续表）

	美 制 单 位	国 际 单 位
阻尼比 ζ	0.01	0.01
轴向流流速 V	40 ft/s(480 in/s)	12.19 m/s
壳侧流体密度 ρ_s	1.82 lb/ft^3 (2.734×10^{-6} lbf · s^2/in^4)	29.15 kg/m^3
管侧水密度 ρ_i	43.6 lb/ft^3 (6.550×10^{-5} lbf · s^2/in^4)	698.4 kg/m^3

表 10-2 示例 10-1 的参数计算值

	美 制 单 位	国 际 单 位
外横截面积 A_o	0.307 in^2	1.99×10^{-4} m^2
内横截面积 A_i	0.242 in^2	1.56×10^{-4} m^2
管子横截面积 A_m	0.064 9 in^2	4.19×10^{-5} m^2
惯性矩 $I = \pi(D_o^4 - D_i^4)/64$	0.002 83 in^4	1.18×10^{-9} m^4
总质量密度 $m_t = \rho_m A_m + \rho_s A_o + \rho_i A_i$	6.81×10^{-5} lbf · s^2/in^2	0.469 kg/m
壳侧流体比重 $\gamma = \rho_s/\rho_w$	0.029 2	0.029 2
雷诺数 Re	3.47×10^5	3.47×10^5
$u =$	0.076 27	0.076 27
$\varepsilon = L/D =$	80	80
$\beta = \rho_s A_o/m_t$	0.012 3	0.012 3

解算

1) 方法 1：使用佩杜西斯方程

佩杜西斯式(10-2)是为本示例求解的最简方程，所需的大部分中间参数已在示例 9-1 中算出。这些中间参数计算值已在表 10-2 再次给出，以方便参考。式(10-2)中的雷诺数在示例 9-1 中没有计算。根据 ASME《蒸汽表》[8]，1 200 psi 压力和 600°F 温度条件下，运动黏度 $\nu = 6.0 \times 10^{-6}$ ft^2/s。由于此值的单位中有英尺，因此在计算雷诺数时，式(6-2)必须使用以 ft/s 为单位的速度和以 ft 为单位的管径(也可参见示例 1.1)：

$$Re = \frac{VD}{\nu} = 40 \times (0.625/12)/(6.0 \times 10^{-6}) = 3.47 \times 10^5$$

此参数的美制单位值与国际单位值一样,已在表 10 - 2 第 7 排给出。使用的其他参数有

$$K = 5(工业湍流)$$

$$\alpha = 3.141\ 6(简支管)$$

单根管的水力直径等于管径,因此:

$$D_H/D = 1.0$$

前文示例 9 - 1 已经计算管子的横截面积、惯性矩和总线性质量密度。这些参数计算值已在表 10 - 2 前五排再次给出,可用于计算 u。 例如,u 的美制单位值为

$$u = VL\sqrt{\frac{\rho A}{EI}} = 480 \times 50 \sqrt{\frac{2.734 \times 10^{-6} \times 0.370}{29.22 \times 10^6 \times 0.002\ 83}} = 0.076\ 27$$

此参数的美制单位值与国际单位值相等。将表 10 - 2 中的参数计算值代入式(10 - 2),得出

$$y_{max} = 8.53 \times 10^{-4}\ in(2.17 \times 10^{-5}\ m)(零峰振幅)$$

佩杜西斯式(10 - 2)除了非常简单之外,还有一个优点:方程中的每个因式均无量纲,不像各类文献经常有许多含糊参数。

2) 方法 2:使用万布斯甘斯和陈水生的方程

用式(10 - 1)求解的第一步是计算管子的固有频率。此步已在示例 9 - 1 中完成,已求出

$$f_1 = 21.9\ Hz$$

式(10 - 1)也要求将模态振型函数归一化处理到最大值等于 1.0。对于两端简支管:

$$\psi_1(x) = \sin\frac{\pi x}{L}$$

其余计算须以含有 ft 的长度单位和 slug 的质量单位来完成。管子中点处的模态振型函数(及振幅)最大,为

$$\psi_1(x=L/2)=1.0$$

根据示例 9 - 1，已得 $m_t=6.81\times10^{-5}\,\text{lbf}\cdot\text{s}^2/\text{in}^2=6.81\times10^{-5}\times12\times12=9.81\times10^{-3}\,\text{slug/ft}$；$V=40\,\text{ft/s}$；$D=D_H=0.625/12=0.0521\,\text{ft}$；$L=50/12=4.167\,\text{ft}$；$\gamma=1.82/62.4=0.0292$。

代入式(10 - 1)，得出

$$y_{rms}(x=L/2)=\frac{\begin{array}{c}0.025\times2.56\times10^{-3}\times0.0292\times\\0.0521^{1.5}\times0.0521^{1.5}\times40^2\times1.0\end{array}}{4.167^{0.5}\times21.9^{1.5}\times9.81\times10^{-3}\times0.01}$$
$$=2.11\times10^{-5}\,\text{ft}=2.54\times10^{-4}\,\text{in}$$
$$=6.45\times10^{-6}\,\text{m}$$

若以国际单位开展计算，则为

$$y_{rms}(x=L/2)=\frac{\begin{array}{c}0.025\times7.84\times0.0292\times0.01588^{1.5}\times\\0.01588^{1.5}\times12.19^2\times1.0\end{array}}{1.27^{0.5}\times21.9^{1.5}\times0.469\times0.01}$$
$$=6.44\times10^{-6}\,\text{m}$$

相比而言，示例 9 - 1 中计算得出，同一管子对相同流速和流体密度的横向流的均方根响应等于 0.035 in。因此，轴向流流致振动问题的严重度远小于横向流流致振动。由于式(10 - 1)计算的是均方根值，而式(10 - 2)计算的是零峰振幅值，因此很难直接比较这两个计算值。假设响应符合高斯分布，上述结果表明，99.7% 的时间，管子跨中点的振幅小于 y_{rms} 的 3 倍，即小于 7.62×10^{-4} in 左右，这与式(10 - 2)的计算结果相符。

示例 10 - 2

本示例中设各项条件与上述示例一样，但假设流体在管子内部，流速和密度与示例 10 - 1 中流体在管子外部时的流速和密度相同。为了便于比较结果，也假设管的内径与示例 10 - 1 中的管外径相同，而壁厚、管材密度和外部流体密度等参数将保证基本频率保持为 21.9 Hz，并且总线性质量密度与示例 10 - 1 中的保持一样。本示例将使用第 8 章中的容纳积分法估算管子跨中点振幅。

解算

本处首先将已知参数汇总到表 10 - 3。

表 10‐3　示例 10‐2 的已知参数

	美 制 单 位	国 际 单 位
管长 L	50 in	1. 27 m
内径 $D_i = D_H$	0. 625 in	0. 015 88 m
阻尼比 ζ	0. 01	0. 01
管内的流速 V	40 ft/s (480 in/s)	12. 19 m/s
流体密度 ρ	1. 82 lb/ft^3 (2.734×10^{-6} lbf · s^2/in^4)	29. 15 kg/m
管子总线性密度 m_t	6.81×10^{-5} lbf · s^2/in^2	0. 469 kg/m
基本模态频率 f_1	21. 9 Hz	21. 9 Hz

表 10‐4　示例 10‐2 的参数计算值

	美 制 单 位	国 际 单 位
$\Omega = 2\pi f_1 \delta^* / V$	0. 09	0. 09
$G_p(f)/\rho^2 V^3 D_H$ （取自图 8‐15 中 $\Omega = 0.09$ 时的值）	5.0×10^{-5}	5.0×10^{-5}
G_p	2.58×10^{-8} psi^2/Hz	1. 22 Pa^2/Hz
Δ_1	6.25×10^{-3}	6.25×10^{-3}
$4f_1 L/V$	9. 125	9. 125
J_{11}（取自图 8‐21）	0. 04	0. 04
$\psi_1(x = L/2)$	0. 2 in$^{-1/2}$	1. 255 m$^{-1/2}$

应使用式(8‐50)对本示例进行求解。按本示例中的参数符号,只考虑一维和基本模态,此式变为[另请比对式(9‐4)]:

$$\langle y^2(x = L/2) \rangle = \frac{L D_i^2 G_p(f_a) \psi_1^2(x = L/2) J_{11}(f_1)}{64\pi^3 m_1^2 f_1^3 \zeta_1} \qquad (10\text{-}3)$$

在密度一致、模态振型归一化处理为 1 的条件下,模态广义质量 $m_1 = m_t$。 需计算的唯一变量是湍流随机压力 PSD G_p 和联合容纳积分 J_{11}。 下文给出了这两个参数的计算步骤。

随机压力 PSD

首先从第8章给出了三种不同的随机压力 PSD 图（见图8－15、图8－16和图8－17）中进行选择。图8－17是配阀门、弯头和弯管的大型管道系统的图。图8－15根据直管的试验数据绘制，与本示例最接近，可用它来计算随机压力 PSD。本示例求解结束时应回过去核对图8－16。要从图8－15中取得无量纲 PSD，必须先对下述方程开展计算：

$$\Omega = 2\pi f_1 \delta^* / V$$

对于小径管道和传热管，位移边界层厚度等于内径的一半。已知这点，再加上已知的一阶模态频率和速度，可以算出 $\Omega = 0.09$。根据图8－15，得出

$$G_p(f)/\rho^2 V^3 D_H = 5.0 \times 10^{-5}$$

用上式可计算随机压力 PSD。随机压力 PSD 的美制单位值和国际单位值以及管子中点（振幅最大处）模态振型参数值均已在表10－4给出。

联合容纳积分 J_{11}

纵向联合容纳积分可从图8－21中读取。须先计算两个参数：

$$\Delta_1 = \delta^* / L \quad \text{和} \quad 4f_1 L/V$$

用表10－3中的给定值可轻松算出

$$\Delta_1 = 6.25 \times 10^{-3}, \quad \text{且} \quad 4f_1 L/V = 9.125$$

从图8－21中可以看出，联合容纳积分 J_{11} 非常小：

$$J_{11} \approx 0.03$$

根据第10.1节的讨论，假定横向联合容纳积分为1：

$$J'_{11} = 1.0$$

用这些值可以计算管子跨中点的均方根响应。比如，此均方根响应的美制单位值为

$$\langle y^2 \rangle = \frac{50 \times 0.625^2 \times 2.58 \times 10^{-8} \times 0.2^2 \times 0.03}{64 \times 3.1416^3 \times (6.81 \times 10^{-5})^2 \times 21.9^3 \times 0.01} = 6.26 \times 10^{-7}$$

由此得出

$$y_{rms} = 7.91 \times 10^{-4} \ in(2.01 \times 10^{-5} \ m)$$

此时应当强调,由于示例 10-2 中的管内径等于示例 10-1 中的管外径,并且已有意将两根管子的基本模态频率和线质量密度设为相同,若用式(10-3)求示例 10-1 中的跨中点振幅,则得出的结果与上面的响应值完全一样,相比而言,用式(10-1)求出的 $y_{rms} = 2.54 \times 10^{-4}$ in,用式(10-2)求出的 $y_{0\text{-peak}} = 8.53 \times 10^{-4}$ in。 因此,式(10-1)和式(10-2)得出的结果与式(10-3)得出的结果相符,而式(10-3)更严谨一些。

此时回过去核对图 8-16,该图可用式(8-68)进行近似表示:

$$\frac{G_p(f)}{\rho^2 V^3 D_H} = \begin{cases} 0.272 \times 10^{-5}/S^{0.25}, & S < 5 \\ 22.75 \times 10^{-5}/S^3, & S > 5 \end{cases}$$

式中,

$$S = 2\pi f D_H/V = 2\Omega = 0.18$$

代入式(8-68),得出美制单位值为

$$G_p \approx 0.42 \times 10^{-5} \ psi^2/Hz$$

如果使用图 8-16 或式(8-68)来估算上述计算中的湍流压力 PSD,将得出

$$y_{rms} = 2.3 \times 10^{-4} \ in$$

与万布斯甘斯和陈水生的式(10-1)的计算值 2.54×10^{-4} in 更为接近。

10.4　流体输送管的稳定性

佩杜西斯[4]和陈水生[3]的文献广泛探讨了输流管道的稳定性问题,布莱文斯(Blevins)[2]的文献的探讨范围稍小一点。若对此课题的详细数学运算感兴趣,请参阅上述参考文献。下文主要基于物理推理给出最常用公式的简化推导过程。

屈曲失稳

图 10-3 展示了内横截面积为 A_i 的直管,该直管两端受支撑,输送的流体的密度为 ρ,流速为 V。 假设给该管施加一个小横向位移 $y(x)$。 从材料强度

介绍课程中可知，管道刚性产生的弹性力的计算公式为

$$EI \frac{\partial^4 y}{\partial x^4}$$

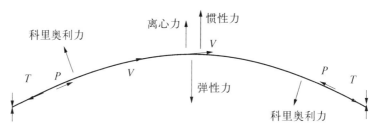

图 10 - 3　简支的输流管道

此力作用方向为位移方向（因此，反作用力方向为 y 的相反方向）。由于此管道此时是弯曲的，流动的流体将向管道施加一个离心力。根据基本动力学知识，此离心力为

$$\rho A_i V^2 \frac{\partial^2 y}{\partial x^2}$$

此离心力的作用方向为位移的相反方向（因此，其反作用力方向为 y 方向）。如果此离心力小于刚性恢复力，则在刚性恢复力的作用下，管道将回到原平衡位置。届时，流体输送管道将保持稳定。但是，若流动流体的流速和密度足够大，则离心力大于刚性恢复力，管道将发生更大的偏挠，从而符合失稳条件。离心力等于管道刚性恢复力时的速度称为静发散临界速度或屈曲失稳临界速度：

$$\rho A_i V^2 \frac{\partial^2 y}{\partial x^2} = -EI \frac{\partial^4 y}{\partial x^4}$$

使用式（3 - 15）得出

$$\{y\} = \sum_n \alpha_n(t) \psi_n(x)$$

利用 $\psi_n(x) = \sqrt{\dfrac{2}{L}} \sin \dfrac{n\pi x}{L}$，可以轻松证明屈曲失稳临界速度或静发散失稳临界速度的计算公式为

$$V_c = \frac{\pi}{L} \sqrt{\frac{EI}{\rho A_i}} \tag{10-4}$$

式(10-4)适用于两端简支管。两端固支管的临界速度可用表 3-1 中的相应模态振型的表达式以类似方式进行推导。采用"静"字是因为自上述推导未考虑管道振动的惯性力参数项 $m_t \partial^2 y / \partial t^2$。不过,此惯性力并非作用于管道的唯一动态作用力。由于管道两端铰接,当管道以 $\partial y / \partial t$ 的速度发生偏挠时,管道单元围绕空间中某一固定点转动(转动轴线垂直于振动平面,见图 10-3),流体以速度 V 沿管道长度方向流动。从动力学课程知识可知,管道单元还有另一个作用力,称为科里奥利力。此力的大小等于 $2\rho A_i V \partial^2 y / \partial x \partial t$。另外,如果管道内的流体具有压力 p,管道具有初始轴向载荷 T(拉力为正值),则流体输送管道的运动方程可写为

$$EI \frac{\partial^4 y}{\partial x^4} + (pA_i - T) \frac{\partial^2 y}{\partial x^2} + \rho A_i V^2 \frac{\partial^2 y}{\partial x^2} + 2\rho A_i V \frac{\partial^2 y}{\partial x \partial t} + (m + \rho A_i) \frac{\partial^2 y}{\partial t^2} = 0 \tag{10-5}$$

弹性力　预荷载　离心力　科里奥利力　惯性力

此时,屈曲条件或静态发散条件的计算方程为

$$EI \frac{\partial^4 y}{\partial x^4} + (\rho A_i V_c^2 + pA_i - T) \frac{\partial^2 y}{\partial x^2} = 0$$

可用模态分解法和表 3-1 中给出的一个模态振型函数来求解。对于两端简支管,基本模态下的临界速度的计算方程为

$$V_c = \sqrt{\frac{\pi^2 EI}{L^2 \rho A_i} + \left(\frac{T}{\rho A_i} - \frac{p}{\rho} \right)} \tag{10-6}$$

与式(10-4)相比,可看出,在初始拉伸荷载的作用下,临界速度增大,而在内部压力的作用下,临界速度减小。

式(10-5)中有科里奥利力参数项,所以方程求解过程变得非常复杂。科里奥利力不像其他项,它是反对称的。这意味着,如果将 x 替代为 $-x$,科里奥利力的符号将改变,而所有其他力将保持不变。从物理学的角度,科里奥利力的奇偶性为奇性,因此会将对称模态耦合到反对称模态,也会将反对称模态耦合到对称模态。此外,科里奥利力与横向振动速度成正比,与惯性力异相,

惯性力与横向振动的加速度成正比。这表示，式(10-5)的解必须同时包含 $\sin 2\pi f_n t$ 和 $\cos 2\pi f_n t$。对于两端简支管，利用式(10-5)的精确解(参见布莱文斯的文献[2])，得出流动流体的输送管道在各经典模态 n 下的两个固有频率的计算方程为

$$\left\{\frac{\overline{f}_{n1,\,n2}}{f_n}\right\}^2 = \alpha \pm \left\{\alpha^2 - 4\left[1-\left(\frac{V}{V_c}\right)^2\right]\left[4-\left(\frac{V}{V_c}\right)^2\right]\right\}^{1/2} \quad (10-7)$$

式中，

$$\alpha = \frac{17}{2} - \left(\frac{V}{V_c}\right)^2\left[\frac{5}{2} - \left(\frac{128}{9\pi^2}\right)\left(\frac{\rho A_i}{m+\rho A_i}\right)\right]$$

对于较低的基本模态，可使用以下近似式：

$$\overline{f}_1/f_1 = \sqrt{1-(V/V_c)^2} \quad (10-8)$$

图 10-4 摘自陈水生和罗森堡(Rosenberg)的文献[10]，图中为输流简支管的频率缩比 $\overline{f}_1/f_1$。图中，f_1 是流体流速为零时管道的基频。在计算 f_1 时，应计入流体产生的附加质量以及预荷载 T 和 p。流速达到静发散临界速度时，基频降至零。

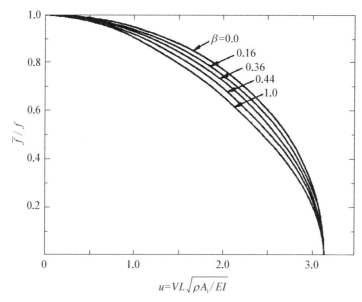

图 10-4 流动流体引起的频率缩减

示例 10 - 3

一根装有加压水的大型管,两端简支。此管的尺寸、管材特性以及管道中的水压和水温的美制单位值和国际单位值已在表 10 - 5 给出。在管道两端不受轴向约束的情况下:(1) 计算水不流动且内部压力 p 为零时管道的基本模态频率;(2) 计算管道发生屈曲失稳的临界流速;(3) 假设水流速度为 50 ft/s (15.24 m/s),计算管道的基频是多少;(4) 假设管道跨中点的最大振幅为 0.1 in(0.000 254 m),计算管道所受的弹性力、压力、离心力、科里奥利力和惯性力为多少,这些力的最大值处于哪个作用部位。

表 10 - 5　示例 10 - 3 的输入参数

	美 制 单 位	国 际 单 位
水压 p	2 500 psi	1.724×10^7 Pa
水温	650°F	343℃
流速 V	50 ft/s (600 in/s)	15.24 m/s
外径 D_o	42.5 in	1.08 m
内径 D_i	38.0 in	0.965 m
长度 L	60 ft (720 in)	18.29 m
管材密度 ρ_m	0.306 lb/in^3 (7.919×10^{-4} lbf · s^2/in^4)	8 470 kg/m^3
杨氏模量 E	25.0×10^6 psi	1.72×10^{11} Pa
跨中点峰峰振幅	0.1 in	0.002 54 m

解算

按本书的标准惯例,此处先把所有的美制单位换算为一组统一单位(参见第 1 章),换算后的值已在表 10 - 5 的圆括号中给出。根据 ASME《蒸汽表》[8],在给定的温度和压力条件下,水密度 $\rho = 38.23$ lb/ft^3(612.4 kg/m^3)。由于水密度单位不统一,必须注意将此密度值(参见表 10 - 5 中的 ρ_m 的单位换算)换算为以 lbf · s^2/in^4 为单位的值,以便与其他国际单位一致(参见第 1 章)。此参数值及其他参数计算值均已在表 10 - 6 中以两种单位给出。由于水流速度 V 远低于临界流速 V_c 的计算值,因此式(10-8)或图 10 - 4 中可以忽略水流引起的频率缩减。明显的频率缩减源自静压。假设响应受基本模态主

导,可用模态振型函数求出力分量。跨中点最大振幅为 δ 时,有

$$y = \delta \sin \frac{\pi x}{L}$$

$$\frac{\partial y}{\partial x} = \frac{\pi \delta}{L} \cos \frac{\pi x}{L}, \qquad \frac{\partial^2 y}{\partial x^2} = -\left(\frac{\pi}{L}\right)^2 \delta \sin \frac{\pi x}{L},$$

$$\frac{\partial^3 y}{\partial x^3} = -\left(\frac{\pi}{L}\right)^3 \delta \cos \frac{\pi x}{L}, \qquad \frac{\partial^4 y}{\partial x^4} = \left(\frac{\pi}{L}\right)^4 \delta \sin \frac{\pi x}{L}$$

表 10-6　示例 10-3 的参数计算值

	美 制 单 位	国 际 单 位
水密度 ρ（《蒸汽表》）	38.2 lb/ft^3 5.736×10^{-5} lbf·s^2/in^4	614.2 kg/m^3
外截面积 $A_o = \pi D_o^2/4$	1 419 in^2	0.915 2 m^2
内截面积 $A_i = \pi D_i^2/4$	1 134 in^2	0.731 7 m^2
金属面积 $A_m = A_o - A_i$	284.5 in^2	0.183 6 m^2
线质量密度 $m = \rho_m A_m$	0.225 3 lbf·s^2/in^2	1 555 kg/m^3
单位管道长度的水质量 ρA_i	0.064 9 lbf·s^2/in^4	449.4 kg/m^3
$m + \rho A_i$	0.290 2 lbf·s^2/in^4	2 004 kg/m^3
惯性矩 I	57 800 in^4	0.024 1 m^4
$f_1 = \dfrac{\pi}{2L^2}\sqrt{\dfrac{EI}{m+\rho A_i}}$	6.76 Hz	6.76 Hz
V_c［式（10-6）］	19 490 in/s	494.6 m/s
$p = 0$ 条件下的 V_c［式（10-4）］	20 580 in/s（1 715 ft/s）	521.3 m/s
最大弹性力	52.4 lbf/in	9 152 N/m
最大压力	-5.40 lbf/in	-945.5 N/m
最大离心力	-0.044 5 lbf/in	-7.82 N/m
最大科里奥利力	1.44 lbf/in	253.4 N/m
最大惯性力	-52.3 lbf/in	-9 144 N/m

根据式（10-5）,得出：

最大弹性力 $=EI(\pi/L)^4\delta$ 在跨中点；

最大静压力 $=-pA_i(\pi/L)^2\delta$ 在跨中点；

最大离心力 $=-\rho A_i V^2(\pi/L)^2\delta$ 在跨中点；

最大科里奥利力 $=\pm4\pi^2\rho A_i V f_1\delta/L$ 在 $x=0$ 和 $x=L$ 处；

最大惯性力 $=-(2\pi f_1)^2(m+\rho A_i)\delta$ 在跨中点。

上述值已在表 10-6 最后五排给出。由于计算中使用近似法，力之间不完全平衡。本示例旨在说明常规工业管道系统中力的相对重要性。显然，流体流动产生的力（离心力和科里奥利力）相较弹性力和惯性力而言可忽略不计。本示例表明，在正常运行工况中，工业管道系统中的管道若得到充分支撑，管道中的流体流速常远低于屈曲失稳临界速度，管道失稳不会成为问题。当输送高压流体的管道被切断时，情况就不同了。根据园艺软管失控的经验，可清楚得知，输送高压流体的管道被切断可能发生失稳，导致危险的"管道甩击"问题。

工业管道系统须配适当的约束件来抵御地震等事故工况，须对高能管道系统采取措施，尽量减少管道断裂后对邻近设备的"二次损害"和对附近人员的伤害。针对这类事故工况采取适当设计的管道系统，在正常运行工况时通常远远达不到失稳阈值。

10.5　漏流流致振动

示例 10-1 至示例 10-3 表明，在正常工况中，轴向流流致振动较小，远小于同样流速和流体密度的横向流流致振动。这两个示例涉及流体沿管子流动或在管内流动，其中流动通道的横截面大于管构件的横截面，或至少与其相当。如引言部分所述，当狭窄流动通道被尺寸大得多的构件包围时，情况可能大不相同——动力与过程行业经常遇到这种情况。这种情况下，会发生漏流诱发失稳现象。

目前为止，本文讨论过的所有流致振动现象——涡激振动、湍流激振、流体弹性失稳——涉及的都是横截面积相当大的流动通道，所以，体积流量大。相比之下，漏流诱发失稳现象通常发生在极窄流动通道，其中最常见的是由至少一个柔性构件围成的环形截面流动通道，其体积流量会很小，因此称为"漏流"。系统从流体静压的势能中吸收能量，开始发生自激振动。

漏流诱发失稳问题的研究可通过流体动力学和结构动力学耦合方程组的

数值求解来完成。这方面的内容可以参见佩杜西斯的论著[4]。流致振动和噪声国际研讨会会议论文集[11-13]也收集了的很多技术论文，其中大多探讨的是特定部件的数值分析或试验。马尔卡希(Mulcahy)[14]发表了一篇关于避免漏流流致振动问题的综述文章。大多数分析文章均涉及复杂的数学方程式和冗长的计算算法。要准确估算流体结构系统的漏流诱发失稳的阈值，只能开展数值分析。但是，通常需要做的是努力避免漏流诱发失稳问题的发生条件，因此更重要的是要认识此现象的物理原理，而非对此现象开展深入的数学计算。下文依据 Miller(米勒)的文献[15]进行讨论。

图 10-5 展示了一个二维流动通道，通道中间设置了一根横向被弹簧支撑的杆。流体从左往右流，上游环境静压等于 p_1，下游环境静压等于 p_2。杆的上游端是一个限流器。假设将杆稍微上移，限流器与上壁之间的小间隙将开始闭合，导致流体横截面积减小，上流动通道的体积流量减小，因此，上流动通道中的流速下降。由于环境压力 p_1 和 p_2 不变，要减小流速，唯一的方式是让上流动通道中的静压 p_1 低于下游压力 p_2，因此存在负净力，在负净力的作用下，流体被推向左侧（即流动方向与负压力梯度方向相反），如图 10-5 所示。下流动通道的情况恰好相反。限流器与下流动通道壁之间的间隙张大后，下流动通道中的体积流量开始增加。下流动通道中的静压必须高于下游环境压力 p_2，从而形成净力将流体往下游推（流动方向为正压力梯度方向）。图 10-5 的流动通道图下方给出了此静压的分布图。因此，由于上流动通道和下流动通道间的压差而形成方向向上的净力，该力很可能将杆进一步向上推。因此，失稳条件建立。

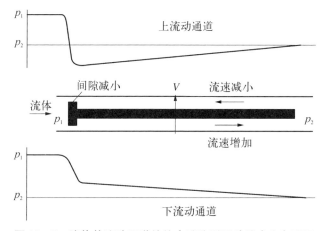

图 10-5　流体从流动通道的约束端流到开放端产生负阻尼

此时,假设流体从右向左流动,如图 10-6 所示,再次让杆稍微上移,使上流动通道下游端的间隙开始闭合。当上流动通道的流体横截面积减小时,体积流量减小并且流速减小。由于环境压力 p_1 和 p_2 不变,所以,要减小上流动通道中的流速,唯一方式是让上流动通道中的静压上升超过 p_1,使流动方向与负压力梯度方向相反。下流动通道的情况恰好相反。当下流动通道的间隙张大时,体积流量增加,即下流动通道中流体将加速,加速度方向为从右向左。此情况只能发生在压力梯度(流向)为正时。一个向下的净力就这样形成了,在该力的作用下,杆很可能恢复到平衡位置,符合稳定条件。

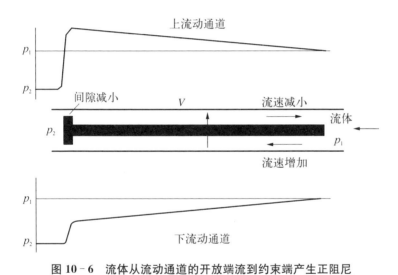

图 10-6　流体从流动通道的开放端流到约束端产生正阻尼

概括上述讨论内容,可以发现悬臂的自由端相当于上述示例中的杆的限流器端。

漏流流致振动的规避原则

从上面的讨论可明显看出,如果能够计算流体产生的"负阻尼比",便可估算发生系统失稳的临界速度。与旋涡脱落和流体弹性失稳的情况不同,旋涡脱落和流体弹性失稳方面有尽管不太严谨但相对简单的经验方程来估算临界速度,而漏流诱发失稳方面没有类似的简单方程估算漏流诱发失稳的"临界速度"。正是由于没有临界速度定量求值方法,而且漏流流致振动问题未受到普遍关注,所以漏流流致振动问题成为商业核电前 40 年代价最大的流致振动问题之一。直到最近,才规定出分析方法来预测失稳的发生,此类分析方法通常基于流体动力学和结构动力学方程组的复杂数值解［例如，参见藤田(Fujita)和新谷(Shintani)的文献[16]、稻田(Inada)和叶山(Hayama)的文献[17]及其引用的参考文献］。这些分析结果与上述现象说明基本一致。

对于大多数工程师来说，目前防止漏流流致振动问题的办法是围绕此问题开展针对性的设计。根据上述讨论，如果满足以下标准，便可消除漏流诱发失稳问题[14]：

● 尽量避免柔性构件边界形成的极窄间隙中有流体流动。

● 在柔性构件边界形成的流动通道中，避免流动通道上游端压降高于下游端压降［见图 10 - 7(a)和(c)[14]］。

● 如果悬臂杆周围是狭窄的流体间隙，避免流体从悬臂自由端流向固定端。

● 避免重的端件处于窄流动通道中［见图 10 - 7(b)[14]］。

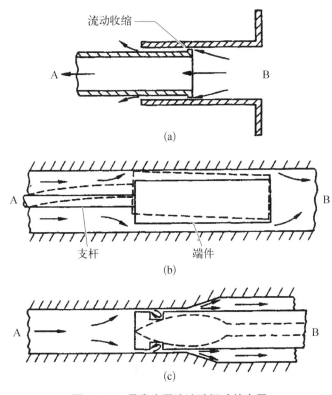

图 10 - 7　易发生漏流流致振动的布置

(a)限流器处于窄流动通道上游端；(b)大型端件处于窄流动通道中；(c)流体从杆自由端流向支撑端以及在缩放形流动通道中流动

10.6　易发生轴向流流致振动和漏流流致振动的部件

轴向流流致振动问题,特别是漏流流致振动,在动力与过程装备甚至在日常生活中很常见,但大多数工程师还没意识到这个问题。图 10-8 和图 10-9 展示了已发生过轴向流流致振动和漏流流致振动的一些常见部件。本节将简要探讨其中一些部件,其他部件将在第 10.7 节做更详细的讨论。

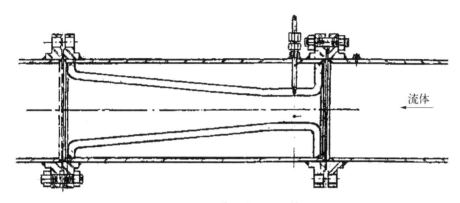

图 10-8　典型汽蚀文氏管

汽蚀文氏管安装在管道系统中,通过"节流"来限制水的质量流量。汽蚀文氏管中会发生气泡破裂,并且有剪切湍流流出,在两者的共同作用下将产生大量声能,噪声级通常超过 100 dB。此噪声不仅造成汽蚀文氏管附近作业人员需要佩戴护耳用品,甚至还会超出某些法规要求。该噪声的大部分能量为高频成分,因此,汽蚀文氏管并不总会引起管道系统的振动问题,管道系统的固有频率通常低于 100 Hz。但这种高频噪声会造成接头和连接器件松动,或激发高频壳式振型,使焊接接头在数小时内发生疲劳。节流流体也可能在汽蚀文氏管上游水中引发低频脉动,从而激励管道系统。曾有一处管道系统因汽蚀文氏管,噪声级超过 105 dB,该管道系统上连接的手轮变松,然后落到地板上,并且因振幅大,造成主管道系统所连的接管受损。

汽蚀文氏管可以并且已经应用于电厂,未出现任何超标振动问题。下文列出了应遵循的总准则:

● 因噪声级较高,汽蚀文氏管附近人员必须佩戴听力保护装置。显然,汽蚀文氏管不应在居民区附近使用,除非居民区设有隔声良好的围护结构。

● 管道系统的所有螺纹连接器件,特别是手轮,均应充分紧固。焊接件的设计应考虑到管道的壳式振型诱发变形。

● 管道系统上请勿连接阀门等接管安装式重型部件。

● 应对相关管道系统提供充分支撑。

第 12 章讨论声致振动和噪声时会再次提及汽蚀文氏管。

普通水龙头

大多数普通水龙头靠螺纹主轴控制流量，主轴一端配平垫圈或斜垫圈［见图 10 - 9(a)］。垫圈和座体之间的间隙决定了体积流量。间隙较小时，比如当水龙头开始打开或快要关闭时，位于流动通道的上游端，由主轴和水龙头本体形成的限流器位置，将出现巨大压降。只要螺纹是新的并且紧密咬合水龙头本体，水龙头将具备必要刚性，不会发生漏流流致振动。然而，如果螺纹磨损，主轴出现剧烈振动，可能会摇晃相关水管。看过此现象的人可能会注意到，最初打开水时，会突然开始振动，当水龙头完全打开时，振动会突然停止，当水龙头快要关闭时，振动又会再次发生。出现这些现象的原因是漏流诱发失稳只会发生在流动通道的上游端存在足够的压降时，此时建立的负阻尼大于水龙头主轴的系统阻尼。当水龙头打开后，此压降会减小。

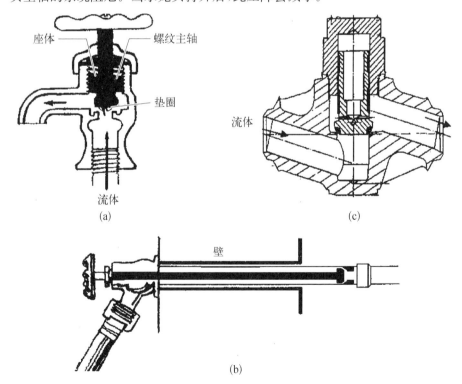

座体　螺纹主轴

垫圈

流体

(a)

(c)

壁

(b)

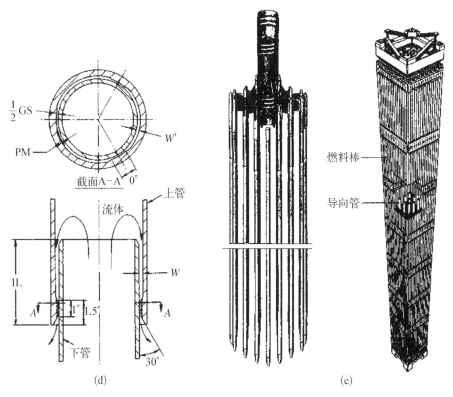

图 10 - 9 已发生过漏流诱发失稳的部件

(a) 普通水龙头;(b) 户外防冻水龙头;(c) 升降式止回阀;(d) 双层管滑动接头(在倒流时发生失稳);
(e) 核反应堆控制棒(插入导向管)

一些室外"防冻"水龙头配长主轴,从外墙一直延伸到室内以避免结冰。由于座体位于又长又窄的流动通道的上游端,户外"防冻"水龙头特别容易发生漏流流致振动[见图 10 - 9(b)]。

升降式止回阀

升降式止回阀是动力与过程行业极常见的装置。图 10 - 9(c)所示的升降式止回阀的流体受弹簧加载活塞控制。活塞两端的压差足够高,能克服弹簧作用力时,活塞将向上运动,从而流体可以流过阀门。压差降到特定阈值以下时,弹簧将保持活塞就位,流体无法流过阀门。因此,升降式止回阀的工作原理与普通水龙头非常相似,只是升降式止回阀是一件完全非能动装置,其开启和关闭完全由阀门两端的压差控制。根据设计,存在弹簧作用力并且活塞与阀体之间保持密封,应该可以防止活塞发生流致振动。但如果弹簧刚度太低或断裂,活塞磨损,那么,升降式止回阀就如普通水龙头一样,会发生漏流诱发失稳。

图 10-10 是升降式活塞止回阀上所装的加速度计的振动测量信号图。此信号图的周期性非常规则，振幅非常高，清楚表明此活塞止回阀正在发生漏流诱发失稳。这种大小的漏流流致振动通常会在很短的时间内损坏阀座，甚至损坏相关管道的焊接。

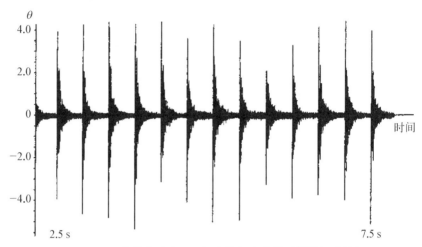

图 10-10　安装在活塞止回阀上的加速度计测得的振动信号

双层管滑动接头

双层管滑动接头是动力和过程装备的常见部件，马尔卡希[18]对该部件开展了广泛研究。为了保持紧密配合，滑动接头的一端通常间隙较紧。由于管内和管外的静压通常不一样，因此可能导致漏流流过滑动接头。只要流体方向能保证限流器位于流径下游端，如图 10-9(d)所示，管子将保持稳定。但若因环境压力变化，流体方向变为相反方向，从约束端流向开放端，则可能发生漏流诱发失稳。

反应堆控制棒

核反应堆的输出功率控制方式是将含中子吸收材料的棒束插入燃料组件内部的导向管[见图 10-9(e)]。正常运行期间，控制棒处于提棒状态。提棒步数越多，燃料组件中的中子吸收材料就越少，机组功率就越高。在电站断电等紧急情况中，控制棒驱动机构将松开，让控制棒落到导向管中，从而立即让反应堆停堆。为安全停堆，已仔细计算过所需的落棒时间。即便上述紧急情况下也启用了后备系统（从水箱中排出含硼水淹没堆芯）进行停堆，但若要反应堆恢复运行,须保证控制棒系统和后备系统均完全按顺序投入工作。

控制棒非常长,相当于柔性的悬臂梁,顶部固定在星形架上。单根棒的固有频率通常小于 1.0 Hz。控制棒与导向管间的间隙形成漏流流径,冷却剂通过此流径从各导向管的底部流向顶部,为漏流诱发失稳的发生创造了有利条件。

核工业中,已发现在役核电站控制棒和导向管之间存在磨损痕迹。过度磨损会影响落棒时间。为克服此问题,业界采取两种办法,一是通过将棒"停放"在不同高度处,避免棒尖磨损导向套管的同一部位,二是用碳化铬等耐磨材料镀覆导向管和控制棒。20 世纪 80 年代后期,业界开始更密切地研究控制棒的磨损问题,对漏流流致振动机理同时开展试验和理论分析研究(见藤田和新谷的文献[16]、稻田和叶山的文献[17]以及其中引用的参考文献)。

10.7　轴向流和漏流流致振动案例研究

下文将回顾分析核工业中一些有明确记载的、代价高昂的轴向流和漏流流致振动问题。其他动力行业或过程行业也可能发生类似问题,之所以关注核工业有两个原因:首先,作者自身拥有核工业方面的经验。其次,也是更重要的一点是,核工业的监管非常严格,法律要求核电站向监管机构上报每起流致振动问题。因此,这些事件均有详细的记录和全面的原因分析,并且信息公开。其他行业则没有类似的系统记录。

以下案例研究总结了这些事件涉及的装备部件、现象、原因和纠正措施。更多详情请参见引用的参考文献。

案例研究 10 - 1　沸水堆热屏蔽板[19]。

据记载,商用核电最早一起流致振动问题发生在大岩角(Big Rock Point)核电站沸水堆(BWR),该堆的屏蔽板(见图 10 - 11[19])是一件长92 in (2.34 m)、外径为 103 in (2.62 m)的大形壳体,壳体周围有1.5 in(0.038 m)的环状间隙。环状间隙底部密封,水从环隙的底部流到顶部。壳体配底部支撑。

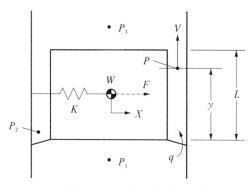

图 10 - 11　沸水堆的热屏蔽板

1964 年发现热屏蔽板若干限位螺栓断裂。因此，电站将支撑结构加固了 100倍。后续试验中观察到热屏蔽板在 4 Hz 频率条件下突然发生大振幅振动，振动特征如下：

- 热屏蔽板发生横向平移刚体振动，振动轨迹为椭圆形。
- 明显超标的大振幅振动是突然发生的。
- 振幅与流量呈非线性关系，出现大振幅振动时有一个明显的临界流量。
- 最初为小振幅振动，表明随着流量增加，系统总阻尼降低。

上述所有现象均与漏流诱发失稳一致：与周围构件的尺寸相比，反应堆压力容器和热屏蔽板之间的环状间隙形成了极窄流径。即使加固 100 倍后，热屏蔽板刚度仍然相对较低。环状间隙底部的密封在这条窄流动通道的上游端产生的压降比顶部开口端大得多，为漏流诱发失稳创造了有利条件（比对图10-5）。加固支撑结构只会推迟失稳的发生，但无法完全消除失稳问题，因此，电站另外实施了三项改造：

- 用楔块固定底部密封。
- 在环状间隙顶部增设顶密封，以增加漏流流径下游端的压降。
- 为热屏蔽板增设压载重物来保持热屏蔽板固定不动。

大岩角核电站在设计寿期期满后已退役，采取上述纠正措施后再未观察到大振幅振动问题。上述三项改造中最重要的可能是第二项改造，仅此一项改造便足以纠正问题。

案例研究 10-2 给水分配器隔热套管[20]

每台沸水反应堆（BWR）配有 2～6 件给水分配器，每件分配器包括一根弧形端部封闭式管，管长度方向设多个孔，中间部位配"T"形件[见图 10-12(a)][20]。分配器的功能是均匀分配从给水接管注入反应堆的给水。给水接管是动力行业的常见部件，接管内部通常设有隔热套管[见图 10-12(b)][20]来尽量减少热循环载荷的影响。本例中，隔热套管采用"T"形接头形式，与分配器焊接，与接管实现滑动配合。滑动配合是动力行业的普遍做法，目的是适应不同材料的反应堆压力容器和分配器间的不同热膨胀。为避免隔热套管和接管间的间隙滞留死水而对材料产生不利影响，此间隙可以流过少量流体，这也是行业标准惯例。不过，这恰好为漏流诱发失稳的发生创造了有利条件。

20 世纪 70 年代，一台 BWR 在投运后不久，给水分配器焊接接头处出现大面积裂纹。新换的分配器在正常运行六周后，在检查中发现同一部位再次开裂。通过开展广泛的流致振动试验查找该裂纹产生的根本原因后发现，隔

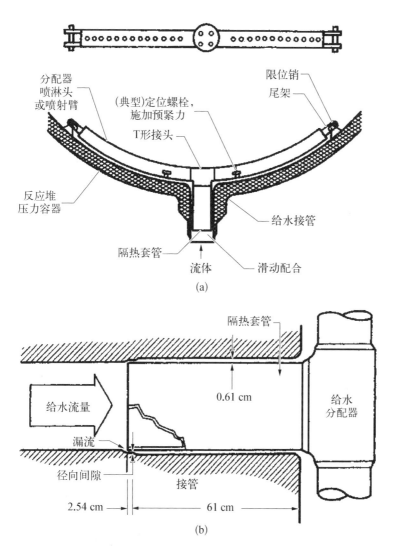

图 10‐12 沸水反应堆给水接管和流量分配器结构示意图

(a) 沸水堆给水分配器；(b) 给水接管内的隔热套管

热套管内径为 1.14 in(29 mm)，隔热套管外径与接管内径间的径向间隙小于 0.02 in(0.5 mm)，在 66 gal/s(0.25 m³/s) 流量条件下，隔热套管开始发生过大振动，响应与流量不呈线性关系，流量降到 42 gal/s(0.16 m³/s) 以下时，才停止发生大幅振动。此试验结果的重复性非常高。

在封堵了隔热套管和接管间的环状间隙的情况下，又再次开展了试验。当流量增至上述阈值的 140% 时，隔热套管不发生振动，表明流过接管的流体不是引起大振动的原因。接着，用板封堵接管主流径，再次开展了试验，此时，流体只能从隔热套管和接管间的小间隙流过。水取自与接管直接相接的城市供水管。在流量仅为 1.6 gal/s(0.006 m³/s)、隔热套管两端压差仅为 14 psi (96.5 kPa)的条件下，与试验件相连的整个 80 标号(15.24 cm 直径)不锈钢管开始发生大振幅自激振动。在几次测试中，当将隔热套管和接管间的间隙设为极小时，只要避免出现漏流，就观测不到大幅振动。

此测试出乎意料地证明了少量漏流通过极窄流径时巨大的潜在不利影响。电站在试验后重新设计了给水分配器，不是封堵了漏流流径，就是完全取消滑动配合，在接下来 25 年运行中未再出现裂纹。

案例研究 10-3　辐照监督管。

顾名思义，辐照监督管的作用是将材料样品固定在核反应堆的热屏蔽和反应堆压力容器间的环状间隙中，评估材料所受的长期辐射影响。此管由外管和内管等两部分组成，内管装有材料样品，反应堆冷却剂流过两管间的环形区。一种早期监督管的内管配圆隔板，用于辐照样品盒的对中和分隔（见图 10-13）。圆隔板投用不到两年后，切断了外管的 3/8 in(9.5 mm)不锈钢壁，该管底段掉落到反应堆压力容器底部。

此管原设计为能够承受进口接管流体直接冲击时产生的横向流，但内管导致外套管断裂时主要为轴向流。大量分析和实验室试验揭示了：安装监督管的热屏蔽的基体运动不足以引起导致外管壁磨损的大振幅振动；监督管的管径远小于反应堆冷却剂泵的主叶片通过频率（100 Hz、200 Hz、300 Hz）条件下的声波波长，声致振动也不是问题成因（参见第 12 章附录）。因此，环形流流致振动成为上述迅速磨损现象的唯一可能原因，此磨损只可能是某种失稳机理引起的，如漏流诱发失稳。

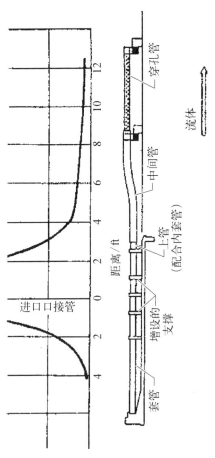

图 10-13　发生过轴向流流致振动问题的早期辐照监督管

此管后续经重新设计得到加固,外套管不再设流动孔。在随后的 20 年运行中,此问题未再次出现。

案例研究 10-4　KIWI 核动力火箭[21-22]

美国自 20 世纪 50 年代起到 1973 年,开展了核动力火箭试验。Kiwi 系列核动力火箭原型全采用石墨堆,在火箭上天之前,要在地面试验平台开展核燃料试验。最早的 Kiwi 核动力火箭采用盘状燃料元件,把燃料元件松散堆在一起。这种设计在遇到严重流致振动问题时只能维持几秒钟,燃料元件就会从堆芯射出。在无有力约束的条件下,燃料元件在氢冷却剂的高速流动中成为松动件,相互碰撞并发出声响,最终将会解体。

自 Kiwi A3 型火箭开始换用柱状燃料元件,其 6 组元件端对端堆叠排布(见图 10-14)。每组燃料元件柱上有 4 个流动孔,它们本应基本上自行排成一列以便氢冷却剂流过。但实际并未严格对齐,燃料元件和外基体间的漏流很快开始激励燃料元件,燃料元件也是松散堆叠,无有力的约束条件,几分钟便完全损坏,从堆芯中射出。

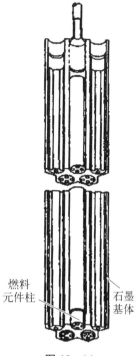

燃料
元件柱　　　　　石墨
基体

图 10-14
Kiwi A3 核动力火箭

后来的 Kiwis 火箭采用连续梁状燃料元件,似乎未再发生过严重的振动问题。

参考文献

[1]　Wambsganss M W, Chen S S. Tentative design guide for calculating the vibration response of flexible cylindrical elements in axial flow [R]. Argonne National Laboratory, Report ANL-ETD-71-07, 1971.

[2]　Paidoussis M P. Fluidelastic vibration of cylinder arrays in axial and cross flow: State of the art [J]. Journal of Sound and Vibration, 1981, 76(3): 329-360.

[3]　Chen S S. Flow-induced vibration of cylindrical structures [R]. Argonne National Laboratory, Report ANL-85-51, 1985.

[4]　Paidoussis M P. Fluid-Structure interaction [M]. New York: Academic Press, 1998.

[5]　Clinch J M. Measurements of the wall pressure field at the surface of a smooth-walled pipe containing turbulent water flow [J]. Journal of Sound & Vibration,

1969，9(3)：398 – 419.

[6]　Au-Yang M K，Jordan K B. Dynamic pressure inside a PWR — A study based on laboratory and field test data [J]. Nuclear Engineering and Design，1980，58(1)：113 – 125.

[7]　Au-Yang M K，Brenneman B，Raj D. Flow-induced vibration test of an advanced water reactor model，Part 1：turbulence-induced forcing function [J]. Nuclear Engineering and Design，1995，157(1)：93 – 109.

[8]　ASME. Steam tables [R]. 4th ed. New York：ASME Press，1979.

[9]　Blevins R D. Flow-Induced Vibration [M]. 2nd ed. New York：van Nostrand Reinhold，1990.

[10]　Chen S S，Rosenberg G S. Vibration and stability of a tube conveying fluid [R]. USAEC Report，ANL – 7762，1971.

[11]　Paidoussis M P，Au-Yang M K. Proceedings of symposium on flow-induced vibration [C]，Vol. 4，Vibration Induced by Axial and Annular Flows. New York：ASME Press，1984.

[12]　Paidoussis M P，Au-Yang M K，Chen S S. Proceedings of international symposium on flow-induced vibration and noise [C]，Vol. 4，Flow-Induced Vibrations due to Internal and Annular Flows. New York：ASME Press，1988.

[13]　Paidoussis M P，Au-Yang M K. Proceedings of international symposium on flow-induced vibration and noise [C]，Vol. 5，Axial and Annular Flow-Induced Vibration and Instabilities. New York：ASME Press，1992.

[14]　Mulcahy T M. Leakage-Flow-Induced Vibration of Reactor Components [J]. The Shock and Vibration Digest，1983，15(9)：11 – 18.

[15]　Miller D R. Generation of positive and negative damping with a flow restrictor in axial flow [C]. Proceedings of Conference on Flow-Induced Vibration in Reactor Components. Argonne National Laboratory，Report ANL – 7685，1970：304 – 307.

[16]　Fujita K，Shintani A. Flow-induced vibration of an elastic rod due to axial flow [C]. in Flow-Induced Vibration，ASME Special Publication PVP – 389，edited by M. J. Pettigrew. New York：ASME Press，1999：199 – 215.

[17]　Inada F，Hayama S. Mechanism of leakage-flow-induced vibrations — single-degree-of-freedom and continuous systems [C]. Proceedings of the 7th International Conference on Flow-Induced Vibration，Lucerne，Switzerland，edited by S. Ziada and T. Staubli. Rotterdam：Balkema，2000：837 – 844.

[18]　Mulcahy T M. Leakage-flow-induced vibration of a tube-in-tube slip joint [C]. Proceedings of Symposium on Flow-induced vibration，Vol. 4，edited by M. P. Paidoussis and M. K. Au-Yang，New York：ASME Press，1984：15 – 24.

[19]　Corr J E. Big rock point vibration analysis [C]. Proceedings of the Conference on Flow-Induced Vibration in Reactor Components，Argonne National Laboratory，Report ANL – 7685，1970：272 – 289.

[20]　Torres M R. Flow-induced vibration testing of BWR feedwater spargers [C].

Proceedings of Flow-Induced Vibration of Power Plant Components, edited by M. K. Au-Yang, New York: ASME Press, 1980: 159 - 176.

[21]　Koenig, D. R. Experience gained from the space nuclear rocket program (ROVER) [R]. Los Alamos National Laboratory, Report No. LA - 10062 - H, 1986.

[22]　Zeigner V L. Survey description of the design and testing of Kiwi B4E 301 propulsion reactor [R]. Los Alamos Scientific Laboratory, Report LA - 3311 - MS, 1965.

第 11 章

撞击、疲劳和磨损

流致振动产生三种主要损伤机理，即撞击（可导致疲劳磨损）、疲劳和磨损。由于湍流激振是随机的，所以其零峰振幅有时会超过均方根响应计算值几倍。因此，将一件部件离最近部件的距离保持为该部件均方根振幅的 3 倍，并不能保证两件部件之间不发生撞击。假设振幅符合高斯分布，可对给定时间段内 2 件振动部件之间的撞击次数开展概率估算。

同样，构件因湍流诱发的零峰振幅在经过足够长的时间后可以超过任意大的值，因此无法得出随机振动持久极限。理论上，在给定的足够长时间，任何构件在随机力的作用下都会发生疲劳失效。累积疲劳使用系数也可以基于概率论进行计算。累积疲劳分析中，疲劳使用系数根据零峰振幅绝对值进行计算，而在振幅符合高斯分布的情况下，零峰振幅绝对值符合瑞利分布函数，因此，计算部件在湍流激励下的累积疲劳使用系数时，须使用瑞利概率分布函数。已利用 ASME 疲劳曲线（该曲线基于零峰振幅）推导出几种材料的均方根振幅疲劳曲线，如图 11-6～图 11-10 所示。

与疲劳使用系数计算相比，流致振动诱发磨损的分析要复杂得多，因为磨损机理不仅与构件的动力学特性有关，而且还与材料和环境条件有关。磨损机理一般主要分为三大类：第一类是冲击磨损，由中等至极大振幅引起，产生的大撞击力可导致表面疲劳，构件快速破损。布莱文斯(Blevins)[1]提出了一个简单公式来估算换热器传热管撞击支承产生的表面均方根应力，接触应力参数 c 通过试验获得（已在图 11-13 给出[1]）。

$$S_{rms} = c \left(\frac{E^4 M_e f_n^2 \langle y^2 \rangle_{max}}{D^3} \right)^{1/5} \tag{11-16}$$

布莱文斯做出一项假设：如果应力计算值低于持久极限，则不存在冲击磨损问题。但若超过持久极限，则预计材料将迅速发生磨损。

第二种磨损机理是滑动磨损。滑动磨损引起的体积磨损通常用阿查德（Archard）[2]方程表示：

$$Q = KF_n S \qquad (11-17)$$

上式尽管很简单，但很难运用，因为右边三个因式都不容易计算。滑动磨损系数 K 通常通过长时间的试验获得。康纳斯（Connors）[3]针对管子以 f_n 频率在大支承孔内发生回旋运动时，比如当管子发生流体弹性失稳时，提出了下述简单公式来估算滑动距离和法向接触力：

$$S = \pi f_n g t \qquad (11-18)$$

$$F_n = \frac{\pi D y_{0-p}}{\mu \left(\dfrac{L^2}{A_m E} + \dfrac{D^2 L^2}{4EI} \right)} \qquad (11-19)$$

但处于流体弹性失稳的管子，管间的撞击导致的管子破损速度将比支承磨损导致的破损速度快得多。

第三类为微动磨损，根据运行经验，它是目前大多数在役核蒸汽发生器传热管的磨损机理，专门用来表示小振幅撞击/滑动磨损。微动磨损体积常用"磨损功率"表示，其定义式为

$$\frac{dW}{dt} = F_n \frac{dS}{dt} \qquad (11-23)$$

用磨损功率表示的微动磨损体积计算方程为

$$\dot{Q} = KW \qquad (11-25)$$

式（11-25）也使用了微动磨损系数 K，K 值通过试验获取。公开文献给出的微动磨损系数的数据有限，主要是核蒸汽发生器中的材料副磨损系数，汇总在表 11-3 中。

即使微动磨损系数已知，也必须通过求解管子在时域内的动力学非线性方程来计算磨损功率。磨损功率通常的求值方式是对瞬时接触力与滑动距离的乘积进行数值求和。康纳斯[3]针对在大支承孔内发生振动的管子，提出下列总滑动距离简化公式：

$$S = 2\pi D y_{0\text{-peak}} f_n t / L \qquad (11-26)$$

利用式(11-26)和上文给出的接触力公式,可以计算磨损功率,从而计算换热器传热管的磨损体积和磨损深度,计算结果与非线性结构动力学分析结果基本一致。

大支承孔的换热器传热管的阻尼主要由管子与支承间的相互作用而产生,即因管子与支承间的磨损发生,据此,换热器传热管在大支承孔中发生振动时的磨损功率可表示为

$$\dot{W} = 8\pi^3 (\zeta_n f_n^3 m_n / \mu)(y_{0i}^2 / \psi_{ni}^2) \tag{11-28}$$

因此,通过运行经验或单独的非线性时域分析获得了一根传热管的磨损体积,可以通过对比评估确定另一传热管的磨损体积,前提条件是两根传热管的阻尼比和振幅须通过测量或通过线性结构动力学分析确定。

主要术语如下:

A_m—管子的金属横截面积

c—接触应力参数(布莱文斯冲击磨损方程中的参数)

C—阻尼系数; D—管子外径

E—杨氏模量; f—振动频率(Hz)

f_n,f_0—固有频率(Hz); F_c—部件间的接触力

F_{inc}—外激力; F_n—法向接触力

g—管子与支承间的径向(或两侧)间隙

h—管壁厚度; I—截面惯性矩

k—刚度; k_c—两部件间的接触刚度

K—磨损系数; L—松支承之间的总跨长

m_n—广义质量; M—质量

M_c—管跨有效质量; n—振动周期数

n_a—应力水平 s_a 到 $s_a + \delta s_a$ 间的振动周期数

N—一段时间的总振动周期数

N_a—应力水平 s_a 下的允许振动周期数

$p(z)$—响应值在 $p(z)$ 和 $p(z + \delta z)$ 之间的概率分布

P—振幅在 $\pm zy_{rms}$ 范围内的总概率

Q—磨损体积; S—接触面间的总滑动距离

t—时间; U_a—应力水平 s_a 下的疲劳使用系数

$\dot{W}$—磨损功率; y_{0-p}—零峰响应

y_{rms} —均方根响应； $\langle y \rangle$ — y 的平均值

z —均方根响应的倍数（整数或小数）

ζ —阻尼比； μ —接触面间的摩擦系数

σ_y — y 的标准差； ψ —模态振型函数

11.1　概述

流致振动分析的最终目的有两个：① 评估受影响部件对环境的影响；② 评估受影响部件或系统的破损隐患或剩余寿命。受影响部件对环境的影响的一个典型案例为振动产生的噪声，比如上一章讨论的气蚀文丘里管。下一章将给出更多关于声致振动的例子。本章重点讨论流致振动分析的第二个目标——流致振动引起的破损。

流致振动的损伤机理主要有三种：撞击、疲劳和磨损，将分别在以下几节进行探讨。

11.2　湍流激振引起的撞击

如第 8 章所述，由于力函数的随机性以及由此产生的结构响应，所以本节不再计算湍流激励下构件的时程响应。

我们已清楚知道第 8 章、第 9 章和第 10 章中广泛讨论的容纳积分法的局限性。直到 20 世纪 90 年代初，该容纳积分法实际上是估算湍流等随机空间分布力函数引起的振动响应的唯一方法，局限性体现在此法只能计算均方根响应（位移、应力、支承的反作用力及各自的超越频率），无法计算时程响应。遗憾的是，构件经历湍流或其他随机力引起的均方根振幅为 y_{rms} 的随机振动时，构件的振幅并非总像受正弦激励那样，为 $\pm y_{rms}$ 或 $\pm\sqrt{2}\,y_{mx}$。第 8.2 节中指出，大多数工程问题中，只要结构是线性且阻尼较小，则振幅的概率密度分布遵循"钟形曲线"的高斯分布。因此，假设振幅值为

$$y = z y_{rms} \tag{11-1}$$

式中，z 是任意小数或整数实数，则概率密度的计算公式如下：

$$p(z) = \frac{1}{\sqrt{2\pi}} e^{-z^2/2} \tag{11-2}$$

式(11-2)是归一化高斯分布。上述实际振幅表达式中含有均方根振幅,是基于日常观察结果的严格经验式。

根据式(11-1)和式(11-2),理论上,发生随机振动、均方根振幅为 0.001 in 的构件,偶尔峰峰振幅可达到 ± 1 in 或以上。很多时候,比如撞击分析和疲劳分析中,需知道零峰振幅。为了快速估算,一些工程师通常采用"3σ"近似式,假设零峰振幅等于均方根振幅的三倍。只要部件离结构边界的距离大于部件的均方根振幅的 3 倍,便可假定振动的部件不会影响结构边界,可惜严格说来这并不成立。由式(11-2)可知,振幅小于 zy_{rms} 的累积概率为

$$P = \int_{-z}^{+z} p(z) \mathrm{d}z \tag{11-3}$$

振动行程大于 $+zy_{rms}$ 和小于 $-zy_{rms}$ 的概率为 $1-P$。统计学家已完成式(11-3)的积分求值并制成表格,此积分通常是指归一化或标准化高斯曲线下方的面积。当 $z=3$,即 $x < -3y_{rms}$ 和 $x > 3y_{rms}$ 时,$P = 0.9973$。这表示,0.27% 的时间振幅将超过上下限 $\pm 3y_{rms}$。长时间来看,振幅超过该限值的总次数无法忽略不计。图 11-1 使用时程响应计算法(将在第 11.5 节中讨论),

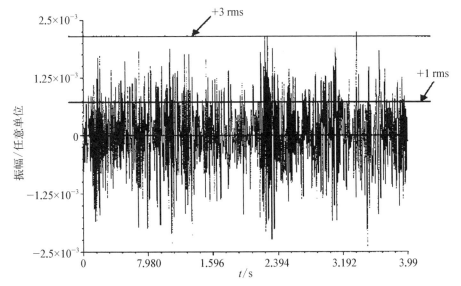

图 11-1　换热器传热管某点在横向湍流作用下的时程响应

揭示换热器传热管在横向湍流激振作用下 4.0 s 内的时程响应情况。图中有几处振动幅值超过 $\pm 3y_{rms}$ 限值。

超过 $\pm zy_{rms}$ 限值的零峰振幅的数量可根据统计书中常用的归一化高斯分布表（或统计分析软件）进行估算。首先需回顾第 8.2 节中讨论的高斯统计的几个要点。第一个要点标准差 σ：一个随机过程，如构件某点处的响应 y，其标准差 σ 的定义式为式（8-7）。将一般函数替代为特定高斯分布函数 p 后，式子为

$$\sigma_y^2 = \int_{-\infty}^{\infty} (y - \langle y \rangle)^2 p(z) \mathrm{d}z \tag{11-4}$$

在湍流激振中，平均值 $\langle y \rangle$ 可能为零，也可能不为零。若不为零，将单独计算静态平均值，并在动力学分析之后将该静态平均值加入波动分量。假设从现在起只考虑波动分量，则可以假设 $\langle y \rangle = 0$，因此得出

$$\sigma_y^2 = \int_{-\infty}^{+\infty} yp(z) \mathrm{d}z = y_{rms}^2 \tag{11-5}$$

这表示，标准差为均方根响应。此步很重要，因为下文讨论中将使用 y_{rms}，而非 σ。统计学家喜欢使用符号 σ 表示的标准差，而工程师则倾向于使用术语"均方根值"。

图 11-2 展示了平均值为零时的高斯分布。假设在一段时间内，预计共

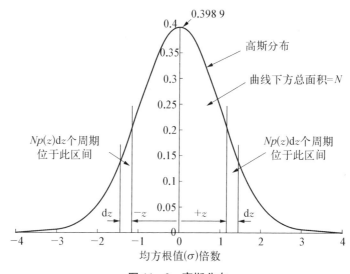

图 11-2 高斯分布

有 N 个振动周期的作用将发生累积。从图 11-2 可以看出，这 N 个振动周期中 $Np(z)dz$ 的负振幅介于 $-zy_{rms}\sim-(z+dz)y_{rms}$ 之间，正振幅介于 $+zy_{rms}\sim+(z+dz)y_{rms}$ 之间，其中 p 是归一化高斯分布：

$$p(z)=\frac{1}{\sqrt{2\pi}}\mathrm{e}^{-z^2/2} \qquad (11-6)$$

因此，振幅介于 $-zy_{rms}\sim+zy_{rms}$ 间的振动周期数为

$$P=N\int_{-z}^{+z}p(z)\mathrm{d}z \qquad (11-7)$$

表 11-1 给出了归一化高斯曲线[见式(11-6)]下方的面积、振幅超过 $\pm z\times$ rms 的概率和振幅在 $\pm z\times$ rms 范围内的概率。统计学书中的大多数表中，z 最高为 3.0。

表 11-1　归一化高斯曲线下方面积

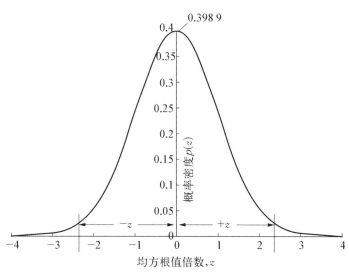

z	$P(z)$	振动行程超过 $\pm z$ 倍均方根值的概率 $[1-P(z)]\times 2$	振动行程保持在 $\pm z$ 倍均方根值范围内的概率 $1-[1-P(z)]\times 2$
1	0.841 344 7	3.173 1×10^{-1}	0.682 689 400 00
2	0.977 249 9	4.550 0×10^{-2}	0.954 499 800 00
3	0.998 650 1	2.699 8×10^{-3}	0.997 300 200 00

（续表）

z	$P(z)$	振动行程超过 $\pm z$ 倍均方根值的概率 $[1-P(z)] \times 2$	振动行程保持在 $\pm z$ 倍均方根值范围内的概率 $1-[1-P(z)] \times 2$
3.2	0.999 312 9	$1.374\ 2 \times 10^{-3}$	0.998 625 800 00
3.4	0.999 663 1	$6.738\ 0 \times 10^{-4}$	0.999 326 200 00
3.6	0.999 840 9	$3.182\ 0 \times 10^{-4}$	0.999 681 800 00
3.8	0.999 927 7	$1.446\ 0 \times 10^{-4}$	0.999 855 400 00
4	0.999 968 3	$6.340\ 0 \times 10^{-5}$	0.999 936 600 00
4.2	0.999 980 7	$3.860\ 0 \times 10^{-5}$	0.999 961 400 00
4.4	0.999 994 6	$1.080\ 0 \times 10^{-5}$	0.999 989 200 00
4.6	0.999 997 887 5	$4.225\ 0 \times 10^{-6}$	0.999 995 775 00
4.8	0.999 999 206 7	$1.586\ 6 \times 10^{-6}$	0.999 998 413 40
5	0.999 999 713 3	5.734×10^{-7}	0.999 999 426 60

来源：皮尔逊(Pearson)和哈特利(Hartley)，《生物统计学表》，第 1 卷，剑桥大学出版社，已按工程师惯用表示法改编。

示例 11 - 1

换热器中相邻管子之间的间隙为 0.21 in(5.33 mm)。管子因横向流发生随机振动，在 50 Hz 的频率条件下，跨中点均方根振幅为 0.035 in(0.89 mm)，即两根管子间的间距的 1/6。需估算一根管子在一年内会撞击邻近管子多少次。

解算

假设振幅遵循高斯分布，则根据表 11 - 1，跨中点振幅超过均方根振幅值的 ± 3 倍或 0.105 in(2.67 mm) 的概率等于 2.7×10^{-3}。邻近管子的跨中振动行程超过 0.105 in 的概率也是 2.7×10^{-3}。因此，两根相邻管子的跨中振动行程超过 0.105 in 振幅的概率为 $(2.7 \times 10^{-3})^2 = 7.29 \times 10^{-6}$。由于该管被邻近管子包围，因此它撞击邻近管子的概率为 7.29×10^{-6}。

一年内该管子及其相邻管子的振动次数为 $50 \times 60 \times 60 \times 24 \times 365 = 1.577 \times 10^9$ 次。因此，该管将撞击邻近管子约 11 500 次。这显然是不可接受的。

上述计算是近似计算，清楚表明用"3σ"法评估随机振动的长期影响是不保守的。

11.3　湍流激振引起的累积疲劳使用系数

疲劳和疲劳使用系数分析遇到的问题比撞击问题多得多,因为疲劳曲线是根据确定性(正弦)载荷试验生成的。比如,ASME《锅炉与压力容器规范》[4][1]给出的疲劳曲线基于零峰振幅。对于确定性振动,设 s_a 为应力幅值,设 ASME 疲劳曲线给出的该应力水平下的允许振动周期数为 N_a,则该应力水平下经历 n_a 个振动周期后的疲劳使用系数为(见图 11-3)

$$U_a = n_a / N_a \tag{11-8}$$

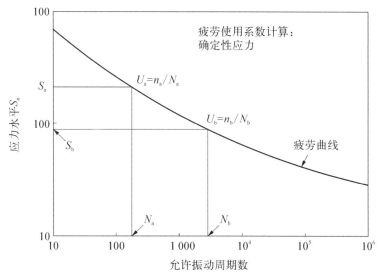

图 11-3　累积疲劳使用系数

构件在峰值应力 s_a 下发生 n_a 个振动周期,在峰值应力 s_b 下发生 n_b 个振动周期,设这些应力水平下允许振动周期数为 N_a 和 N_b,以此类推,则在经历这些振动周期后累积疲劳使用系数将为

$$U = n_a / N_a + n_b / N_b + n_c / N_c + \cdots \tag{11-9}$$

当 $U = 1.0$ 时,则认为发生疲劳失效。

当振动本质上是随机振动时,上述分析将遇到问题。由于只能计算出均方根应力和模态频率,故无法轻松计算一段时间内的疲劳使用系数。为了粗略估算，工程师通常也采用"3σ"准则，假设零峰振幅等于均方根振幅的三倍。与上述撞击分析一样，这通常导致长时间的结果不保守。

克兰德尔(Crandall)方法

20 世纪 50 年代，在计算机还未普及时，克兰德尔[6]通过在对数-对数图(见图 11-4)中用直线拟合已公布的疲劳曲线来解决上述问题，提出了用各有限应力值引起的疲劳使用系数开展解析积分来计算累积疲劳使用系数的方法，在此基础上推导出发生随机振动的构件的疲劳使用系数闭合解：

$$U = \frac{n}{c}(\sqrt{2}\,s_{\mathrm{rms}})b\,\Gamma(1+b/2) \qquad (11-10)$$

式中，Γ 为伽马函数；$-1/b$ 为斜率，$1/b\lg c$ 为对数-对数图中疲劳曲线的克兰德尔近似直线的截距(见图 11-4)。克兰德尔的方法既不简单也不可靠，计算出的疲劳使用系数会出现大幅波动，具体要看工程师如何用直线来近似地拟合疲劳曲线。尽管如此，克兰德尔的方法今天仍然在用，它是比"3σ"方法更精确的疲劳使用系数计算方法。鉴于个人计算机已普及且价格优廉，克兰德尔方法其实已经不再必要。用应力水平的概率分布函数直接开展数值积分计算，可大幅提升累积疲劳使用系数计算结果的精确度，以下几节将对此进行讨论。

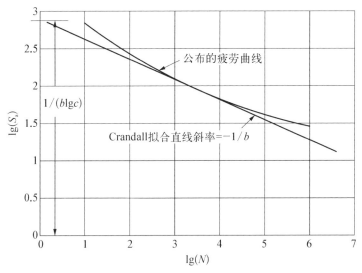

图 11-4 克兰德尔方法

用数值积分法计算累积疲劳使用系数

参考文献[6]已揭示，如果假设振幅(位移或应力)$\pm y$ 遵循高斯分布，则

零峰振幅水平(绝对值)将遵循瑞利分布(见图 11-5):

$$p(z) = z\mathrm{e}^{-z^2/2} \tag{11-11}$$

零峰应力水平计算公式为

$$|s(z)| = zs_{\mathrm{rms}} \tag{11-12}$$

ASME 疲劳曲线中采用的正是该零峰应力值,疲劳使用系数采用的是 $|s|$,而非 s。

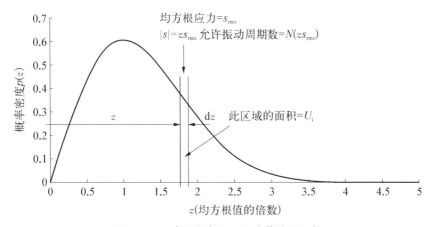

图 11-5　瑞利分布和累积疲劳使用系数

基于瑞利分布,通过直接数值积分计算可轻松算出累积疲劳使用系数。设均方根应力计算值为 s_{rms},该均方根应力下的总振动周期数为 N,则应力水平 $|zs_{\mathrm{rms}}|$ 下振动周期数 $n(|s|)$ 的概率密度分布为

$$n(|s|) = np(z) \tag{11-13}$$

式中,

$$p(z) = z\mathrm{e}^{-z^2/2}, \quad z \geqslant 0 \tag{11-14}$$

式(11-14)符合瑞利分布。应力幅值介于 $|s|$ 到 $|s|+|\delta s|$ 之间时,振动周期数为

$$\delta n = Np(z)\frac{\partial p(z)}{\partial z}\delta z$$

此振动周期数产生的疲劳使用系数为

$$\delta U = \delta n / N \quad (s = zs_{\mathrm{rms}})$$

式中，$N(s = zs_{rms})$ 是应力水平 $s = zs_{rms}$ 下的允许振动周期数，取自 ASME《锅炉规范》[4][1] 或其他资料。根据瑞利分布函数式(11－14)，得出

$$\delta U = \frac{N}{N(zs_{rms})} e^{-z^2}(1 - z^2)\delta z$$

然后可以通过数值积分算出累积疲劳使用系数：

$$U = \sum_i U_i = N \sum_i \frac{e^{-z_i^2}(1 - z_i^2)\Delta z_i}{N(z_i s_{rms})} \qquad (11－15)$$

式中，N 为总振动周期数＝超越频率×时间(参见第 7 章的超越频率部分)；z_i 为瑞利分布中的横坐标参数；Δz_i 为积分步长；$N(zs_{rms})$ 为应力水平 $s = zs_{rms}$ 下的允许振动周期数。

基于均方根应力的疲劳曲线

我们可以从反方向来解决这个问题，在零峰应力水平和相应的允许振动周期次数给定的情况下(如取自 ASME 疲劳曲线)，可否求出均方根应力所对应的允许振动周期次数。

要求此反解，需要编写更复杂的程序，好在有学者已经完成了该项工作。图 11－6～图 11－10 摘自布伦尼曼(Brenneman)的文献[7]，是一些材料的均方根疲劳曲线。这些曲线是根据相应的 ASME 零峰疲劳曲线[4][1]推导出的。

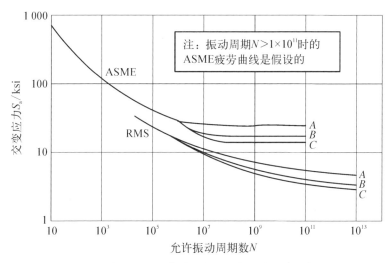

图 11－6　按 ASME 规范的疲劳曲线推导出的奥氏体钢的均方根应力疲劳曲线 ($E = 28.3 \times 10^6$ psi)

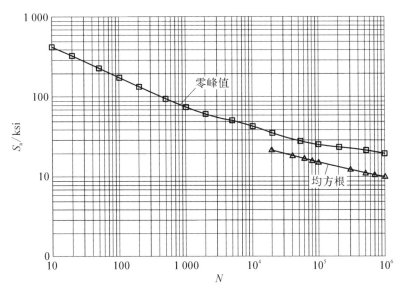

图 11 - 7　碳钢、低合金钢和高强度钢(极限抗拉强度＝
　　　　　115.0～130.0 ksi)的疲劳曲线

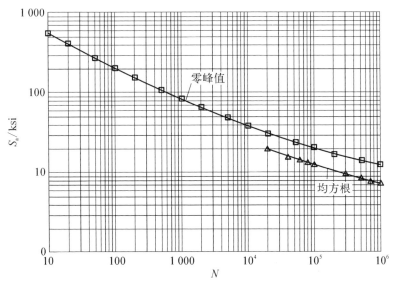

图 11 - 8　碳钢、低合金钢和高强度钢(极限抗拉强度≤
　　　　　80.0 ksi)的疲劳曲线

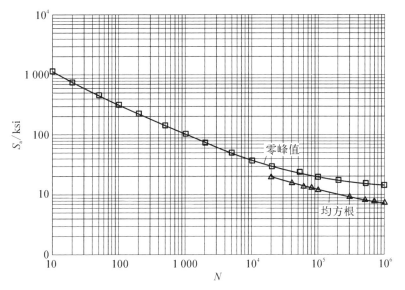

图 11 - 9　高强度钢螺栓(最大名义应力 ≤ 2.7s_m) 的疲劳曲线

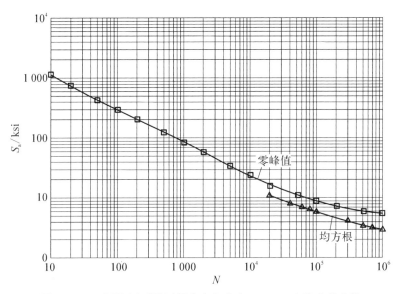

图 11 - 10　高强度钢螺栓(最大名义应力 = 3.0s_m) 的疲劳曲线

用这些曲线求疲劳使用系数时,只需读取高斯随机振动的均方根应力计算值 s_{rms} 对应的允许振动周期数 N_{rms} 以及在该应力下的总振动周期数 n,得出疲劳使用系数为

$$U = n / N_{rms}$$

由于此应力水平遵守瑞利分布,理论上给定一段足够长的时间,任何随机振动都可以达到任意大的振幅。因此,均方根疲劳曲线不存在"持久极限"。即使在相应的确定性疲劳曲线趋于水平后,均方根疲劳曲线仍将继续下降,不过下降速度将减小很多。

11.4　流致振动引起的磨损

当两个构件接触表面之间因流体流动发生相对运动时,就会产生磨损。粗略计算,流致振动至少会引起三种不同的磨损机理(磨损专家将磨损机理区分为更多种[8])。

冲击磨损

冲击磨损通常指中等至极大振幅的振动,该振动会导致部件之间产生高的冲击加速度。发生撞击的部件将相互弹回,而接触面之间的相对滑动很小。两件部件之间反复撞击,会迅速导致材料表面发生疲劳,比如,止回阀内的阀瓣组件叩击挡块或阀座,管束发生流体弹性失稳后管子之间的撞击。连续叩击阀座,即便振幅小、间隙值小,也会最终导致阀座小部件受损,导致阀座发生泄漏。图 11 - 11 展示了止回阀阀瓣因阀座反复发生叩击而损坏的情况[9]。此例中振幅相对较小。阀座小部件

图 11 - 11　止回阀阀瓣因阀座反复发生叩击而损坏(外缘的小凹坑是由气蚀造成的)

只在投运几年后便出现明显受损。图 11 - 12 展示了受内压的管子因轴向缺陷(可能是管-管撞击引起的)而产生的破损形状。一般情况下,冲击磨损系数远大于其他类型磨损机理。

图 11‑12   承压管子因轴向缺陷而爆裂（实验室模拟）

布莱文斯[1]依据简单管子模型试验，推导出换热器传热管与支承板碰撞时产生的表面应力的半经验计算公式：

$$s_{rms} = c\left(\frac{E^4 M_e f_n^2 \langle y^2 \rangle_{max}}{D^3}\right)^{1/5} \tag{11-16}$$

式中，c 为接触应力参数，已在图 11‑13 中给出；E 为杨氏模量；M_e 为传热管的"有效质量"，通常取两跨的总质量的 2/3；f_n 为传热管的固有频率；$\langle y^2 \rangle_{max}$ 为相邻管跨的管子的最大均方振幅；D 为传热管外径。

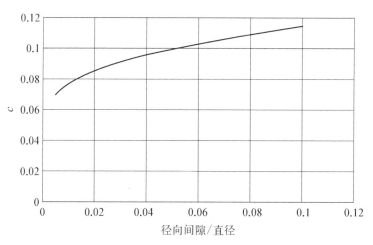

图 11‑13   接触应力参数（c）与管子‑支承间隙的关系图

注意，如果此管发生正弦振动，比如发生流体弹性失稳，式(11‑16)仍然适用。此时，式的右侧应将均方振幅替换为 y^2_{0-peak}，计算得到的应力为零峰应力。

当表面应力低于特定材料的公布持久极限时，通常不存在冲击磨损问题。如果表面应力高于材料的持久极限，则可能因冲击磨损引起表面损伤。

示例 11 - 2

假设在示例 9 - 1(第 9 章)中,两个中间支承与管子的径向间隙均为 0.015 in (3.81×10^{-4} m),假设所有其他参数与示例 9 - 1 相同,则是否存在冲击磨损问题?

解算

首先在表 11 - 2 中再次给出第 9 章表 9 - 1 和表 9 - 2 中的相关已知参数或计算参数:

表 11 - 2　示例 11 - 2 的已知参数

	美 制 单 位	国 际 单 位
每跨长度 L	50 in	1.27 m
外径 D_o	0.625 in	0.015 88 m
内径 D_i	0.555 in	0.014 10 m
径向间隙 g	0.015 in	3.81×10^{-4} m
杨氏模量 E	29.22×10^6 psi	2.02×10^{11} Pa
管材密度 ρ_m	0.306 lb/in^3 (7.919×10^{-4} lbf·s^2/in^4)	8 470 kg/m^3
传热管横截面积 A_m	0.064 9 in^2	4.19×10^{-5} m^2
惯性矩 I	0.002 83 in^4	1.18×10^{-9} m^4
广义质量 $m_1 = \rho_m A_m + \rho_s A_o + \rho_i A_i$	6.81×10^{-5} lbf·s^2/in^2	0.469 kg/m
f_1	21.9 Hz	21.9 Hz
y_{rms}	0.035 in	8.95×10^{-4} m

根据表 11 - 2,径向间隙与直径之比为 g/D = 0.015/0.625 = 0.024。 根据图 11 - 13 可知,c = 0.086。 有效质量是每个支承的两个相邻管跨的总质量的 2/3,则有

$$M_e = (2/3) \times 2 \times 50 \times 6.81 \times 10^{-5} = 4.54 \times 10^{-3} \, \text{lbf} \cdot \text{s}^2/\text{in}(0.794 \, \text{kg})$$

代入式(11 - 16),得出

$$s_{rms} = 3.27 \times 10^4 \, \text{psi}(2.23 \times 10^8 \, \text{Pa})$$

图 11 - 6 给出了奥氏体钢的疲劳曲线,奥氏体钢是核蒸汽发生器传热管最常

用的材料之一。在 32 700 psi 的均方根应力水平下，从疲劳曲线可看出，允许振动周期数仅为约 10 000 次。在 21.9 Hz 频率条件下，这表示疲劳寿命＜1 h。因此，如果管子确实在大支承孔内发出颤振，就存在冲击磨损问题。

滑动磨损

滑动磨损是指始终相互接触的两件部件之间的磨损，比如轴在套筒轴承内的转动，或管束发生流体弹性失稳后管子在大孔内的回旋运动。根据阿查德方程[2]，设 F_n 是两件部件之间的法向接触力，S 是两件部件之间的总滑动距离，则体积磨损率的计算公式为

$$Q = KF_n S \tag{11-17}$$

虽然此式总体而言很简化，但其中包含 3 项难以获取的变量，这三项变量只能通过极复杂的非线性结构动力学模型计算，或通过长时间的实验测得，它们分别是：K 为磨损系数，只能通过测量获得，值取决于两部件各自的材料和磨损发生的环境条件及磨损模式（冲击磨损、滑动磨损还是微动磨损）；F_n 为两部件间的法向作用力；S 为总滑动距离。

管子在大支承孔内的一般振动情形中，要精确确定 F_n 和 S，需开展非线性结构动力学分析。康纳斯[3]针对管子在大支承孔内的回旋运动，提出下列简化公式：设 g 是管子与支承之间的径向间隙（见图 11-14），管子以角度 $\mathrm{d}\theta$ 沿孔滑动，则滑动距离为

$$\mathrm{d}S = g\,\mathrm{d}\theta/2$$

图 11-14　管子在大支承孔内的振动

因此，总滑动距离计算公式为

$$S = \pi f_n g t \tag{11-18}$$

式中，f_n 是回旋运动的频率；t 是振动总时间。康纳斯[3]进一步推导出法向接触力简化表达式为

$$F_n = \frac{\pi D y_{0\text{-p}}}{\mu\left(\dfrac{L^2}{A_m E} + \dfrac{D^2 L^2}{4EI}\right)} \tag{11-19}$$

式中，μ 为摩擦系数，合理的假设值为 0.5；A_m 为管子的金属横截面积；I 为管子的截面惯性矩；L 为大孔支承的两侧总跨长；E 为杨氏模量。

由式(11-17)可知，经过时间 t 后磨损体积为

$$Q = \pi K F_n f_n g t \qquad (11-20)$$

磨损系数 K 的值待定。文献中提供的磨损系数实验数据很有限，主要是核蒸汽发生器的管子和支承的数据。图 11-15 转载自霍夫曼（Hofmann）和舍特勒（Schettler）的文献[10]（经美国电力研究院授权转载），图中可见，同时存在撞击/滑动时和只存在滑动时的磨损系数似乎大致相同。可惜，大多数其他磨损试验均同时存在撞击/滑动，而霍夫曼和舍特勒的数据在单纯滑动的试验工况下测得的，因此很难对霍夫曼和舍特勒的滑动磨损系数进行对比验证。

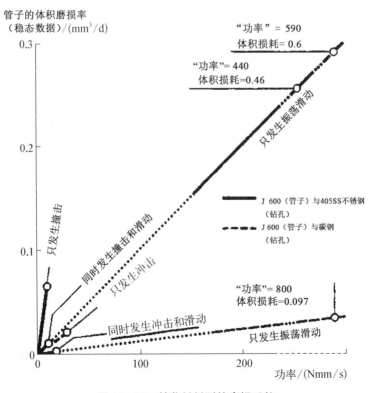

图 11-15　某些材料副的磨损系数

注：图中的数据是长期试验得出的稳定数据，目前对纯冲击和冲击加滑动情况的假设是磨损率和"功率"间呈线性关系。

示例 11 - 3

本示例中假设各项条件与示例 11 - 2 的一样，假设管子材质为 Inconel 600，在大支承板孔内发生回旋运动，始终与支承板接触。假设支承板厚度为 1.5 in(0.038 m)，材质为碳钢。根据霍夫曼和舍特勒[10]的数据见图 11 - 15，另请参见微动磨损小节后面的表 11 - 3)，磨损系数为 9.7×10^{-12} psi^{-1}(1.4×10^{-15} Pa^{-1})。请估算连续投运 10 年后管子的大致磨损深度。

解算

为做近似估算，假设摩擦系数 $\mu = 0.5$。需进行一些工程判断来确定零峰振幅是多少。由于管子在支承板孔内发生回旋运动，因此可以假定此运动是正弦运动。因此有

$$y_{0\text{-peak}} = \sqrt{2}\, y_{\text{rms}} = 0.05 \text{ in}(1.26 \times 10^{-3} \text{ m})$$

设 L 为大支承孔两侧两跨的总长，利用表 11 - 2 中的参数，按照式 (11 - 19) 可得

$$F_n = 11.41 \text{ bf}(50.8 \text{ N})$$

根据式 (11 - 18) 可知，在 21.9 Hz 条件下，10 年的总滑动距离为

$$S = 3.141\,59 \times 21.9 \times 3\,600 \times 24 \times 365 \times 10 \times g = (2.17 \times 10^{10})g$$
$$= 3.26 \times 10^8 \text{ in}(8.27 \times 10^6 \text{ m})$$

根据式 (11 - 20) 可知，10 年后的磨损体积量为

$$Q = KF_n S = 0.036 \text{ in}^3(5.88 \times 10^{-7} \text{ m}^3)$$

设 10 年后的管径为 D_1，则有

$$\frac{\pi}{4}(D^2 - D_1^2) \times 1.5 = 0.036$$

根据上式得出

$$D_1 = 0.596 \text{ in}$$

因此，连续投运 10 年后的磨损深度为 $0.029/2 = 0.014\,5$ in，即管壁的 41%。上述计算是近似计算，因为严格地说，滑动速度取决于 g，g 与时间呈函数关系。因此，若要对 10 年内总滑动距离严格求解，应用式 (11 - 18) 来进行积分求值。

微动磨损

示例 11‑2 和示例 11‑3 中,传热管的尺寸和材料性质以及力函数与目前在役核蒸汽发生器中经受最大横向流的传热管大致相同。因此,如果冲击磨损或滑动磨损确实是这些传热管的磨损机理成因,那么在连续投运 20 年后,应该会观察到许多传热管破裂。现场用涡流法开展了检查,随后部分开展破坏性金相检测,发现虽然在极少数核蒸汽发生器传热管、特别是有大横向流流过的部位观察到磨损痕迹,但磨损率小于示例 11‑2 和示例 11‑3 中的计算值。此外,磨损痕迹通常只出现在一段弧段(见图 11‑16),而非绕传热管 360° 均出现。因此,观察到的磨损痕迹存在第三种磨损机理成因,即微动磨损或冲击和滑动共同作用下引起的磨损(见图 11‑17)。不过,微动磨损通常是磨损中的一个小类,振幅非常小,撞击力通常由小幅振动引起。微动磨损的一个典型例子是换热器传热管在大孔中经历湍流激振引起的磨损。

图 11‑16　换热器传热管上的微动磨损痕迹

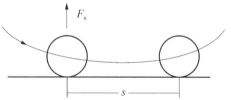

图 11‑17　撞击和滑动共同造成的磨损

如果说湍流诱发疲劳分析比相应的撞击分析的复杂度增加一个量级,则湍流诱发磨损分析比疲劳分析的复杂度至少增加两个量级。原因有两个:首先,磨损本身是一个涉及材料微观特性的复杂问题。即使两件接触的构件的材质相同,振幅和振动频率也完全相同,构件上的磨损也可能完全不同,具体取决于接触表面的几何形状。其次,至少在动力与过程行业,最重要的磨损问题发生在配非线性支承的部件上,比如,换热器传热管束和核燃料棒束。为了适应热膨胀和易于装配,换热器传热管的支承板孔总是大于传热管外径。管子与支承板之间的间隙导致了管子与支承板之间发生相对运动,从而导致管子发生磨损。第 9 章中的所有湍流激振分析示例均假设管子要么是固支管,要么是靠支承板支承的简支管,无任何间隙。此情况下,可以对线性结构力学问题求解,但无法对传热管和支承板间的相对运动进行计算,而传热管和支承板间的相对运动计算是定量分析它们之间的磨损率的先决条件。本书不对非线性结构动力学做详细介绍，解决实际问题时，流致振动/磨损的定量分析几乎全用有限元非线性结构分析计算机程序进行，此程序可以是流致振动/磨损专用程序，也可以是通用分析程序。即使有了当今的高速计算机，也需要对构件建立合适的模型，并对空间和时间都是随机的湍流力函数进行近似表示。第11.5节给出了考虑管子/支承相互作用的流致振动基本方程，其中忽略了非线性结构动力学分析细节，读者可参阅有关非线性结构动力学方面的书籍及电脑程序手册。第11.5节后半部分给出了定性求取相对磨损率的简化方法。

微动磨损系数

与冲击磨损和滑动磨损一样，计算微动磨损率的一个必备参数是磨损系数。1980年至2000年的文献中发表了一些微动磨损系数实验数据，主要是核蒸汽发生器的部件间的数据。文献中的数据单位通常不一致，难以直接比较。此外，文献中也通常未对试验的确切运动类型作出准确描述。表11-3转载了其中一些数据，并将之换算为通用单位 Pa^{-1}（帕斯卡的倒数），此单位是近期技术文献采用的公认单位。表中也列出了本书作者了解到的每个数据集的相关运动类型。

表 11-3 冲击/滑动磨损系数

材料副[1]	数据来源	按参考资料中的单位	K / Pa^{-1}
钢/钢	参考文献[3]	505×10^{-12} psi^{-1}	72×10^{-15}
—	参考文献[8]	$28 \times 10^{-12} \sim$ 150×10^{-12} psi^{-1}	$4.0 \times 10^{-15} \sim$ 22×10^{-15}
Inconel 600/碳钢	参考文献[10]	见图11-15	1.4×10^{-15}
Inconel 600/405 SS型不锈钢	参考文献[10]	见图11-15	12×10^{-15}
Inconel 800/410SS型不锈钢	参考文献[11]	(Pa^{-1})	40×10^{-15}
Inconel 600/碳钢	参考文献[11]	(Pa^{-1})	50×10^{-15}
Inconel 600/405SS型不锈钢	参考文献[12]	体积损耗与功率（瓦特）图	14×10^{-15}

[1] 两件部件中第一件的磨损系数。

11.5　微动磨损和松支承管子的动力学性质

第 7 章给出了流体-管子相互作用下管子的运动方程：

$$M\ddot{y} + (C_{sys} + C_{fsi})\dot{y} + ky = F_{inc} \tag{7-14}$$

横向流作用下，流体-管子相互作用引起的阻尼计算方程如下：

$$C_{fsi} = 4\pi M f_0 \zeta_{fsi} \quad 和 \quad \zeta_{fsi} = -\frac{\rho V_p^2/2}{\pi f_0^2 m \beta^2} \tag{7-15}$$

孤立单管的该项参数为零。关于此流体-管子相互作用力是否存在于管束（即便是低于失稳阈值）这点颇有争议。但是，由于式（7-14）直接从康纳斯的方程[3]求得，因此只要相信康纳斯的方程，这个假设就是合理的，即此作用力总是存在于有横向流流过的管束。

式（7-14）假设管子与支承间没有间隙。管子与支承间存在间隙的情况下，必须向式（7-14）中加入非线性局部接触力 F_c：

$$M\ddot{y} + (C_{sys} + C_{fsi})\dot{y} + ky = F_{inc} + F_c \tag{11-21}$$

当 $|y(t)| > g$ 时，　$F_c = -k_c(|y(t)| - g)$

当 $|y(t)| < g$ 时，　　　　　　$F_c = 0$

式中，k_c 是传热管/支承组合的等效刚度。传热管的刚度通常远低于支承板，所以阿西萨等[13]建议采用传热管局部椭圆化现象涉及的刚度：

$$k_c = 1.9 \frac{Eh^2}{D} \sqrt{\frac{h}{D}} \tag{11-22}$$

式中，D、h 分别为管径和壁厚。有多篇文献（参见下文参考文献）揭示，传热管磨损率计算值极不容易受支承等效刚度影响。因此，无需准确的 k_c 值。

弗里克（Frick）等人[14]提出了"磨损功率"这一参数，将之定义为接触力与滑动距离的乘积：

$$\frac{dW}{dt} = F_n \frac{dS}{dt} \tag{11-23}$$

上式量化了体积磨损率。根据式（11-17）可知，体积磨损率为

$$\frac{\mathrm{d}Q}{\mathrm{d}t} = KF_{\mathrm{n}}\frac{\mathrm{d}S}{\mathrm{d}t} \tag{11-24}$$

用磨损功率表示的体积磨损率为

$$\dot{Q} = K\dot{W} \tag{11-25}$$

式(11-25)已经成为流致振动磨损分析的优选表达式。但"功率"有点误导性，真正的功率不是 $F_{\mathrm{n}}\dot{S}$，而是 $\mu F_{\mathrm{n}}\dot{S}$。

在实际应用中，式(11-21)用有限元和直接时程积分法进行求解。非线性管支承在建模中用"间隙单元"表示，给定间隙和支承等效刚度。先计算法向力和滑动距离，再通过叠加来求总功率，进而求出磨损率和总磨损体积。由于传热管的动力学特性、功率、磨损率以及与流体的相互作用力都受到间隙的影响，这些参数须随着时间推移而定期修改，数值计算过程可能非常耗时。关于此方面专业的计算问题，读者可参考 20 世纪 90 年代发表的多篇技术文章[例如，拉奥(Rao)等人的文章[15]；索韦(Sauve)的文章[16]]。图 11-18 的(a)和(b)是换热器两根不同传热管上的运动时长为 4.0 秒的轨迹图，这两根传热管所配的支承板均为大圆钻孔。这些时程是用非线性有限元计算机程序对式(11-21)开展数值求解得到的，时间步长小至 1/40 000 秒。图 11-18(a)展示的是"支承板不起作用"时传热管的振动轨迹。"支承板不起作用"表示，传热管即使存在极大的运动行程，也不接触支承板，它沿静平衡位置发生随机运

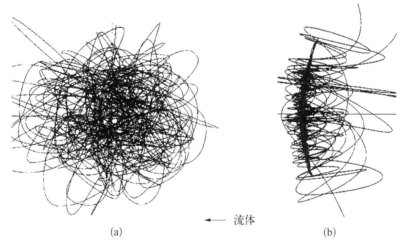

←── 流体

(a)   (b)

图 11-18 湍流激振引起的传热管轨道运动

(a) 支承板不起作用时；(b) 支承板起作用时

动。图 11-18(b)展示的是"支承板起作用"时传热管的振动轨迹,可以观察到支承板孔部分圆弧段限制的模糊轮廓。此情形下传热管在流体作用下向左偏,主要沿此弧段发生撞击和滑动,造成图 11-16 所示的磨损痕迹。由于传热管和支承的刚度均有限,所以传热管的行程有时会超过支承板孔的边界。

康纳斯的微动磨损近似计算方法

康纳斯[3]假设振动的传热管紧贴在大圆形支承孔内发生摆动,不与支承孔分离,在此基础上推导出总滑动距离与时间 t 的关系表达式为

$$S = 2\pi D y_{0\text{-peak}} f_n t / L \tag{11-26}$$

注意,式(11-26)中,L 是大孔支承两侧的总跨长。利用此方程以及法向反作用力式(11-19)和磨损率表达式(11-20),可以计算随时间变化的磨损体积,不过此计算非常粗略。

示例 11-4

本示例中假设各条件与示例 11-2 和表 11-2 的一样,同时假设零峰振幅为示例 9-1 中计算的均方根振幅(在表 11-2 中给出)的 3 倍,并假设传热管发生振动并一直接触中间的大支承孔,请估算连续投运 10 年后管壁的微动磨损深度。

解算

利用式(11-19),设 $L = 100$ in(2.54 m) 并且 $y_{0\text{-peak}} = 3 \times 0.035$ in $= 0.105$ in(0.002 67 m),可以计算出支承处的法向反作用力为

$$F_n = 24.1 \, \text{lbf}(108 \, \text{N})$$

用式(11-26)可得出,连续投运 10 年后的总滑动距离为

$$S = 2 \times 3.141\,6 \times 0.625 \times 21.9 \times (3 \times 0.035) \times$$
$$(10 \times 365 \times 24 \times 3\,600)/100$$
$$= 2.85 \times 10^7 \, \text{in}(7.23 \times 10^5 \, \text{m})$$

采用示例 11-3 中的磨损系数 $9.7 \times 10^{-12} \, \text{psi}^{-1}$,根据式(11-20)得出

$$Q = 0.006\,2 \, \text{in}^3(1.02 \times 10^{-7} \, \text{m}^3)$$

若假设磨损只发生在 90°弧段,则按照示例 11-3 中的步骤,求出连续投运 10 年后的壁厚损耗为 0.008 in(0.051 mm),即壁厚的 24%左右。此值更接近在役核蒸汽发生器的实测值。

微动磨损能量估算法

振动的换热器传热管主要通过阻尼实现能量耗散，而传热管中的大部分阻尼的产生原因是传热管与支承板之间的相互作用（即磨损），耶蒂斯尔（Yetisir）等[17]根据此情况，提出了一种基于传热管实测阻尼比估算传热管磨损率的方法。但是，由于阻尼比实测值以及湍流力函数中的参数存在较大的不确定度，因此无法靠该法精确定量确定磨损率。此法最适合用于求取不同传热管的相对磨损率。如果从运行经验或从单独开展的非线性振动/磨损分析中已经知道参考换热器的磨损率，则可以推导出另一换热器的传热管的磨损率。

耶蒂斯尔等[17]基于简支传热管决定此方程。下面给出了此方程的改进式，适用于任意边界条件的单跨或多跨传热管。根据第 3 章可知，振动中的传热管的耗散能量为

$$P = 8\pi^3 \zeta_n f_n^3 m_n (y_{0i}^2/\psi_{ni}^2) \qquad (3-40)$$

设 μ 为摩擦系数，则传热管运动的阻力为 μF_n。由式(11-23)可知，振动的传热管耗散的能量与磨损功率的关系为

$$P = \mu W \qquad (11-27)$$

或

$$W = 8\pi^3 (\zeta_n f_n^3 m_n/\mu)(y_{0i}^2/\psi_{ni}^2) \qquad (11-28)$$

由于 $y_{ni}/\psi_{ni} = a_n$（参见第 3 章）不受位置影响，点 i 可以是传热管上的任意点。如果从运行经验已经得知参考传热管的磨损率，并且通过测量或分析已经知道该管某一点的振幅和模态振型，则可以参考换热器为参照基准，用比值法估算传热管和支承板材质均相同的另一换热器的磨损率，可以抵消掉摩擦系数和湍流力函数的不确定度。以下示例将对此法作出演示。

示例 11-5

由于本示例的目的是演示计算方法，所以未指明单位，但是是一套统一的单位。熟悉核蒸汽发生器传热管尺寸的读者可以发现本例使用的是美制单位。

图 11-19 的(a)和(b)展示了两根换热器传热管，其设计不同，但管子和支承板材质相似。A 管的 1∶1 实物模拟试验表明，A 管的振动主模态为面外方向，模态阻尼比为 0.01。已基于线性有限元模型对 A 管做了详细的流致振动分析（参见第 9 章）。

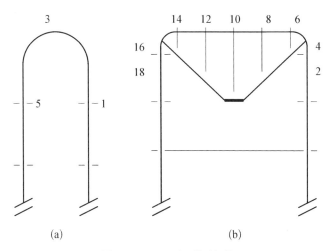

图 11 - 19　两 根 传 热 管

（a）A 管；（b）B 管

将模态广义质量归一化处理,计算了点"3"的面外主模态频率、模态振型和振幅,计算值在表 11 - 4 中给出。

也对 B 管开展了 1∶1 实物模拟试验。结果表明,振动主模态为面内方向,阻尼比为 0.05。同样基于线性有限元模型对 B 管做了详细的流致振动分析。将模态广义质量归一化处理,计算了点"4"的面外①主模态频率、模态振型和振幅,结果也在表 11 - 4 给出。

表 11 - 4　线性分析结果

	蒸汽发生器 A	蒸汽发生器 B
阻尼比实测值	0.01	0.05
响应 y（均方根值）	0.012 5	0.010 3
位置	顶点（点 3）	蝠翼部位（点 4）
响应方向	面外	面内
主模态频率 Hz	13.6	6.1
广义质量 m_A、m_B	1	1
模态振型值	点 3 为 10.6	点 4 为 9.3
体积磨损率	待定	0.001 单位/年

① 译者注：根据上下文猜测,此处为笔误,应为"面内"。

根据运行经验,已确定 B 管投运期间在所有管支承点处的综合体积磨损率为 0.001 单位/年。其中大部分磨损发生在点 2、点 4、点 6 和点 14、点 16、点 18,而所有其他位置的磨损可忽略不计。

假设 A 管的大部分磨损发生在支承点 1 和 5,估算了这两个位置的体积磨损率。

解算

利用式(11-28)得出两根换热器传热管之间的磨损功率比为

$$\frac{\dot{W}_A}{\dot{W}_B} = \frac{P_A/\mu}{P_B/\mu} = \frac{\zeta_A f_A^3 y_A^2 m_A/\psi_A^2(1)}{\zeta_B f_B^3 y_B^2 m_B/\psi_B^2(2)}$$

$$= \frac{0.01 \times 13.6^3 \times 0.012\,5^2 \times 1/10.6^2}{0.05 \times 6.1^3 \times 0.010\,3^2 \times 1/9.3^2}$$

$$= 2.52$$

因此,A 管的点 1 和点 5 的总体积磨损率是 B 管的 2.5 倍左右,即点 1 和点 5 体积磨损率均为 0.001 25 单位/年。

参考文献

[1] Blevins R D. A rational algorithm for predicting vibration-induced damage to tube and shell heat exchangers [C]. Proceeding Symposium on Flow-Induced Vibration. Vol. 3, edited by M. P. Paidoussis, New York: ASME Press, 1984: 87 - 101.

[2] Archard J F, Hirst T. The wear of metals under unlubricated conditions [J]. Proceedings of the Royal Society of London. Series A, Mathematical and Physical Sciences, 1956, 236(1206): 397 - 410.

[3] Connors H J. Flow-Induced vibration and wear of steam generator tubes [J]. Nuclear Technology, 1981, 55(2): 311 - 331.

[4] ASME, ASME boiler and pressure vessel code [S], 1998, Section Ⅲ, Appendix N1300.

[5] ASME, ASME Boiler and Pressure Vessel Code [S], 1998, Section Ⅲ, Appendix I.

[6] Crandall S H, Mark W D. Random Vibration in Mechanical Systems [M]. New York: Academic Press, 1963.

[7] Brenneman B, Talley J G. RMS fatigue curves for random vibrations [J]. Journal of Pressure Vessel Technology, 1986, 108(4): 538 - 541.

[8] Ko P L. Wear due to flow-induced vibration [C]. Proceedings of Technology for the 90s, edited by M. K. Au-Yang, New York: ASME Press, 1993: 865 - 896.

[9] Dixon R E. Cavitation of cold leg accumulator check valves [C]. The Nuclear Industry Check Valve (NIC) Group Conference, St. Petersburg Beach,

Finland, 1999.

[10] Hofmann P J, Schettler T. PWR steam generator tube fretting and fatigue wear [R]. EPRI Report NP - 6341, 1989.

[11] Fisher N J, Chow A B, Weckwerth M K. Experimental fretting-wear studies of steam generator materials [J]. Journal of pressure vessel technology, 1995, 117(4): 312 - 320.

[12] Kawamura K, Yasuo A, Inada F. Tube-to-support dynamic interaction and wear of heat exchanger tubes caused by turbulent flow-induced vibration [J]. ASME Special Publication PVP-Vol. 206, Flow-Induced Vibration and Wear —1991, edited by M. K. Au-Yang and F. Hara, 1991: 119 - 128.

[13] Axisa F, Desseaux A, Gilbert R J. Experimental study of tube/support impact forces in multi-span PWR steam generator tubes [C]. Proceeding Symposium on Flow-Induced Vibration. Vol. 3, edited by M. P. Paidoussis, New York: ASME Press, 1984: 139 - 148.

[14] Frick T M, Sobek T E, Reavis R J. Overview on the development and implementation of methodologies to compute vibration and wear of steam generator tubes [C]. Proceeding Symposium on Flow-Induced Vibration, edited by M. P. Paidoussis, New York: ASME Press, 1984: 139 - 148.

[15] Rao M S M, Steininger D A, Eisinger F L. Numerical simulation of fluidelastic vibration and wear of multi-span tubes with clearance at supports [C]. Proceedings of the Second International Symposium on Flow-Induced Vibration and Noise. Vol. 5, edited by M. P. Paidoussis, New York: ASME Press, 1988: 235 - 250.

[16] Sauvé R G. A computational time domain approach to fluidelastic instability for nonlinear tube dynamics [J]. American Society of Mechanical Engineers, Pressure Vessels and Piping Division (Publication) PVP, 1996, 328: 327 - 335.

[17] Yetisir M, McKerrow E, Pettigrew M J. Fretting wear damage of heat exchanger tubes: A proposed damage criterion based on tube vibration response [J]. Journal of Pressure Vessel Technology, 1998, 120(3): 297.

第 12 章

声致振动和噪声

声致振动虽算不上最严重的问题,却恐怕是动力与过程行业中最常见的振动问题之一。各种容器、管道系统、阀腔、换热器内件、导管和其他许多部件都可能成为形成驻波的共振腔,而各种风扇、泵、阀门、弯头、流动通道中的阻塞处和不连续处,乃至输热和排热过程均可能成为驻波的激励源。在大多数情况下,一旦满足共振条件,就需要采取补救行动来抑制共振产生的声强。在某些情况下,声激励会导致管道焊接点、阀门内件及其他部件迅速发生疲劳破坏。

分析声致振动时,首当其冲的一项要求就是要计算流体介质中的声速。在温度为 68°F(即 20℃)、压力为一个大气压的空气中,声速为 13 500 in/s(约合 343 m/s)。读者可用以下方程轻松计算出其他温度下的声速:

$$c = \left(\frac{\partial p}{\partial \rho} \right)_s = \sqrt{\frac{\gamma p}{\rho}} = \sqrt{\gamma GT} \propto \sqrt{T} \qquad (12-4)$$

$$\gamma = C_p / C_v$$

其中,T 是以°R 或 K 为单位(具体取决于采用的单位制)的绝对温度。在压力为一个大气压、温度为 0℃(即 32°F)的水中,声速为 55 288 in/s(约合 1 404 m/s)。正如示例 12-2 和 12-3 所示,读者可根据《ASME 蒸汽表》[8]中的信息,计算出任意给定温度和压力下的水、蒸汽或水-蒸汽混合物中的声速。第 2 章的表 2-1 给出了选定温度和压力下的水中声速。

在换热器内,与管束轴线相平行的方向上的声速会受到传热管的影响,由于传热管的存在,该方向上的声速会减小。若设 c_0 为无传热管时的速度,c 为有传热管时的速度,则

$$c = \frac{c_0}{\sqrt{1+\sigma}} \qquad (12-9)$$

其中，σ 为传热管占据的换热器内部容积与换热器总容积之比。

得出声速后，便可计算出导管和空腔中的声模态频率。就长度远大于直径的细长导管和管道而言，其声模态频率可用下式表示：

$$f_\alpha = \frac{\alpha c}{2L} \, \mathrm{Hz}, \quad \alpha = 1, 2, 3, \cdots \qquad (12-12)$$

式(12-12)适用于管道两端均敞开（即直接连通周围环境）或封闭的情形。另外：

$$f_\alpha = \frac{\alpha c}{4L} \, \mathrm{Hz}, \quad \alpha = 1, 2, 3, \cdots \qquad (12-16)$$

式(12-16)适用于管道或导管的一端敞开、另一端封闭的情形。只要管道足够细长，以上两则方程就与横截面的几何结构无关。与之前类似，矩形空腔中的声模态固有频率可用下式表示：

$$f_{\alpha\beta\gamma} = \frac{c}{2}\left(\frac{\alpha^2}{L_1^2} + \frac{\beta^2}{L_2^2} + \frac{\gamma^2}{L_3^2} \right)^{1/2} \mathrm{Hz}, \quad \alpha, \beta, \gamma = 1, 2, 3, \cdots$$

$$(12-18)$$

式(12-18)适用于空腔的两端均敞开或均封闭的情形。不过若其一端敞开（比如方向"1"上的一端敞开），另一端封闭，则其声模态频率为

$$f_{\alpha\beta\gamma} = \frac{c}{2}\left(\frac{\alpha^2}{4L_1^2} + \frac{\beta^2}{L_2^2} + \frac{\gamma^2}{L_3^2} \right)^{1/2} \mathrm{Hz}, \quad \alpha, \beta, \gamma = 1, 2, 3, \cdots$$

$$(12-20)$$

亦可用类似方式推导出其他情形下的声模态频率。若想得出柱腔内的声模态频率，就得求出内含贝塞尔函数的若干方程的数值解。不过正如第12.4节以及示例12-2和示例12-3所示，如今普遍使用的电子表格能轻松地完成此类计算。

要想避免各种潜在的声模态的涡激作用，最保守的办法就是让换热器在适当条件下运行，以便使旋涡脱落频率低于最低的声模态频率。然而从高性能核蒸汽发生器方面的经验来看，即使某一声模态频率理论上已处于旋涡脱

落频率的"锁定"范围内,往往也不会发生声共振。翟阿达(Ziada)等[2-3]绘制的共振图似乎正确地预见到了一点,即核蒸汽发生器不存在声共振问题。第12.5 节展示了这些共振图(这些共振图远没有旋涡"锁定"规则那么保守)。

不论导管内的流体是否在流动,输热和排热(如加热炉/导管系统)过程都可能引起自发声振荡,即所谓的热声现象。此类系统若两端敞开称作为 Rijke 管;若一端敞开、另一端封闭称作 Sondhauss 管。第12.8 节展示了一幅稳定性图(根据系统几何结构以及系统热段与冷段的温度比绘制而成)。一般来说,不宜将加热炉/导管系统的炉篦或旋流器布置在 Rijke 管的四分之一处或 Sondhauss 管的中点处。

细长结构的直径小于其波长,因此这种结构通常不会受到低频法向入射声波的影响。

结构完工后出现的声共振问题通常会用去谐法进行处理。具体来说就是改变相关的激励频率,或是改变相关声模态的频率(后者更为常见)。鉴于声音的对数特性,任何基于能量耗散的方法都必须先耗散掉 90% 以上的声能,才会对声压级产生显著的影响。另一种方法是消除或减小相关的激振力,不过这种方法通常都不太现实。

主要术语如下:

$a_{\alpha\beta}$ —幅度函数;　　　　　　a —环腔内半径

A —亥姆霍兹(Helmholtz)共振器的颈部面积

b —环腔外半径;　　　　　　B —等温体积模量

c —声速;　　　　　　　　　c_0 —无传热管时的声速

C_p —恒定压力下的气体比热容;　C_v —恒定体积下的气体比热容

d —管子或管道的直径;　　　　D —柱腔直径

f —频率(Hz);　　　　　　　$f_{\alpha\beta\gamma}$ —声模态频率

f_s —旋涡脱落频率;　　　　　G —普适气体常数

G_i —顺排管阵的共振参数;　　G_s —错排管阵的共振参数

J—第一类贝塞尔函数;　　　　k —波数,$=2\pi/\lambda$

l —热声系统冷段的长度

L —管道或管子的长度,或流动通道不连续段的特征长度

L_i —x,y,z 方向上的矩形空腔长度($i=1,2,3$)

p —压力;　　　　　　　　　p' —声压

p_0 —环境压力或零峰声压;　　p_i —入射波声压

p_s —散射波声压； P —管中心距

P_L —顺流方向上的管中心距

P_T —垂直于流动方向的方向上的管中心距

Q —亥姆霍兹共振器的体积； r —径向坐标

r —柱坐标系中的位置矢量； R —管子或柱壳的半径

R_a —声学雷诺数； Sr —斯特劳哈尔数

SPL —声压级； Re —雷诺数

T —绝对温度

T_h，T_c —热声系统热段和冷段的绝对温度

V —流速； V_p —间隙流速

x —"1"方向上的长度

X_L，X_T —顺流方向上的节径比，以及垂直于流动方向的方向上的节径比

Y —第二类贝塞尔函数； α —临界温度比（热声学概念）

α，β，γ —声模态下标

$\varepsilon = \alpha$（适用于在声学上两端均处于敞开或封闭状态的管道）

$\quad = (2\alpha - l)/2$（适用于在声学上一端处于敞开状态、另一端处于封闭状态的管道）

θ —角坐标； ρ —流体密度

σ —管束的固体体积占比； λ —波长

$\lambda_{\alpha\beta\gamma}$ —声波方程中径向函数的根

ξ —气柱热态部分和冷态部分的长度比

Φ —声波方程中的径向函数

$\chi_\alpha = \sqrt{(2f/c)^2 - (\varepsilon/L)^2}$

12.1 概述

动力与过程装备的部件和管道系统会形成共振腔，而风扇、泵和若干过程（湍流、气蚀、旋涡脱落以及向流体输热和从流体中排热）都可能成为激励源。一旦满足相应的条件，部件或管道系统就会陷入声共振状态。有时这种声共振只会引起烦人的噪声，有时则会导致部件快速失效。第 1 章简要讨论了声学中的运动学问题，第 8 章、第 9 章和第 10 章则详细讨论了各种结构对湍流做出的响应。工业管道系统和部件会涉及封闭的流动通道，这些通道内可能

会形成驻波,鉴于此,本章将专门讨论这些通道内由于驻波导致的结构噪声与响应问题。与气动噪声有关的外流问题不在本书的探讨范围之内。按照前几章的惯例,此处应采用希腊字母 α 和 β 等来表示声模态,用英文字母 m、n、j 和 k 等来表示结构模态。

前几章已列举了许多关于声激励源的例子,下面将列举一些最常见和最重要的声激励源:

● 风扇和泵产生的压力脉冲。正如图 2 - 3(参见第 2 章)所示,风扇和泵会产生若干压力脉冲,这些脉冲的频率分别为转轴旋转频率、叶片通过频率及其高次谐波频率,并可用频率分明的谐激励函数来加以表达。一次叶片通过频率的数值等同于叶片数与转轴旋转频率之积。对大多数泵和风扇而言,频率为一次、二次或三次叶片通过频率的脉冲最为显著,可惜通常必须通过试验才能得知这些脉冲的频率。

● 就阀门而言,不论采用了哪种设计或具备何种功能,只要会产生高度湍流、汽蚀和激波,那么就属于强声激励源。不同于风扇和泵产生的压力脉冲,阀门产生的压力脉动可能是离散脉动和连续脉动的某种组合,且通常压降越大,激振力就越大。在流量相同的情况下,一个大开口产生的湍流比多个小孔共同产生的湍流更为剧烈。

● 从结构后缘或结构不连续处脱落的旋涡是重要的声激励源。第 6 章介绍了单管和管束的旋涡脱落判据,其中的后者尤为重要(设计换热器时要根据后者来防止声共振)。本章之后将对此做进一步的讨论。对于流过梯级[见图 12 - 1(a)]或空腔[见图 12 - 1(b)]等不连续表面的情形,则可将脱离单柱体情形下的旋涡脱落式(6 - 1)加以推广,从而用下式来表达相应的脱落频率:

$$f_s = SrV/L \qquad (12 - 1)$$

其中,L 是不连续处的特征长度(见图 12 - 1);Sr 是在第 6 章深入讨论过的斯特劳哈尔数(Sr 的值介于 0.2~0.5 之间)。在流过各种空腔[见图 12 - 1(b)的空腔]的情形下,相关机理可能比旋涡脱落的机理更加复杂。对于与剪切波不稳定性有关的频率,有人提出用以下经验方程[2]来代替旧有的方程,对于湍流边界层:

$$f_\alpha = 0.33(\alpha - 1/4)V/L \qquad (12 - 2)$$

其中 $\alpha = 1, 2, 3, \cdots$ 对于层流边界层:

$$f_a = 0.52V/L \qquad\qquad (12-3)$$

式(12-2)适用于动力与过程装备的管道。

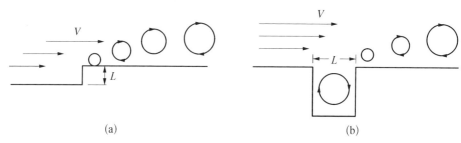

图 12 - 1   因流过不连续处而产生的旋涡

● 湍流也可能激发与声模态有关的驻波，下一小节将对此进行讨论。第 2 章讨论过一种情形，即把阀座泄漏流产生的湍流所激发的驻波作为诊断工具，以此来查找泄漏位置(参见案例研究 2 - 2)。

湍流也能激发管道内的驻波，这可能会产生烦人的嗡嗡声，甚至远在几百英尺外都能听到。

● 汽蚀也会产生刺耳的噪声。为了"扼制"或者说限制质量流量，某些管道系统中装有汽蚀文氏管(第 10 章的轴向流致振动部分简要讨论了这一装置，具体请参见图 10 - 8)。由此产生的高速蒸汽剪切流会产生高频噪声，这种噪声比汽蚀本身产生的噪声要严重得多。由于非定常出口流，汽蚀也可能产生低频压力脉冲，这些脉冲会在封闭的流动环路中激发低频振荡，这些振荡反过来又会激励各种管道部件(比如安装在主管道系统上的阀门接管)。力谱中的高频部分会使手轮等未固定死的螺纹接头发生晃动，并使管道发生局部壳体模态形变，从而令各种焊接接头迅速发生疲劳破坏。

● 热是能量的一种形式，因此向流体输热和从流体中排热都会激发声驻波。这种现象称作热声现象，其对加热炉-导管系统有着特别重要的意义。

这里将通过更详细的具体案例，来进一步讨论上述提到的力函数的激励下，在工业管道系统和部件中激发的声模态，同时也将关注各种声学问题所涉及的另一项条件：驻波在管道和空腔中的形成情况。

12.2　材料介质中的声速

发生声共振的一个必要条件就是形成驻波。当相向而行的声波相互叠加时,就会形成驻波,且其幅度会在消减状态与增强状态之间交替变化。要想得知驻波的频率,就得了解声介质中的声速。下面将介绍气体、液体和固体介质中的声学方程,读者可在物理和化学书籍中找到这些方程的推导过程,而物理、化学和机械工程领域的各种手册也广泛运用了这些方程。

气体中的声速

声音会按绝热定律在气体中传播,其速度为

$$c = \left(\frac{\partial p}{\partial \rho} \right)_S = \sqrt{\frac{\gamma p}{\rho}} = \sqrt{\gamma G T} \propto \sqrt{T}$$

$$\gamma = C_p / C_v \tag{12-4}$$

其中,下标 S 表示气体的压力 p 和密度 ρ 发生了等熵(即熵值不变)变化,C_p 和 C_v 分别是恒定压力和恒定体积下的气体比热容,T 是绝对温度,其定义如下:

$$T = (459.7 + [^\circ\text{F}])^\circ\text{R}(\text{兰金}) \tag{12-5}$$

或

$$T = (273.2 + [^\circ\text{C}])\text{K}(\text{开尔文}) \tag{12-6}$$

G 是普适气体常数:

$$G = 1.986\,5\ \text{cal/gm} \cdot \text{mol/K}(\text{厘米} \cdot \text{克} \cdot \text{秒单位})$$

$$G = 8\,315\ \text{N} \cdot \text{m/kg} \cdot \text{mol/K}(\text{国际单位})$$

$$G = 49\,720\ \text{ft} \cdot \text{lbf/slug} \cdot \text{mol/}^\circ\text{R}(\text{美制英尺单位})$$

$$G = 49\,720\ \text{in} \cdot \text{lbf/}(\text{lb} \cdot \text{s}^2/\text{in}) \cdot \text{mol/}^\circ\text{R}(\text{美制英寸单位})$$

读者可从各种物理与化学手册中查到各种气体的 C_p 值、C_v 值、密度及其他物理常数。是对空气而言:

$$\gamma = 1.4$$

20℃(相当于 293.2 K、68℉或 527.7°R)空气中的声速为

$$c = 343\ \text{m/s}(13\,504\ \text{in/s})$$

有了式(12-4),便可在不采用普适气体常数的情况下,轻松计算出其他温度下空气中的声速。

液体中的声速

与式(12-4)类似,液体中的声速可用下式表示:

$$c = \sqrt{\frac{\gamma B}{\rho}} \qquad\qquad (12-7)$$

其中，B 是从手册中查到的液体等温体积模量。

水、蒸汽或水/蒸汽混合物中的声速

在压力为一个大气压、温度为 0℃（32℉）的水中，声速为 1 404 m/s（约合 55 288 in/s）；相比之下，温度和压力更高的过冷水中的声速实则更低一些。第 2 章的简表（表 2 - 1）给出了在不同温度和压力下的水中声速。《ASME 蒸汽表》[8] 给出了在任何给定的环境条件下，水中、过热蒸汽中或两相水/蒸汽混合物中的声速。在给定温度 T 和压力 p 后，首先找出在 $p + \Delta p/2$ 的压力下，相应的水/蒸汽的密度和熵。其中的 $\Delta p/2$ 是相对于给定压力（即计算声速时采用的压力）的小幅压力增量，可为计算提供便利。在熵 S 不变的前提下，找出相应的水/蒸汽在 $p + \Delta p/2$ 这一压力下的密度。上述两项压力稍有不同，于是在此将这两项压力下的密度差设为 $\Delta\rho$。根据式（12 - 4），T、p 下水/蒸汽中的声速为

$$c = \sqrt{\frac{\Delta p}{\Delta \rho}}$$

本章之后给出的示例 12 - 2 和示例 12 - 3 用数字阐明了这一过程。

固体中的声速

管和棒等细长固体中的声速取决于传播方式（另见第 2 章）。就压缩波而言，有

$$c = \sqrt{\frac{B}{\rho}} \qquad\qquad (12-8)$$

其中，B 是固体的等温体积模量。在室温下的钢中，压缩波的速度约为 198 800 in/s（约合 5 049 m/s）。切勿将其与在管道系统中传播的大多数噪声的弯曲波速度（参见第 2 章）相混淆。

穿过管束的表观声速

当波被格栅散射后，其传播速度会有所减缓。进入材料介质的光波会被材料的分子晶格所散射，导致其传播速度减缓。比如在日常环境下，有一半浸入水中的棍子似乎会发生弯折，这正是因为水中的光速要慢于空气中的光速。与此类似，正向入射换热器传热管束的声波会被传热管所散射，导致其传播速

度减缓。

帕克(Parker)[5]以及布莱文斯和布雷斯勒(Bressler)[6]发现,如果 σ 是换热器内件的横向固体体积占比(即传热管占据的截面与总截面之比),横向上的表观声速则可用以下方程表示:

$$c = \frac{c_0}{\sqrt{1+\sigma}} \qquad (12-9)$$

本章给出的示例 12 - 4 展示了如何用式(12 - 9)来计算换热器中的声共振频率。

12.3　管道和导管内的驻波

当装有流体介质的管道和导管受到扰动时,扰动波会在管内沿着两个相反的方向传播,且当它们的波前触及管端时,这些扰动波就会被反射回来。由此产生的反射波会叠加到原始波上,从而形成干涉图样,进而在管道或导管内形成驻波。之所以称为"驻"波,是因为这种合成波显然没有传播性,从池塘边缘反射回来的表面波就有力地说明了这一点。这些驻波与振动弦中的驻波相似,与吉他弦中的驻波一样,管道内的驻波也有相应的特征波长和离散频率,管风琴便是借助这一原理来演奏声乐的。在动力或过程装备的管道系统中,这些固有频率若是与某种激振力的频率相一致,便会引发共振,而共振往往会带来麻烦甚至有害的结果。可见若想预防声致振动,第一步就是预测相关管道、导管和空腔内的各种驻波的固有频率。物理学的各种初级读物推导出了一部分相关方程(尤其是适用于矩形截面的方程),另一些相关方程则可能需要更高深的技巧。以下几小节给出了其中一些方程,其推导过程请参阅相关文献。

按照第 4 章的惯例,本章应将希腊字母 α、β 和 γ 等作为声模态下标(英文字母 m、n、j 和 k 等则作为结构模态下标),其中 α 表示轴向模态,β 表示横向模态,第三个下标稍后再做讨论。

至于一维系统(如细长的管道和导管)这种特殊情形,则只用一个轴向下标来描述其固有频率(此处假定管道截面上的声压分布是相同的)。图 12 - 2 给出了常见于管道的三种声学末端条件,而这三种情形下的声压分布 p' 与模态频率则各不相同。

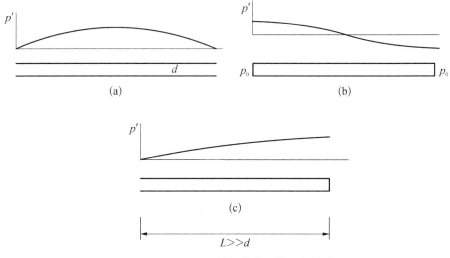

图 12‑2　不同压力边界条件下的细长管道

(a) 两端的 $p' = 0$；(b) 两端的 $p' = $ 最大值；(c) 左端的 $p' = 0$，右端的 $p' = $ 最大值

　　在本章剩下的内容中，本书作者会用"管道"一词来表示所有截面特征长度远小于自身长度的管状体，其中包括各种管道、导管、传热管及其他输流管状体。

　　1）两端均敞开的细长管道［见图 12‑2(a)］

　　这种情况下，管道的两端与大气直接相通，或与压力为环境压力 p_0 的一个大型腔室相通。此处只关注环境压力引起的压力扰动。根据以下表达式：

$$p' = p - p_0 \tag{12-10}$$

可知若假设管道两端的环境压力相同，那么管道两端的声压即为环境压力。在此情形下，压力分布和频率为

$$p'_\alpha = p_{max} \sin \frac{\alpha \pi x}{L} \tag{12-11}$$

$$f_\alpha = \frac{ac}{2L} \text{ Hz} \quad \alpha = 1,\ 2,\ 3,\ \cdots \tag{12-12}$$

　　2）两端均封闭的细长管道［见图 12‑2(b)］

　　此时管道两端的声压最大，相应的压力分布和频率分别为

$$p'_\alpha = p_{max} \cos \frac{\alpha \pi x}{L} \tag{12-13}$$

$$f_\alpha = \frac{ac}{2L} \text{ Hz} \quad \alpha = 1,\ 2,\ 3,\ \cdots \tag{12-14}$$

3) 一端敞开、另一端封闭的细长管道[见图 12-2(c)]

此时管道封闭端的声压最大,敞开端的声压为零。相应的压力分布和频率分别为

$$p'_\alpha = p_{\max} \sin \frac{\alpha \pi x}{L} \tag{12-15}$$

$$f_\alpha = \frac{ac}{4L} \text{ Hz} \quad \alpha = 1,\ 2,\ 3,\ \cdots \tag{12-16}$$

4) 细长环形管道及其他截面的管道

只要管道算得上细长(即是说管道长度远大于其水力直径),式(12-11)~式(12-16)就是成立的。此时管道或导管的截面对相关的声模态振型和频率都没有影响。

示例 12-1

图 12-3 展示了一根方形导管。该导管的一端是一台驱使空气流经该导管的风扇,另一端则是直角 T 形结构。表 12-1 给出了该导管的尺寸和导管内的空气环境条件。其可供安装系统的最大空余长度为 10 ft(3.0 m)。为避免驻波与叶片通过频率及其谐波形成共振,导管长度 L 应为多少?

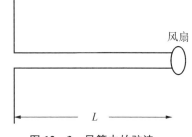

图 12-3　导管内的驻波

表 12-1　示例 12-1 的已知参数

	美 制 单 位	国 际 单 位
导管截面	12 in×12 in	0.305 m×0.305 m
空气压力	标准大气压	标准大气压
温度	80°F	26.7℃
风扇转速	1 200 r/min	1 200 r/min
叶片数量	3	3
大气压下的声速	68°F 下为 13 504 in/s	20℃ 下为 343 m/s

解算

这里必须得出导管内的声速。若假设导管内的空气压力始终保持在大气压上下，那么导管内的声速就与以下绝对温度成比例：

$$T = 80 + 459.7 = 539.7°\text{R}$$

或 $$T = 26.7 + 273.2 = 299.9 \text{ K}$$

已知温度为 68℉（约合 527.7°R 或 293.2 K）、压力为一个大气压时的声速为 13 504 in/s（约合 343 m/s），那么用式（12-4）便可轻松求出导管内的声速。表 12-2 给出了相应的结果。导管的一端连接到风扇上，风扇处的声压则由叶片产生，因此这一端属于"封闭"端。另一端则是朝两个方向敞开的 T 形结构，这里可近似处理为开放端。可由式（12-16）得出导管内的声模态频率，且 L 可用下式进行求解：

$$L = \frac{\alpha c}{4 f_n}$$

其中，$f_n = 60，120，180，\cdots$（单位为 Hz），$\alpha = 1，2，3，\cdots$ 表 12-3 给出了导管内的空气与叶片通过频率及其高次谐波形成共振时的管道长度。

表 12-2　示例 12-1 的参数计算值

	美制单位	国际单位
风扇叶片通过频率 $f = 1\,200 \times 3/60$	60 Hz	60 Hz
绝对温度 T	539.7°R	299.9 K
导管内的声速	13 657 in/s	346.9 m/s
60 Hz 处的声波波长	113.8 in	2.89 m

表 12-3　声模态频率等于叶片通过频率时的管道长度

叶片通过谐波 n，频率	声模态数 α			
	1	2	3	4
1, 60 Hz	56.9 (1.45)	113.8 (2.89)	171.7 (4.36)	227.6 (5.78)
2, 120 Hz	28.5 (0.72)	56.9 (1.45)	85.3 (2.17)	113.8 (2.89)
3, 180 Hz	19 (0.48)	37.9 (0.96)	56.9 (1.45)	75.8 (1.93)

注：无括号的数值的单位为英寸，括号内数值的单位为米。

最坏的情形是 L 约为 57 in(1.5 m)，原因在于若选择这一长度，那么导管内的每一阶声模态都会与叶片通过频率的每个谐波发生共振。既然是为了避免与叶片通过频率的低次谐波(该频率下的压力脉动最大)发生共振，那么最妥当的 L 就是 70 in(1.8 m)左右。

12.4　空腔内的驻波

本章将"空腔"定义为三维尺寸相差不大的封闭空间或近乎封闭的空间，因此空腔内的驻波问题属于三维问题。在分析矩形空腔时，会遇到常见的正弦三角函数和余弦三角函数；在分析圆形截面的空腔时，则会遇到第 4 章所述的贝塞尔函数，毕竟在柱坐标系中贝塞尔函数正是与笛卡尔坐标系中的正弦函数和余弦函数相对应。表 12 - 4 给出了波动方程在笛卡尔坐标系、柱坐标系和球坐标系中的本征函数。

表 12 - 4　波动方程的本征函数

几何形状	坐 标 系	本征函数	物 理 项
矩　形	笛卡尔坐标系	正弦和余弦	谐波
柱　形	柱坐标系	贝塞尔函数	柱谐函数
球　形	球坐标系	勒让德函数	球谐函数

如今普遍使用的电子表格能像求出三角函数那样，轻松地求出贝塞尔函数。动力与过程装备很少采用同心球形空腔，因此本书不会讨论勒让德函数和球谐函数。

对于最常见的几种几何结构，以下几小节将介绍它们的声压分布(即 p')函数和模态频率函数。其他方程请参阅布莱文斯发表的文献[7]。

1) 封闭矩形空腔(见图 12 - 4)

$$p'_{\alpha\beta\gamma} = p_{\max} \cos\frac{\alpha\pi x}{L_1} \cos\frac{\beta\pi y}{L_2} \cos\frac{\gamma\pi z}{L_3} \tag{12-17}$$

$$f_{\alpha\beta\gamma} = \frac{c}{2}\left(\frac{\alpha^2}{L_1^2} + \frac{\beta^2}{L_2^2} + \frac{\gamma^2}{L_3^2}\right)^{1/2} \text{Hz}, \quad \alpha, \beta, \gamma = 1, 2, 3, \cdots$$

$$\tag{12-18}$$

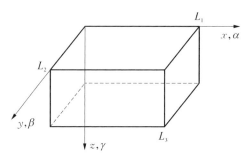

图 12 - 4　某 矩 形 空 腔

2）$x=0$ 端敞开、其他各端封闭的矩形空腔

$$p'_{\alpha\beta\gamma}=p_{\max}\sin\frac{\alpha\pi x}{2L_1}\cos\frac{\beta\pi y}{L_2}\cos\frac{\gamma\pi z}{L_3} \tag{12-19}$$

$$f_{\alpha\beta\gamma}=\frac{c}{2}\left(\frac{\alpha^2}{4L_1^2}+\frac{\beta^2}{L_2^2}+\frac{\gamma^2}{L_3^2}\right)^{1/2}\text{Hz}\quad \alpha,\ \beta,\ \gamma=1,\ 2,\ 3,\ \cdots$$

$$\tag{12-20}$$

3）$x=0$、L_1 端敞开，其他各端封闭的矩形空腔

$$p'_{\alpha\beta\gamma}=p_{\max}\sin\frac{\alpha\pi x}{L_1}\cos\frac{\beta\pi y}{L_2}\cos\frac{\gamma\pi z}{L_3} \tag{12-21}$$

$$f_{\alpha\beta\gamma}=\frac{c}{2}\left(\frac{\alpha^2}{L_1^2}+\frac{\beta^2}{L_2^2}+\frac{\gamma^2}{L_3^2}\right)^{1/2}\text{Hz},\quad \alpha,\ \beta,\ \gamma=1,\ 2,\ 3,\ \cdots$$

$$\tag{12-22}$$

4）环形空腔

第 4 章推导出了由两个有限同轴柱壳组成的系统的水动力质量方程，而下文描述的几何结构则与第 4 章中的图 4-1 和图 4-2 无异，因此读者可以参考一下这两幅图。从第 4 章可知，只有当固有频率足够高时，环形空腔内才会产生驻波，因此有

$$f>\varepsilon c/2L \tag{12-23}$$

其中，对两端敞开（$p=0$）或两端封闭（$p=p_{\max}$）的流体环空而言，$\varepsilon=\alpha$；对一端敞开、另一端封闭的流体环空而言，$\varepsilon=(2\alpha-1)/2$。

在满足此条件的情况下，相应驻波的固有频率可用式（4-31），本章将该方程重新编号为式（12-24），表示为

$$J'_\beta(\chi_\alpha a) Y'_\beta(\chi_\beta b) = J'_\beta(\chi_\alpha b) Y'_\beta(\chi_\beta a) \tag{12-24}$$

其中，

$$\chi_\alpha^2 = (2f/c)^2 - (\varepsilon/L)^2 > 2 \tag{12-25}$$

尽管式(12-24)看上去很棘手，但如今普遍使用的电子表格和用于对贝塞尔函数求导的下列方程都能轻松地求出式(12-24)的数值解[参见第 4 章的式(4-38)，不过为了遵循"用希腊字母表示声模态，用英文字母表示结构模态"的惯例，此处用下标 β 取代了下标 n]：

$$J'_\beta(x) = [\beta J_\beta(x) - x J_{\beta+1}(x)]/x$$

$$Y'_\beta(x) = [\beta Y_\beta(x) - x Y_{\beta+1}(x)]/x \tag{12-26}$$

空腔内的压力分布可用下式表示为(从第 4 章可知，α 表示轴向模态数，β 表示环向模态数，$a_{\alpha\beta}$ 表示振幅函数)，两端敞开情况下：

$$p'_{\alpha\beta}(\boldsymbol{r}) = a_{\alpha\beta}[J_\beta(\chi_\alpha r) - J'_\beta(\chi_\alpha a) Y_\beta(\chi_\alpha r)/Y'_\beta(\chi_\alpha a)]\cos\beta\theta \, \sin\frac{\alpha\pi x}{L} \tag{12-27}$$

两端封闭情况下：

$$p'_{\alpha\beta}(\boldsymbol{r}) = a_{\alpha\beta}[J_\beta(\chi_\alpha r) - J'_\beta(\chi_\alpha a) Y_\beta(\chi_\alpha r)/Y'_\beta(\chi_\alpha a)]\cos\beta\theta \, \sin\frac{\alpha\pi x}{L} \tag{12-28}$$

一端敞开、另一端封闭情况下：

$$p'_{\alpha\beta}(\boldsymbol{r}) = a_{\alpha\beta}[J_\beta(\chi_\alpha r) - J'_\beta(\chi_\alpha a) Y_\beta(\chi_\alpha r)/Y'_\beta(\chi_\alpha a)]\cos\beta\theta \, \sin\frac{\alpha\pi x}{2L} \tag{12-29}$$

或

$$p'_{\alpha\beta}(\boldsymbol{r}) = a_{\alpha\beta}[J_\beta(\chi_\alpha r) - J'_\beta(\chi_\alpha a) Y_\beta(\chi_\alpha r)/Y'_\beta(\chi_\alpha a)]\cos\beta\theta \, \sin\frac{\alpha\pi x}{2L} \tag{12-30}$$

环形空腔之后再做讨论，此处先研究有限柱腔这一特殊情形。

5）有限柱腔

设内柱半径 a 趋近于零，并借助适用于小变量的贝塞尔函数性质来得出以下结果，对于 β 的任意积分值：

$$当 x \to 0 时， \qquad Y'_\beta(x) \to \infty \qquad (12-31)$$

对于 β 的任意积分值（$\beta = 1$ 除外）：

$$当 x \to 0 时， \qquad J'_\beta(x) \to 0 \qquad (12-32)$$

$$当 x \to 0 时， \qquad J'_1(x) \to 1/2 \qquad (12-33)$$

根据式（12-27）~式（12-30），两端敞开的单一柱腔的极限情形（另见第 5 章）为

$$p'_{\alpha\beta}(\boldsymbol{r}) = a_{\alpha\beta} J_\beta(\chi_a r)\cos\beta\theta \sin\frac{\alpha\pi x}{L} \qquad (12-34)$$

两端封闭情况下：

$$p'_{\alpha\beta}(\boldsymbol{r}) = a_{\alpha\beta} J_\beta(\chi_a r)\cos\beta\theta \cos\frac{\alpha\pi x}{L} \qquad (12-35)$$

一端敞开、另一端封闭的情况下：

$$p'_{\alpha\beta}(\boldsymbol{r}) = a_{\alpha\beta} J_\beta(\chi_a r)\cos\beta\theta \sin\frac{\alpha\pi x}{2L} \qquad (12-36)$$

或

$$p'_{\alpha\beta}(\boldsymbol{r}) = a_{\alpha\beta} J_\beta(\chi_a r)\cos\beta\theta \cos\frac{\alpha\pi x}{2L} \qquad (12-37)$$

与式（12-24）类似，此时相应的声模态频率可用下式表示：

$$J'_\beta(\chi_a R) = 0 \qquad (12-38)$$

其中，$R = D/2$ 为柱腔半径。使用电子表格，并借助对贝塞尔函数求导的递归关系式［即式（12-26）］，能轻松求出式（12-38）的数值解。表 12-5 给出了用电子表格得出的式（12-38）的根，其中的数值与布莱文斯表格[7]中的数值是一致的。

各声模态的固有频率可用下式表示：

$$\chi_{\alpha\beta\gamma}R = \lambda_{\alpha\beta\gamma}$$

表 12－5　方程的根 $\mathbf{J}'_\beta(\lambda_{\alpha\beta\gamma})=\mathbf{0}$

$\lambda_{\alpha\beta\gamma}$	β				
	0	1	2	3	4
$\gamma=0$	0	1.841 2	3.054 2	4.201 2	5.317 6
$\gamma=1$	3.831 7	5.331 4	6.706 1	8.015 2	9.282 4
$\gamma=2$	7.015 6	8.536 3	9.969 5	11.345 9	12.681 9
$\gamma=3$	10.173 5	11.706 0	13.170 4	14.585 9	15.964 1

或

$$f_{\alpha\beta\gamma}=\frac{c}{2\pi}\sqrt{\left(\frac{\lambda_{\alpha\beta\gamma}}{R}\right)^2+\left(\frac{\varepsilon\pi}{L}\right)^2} \tag{12-39}$$

每一对模态下标 (α,β) 都对应着无穷多个以 γ 为下标的模态，即径向模态。根据式(12－34)～式(12－37)，相应模态频率下的压力分布可用以下各式表示。

当两端敞开时：

$$p'_{\alpha\beta\gamma}(r)=a_{\alpha\beta\gamma}\mathrm{J}_\beta(\lambda_{\alpha\beta\gamma}r/R)\cos\beta\theta\,\sin\frac{\alpha\pi x}{L} \tag{12-40}$$

当两端封闭时：

$$p'_{\alpha\beta\gamma}(r)=a_{\alpha\beta\gamma}\mathrm{J}_\beta(\lambda_{\alpha\beta\gamma}r/R)\cos\beta\theta\,\cos\frac{\alpha\pi x}{L} \tag{12-41}$$

当一端敞开、另一端封闭时：

$$p'_{\alpha\beta}(r)=a_{\alpha\beta\gamma}\mathrm{J}_\beta(\lambda_{\alpha\beta\gamma}r/R)\cos\beta\theta\,\sin\frac{\alpha\pi x}{2L} \tag{12-42}$$

或

$$p'_{\alpha\beta}(r)=a_{\alpha\beta\gamma}\mathrm{J}_\beta(\lambda_{\alpha\beta\gamma}r/R)\cos\beta\theta\,\cos\frac{\alpha\pi x}{2L} \tag{12-43}$$

其中的 $\lambda_{\alpha\beta\gamma}$ 请参阅表12－5。以上方程右端的三个因子分别代表声压的径向分布、切向分布和轴向分布。图12－5展示了 $\beta=0$、1 和 2 时的前 4 阶径向模态。

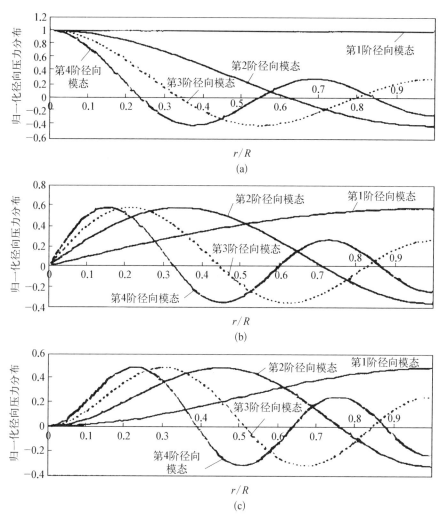

图 12‑5 有限柱腔内前 3 阶环向声模态各自对应的前 4 阶径向模态

（a）$\beta=0$（脉动模态）；（b）$\beta=1$（横向模态）；（c）$\beta=2$

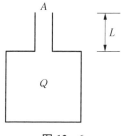

图 12‑6
亥姆霍兹共振器

亥姆霍兹共振器

亥姆霍兹共振器（见图 12‑6）是一种末端为狭长颈部结构的声腔，若其颈部面积 A 远小于空腔的其他尺寸，该亥姆霍兹共振器的固有频率则可用以下的简单方程表示：

$$f \approx \frac{c}{2\pi}\sqrt{\frac{A}{QL}} \qquad (12\text{-}44)$$

其中，Q 是共振器的内部容积。该式仅是一则近似表达式，而布莱文斯[7]不但给出了更精确、更复杂的表达式，还给出了亥姆霍兹共振器在耦合时的频率表达式。

亥姆霍兹共振器的颈部较为狭窄，这意味着需消耗大量的能量才能驱使气体流经亥姆霍兹共振器，所以其常常用作抑制噪声的消声器。另外也可利用亥姆霍兹共振器的原理，使共振腔的固有频率与潜在激振力的频率（如泵的叶片通过频率或各种旋涡脱落频率）失谐。

示例 12 - 2

图 12 - 7 展示了一个装有水的柱形储罐，其内部压力为一个大气压，温度为 80℉（约合 26.7℃）。假设采用一台转速为 1 200 r/min 的五叶泵机将水送入该储罐。评估泵叶片通过频率引起的水柱声共振及其对水罐结构完整性的影响，执业工程师通常都要面对此类问题。

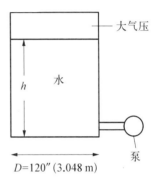

图 12 - 7　抽入柱形储罐的水

解算

虽然许多手册都普遍提供了室温和标准大气压下的水中声速，不过这里要展示的是"用《ASME 蒸汽表》[8]的数据来计算水、蒸汽或水/蒸汽两相混合物中的声速"的通行方法。以下数据实际上是由电子版《蒸汽表》提供的（不论输入何种压力值和温度值，该表都能输出相应的熵和密度），硬拷贝《蒸汽表》时，需要输入离散压力值和温度值，这样所得结果可能略有不同，但相差不会太大。首先找出水在 $p + \Delta p/2$（Δp 是有助于计算的任意小幅增量）和温度 T 下的密度 ρ 和熵 S，然后在保持熵 S 不变的情况下，从《ASME 蒸汽表》中找出 $p + \Delta p/2$ 下的水密度。表 12 - 6 给出了相应的结果。根据该表，在 $S = 9.331\,49$ Btu/lb・°R 的等熵线上和接近于 $p = 14.7$ psi、$T = 80℃$ 的热力学状态下，$\Delta p = 6$ psi 的压力变化会带来 $\Delta \rho = 62.221\,6 - 62.220\,4 = 0.001\,2$ lb/ft³ 的密度变化。在开展剩余的计算前，必须先将单位换算为统一的美国单位制，即是说必须将 0.001 2 lb/ft³ 换算为 1.797×10^{-9} lbf・s²/in⁴（参见第 1 章）。可以得出当温度为 80℉、压力为 14.7 psi 时，声速约为 $c = 57\,778$ in/s。若完全用国际单位进行计算，则可得出 $c = 1\,476$ m/s。《蒸汽表》中的四舍五入带来了一些误差，因此用美制单位和国际单位算出的速度并不完全一致。若要更准确地计算水中或蒸汽中的声速，则可直接为相应的状态方程编写计算程序。

表 12 - 6　给定环境条件下相邻区域内的水物性

	美　制　单　位	国　际　单　位
压力 $= p - \Delta p/2$	11. 7 psi	80 668. 7 Pa
温度 T	80°F	26.7℃
根据《蒸汽表》可知		
密度 ρ	62. 220 4 lb/ft³	996. 675 kg/m³
熵 S	9. 331 49 Btu/lb · °R	390. 691 J/kg · K
压力 $= p + \Delta p/2$	17. 7 psi	122 037 Pa
熵 S	9. 331 49 Btu/lb · °R	390. 691 J/kg · K
密度 ρ	62. 221 6 lb/ft³	996. 694 kg/m³
因此		
$\Delta p =$	17. 7 — 11. 7 = 6 psi	41 368 Pa
$\Delta \rho =$	0. 001 2 lb/ft³ （1. 797×10⁻⁹ lbf · s²/in⁴）	0. 019 kg/m³
$c = \sqrt{\dfrac{\Delta p}{\Delta \rho}}$	57 778 in/s	1 476 m/s

　　泵的一次叶片通过频率为 100 Hz，其高次谐波依次为 200 Hz，300 Hz，400 Hz，…式（12 - 39）提供了相应的声模态频率，表 12 - 5 给出了相应的特征值。从方程式来看，可用叶片通过频率 f_n、轴向模态下标 α 和特征值 $\lambda_{\alpha\beta\gamma}$ 这三项来表达水位 h：

$$h = \frac{(2\alpha - 1)\pi/2}{\sqrt{\left(\dfrac{2\pi f_n}{c}\right)^2 - \left(\dfrac{2\lambda_{\alpha\beta\gamma}}{D}\right)^2}}, \quad f_n = 100, \ 200, \ 300, \cdots \quad (12 - 45)$$

在给定一组模态数 α，β，γ 及与之相关的特征值 $\lambda_{\alpha\beta\gamma}$ 和叶片通过频率 f_n 的情况下，只有当式（12 - 45）的平方根内的量为正值时，由该式才能得出水位的实值。这意味着并非每种叶片通过频率下都会出现所有的声模态。表 12 - 7 汇总了泵叶片通过频率最低的 10 次谐波下可能出现的全部声模态。显然最好按照水位最高、频率最低的模态来设计储罐。举例来说：100 Hz 下的（1，0，0）模态所对应的水位为 144 in（3.67m）；600 Hz 下的（1，0，1）模态所对应的水位为 117 in（2.97 m）；300 Hz 下的（1，1，0）模态所对应的水位为 142 in

(3.61 m)。第一阶模态是一种压力均匀分布在储罐截面上的平面波模态,其与长管内的模态相同,并会使储罐发生对称模态(或者说呼吸模态)下的振动。(1,0,1)模态也是一种对称模态,不过其存在一个节圆,且径向上的压力分布并非始终不变(见图 12 - 5)。在(1,1,0)模态下,储罐截面上的压力分布同样保持不变,但这种横向模态会使储罐发生横向振动。在本示例中,泵叶片通过频率的前 10 次谐波并不会与任何壳体模态($\beta \geqslant 2$)发生共振。短柱壳内的最低模态通常是 $n > 2$ 的壳体模态,因此设计出能抵御泵致振动的储罐并不困难。

表 12 - 7　不同叶片通过频率下可能出现的声模态 (h 的单位为英寸)

(a) $\alpha = 1$ $\beta = 0$					
频率/Hz	γ	0	1	2	3
	λ	0	3.831 7	7.015 6	10.173 5
100	h	144.4	—	—	—
200	h	72.2	—	—	—
300	h	48.1	—	—	—
400	h	36.1	—	—	—
500	h	28.9	—	—	—
600	h	24.1	117.4	—	—
700	h	20.6	37.9	—	—
800	h	18.1	26.6	—	—
1 000	h	14.4	17.8	—	—
(b) $\alpha = 1$ $\beta = 1$					
频率/Hz	γ	0	1	2	3
	λ	1.841 2	5.331 4	8.536 3	11.706
100	h	—	—	—	—
200	h	—	—	—	—
300	h	141.8	—	—	—
400	h	51.0	—	—	—
500	h	35.0	—	—	—
600	h	27.3	—	—	—

(b) $\alpha = 1$ $\beta = 1$					
频率/Hz	γ	0	1	2	3
	λ	1.841 2	5.331 4	8.536 3	11.706
700	h	22.5	—	—	—
800	h	19.3	—	—	—
1 000	h	15.1	25.1	—	—

(c) $\alpha = 1$ $\beta = 2$					
频率/Hz	γ	0	1	2	3
	λ	3.054 2	6.706 1	9.969 5	13.170 4
100	h	—	—	—	—
200	h	—	—	—	—
300	h	—	—	—	—
400	h	—	—	—	—
500	h	82.2	—	—	—
600	h	38.5	—	—	—
700	h	27.8	—	—	—
800	h	22.3	—	—	—
1 000	h	16.3	—	—	—

示例 12 - 3

这里回顾一下第 4 章的示例 4 - 2（当时计算了流体-结构耦合系统的结构频率）。利用第 4 章提供的数据，此处可计算出计环状水道内的声模态频率。系统的示意图请参见第 4 章的图 4 - 5。表 12 - 8 引用了表 4 - 6 中的相关输入数据，以便读者在此处参阅这些数据。

表 12 - 8 有限环形水腔的数据

	美 制 单 位	国 际 单 位
长度 L	300 in	7.620 m
环状水道的内径 a	78.5 in	1.994 m
环状水道的外径 b	88.5 in	2.248 m

(续表)

	美 制 单 位	国 际 单 位
水环状间隙的边界条件	顶部封闭,底部释压	
水温	575℉	301.7℃
水压	2 200 psi	$1.517×10^7$ Pa

按照示例 12-2 中概述的方法,此处用《ASME 蒸汽表》[8] 的数据计算了相应的声速。表 12-9 展示了与所得密度相对应的压力。

表 12-9　给定环境条件下相邻区域内的水的性质

	美 制 单 位	国 际 单 位
压力 $= p - \Delta p/2$	2 100 psi	$1.447\ 9×10^7$ Pa
温度 T	575℉	301.7℃
根据《蒸汽表》可知		
密度 ρ	45.050 6 lb/ft³	721.64 kg/m³
熵 S	0.774 821 Btu/lb・°R	3 244.02 J/kg・K
在该 S 值情况下		
压力 $= p + \Delta p/2$	2 300 psi	$1.585\ 79×10^7$ Pa
密度 ρ	45.147 4 lb/ft³	723.19 kg/m³
因此		
Δp	2 300-2 100=200 psi	$1.378\ 9×10^6$ Pa
$\Delta \rho$	$9.68×10^{-2}$ lb/ft³ ($1.449\ 75×10^{-7}$ lbf・s²/in⁴)	1.55 kg/m³
$c = \sqrt{\dfrac{\Delta p}{\Delta \rho}}$	37 142 in/s(3 095 ft/s)	943 m/s

若已知环状间隙的长度 L、内半径 a 和外半径 b 以及相应的声速,便能用式(12-24)轻松求出各模态频率的数值解。对于任何指定频率 f,都要计算以下参数:

$$\chi_a = \sqrt{(2f/c)^2 - (2\alpha-1)/2L}$$

利用贝塞尔函数导数式(12-26),以及电子表格中的 BESSELJ 和 BESSELY

这两项数学函数，便能计算和绘制出相关的函数：

$$\Phi(f)=\mathrm{J}'_{\beta}(\chi_a a)\mathrm{Y}'_{\beta}(\chi_\beta b)-\mathrm{J}'_{\beta}(\chi_a b)\mathrm{Y}'_{\beta}(\chi_\beta a)$$

表 12-10 引用了相关电子表格中的几行内容，以及前几阶模态对应的 $\Phi(f)=0$ 图。图 12-8 展示了相应的声模态频率，表 12-11 则汇总了这些内容。在这些模态中，第一阶横向模态（$\beta=1$）和第一阶壳体模态（$\beta=2$）所对应的平面波模态（$\gamma=0$）频率较低，因此必须加以关注。

表 12-10　式(12-24)的根　　　　　单位：Hz

β	γ		
	0	1	2
0	1 860	3 720	5 380
1	77	1 860	3 720
2	145	1 860	3 726

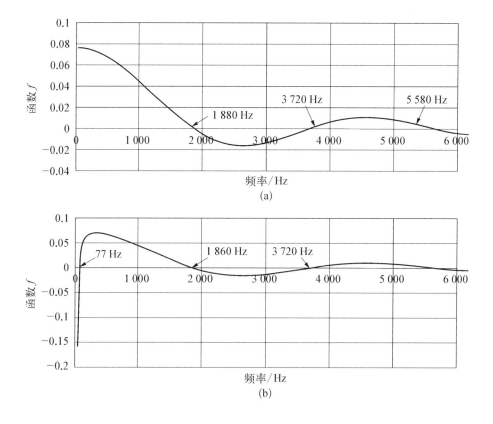

(a)

(b)

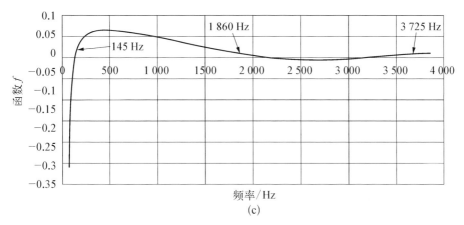

图 12-8　函数 $\Phi(f) = 0$ 的曲线图

(a) $\beta = 0$；(b) $\beta = 1$；(c) $\beta = 2$

表 12-11　用于求解示例 12-3 的电子表格(不完全表格)

	美 制 单 位	国 际 单 位
柱体 a	78.5 in	1.994 m
柱体 b	88.5 in	2.248 m
L	300 in	7.620 m
p	2 200 psi	1.52×10^7 Pa
T	575 ℉	301.7 ℃
c	37 142 in/s	944.5 m/s
α	1(轴向模态)	
ε	0.5	
f	30.95 Hz	30.99 Hz

$\delta f = 10$ Hz								
f	χ	χ_a	χ_b	$J'(\chi_a)$	$Y'(\chi_b)$	$J'(\chi_b)$	$Y'(\chi_a)$	$\Phi(f)$
31	2.93×10^{-4}	2.30×10^{-2}	2.59×10^{-2}	5.74×10^{-3}	1.46×10^5	6.48×10^{-3}	2.10×10^5	
41	4.55×10^{-3}	3.57×10^{-1}	4.03×10^{-1}	8.74×10^{-2}	3.90×10^1	9.79×10^{-2}	5.59×10^1	
51	6.86×10^{-3}	5.38×10^{-1}	6.07×10^{-1}	1.28×10^{-1}	1.13×10^1	1.43×10^{-1}	1.63×10^1	

（续表）

δf = 10 Hz								
f	χ	χa	χb	$J'(\chi a)$	$Y'(\chi b)$	$J'(\chi b)$	$Y'(\chi a)$	$\Phi(f)$
61	8.89×10^{-3}	6.98×10^{-1}	7.87×10^{-1}	1.61×10^{-1}	5.17	1.77×10^{-1}	7.42	
71	1.08×10^{-2}	8.49×10^{-1}	9.57×10^{-1}	1.88×10^{-1}	2.88	2.04×10^{-1}	4.12	-3.02×10^{-1}
81	1.27×10^{-2}	9.94×10^{-1}	1.12	2.09×10^{-1}	1.80	2.25×10^{-1}	2.57	-1.99×10^{-1}
91	1.45×10^{-2}	1.14	1.28	2.27×10^{-1}	1.24	2.39×10^{-1}	1.73	-1.34×10^{-1}
101	1.63×10^{-2}	1.28	1.44	2.39×10^{-1}	9.16×10^{-1}	2.47×10^{-1}	1.25	-9.01×10^{-2}
111	1.80×10^{-2}	1.42	1.60	2.46×10^{-1}	7.25×10^{-1}	2.49×10^{-1}	9.55×10^{-1}	-5.89×10^{-2}
121	1.98×10^{-2}	1.55	1.75	2.49×10^{-1}	6.09×10^{-1}	2.44×10^{-1}	7.68×10^{-1}	-3.58×10^{-2}
131	2.15×10^{-2}	1.69	1.91	2.47×10^{-1}	5.39×10^{-1}	2.33×10^{-1}	6.48×10^{-1}	-1.83×10^{-2}
141	2.33×10^{-2}	1.83	2.06	2.40×10^{-1}	4.97×10^{-1}	2.17×10^{-1}	5.70×10^{-1}	-4.64×10^{-3}
145	2.40×10^{-2}	1.88	2.12	2.35×10^{-1}	4.85×10^{-1}	2.09×10^{-1}	5.48×10^{-1}	-1.48×10^{-5}

注：该表适用于 $\beta = 2$ 的情形；1 m = 39.37 in。

尽管按如今的标准来说，本书作者可谓对计算机"一窍不通"，但还是只用了不到一个小时，就为整个问题编好了相应的程序。

示例 12 - 4

图 12 - 9 展示了某换热器的顶部跨段。过热蒸汽会经由管束向上流动到顶部跨段，再转向 90°横向流过管束，然后沿围筒与壳体之间的环状间隙向下流动。表 12 - 12 给出了这些部件的尺寸和蒸汽的环境条件。先假设与其他尺寸相比，管板与围筒顶部之间的间隙小到可以忽略不计的程度，然后找出该换热器顶部跨段内最低的几阶声模态频率，以及蒸汽横向流速的安全范围。

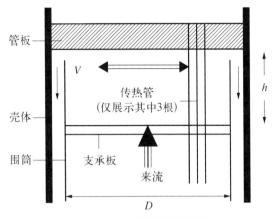

图 12‑9　换热器顶部跨段

表 12‑12　换热器尺寸和壳侧流体状况

	美 制 单 位	国 际 单 位
围筒直径 D	120 in	3.048 m
顶部跨段的高度 h	48 in	1.219 m
传热管直径 d	0.625 in	0.015 88 m
传热管节距比 P/d	1.4	1.4
传热管布局	等边三角形	等边三角形
壳侧压力 p	1 000 psi	6.895×10^6 Pa
壳侧温度 T	575°F	301.7℃

解算

若给出了某种蒸汽的压力和温度,则可从《ASME 蒸汽表》[8]中查到该蒸汽的密度。作为一项练习,请读者按照示例 12‑2 和示例 12‑3 中描述的方法,计算给定环境条件下的蒸汽中的声速。正确结果请参见表 12‑13 的第二行。因为换热器的顶部跨段以钢制管板和支承板为界,那么该柱腔的末端条件就属于"封闭‑封闭"条件。若已知蒸汽中的声速,那么只要给定 $R=D/2$,h,$\varepsilon=\alpha=1,2,3,\cdots$ 这些条件,便可结合表 12‑5 中的特征值 λ,利用式 (12‑39)来计算相应的声模态频率。为此必须先计算固体体积占比,然后再计算穿过管束时的表观声速。若为等边三角形阵列,则可从图 12‑10 中得出以下结果:

表 12‑13　示例 12‑4 和示例 12‑5 的计算结果

	美 制 单 位	国 际 单 位
根据《ASME 蒸汽表》[8]		
密度 ρ	2.06 lb/ft^3（6.4×10^{-2} slug/ft^3） （3.085×10^{-6} lbf·s^2/in）	33 kg/m^3
按照示例 12‑2 和示例 12‑3 中的方法		
c_0	2.025 6×10^4 in/s	514.6 m/s
固体体积占比 σ	0.463	0.463
有效声速 c	1.674 7×10^4 in/s	425.4 m/s
动力黏度 μ	4.144 lbf·s/ft^2	1.984×10^{-5} Pa·s
运动黏度 $\nu=\mu/\rho$	6.475×10^{-6} ft^2/s （9.32×10^{-4} in^2/s）	6.012×10^{-7} m^2/s
R_a	1.12×10^7	1.12×10^7
V_p	480 in/s	12.2 m/s
R_c	3.2×10^5	3.2×10^5

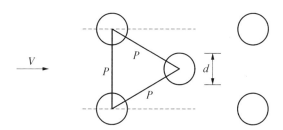

图 12‑10　等边三角形间隙内的固体体积占比

每个矩形节距的总容积 $=hPP\sin60°=0.866hP^2$

各传热管占据的体积 $=h\pi d^2/4$

固体体积占比：

$$\sigma=\frac{h\pi d^2/4}{0.866hP^2}=0.906\,9(d/P)^2=0.906\,9/1.4^2=0.463$$

根据式（12‑9），穿过管束时的声速为

$$c = \frac{c_0}{\sqrt{1+0.463}} = 0.827c_0 = 16\ 747 \text{ in/s}(425.4 \text{ m/s})$$

这样一来,便能用式(12-30)和表 12-5 来计算相应的声模态频率。表 12-14 列出了相应的结果。

表 12-14　顶部跨段 ($\alpha = 1$) 的固有频率

β	γ			
	0	1	2	3
0	174	244	357	484
1	193	294	417	548
2	221	345	476	611
3	255	396	533	671
4	294	448	590	730

若管束内的旋涡脱落激发了第一阶或更多阶较低的声模态,便会引发最具危害性的换热器声学问题。要想预防这种情况,最佳办法就是控制换热器运行时的横向流速,从而使旋涡脱落频率低于最低的声模态频率(本示例中为 174 Hz)。根据式(6-1),横向流速 V 对应的旋涡脱落频率可用下式表示:

$$f_s = SV/d$$

利用第 6 章中式(6-16)就正三角阵列给出的斯特劳哈尔数(见图 12-10),可以得出以下结果:

$$Sr = \frac{1}{1.73(P/d-1)} = \frac{1}{1.73(1.4-1)} = 1.45$$

据此得出

$$V = 75 \text{ in/s}(约合 1.9 \text{ m/s})$$

只要横向流速始终比以上数值低 30%(参见第 6 章),或者说保持在 53 in/s(约合 1.3 m/s)以下,就能避免涡激声共振。请注意,与旋涡脱落分析一样,这里的速度指的是自由来流速度,而非管束流体弹性稳定性分析中常用的节距流速 V_p。相应的间隙流量为

$$V_{\mathrm{p}} = \frac{PV}{P-d} = 186 \ \mathrm{in/s}(约合\ 15.5 \ \mathrm{ft/s}\ 或\ 4.7 \ \mathrm{m/s})$$

目前对换热器声学领域的研究不在少数，具体可参阅该领域的相关文献。下一节将简要探讨这一特殊课题。

12.5　换热器声学

从以上示例可以看出，一旦声模态被"触发"（即是说一旦超过了形成驻波所需的最低频率），频率轴上的声模态就会变得"密集"。加之旋涡脱落频率的预测结果存在不确定性（尤其是预测管束内的该频率时），而旋涡又能将其脱落频率"锁定"到结构模态频率上（参见第 6 章）。上述两个因素使得一旦旋涡脱落频率超过了声学"触发"频率，就很难避免换热器内发生涡激声共振。不过从换热器的运行经验来看，即使理论上的旋涡脱落频率与某一阶声模态频率相一致，通常也不会出现噪声问题。其原因有两点：一是从未在两相流中观察到规则的旋涡脱落现象（多半是因为两相流极度混沌），所以承载两相壳侧流体的换热器多半不会发生涡激声振动；二是只有提供稳定的能量来驱动声驻波，才能维持声共振，然而换热器内的流动高度不均匀，因此大多数乃至全部传热管都以相同的频率"脱落"旋涡是不太可能的——实际上很可能只有一小部分传热管才会以特定的声模态频率"脱落"旋涡。如果整个管束的结构阻尼、压膜阻尼和黏性阻尼所消耗的能量超过了少量旋涡所能产生的能量，就无法形成稳定的声模态共振。

在某些类型的高性能核蒸汽发生器中，至少部分传热管往往必须在高于声学触发频率的条件下运行，因此需要更实用的导则来避免换热器发生声共振。陈（Chen）[8]曾认为换热器传热管束的动力学状况受制于旋涡脱落，在1970 年之前，这一观点深刻影响了对换热器传热管振动的研究。不过在康纳斯（Connors）发表了关于管束流体弹性失稳的标志性论文（参见第 7 章）后，涡激振动和声共振问题的便被忽视了。从 1970 年到 1990 年期间，管束动力学的研究活动大多侧重于流体弹性失稳。事实上，管束内是否确实存在旋涡脱落现象是个备受质疑的问题。

换热管的噪声问题确实存在，不过只有壳侧流体为气体时才会出现问题。其产生的低频噪声（肯定来自换热器内部分割空间里的声共振）往往在一英里之外都能听到，且需要付出不菲的代价才能消除这些噪声。显然是某些力激发了这些声模态。

在 20 世纪 80 年代后期,布莱文斯和布雷斯勒[6]、韦弗(Weaver)[12]和翟阿达[2][3]及其他研究人员重新把目光投向了换热器声学领域,其中韦弗撰写了一篇优秀的综述[12]来总结他们的工作,而该综述也列出了许多相关的文献。转载自该综述的图 12-11 清楚地表明,管束内

图 12-11 管束内的旋涡脱落

确实存在旋涡脱落现象,于是出现了若干换热器设计导则,以防止换热器因旋涡脱落现象而产生声共振。

共振图[2-3]

翟阿达等[2-3]提议,宜根据"共振参数" G(其定义如下,阵列几何结构的定义则请参见图 12-12 和第 7 章)将管束的声共振敏感性划分为以下若干类别。

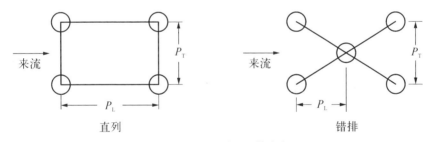

图 12-12 P_T 和 P_L 的定义

注:按照翟阿达的定义,$P_L = L/2$。

对于顺排阵列:

$$G_i = \frac{\sqrt{Re_c}}{Re_a} X_T \tag{12-46}$$

对于错排阵列:

$$G_s = \frac{\sqrt{Re_c}}{Re_a} \frac{[2X_L(X_T-1)]^{1/2}}{(2X_T-1)} \tag{12-47}$$

其中,

$$Re_c = \frac{V_p d}{\nu} \qquad (12-48)$$

是开始发生声共振时的雷诺数（参见第6章），V_p 是节距流速（参见第7章）；

$$Re_a = \frac{cd}{\nu} \qquad (12-49)$$

当 c 为管束内的声速［见式(12-9)］时，Re_a 为"声学"雷诺数：

$$X_L = P_L/d \qquad (12-50)$$

$$X_T = P_T/d \qquad (12-51)$$

在实验数据的基础上，本书作者绘制了作为管束几何结构和共振参数 G 的函数的声共振图，即图 12-13 和图 12-14[2-3]。

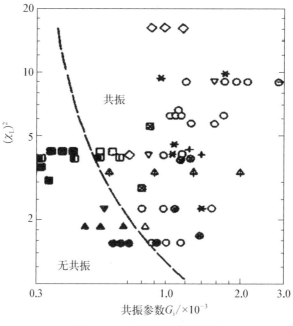

图 12-13 顺排阵列共振图

声压级

若无法避免共振，布莱文斯[2]则建议用以下方程来估算共振形成的声压：

$$p_{rms} = \frac{12V_p}{c} = \Delta p \qquad (12-52)$$

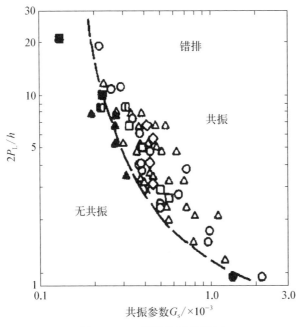

图 12 - 14　错排阵列共振图

注：$h = \min[(PT-d)/2, g]$，g 为最小管间间隙。

示例 12 - 5

在示例 12 - 4 的换热器内，最大节距流速为 $V_p = 40 \text{ ft/s}(12.2 \text{ m/s})$。 根据翟阿达的共振图，这种情况下会出现声学共振吗？ 如果管束前后的压降为 3 psi(20 700 Pa)，那么发生声共振时的声压级会是多少？

解算

从图 12 - 10 和图 12 - 12 可知：

$$P_T = P = 1.4d$$

$$P_L = P \sin 60° = 1.212d$$

$$X_T = P_T/d = 1.4$$

$$X_L = P_L/d = 1.212$$

相邻传热管之间的间隙为 $P - d = 0.4d$，而 $(P_T - d)/2 = 0.2d$。 由此可见：
$h = 0.2d$，且有

$$2P_L/h = 12.1$$

要得出给定节距流速下的共振参数 G_s，就必须用式(12-49)计算出相应

的声学雷诺数 Re_a，用式(12-48)计算出相应的雷诺数 Re_c。正如第1章中的示例 1-1 所示，若采用美制单位，那么计算时可能会比较麻烦。此处可根据表 12-12 给出的环境条件，从《ASME 蒸汽表》[8] 中查出相应的动力黏度。表 12-13 同时给出了美制单位和国际单位的密度值，而《ASME 蒸汽表》中的密度单位是 lb/ft^3。为建立统一的美国单位制，此处必须将质量密度换算为 $slug/ft^3$，然后再计算以下方程：

$$\nu = \frac{\mu}{\rho} = 4.144 \times 10^{-7}/6.4 \times 10^{-2} = 6.475 \times 10^{-6} \ ft^2/s = 9.32 \times 10^{-4} in^2/s$$

表 12-13 已给出了这一数值。如果采用国际单位，那么相应的计算会简明得多。既然已从示例 12-4 中得知了管束内的运动黏度和声速，此处便可用式(12-48)和式(12-49)来计算雷诺数：

$$Re_a = cd/\nu = 1.15 \times 10^7$$

$$Re_c = 3.2 \times 10^5$$

果不其然，两种单位制下的雷诺数并无差异。将 Re_a, Re_c, $X_L = 1.212$, $X_T = 1.4$ 代入式(12-47)后，便可计算出以下结果：

$$G_s = 3.4 \times 10^{-5}$$

从图 12-14 可以看出，点 $(2P_L/h = 12.1, \ G_s = 3.4 \times 10^{-5})$ 完全位于"无共振"区之内，因此该间隙流速下不会出现声共振问题。

若无法避免声共振，则由式(12-52)可知：

$$p_{rms} = \frac{12V_g}{c}\Delta p = \frac{12 \times 480 \times 3}{17\ 035} = 1.01 \ psi(6\ 900 \ Pa)$$

由式(2-10)得出所产生的声强：

$$I = cp_{rms} = 1.01 \times 17\ 035 = 17\ 280(lbf \cdot in/s)/in^2 = 302 \ W/cm^2$$

根据 0 dB 下的基准声强 $I_0 = 1 \times 10^{-16} \ W/cm^2$（参见第 2 章），可以换算该换热器发出噪声的声压级为

$$SPL = 10lg(302/1 \times 10^{-16}) = 185 \ dB$$

现实中有尺寸相仿的核蒸汽发生器在类似条件下运行了多年，却从未发出过任何明显的噪声。本示例清楚地表明，换热器内的声共振机理远不止"旋

涡脱落频率与声模态频率相一致"这么简单,因此若按常规的"分离"规则来防范换热器的涡激振动,则显得过于保守。不过本示例也表明需要不惜代价来避免换热器发生声共振,毕竟不管按照何种标准,高达 185 dB 的 SPL 肯定都是不允许的。此外,一旦满足了共振条件,那么不论采取何种手段来减小激励能或削减声能,都无法显著改变声强。在以上示例中,即使将压降减小 1/2,声压级(SPL)也仅会减小 3 dB 而已,这一降幅几乎小得无法察觉。

12.6　热声

若向气柱输热或从气柱中排热,则会使气体发生压力振荡,从而引出了一个非常重要的课题:热声。本节将简要介绍两方面内容,一是这一现象的物理机制,二是避免热声失稳(可能会造成严重后果)的简单办法。若想进一步研究这方面的内容,可参阅由艾辛格(Eisinger)撰写的一篇综述[10]和该综述引用的参考文献。

图 12 - 15(a)[10]展示了一端敞开(压力可释放)、另一端封闭(压力达到最大)的气柱。不论是从内部或外部向封闭端输热,还是从敞开端的内部或外部排热,都可能在气柱内引起自发声压振荡。自发压力振荡的条件取决于热端与冷端之间的温度梯度,如果这两端之间无足够大的温度梯度,就不会出现自发压力振荡。这种热声系统称作 Sondhauss 管(Sondhauss 是该结构的首位研究者)。

图 12 - 15(b)[10]展示了两端敞开(压力可释放)的气柱。若垂直放置气柱,并从内部或外部向气柱下半部输热,那么也可能会引起自发声压振荡。与之前一样,只有在气柱的冷端与热端之间形成足够大的温度梯度的情况下,才能维持这种自发压力振荡。这种热声系统称作 Rijke 管(Rijke 是该结构的首位研究者)。请注意,对这两种系统来说,尽管流体的流动可能促成了热声振荡或使之变得更加剧烈,但其并不是发生热声振荡的必要条件。

动力与过程行业中的许多部件都采用了 Sondhauss 管或 Rijke 管的结构,比如煤气炉就是一种 Rijke 管,某些核蒸汽发生器则属于 Sondhauss 管。虽然某些系统专门设计了热声压力振荡来促进燃烧,但这种多余的振荡通常可能对环境或设备造成损害。

发生自发压力振荡的条件取决于:热端与冷端之间的温度比 $\alpha_c = T_h/T_c$(T_h 和 T_c 的单位均为 K)和"热"柱与"冷"柱的长度比(见图 12 - 15):

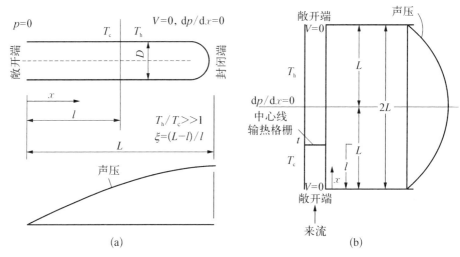

图 12‐15   热 声 系 统

（a）Sondhauss 管；（b）Rijke 管

$$\xi = (L - l)/l$$

其中，l 是"冷"柱长度，而"热"柱和"冷"柱通常会由炉篦、旋流器或其他物件隔开（见图 12‐15 和图 12‐16[10]）。l 也可以是燃烧器的长度，此时 $L - l$ 便是炉腔的长度，因此 l 一般都容易定义。从实验数据来看，临界温度比 α 与几何参数 ξ 之间存在以下关系：

$$(\lg\xi)^2 = 1.52(\lg\alpha - \lg\alpha_{\min}) \tag{12-53}$$

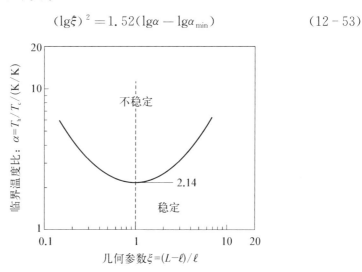

图 12‐16   热声系统的稳定性图

注：温度单位必须是开尔文。

图 12 - 16[10]是式(12 - 53)的图示。从图中可以看出：

● 减小温度比会抑制热声振动。

● 减少热柱的长度(比如移动炉篦或旋流器)或增加冷柱的长度都会抑制热声振动。

从这幅稳定性图还可看出，当旋流器或格栅位于 Sondhauss 型(闭-开型)系统的中点时，或位于 Rijke 型(开-开型)系统的四分之一点时，情况最为糟糕。一旦满足了失稳条件，气柱就会随声模态频率[由式(12 - 12)得出 Rijke 管的声频，由式(12 - 16)得出 Sondhauss 管的声频]自发振动。

12.7　对噪声的抑制

噪声和声力会激励结构部件，进而造成声波疲劳破坏。即使噪声水平不足以危及任何部件的结构完整性，也需要采取纠正行动来抑制噪声。按照美国职业安全与健康管理局(OSHA)的指南，人员在噪声水平超过了 105 dB(dB 的定义请参见第 2 章)的环境下，长时间(＞1 h)工作，必须采取护耳措施。即使噪声低于这个水平，也会引起邻居的抱怨，或让人觉得不舒服，此时多半也需要采取纠正行动。正如第 2 章所讨论的那样，人耳感受到的响度具有对数性，所以就算声能减少到原先的 1/10，也往往觉得"音量只减小了一半"。由此可见，一旦满足了产生过量噪声的条件，往往就难以消除这些噪声，且即便能消除也要付出不菲的代价。在设备完工后消除噪声问题的方法主要有以下几种：

(1) 用过滤的方式进行抑制。具体做法可能比较简单，比如用吸声材料封住噪声源，或用耳塞或耳罩来保护耳朵等。对于汽蚀或剪切湍流产生的高频噪声，这种方法能起到一定的抑制作用。降低声共振产生的低频噪声则要困难得多，封住发生声共振的换热器往往并不能解决这一问题。因为人类是通过身体(脸、胸、腹和背)而非耳朵来"听取"低频噪声，所以即使采取护耳措施也无济于事。

(2) 用能量耗散的方式进行抑制。汽车消声器就是这一方式的绝佳例子。亥姆霍兹共振器能耗散能量，因此常常用来消除噪声。如果噪声水平不太高，且产生噪声的部件也不太大，那么这种方法能起到一定作用。人耳感受到的响度具有对数性，因此至少要耗散掉 90% 的声能，才能让人感受到消声效果。这意味着亥姆霍兹共振器的大小必须与产生噪声的部件的体积相仿，所以显然不能用于大型换热器等大型部件。

（3）消除或减少激励源。若没有外力来激发声模态，就不会产生噪声，所以可以干脆不使用某一装备，或通过降低工作流体的流速（以免发生汽蚀或降低湍流强度）来消除激励源。对于因共振腔内的流动而激发的噪声［见图 12-17(a)］，可以磨圆各个拐角，或用斜面来减弱湍流和避免形成旋涡，从而大幅降低噪声水平。有两种常用方法可以消除阀门产生的噪声，一是将单级压降分解为若干个更小级的压降，二是将较大的流动窗换成许多更小的孔口。

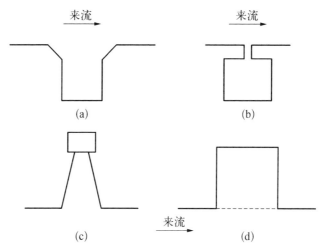

图 12-17　消除由流体流过空腔而产生的声共振的 4 种方法

(a) 借助双斜面使流动更加顺畅；(b) 用狭窄的颈部来改变共振频率和增大阻尼；(c) 锥形接管；(d) 用格栅盖住空腔开口处

（4）在源头处去谐。若想在完工后解决声学问题，最有效的方法就是将激励频率与声模态频率隔开，这样就不会发生共振。有两种去谐方式可供选择，一是改变源头处的频率，二是改变相关声模态的固有频率。下一段将探讨后一种方式。举例来说，降低工作流速可以使旋涡脱落频率降至声学触发频率以下，这样一来，各阶声模态就不会与旋涡脱落频率发生共振。另一个例子则是更换泵或风扇，以改变叶片通过频率，不过此方法不太实用。

（5）使声模态频率失谐。这大概是最常用的声共振问题解决办法。举例来说，在换热器内安装挡板能够有效地改变共振腔的尺寸，从而改变共振腔的固有频率。与此类似，若减少换热器内的传热管数量，会减小"固体体积占比"，以增大换热器内的有效声速［见式(12-9)］，从而提高声模态频率。在空腔与流动表面之间安装一块"颈部"结构，能将该空腔变成共振频率较高的亥姆霍兹共振器[见式(12-44)]。高保真扬声器系统的设计师们多年前就已明白一点：非平行的箱壁多半能抑制音箱内的声共振。已有人用该原理解决了相关空腔(由一根接管和阀腔组成)内的声学问题(参见案例研究12-3)。

12.8 结构对声波的响应

本章的各个示例和案例研究都指明了：即使在 160 dB 的超高噪声水平下,相应的声压也不是很高。0.1 psi(700 Pa)的声压就能产生震耳欲聋的噪声,而与噪声有关的波长又比较长,因此细长结构相对来说不会受到法向入射声波的影响(图 12-18 直观地展示了这一点)。假设波长为 λ、声压为 $\pm p_0$ 的声波从法向入射直径为 d 的柱体,那么该柱体的前后压降仅为

$$\Delta p = \frac{2p_0 d}{\lambda}$$

作用在该柱体每单位长度上的力则为

$$|F| = d\,\Delta p = \left(\frac{2d}{\lambda}\right)p_0 d \qquad (12-54)$$

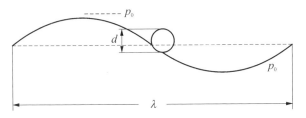

图 12-18 作用在细长柱体上的法向入射声波

与传热管和管道的直径相比,声波波长相对较长,因此较细的细小结构通常不会对法向入射声波做出多大响应。只有大型结构(如建筑物、大型储罐或类似物体)才容易被法向入射的声波所激励。

在附录部分,本书作者以波散射理论为依据,用更严格的方式推导了因法向入射声波而作用在柱体上的力。作用在上述柱体上的精确力如下[见附录中的式(12-60)]：

$$|F| = \frac{\pi^3}{\sqrt{32}}\left(\frac{d}{\lambda}\right)^{3/2}p_0 d$$

12.9 案例研究

在动力与过程行业中，声学问题是最常见的振动问题之一。另外，不同于流体弹性失稳问题和湍流激振问题，解决声学问题时往往并不清楚引起问题的确切原因，诊断声致振动问题在很大程度上要依靠经验。本节专门研究了动力与过程装备的常见案例。

案例研究 12-1 汽蚀文氏管引起的噪声和振动。

第10章简要讨论了轴向与泄漏流导致振动的汽蚀文氏管。其中的图10-8便是该装置的示意图。之所以将这种装置安装到管道系统中，是为了用"阻塞"的方式来限制水的质量流量。鉴于气泡破裂现象和出口处的剪切湍流会共同产生大量声能，汽蚀文氏管一般都伴有较高的噪声水平（>100 dB）。汽蚀流动引起的脉动压力谱与湍流引起的脉动压力谱相似（两者都是连续谱），不过不同于湍流（湍流的功率谱一般会随着频率的增加而迅速减小），汽蚀流的能量在人类的整个听力范围内都不会随频率的增加而减小（直到远远超出人类的听力范围后，才可能出现减小），因此，汽蚀流往往会在管道系统中激发高阶的流体-壳体耦合模态。从之前的若干示例可以看出，高阶壳体模态与声模态在频率轴上相当密集，这进一步增强了汽蚀和剪切流产生的噪声。这种高频力往往会把螺纹接头晃松，激发管道中的壳体模态，有时还会使焊接接头在数小时内就发生疲劳破坏。

某核电厂的汽蚀文氏管在预运行试验中发出了巨大的噪声，远在厂房数百英尺之外都能听到。经由接管安装在主管道系统顶部的阀门振幅"大得吓人"。数台设计极限超过50g的加速度计用来监测文氏管的振动情况，结果这些加速度计在几分钟内就过载并损坏了。

拆下这根汽蚀文氏管并安装到标号80（即直径约10 in 或 0.25 m）的实验室管道系统上进行测试。在供给压力为 160 psig（1.1 MPa）、背压为 35 psig（0.24 MPa）、流量为 2900 gpm（0.18 m³/s）的条件下，轴向上检测到了"撞击频率"，同时在与文氏管相距 3 ft（1 m）处也记录到了 115 dB 以上的噪声水平，同时也记录到了超过300g的加速度。这次使用的加速度计最终也全部损坏，好在损坏前已记录下了一些有用的数据。图12-19 和图12-20 展示了上述文氏管在横向和轴向上的典型加速度谱。横向上的壳体模态振动的特征尖锐谱峰持续分布在 1000 Hz 以上频段，且即使在频率超过 12 kHz

时,其幅度也没有减小。轴向上的谱峰表现出了更明显的管道振动特征。经过几小时的测试后,与文氏管相距几十英尺(约 10 m)的连接管道上出现了焊缝开裂。

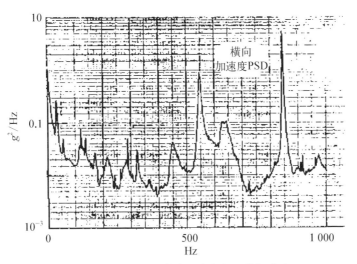

图 12‑19　垂直于文氏管轴向的方向上的加速度 PSD

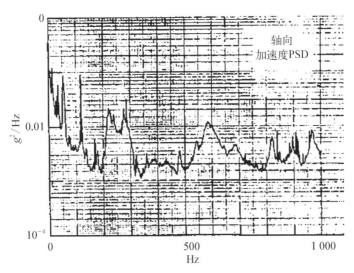

图 12‑20　文氏管轴向上的加速度 PSD

试验在没有仪器的情况下继续进行,最终累计持续了 100 小时。试验后拆除该文氏管,以便在放大镜下检查其内部和其紧邻的下游管道内部是否存在汽蚀损伤。紧邻文氏管的下游管道上没有汽蚀损伤的痕迹,不过文氏管的

图 12 - 21　文氏管喉部的汽蚀损伤

喉部有一处明显的点蚀，这正是汽蚀损伤的特征（见图 12 - 21）。随着累计试验时长的增加（从 50 h 一直增加到 100 h），这处点蚀变得越来越严重。

该核电厂最终没有使用上述汽蚀文氏管，但有其他电厂在使用汽蚀文氏管，这些文氏管并未对所连接的管道或部件造成任何损伤。只要经过精心设计，文氏管便可以代替阀门来控制流量。既然文氏管的喉部会发生汽蚀损伤，那么就不宜让该文氏管连续运行。此外还应该采取下列防范措施：

● 汽蚀文氏管的噪声水平一般都会超过 100 dB，因此汽蚀文氏管附近的作业人员必须佩戴听力防护装备。

● 避免在文氏管附近的管道上使用长接管或带支架的管道来安装部件（例如阀门）。

● 尽量避免在文氏管附近设置焊接接头。若必须使用焊接接头，其设计就应足以承受预计的管道壳体模态变形产生的应力。

● 宜拆除或锁固所有的螺纹接头。

● 宜妥善锚固受影响的管道系统。

案例研究 12 - 2　球面弯头产生的噪声[11]。

工业领域中出现问题常常需要立即解决，此时通常会通过反复试错来解决问题，但问题的根本原因却不得而知。以下案例就属于这种情景。

图 12 - 22[11]是某燃煤电厂的高压蒸汽旁通管道系统的示意图。在该厂调试期间出现了严重的管道振动和强烈的噪声水平。实地测量表明，相应噪声谱中含有若干尖峰，其中一个尖峰与旁通阀上游处入口管内的横向声模态频率十分吻合，似乎有什么因素激发了这一截管道内的驻波。阀门是常见的噪声源，所以首先关注的是汽轮机旁通阀是否激发了入口管内的声模态。不过从实地测量的结果来看，旁通阀上游管道的振幅要高于下游管道的振幅。而单独的阀门试验则表明阀门产生宽带噪声谱，其中没有任何尖峰。可见不太可能是该阀门偏向性地激励了上游入口管。不过为了减弱流动激励作用，该阀门还是被加以改造，除了阀门以外管道系统其他部位均未做改动，结果经改造的阀门安装完成后问题依旧。

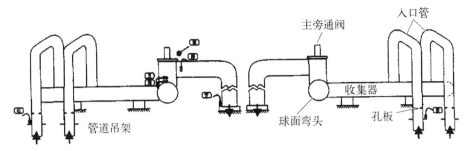

图 12‑22　管道系统示意图

于是对该管道系统又做了一次模型试验,期间逐一拆除可能造成问题的
部件,以观察它们对管道振动的影响。结果表明拆除阀门或孔板对管道振动
影响不大,拆除球面弯头后管道振动则明显减小(见图 12‑23[11])。

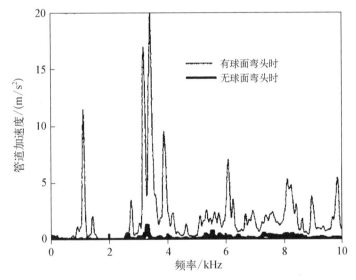

图 12‑23　有球面弯头和无球面弯头时管道模型的加速度谱

由此可见,管道振动显然不是由旁通阀或孔板引起的,而是由球面弯头引
起的,而球面弯头所产生的激振力明显不如旁通阀或孔板。自从拆除球面弯
头以后,就再也未出现过过度振动的情形。球面弯头产生的力为何会偏向性
地激励上游管道系统尚不得而知,不过尽管弯头产生湍流远不如孔板或阀门,
但至少由此了解到弯头也会产生湍流。球面弯头之所以会引发过度振动,可
能是因为在其产生的湍流谱中,有一个谱峰频率恰好靠近上游管道系统的某
一阶声模态频率。

此项案例研究展示了工业环境下的现实情景：一旦出现问题，就必须不惜成本予以解决；然而一旦问题得以解决，就算只要再投入很少的成本就能获得问题的根本原因，也没有人愿意开展事后分析。

案例研究 12 - 3　阀腔内的声共振[12]。

图 12 - 24 展示了安装在某蒸汽输送管顶部的安全泄压阀，其中输送管的直径为 1.5 in(3.8 cm)，蒸汽压力为 614 psig(4 233 kPag)，温度为 635℉(335℃)，蒸汽流量为 3 360 000 lb(1 527 000 kg)每小时。该管道系统是俄克拉荷马州燃气与电力公司(Oklahoma Gas and Electric)550 MW 燃气发电厂的再热器集管的一部分。按照原始设计，若干只阀门经由直筒接管安装到该系统的管道上，如图 12 - 24 所示。在 1971 年首次启动后，这些阀门没多久就发出了不寻常的噪声以及振动。在运行了几个月后，多只阀门的降阀杆枢轴销被磨穿，以致这些降阀杆从阀门上掉落。对这些阀门的首次年度检查表明，所有阀门都发生了严重的磨损，其中三只阀门的内件几乎完全损毁。

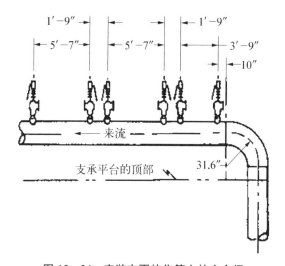

图 12 - 24　安装在再热集管上的安全阀

一系列的振幅与压力测量表明，流经阀腔（由阀内件和接管组成）的蒸汽显然在阀腔内激发了驻波（见第 12.1 小节）。为了解决这一问题，缩短了各根接管的长度，以提高阀腔-接管组合体的声模态频率。然而在重新投入运行后，机组还是出现了类似的噪声和振动，与之前的唯一区别在于噪声分量的主导频率升高，且该频率与接管的缩短程度相一致。在第二次年度检查中，还是发现安全阀内件仍然存在严重的磨损。

在所考虑的几种完工后纠正措施中,最经济的办法似乎就是用另一种锥形异径接管(其底座直径几乎是原直筒接管的两倍)来取代直筒接管,如图 12 – 25 所示[12]。这样改造之后的机组再次投入运行,结果噪声停止了。测量结果表明,各阀门的振幅可以说微不足道,后续检查中也未曾发现过度磨损。

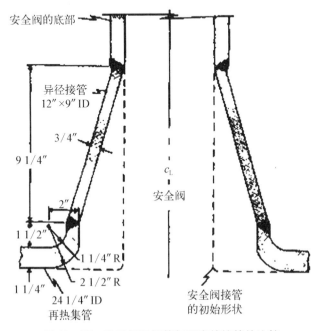

图 12 – 25　改型异径接管与原直筒接管的比较

与上一个案例一样,尽管问题得以解决,但始终无法令人满意地解释异径接管为何能消除声共振。不过高保真扬声器系统的设计师们多年前就已明白"非平行的箱壁倾向于抑制音箱共振(这种共振经常会扰乱乐音)",所以锥形空腔能抑制阀门-接管组合体内的驻波形成现象也不足为奇。

案例研究 12 – 4　换热器内的声共振[13]。

图 12 – 26[13]是日本电厂中某一换热器的简化示意图。该换热器拥有 4 个管束,管束中的传热管为正方形排布(节径比为 1.57)。换热器导管的宽度为 7.5 m,传热管的直径则为 $d = 0.025\ 4$ m。 在预运行试验中,32℃的空气在壳侧流动,结果当折合流速 $V/fd = 2.9$ 时,换热器突然发出巨大噪声,并一直持续到该折合流速达到 8.0 为止。测量结果表明,导管中心处的声压(即图 12 – 26 中的 A 点)达到了 1 600 Pa,而频率则几乎始终保持在 45 Hz。图 12 – 27[13]展示了在导管横截面上测得的压力分布,这种分布表现出了经典

的左右两端都封闭的边界条件下的第一阶横向声模态。

正如图 12-26(b)所示，管束内插入了 4 块直板，从而解决了噪声问题。这 4 块直板将导管横向分成 5 个空腔，使得第一阶声模态频率大幅提高。若假设中央分割空间的尺寸为导管宽度的 1/3，那么此时的第一阶声模态频率就会比之前高出 3 倍。从理论上讲，在折合流速 $V/fd=8.7$ 前，都理应不会出现较大的噪声。

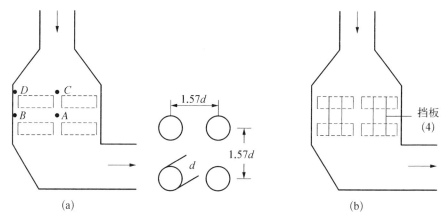

图 12-26 换热器示意图

(a)原始设计；(b)重新设计

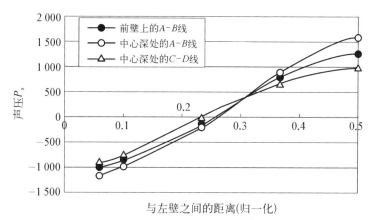

图 12-27 在导管上测得的声压分布

案例研究 12-5 阀门在管道内产生的声波[14]。

在核电厂的启动、停堆、汽轮机跳闸及其他非计划事件中，均会用到蒸汽排放管道系统。该系统的作用，是将核蒸汽发生器内的蒸汽引入冷凝器，从而使蒸汽绕过蒸汽轮机。其蒸汽流量由多只控制阀控制,这些阀门会使新蒸汽的压力从蒸汽发生器出口处的压力降为冷凝器的压力。

让蒂伊(Gentilly)核电站采用四只控制阀控制蒸汽流量,其中每只阀门的阀座直径为 255 mm(10 in),升程为 100 mm(3.9 in)。这些阀门入口处的蒸汽压力为 45 bar(652 psi),蒸汽温度为 260℃(500°F),阀门出口处的蒸气压力则降至 8.0 bar(116 psi)。投入商业运行后不久,控制阀下游的管道就出现了裂纹。冶金学检验表明主要的失效原因是疲劳。从后续的管道系统动力学分析来看,并不是瞬态热工水力载荷引发了这些管道上的疲劳裂纹。在该管道系统的若干关键位置处(包括紧邻一只控制阀的下游弯头处)安装上高温加速度计和应变片,开展了一次原位试验。发现在测得的动态应变谱上,600 Hz 处有一个尖峰,2 000 Hz 附近谱值较大,如图 12-28[14] 所示。总应变的均方根值为 44.5×10^{-6},而就管道材料而言,与之对应的最大峰值应力为 175 MPa

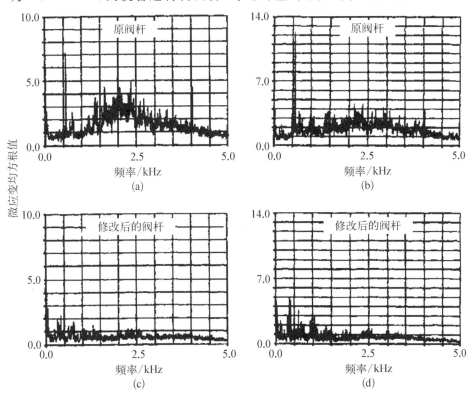

图 12-28　测得的典型动态应变 PSD

(a) 采用原阀门时的轴向应变;(b) 采用原阀门时的切向应变;(c) 采用重新设计的阀门时的轴向应变;(d) 采用重新设计的阀门时的切向应变

(25 380 psi)。该材料的持久极限为 80 MPa(11 600 psi)，因此动态应变至少需要降低 1/2，才能防止管道日后发生疲劳破坏。

600 Hz 处的极窄峰表明该应变很可能是由声学因素引发的。显而易见，各控制阀前后的单一大幅压降在下游管道内激发了驻波，这些驻波继而又激励了下游管道，在管道系统的各关键位点处产生了较大的应力。为了解决这一问题，控制阀经过了重新设计，从单级压降变为两级压降；同时原始设计中的较大流动窗，改为第一级中的 12 条狭缝加上第二级中的 408 个开在锥形结构上的小孔。第一级狭缝设计中的长度原则是：小幅抬升时的压降大多会出现在第一级上；大幅抬升阀门，压降则会均匀分摊到第一级和第二级。图 12 - 29[14] 展示了原阀门和重新设计的阀门在下游管道内产生的噪声谱，可以看出在整个频率范围内，后者的声压级（SPL）都明显低于前者。

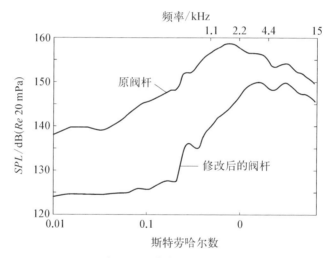

图 12 - 29　在阀门下游管道上测得的声压级 PSD

在安装了重新设计的阀门后，另一次原位测量表明动态应变减少了近 3/4，此时的最大峰值动态应力为 40 MPa(5 800 psi)，仅为管道材料持久极限的 1/2。

案例研究 12 - 6　燃气轮机复热器的热声振动[15]。

图 12 - 30(a)[15] 是某燃气轮机复热器换热系统的示意图（实际结构为立式布局）。系统在冷启动期间出现了低频振动，具体是排放管/复热器内存在较大的压力脉动，导致整个系统（包括复热器和燃气轮机以及两者间的导管）发生剧烈振动。当系统充分预热后，振动便会随之停止。原位测量表明，当轮

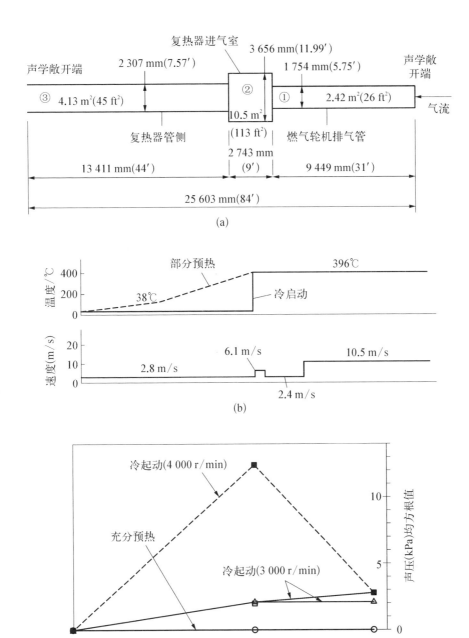

图 12‑30　燃气轮机复热器热声振动示意图

(a) 燃气轮机复热器;(b) 温度和速度曲线;(c) 测得的声压

机转速为 3 000 r/min 时，存在 1/4 波长 3.5 Hz 的显著压力脉动；当转速为 4 000 r/min 时，压力脉动变得非常强烈，以至于轮机不得不通过跳闸来防止设备损坏，此时进入复热器管束的平均气体流速估计与声粒子速度大致相同。这种耦合机理进一步放大了共振，从而产生了超过 12 kPa(1.8 psi)的声压，或者说 3.5 Hz 处的声压级为 176 dB，如图 12 - 30(c)[15] 所示。

根本原因分析表明上述振动具有热声性。燃气轮机的排气装置和复热器充当了 Sondhauss 管(见第 12.6 节)，排出的废气充当了 Sondhauss 管的热段，复热器的管侧则充当了 Sondhauss 管的冷段。在这种特定情形下，冷/热界面的位置恰好靠近系统中心，使得该界面对自发热声振荡尤为敏感。正如图 12 - 30(b)[15] 所示，在冷启动期间，热段和冷段的温度构成了阶跃函数，从而导致系统的温度梯度足以引发热声振荡(见图 12 - 30[15])。此时的气体流量恰好与声粒子速度相一致，这种速度耦合可能引发或加剧了声振动。经过充分预热后，温度梯度变得不那么"陡峭"，如图 12 - 30(b)中的虚线所示，于是无法继续维持自发热声振荡。

新设计的导管将热段和冷段的相对长度改得更为合理，从而避免了热声振荡。另外作为完工后的补救措施，燃气轮机的运行规程也有所改动，比如启动前先打开排气导管或从外侧预热系统等。其他补救措施，比如堵塞复热器排放装置或在导管内设置消音器之类的，会增大压力损失，因此都不太理想。

附录 12A　柱体对法向入射声波的散射

按照史固德斯丽克（Skudrzyk）[16] 或摩士（Moorse）和费什巴赫（Feshback）[17] 概述的方法，可以得出法向入射声波在无限长刚性圆柱体表面上形成的压力分布，如图 12 - 31 所示。首先将入射平面波展开成多道柱面波的叠加形式：

$$p_i = p_0 e^{ikr\cos\theta} = p_0 \left[2\sum_{\alpha=1}^{\infty} i^\alpha J_\alpha(kr)\cos\alpha\theta + J_0(kr) \right] \quad (12-55)$$

其中，p_0 是 0—峰值声压振幅，k 则是"波数"，其定义如下：

$$k = 2\pi f/c = 2\pi/\lambda$$

c 是声速，λ 是频率 f 对应的波长。入射波被圆柱体散射后，会形成向外传播的柱面散射波，因此可用第二类汉克尔（Hankel）函数的线性组合来表示：

$$p_s = \sum_{\alpha=1}^{\infty} B_\alpha H_\alpha^{(2)}(kr)\cos\alpha\theta \quad (12-56)$$

静止柱体表面上的法向速度分量为零,因此当 $r=R$（柱体半径）时,有

$$\frac{\partial p_i}{\partial r} + \frac{\partial p_s}{\partial r} = 0$$

有了这项边界条件,就能得出常数 B_a,并将适用于散射波的表达式(12-56)简化为以下形式:

$$p_s = p_0 \sum_{a=1}^{\infty} -\varepsilon_a i^a \frac{J_{a-1}(kR) - J_{a+1}(kR)}{H_{a-1}^{(2)}(kR) - H_{a+1}^{(2)}(kR)} \frac{r}{R} H_a^{(2)}(kR) \cos a\theta$$

$$(12-57)$$

其中, $\varepsilon_0 = 1$,且 $\varepsilon_{a\geqslant 1} = 2$。

当 kR 值较小时,包含 $J_0(kR)$ 的项主导着以上关系式,因此可以只把这一项保留在和中。此外当自变量较小时,还可采用贝塞尔函数的级数展开式,并将式(12-57)简化为以下形式:

$$p_s = -p_0 \sqrt{\frac{\pi}{2}} \frac{k^{3/2}R^2}{\sqrt{r}} \left[\frac{1}{2} + \cos\theta \right] e^{-i(kr+\pi/4)} \qquad (12-58)$$

就柱体表面而言, $r=R=d/2$,于是有

$$p_i \approx p_0 J_0(kR) \approx p_0$$

$$p_s \approx -p_0 \sqrt{\frac{\pi}{2}} (kR)^{3/2} \left[\frac{1}{2} + \cos\theta \right] e^{-i(kR+\pi/4)}$$

柱体表面的零峰压力分布为以上两项之和:

$$|p| = p_0 \left[1 - \sqrt{\frac{\pi}{2}} (kR)^{3/2} \left(\frac{1}{2} + \cos\theta \right) \right] \qquad (12-59)$$

此时为非对称分布。将作用力投影到 $\theta = 0$ 方向上,并对其做积分,作用到柱体单位长度上的净力就可用下式表示:

$$|F| = \int_0^{2\pi} p \cos\theta R \, \mathrm{d}\theta$$

只有包含 $\cos\theta$ 的项对净力做出了贡献。积分后可得出以下结果:

$$|F| = p_0 d \sqrt{\frac{\pi}{2}} \frac{\pi}{4} (kR)^{3/2} = \frac{\pi^3}{\sqrt{32}} \left(\frac{d}{\lambda} \right)^{3/2} p_0 d \qquad (12-60)$$

举例来说，当 $f=130\ \mathrm{Hz}$、声速 $c=3\ 430\ \mathrm{ft/s}$ 且 $d=9\ \mathrm{in}(22.86\ \mathrm{cm})$ 时，$kR=0.09$，因此"$kR\ll1.0$"这一假设是合理的。

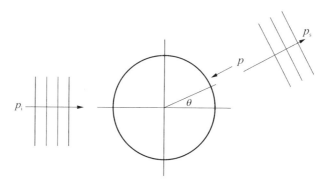

图 12‑31   无限长柱体对平面波的散射

参考文献

［1］ ASME. Steam tables［R］. 4th ed. New York：ASME Press，1979.

［2］ Ziada S，Oengören A，BÜhlmann E T. On acoustical resonance in tube arrays part I：Experiments［J］. Journal of Fluids and Structures，1989，3(3)：293 - 314.

［3］ Ziada S，Oengören A，BÜhlmann E T. On acoustical resonance in tube arrays，Part II：Damping criteria［J］. Journal of Fluids and Structures，1989，3(3)：315 - 324.

［4］ Blevins R D. Flow-Induced Vibration［M］. 2nd ed. New York：van Nostrand Reinhold，1990.

［5］ Parker R. Acoustic resonances in passages containing banks of heat exchanger tubes［J］. Journal of Sound & Vibration，1978，57(2)：245 - 260.

［6］ Blevins R D，Bressler M M. Acoustic resonance in heat exchanger tube bundles — Part I and Part II［J］. Journal of Pressure Vessel Technology，1987，109(3)：275 - 288.

［7］ Blevins R D. Formulas for Natural Frequencies and Mode Shapes［M］. New York：Van Nostand Reinhold，1979.

［8］ Chen Y N. Flow-induced vibration and noise in tube-bank heat exchangers due to von Karman streets［J］. Journal of Engineering for Industry，1968，90(1)：134 - 146.

［9］ Weaver D S. Vortex shedding and acoustic resonance in heat exchanger tube arrays［G］. Technology for the 90s，edited by M. K. Au-Yang. ASME Press，1993：775 - 810.

［10］ Eisinger F L. Eliminating thermoacoustic oscillations in heat exchangers and steam generator systems［G］. Flow-Induced Vibration — 1999，edited by M. J. Pettigrew，New York：ASME Press，1999：153 - 163.

［11］ Ziada S，Sperling H，Fisker H. Flow-induced vibration of a spherical elbow conveying steam at high temperature［C］. Symposium on Flow-Induced Vibration，PVP-Vol. 389，edited by M. J. Pettigrew，New York：ASME Press，1999：349 -

357.

[12] Coffman J T, Bernstein M D. Failure of safety valves due to flow-induced vibration [C]. Flow-Induced Vibrations, edited by S. S. Chen, New York: ASME Press, 1979: 115 – 128.

[13] Tanaka H, Tanaka K, Shimizu F. Analysis of acoustic resonant vibration having a mutual exciting mechanism [C]. Flow-Induced Vibration — 1999, edited by M. J. Pettigrew, New York: ASME Press, 1999: 145 – 152.

[14] Pastorel H, Michaud S, Ziada S. Acoustic fatigue of a steam dump pipe system excited by valve noise [C]. Flow-Induced Vibration, edited by S. Ziada and T. Staubli, Balkema, Rotterdam, 2000: 661 – 668.

[15] Eisinger F L. Fluid-thermoacoustic vibration of a gas turbine recuperator tubular heat exchanger system [C]. Symposium on Flow-Induced Vibration and Noise, Vol. 4, edited by M. P. Paidoussis and J. B. Sandifer, New York: ASME Press, 1992: 97 – 121.

[16] Skudrzyk E. The Fundamentals of Acoustics [M]. New York: Springer-Verlag, 1971.

[17] Morse P M, Feshbach H. Method of Theoretical Physics [M]. New York: McGraw Hill, 1953.

第 13 章
信号分析与诊断技术

虽然当今的频域信号分析(谱分析)通常涉及快速傅里叶变换和数字计算机的使用,但这两者都不是振动数据谱分析绝对必需的。然而,数字格式可提供更高的动态范围,并显著降低数据采集和分析设备的重要性。将连续时域数据转换为离散时间序列时,必须小心谨慎。如果所选数据点的数量不足,即采样率不够高,则会出现混叠现象。在这种情况下,高于采样频率一半的数据将折回较低的频率范围并污染有用数据。下表概述了采样频率、关注的最高频率、时域和频域的分辨率、需分析数据块的数量之间的内在关系,以保证一定的统计精度和所需时间记录总长度。该表适用于稳态的振动数据,在分析单一事件瞬态数据时,例如在冲击试验中,不得将瞬态之外的数据包括在数据平均值求取中。

采样率与分析结果之间的关系

量	关 系
采样间隔	ΔT
采样率	$f_s = 1/\Delta T$
最高(奈奎斯特)频率/Hz	$1/(2\Delta T)$
FFT 试样块大小(各数据块的数据点数量)	n(必须为 2^k,其中 k 为整数)
FFT 谱线	$n/2+1$(包括 $f=0$)
FFT 频率分辨率/Hz	$\Delta f = 1/(n\Delta T)$
数据块数量	N(推荐 64 至 100 个数据块)
所需时间记录总长度	$T = Nn\Delta T$
PSD 估算的归一化误差	$\varepsilon = 1/\sqrt{N}$

采样率过低会导致混叠，而采样率过高则会导致频域分辨率损失，这是因为频率和时域分辨率具有以下关系：

$$\Delta f \Delta t = 1/n \tag{13-12}$$

高采样率（小 Δt）将导致频率分辨率不足。

数字滤波器具有成本低、紧凑和多功能的特点，因此它是一种可帮助诊断工程师消除测试数据中噪声污染的有力工具，即使在测试完成后也是如此。由于数字设备动态范围的大幅增加，传感器产生的信号对于模拟设备而言可能非常弱，但对数字设备而言却非常有用。在过去的十年里，开发了一些专门用于数字设备的新传感器。

首字母缩写词：

BPF—叶片通过频率；　　　　　FFT—快速傅里叶变换

MOV—电动阀；　　　　　　　PSD—功率谱密度

RAM—随机存取存储器

主要术语如下：

f—频率，单位为 Hz；　　　　f_s—采样频率

f_N—奈奎斯特频率；　　　　　Δf—频域分辨率

$G(f)$—单面功率谱密度；　　　i—整数

$i^2 = -1$；　　　　　　　　　k—整数

n—一个数据块中需进行傅里叶变换的数据点数量

N—用于求取变换数据平均值的数据块的总数

$S(\omega)$—双面功率谱密度；　　　t—时间

T—一个数据块中傅里叶变换后数据的时间记录长度

Δt—时域分辨率

$x(t_i)$—离散时间点 t_i 处的时域数据

$X(f_i)$—时域数据的傅里叶变换在离散频率点 f_i 处的值

ε—归一化误差；　　　　　ω—频率，单位为 rad/s

13.1　概述

读者在通读前面章节中的示例和案例研究之后，可能会意识到，流致振动是一个非常复杂的问题，通常不能仅仅通过分析进行预测或诊断。在设计新

产品时,分析仅仅是起点。通常将实验室试验用于验证设计在投入生产前不存在严重的流致振动问题。在诸如飞机和核反应堆等大型、复杂和昂贵设备投入商业运行之前,可能需要开展进一步的预运行试验。当现场出现振动问题时,几乎无一例外地要进行一些测量。工程师们尝试根据测量数据诊断问题找出纠正方法。因此,试验是流致振动分析的组成部分。为了取得成功,计划开展试验并分析数据的工程师应完全熟悉流致振动和信号分析的基本原理。与只需观察示波器上数据曲线的最简单在线监测不同,现代数据采集和分析毫无例外都是在计算机和谱分析器的帮助下以数字方式进行。为了理解数字数据记录格式的非凡成功,首先必须理解由该格式所取代的模拟设备存在的不足。在引入数字格式之前,最常见的数据录制和存储介质是磁带。在这种录制/回放介质中,最弱的信号是可以通过记录器磁带头与背景噪声区分开的信号。当磁带中所有的磁偶极子排成一行时,磁带可存储的信号最强,这种现象称为饱和。对于模拟记录器而言,最弱信号和最强信号之比的平方的动态范围为基数 10 的对数(第 2.13 节),通常在 $50\sim60$ dB 之间。为了获得最高的信噪比,通常使用又宽又厚的磁带,并在高速下进行录制,因此每秒通过录制/回放磁头的磁性粒子的量很大。这些因素导致数据采集、存储和回放系统庞大且昂贵。相比之下,数字格式的动态范围由数据采集与分析软件的字长决定。如果软件中使用 k 位字长,则该字可以代表的最大数字为 2^k-1,而该字可以代表的最小有意义的数字为 1。软件的动态范围等于 $20\lg(2^k-1)$ dB。对于 16 位字而言,该值等于 96 dB。即使 12 位字结构的软件也有 72 dB 的动态范围。与此相比,20 世纪 70 年代音乐发烧友高质量模拟黑胶唱片音放系统的动态范围约为 60 dB,杜比 B 型降噪声乐发烧友高质量模拟盒式磁带录音机的动态范围约为 62 dB,专业录音室模拟母带的动态范围约为 68 dB。

由于便携式计算机的速度越来越快、大容量存储系统的价格不再那么昂贵,模数转换电路板的价格也越来越便宜,当今的数字信号处理软件使用至少 16 位字节结构;有些使用 20 位甚至 24 位。例如,光盘是基于 16 位字节。光盘动态范围为 96 dB,因此背景噪声几乎消失。简而言之,这就是光盘在家庭音放市场上取得成功的主要原因。

在信号分析中,数字设备在其模拟前置设备上的额外动态范围是 40 dB,这意味着,即使比用于模拟设备的传感器信号弱 10 000 倍,在数字设备上也可提供有用信息,从而全面监测部件的各方面状况。在第 13.8 节中,我们会简要讨论将这些新传感器用于装备部件状态监测和诊断的某些最新进展。

对于以解决问题为首要目的的工程师来说，由于对谱分析和数字信号分析使用术语不熟悉，经常会造成一定程度的不适应甚至混淆（尤其是在激光唱片和数字视频光盘流行之前）。更糟糕的是，如果诊断工程师不了解数字信号处理的某些基础知识，则可能会误用设备或错误解释数据。

本章目的是通过非数学术语来解释谱分析和数字信号分析的基本概念，以消除这些现代技术的神秘之感，并防止由于缺乏对这些概念的理解而出现错误。因此，特意以一种"轻松"和不复杂的方式编写本章。擅长数学的读者可参考关于数字信号分析、傅里叶变换和小波分析的诸多书籍。

13.2　通过一系列离散点表示连续波

数字信号分析的第一步是将连续模拟信号转换为一系列的离散数字。在下文的讨论中，假设来自传感器（例如加速度计）的信号以数字形式记录在磁带上，或者直接采集到数据采集系统的硬盘中。如果以模拟形式记录信号，则必须将信号数字化。这种数字信息非常像激光唱片（CD）上编码的音符。不过，在 CD 中是固定以每通道 44.1 K 每秒的速率（即各立体声通道中 44 100 个点）采集信号，从而代表音乐中的一秒钟，而商业数据采集系统通常提供可供用户选择的采样率。所选的采样率或频率 f_s 决定了数据可以表示的频率上限。从理论上讲，数据的频率上限等于采样率的一半，称为奈奎斯特频率：

$$f_N = f_s/2 \tag{13-1}$$

采样率固定为 44 100 每秒的 CD，不管播放硬件如何，能够播放的最高音符是 22 050 Hz，超出了人耳的听觉范围。因为实际上必须预留一定的安全裕量。

混叠

理想情况下，我们应该通过无数个点来表示连续波。而实际上，点数受到计算设备速度和内存的限制，无法达到无穷大。如果代表连续波的点数（即采样率）不够高，则会出现一种称为混叠的现象，从而歪曲原始振动形式。要了解混叠的产生原因，请参考图 13-1(a)，图中的原始连续波已数字化（该过程称为模数转换）。图 13-1(b) 给出了所得的时间序列。图 13-1(c) 显示了通过数模转换过程重构的该时间序列。当代表原始连续波的离散点的数量不够高时，重构连续波的频率要比原始连续波的频率低得多。这是混叠的产生原因。如果原始谱包含高于奈奎斯特频率的信息，如图 13-1(d) 所示，则从数字

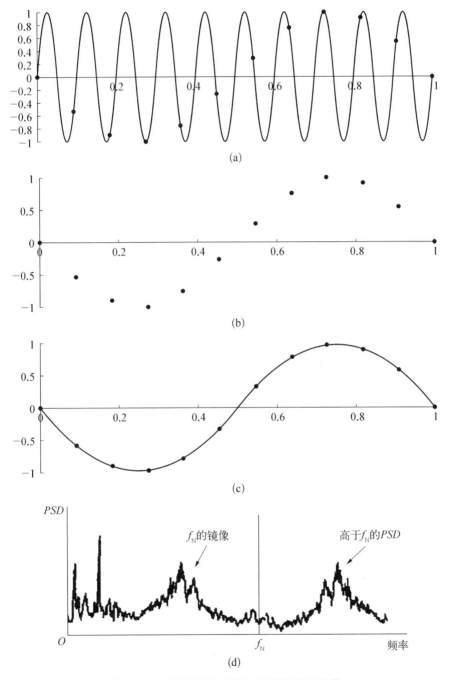

图 13 - 1　采样率不够高造成的循环数据混叠

（a）原始连续波数字化（模数转换）；（b）所得的时间序列；（c）时间序列中连续波的重构（数模转换）；（d）将高于奈奎斯特频率的 PSD 折返到更低频率的 PSD 中

化时间序列获得的谱将不包含上述信息。但是，会出现高于奈奎斯特频率的谱含量，表示为以 $f = f_N$ 直线对称的镜像。我们都看到过混叠问题。在电影中，通常以 18 帧每秒的固定速率进行图像帧采样。该速率还不足以体现直升机旋翼或马车车轮的转向。因此，看起来直升机旋翼或马车车轮似乎是以较慢的速度向反方向旋转。

从理论上讲，需要至少两个点来代表波的一个周期（这一点将在关于傅里叶变换的第 13.3 节中会阐述清楚）。这意味着，100 Hz 波的理论最小采样率是 200 个样本每秒，即 200/s。事实上，建议使用大于 2.0 倍的数量，以避免出现混叠。信号处理领域的众多专家建议使用的最低值为 2.2 到 3.0。实验工程师和数字音频纯粹主义者多年来一直都在争论到底应该预留多少裕量。就 CD 而言，多年前就确定 44.1 K 每秒的采样率便可获得足够的余量，从而覆盖数字化频率比为 2.2 时 20 kHz 的频率上限。

表观频率

根据奈奎斯特定理，完成数字化后，便看不到任何高于采样频率一半（奈奎斯特频率）的频率。那么高于奈奎斯特频率的频率去哪了？虽然可以根据三角函数以数学形式完成推导，但仔细研究图 13 - 2(a) 可以获得一些物理上的解释。首先，我们注意到，采样频率的 $(1+x)$、$(2+x)$、$(3+x)$ 等倍数在采样后具有相同的频率。其次，我们注意到，如果频率略高于采样频率的一半，则采样点的相位角与原始波的相位角相反，如图 13 - 1(a) 所示。如果频率略高于采样频率的整数倍，则采样点的相位角与实际波的相位角相同。在电影中，当直升机发动机开始启动时，叶片通过频率（BPF）低于奈奎斯特频率，即低于 9/s。我们可以看到叶片的实际转向，如图 13 - 2(a) 所示。随着发动机转速加快，BPF 也增加，例如增加到 10/s。此时，采样点的相位与实际转向相反，我们看到的是以大约 9/s 奈奎斯特频率对称的镜面反射，旋翼以 8/s 的表观 BPF 向后旋转，如图 13 - 2(b) 所示。随着发动机转速继续加快，BPF 也继续增加，例如增加到 20/s 时，采样点的振幅和相位与 20－18＝2 每秒时的振幅和相位完全相同。旋翼看上去是向前旋转，但 BPF 为 2/s。随着发动机转速继续加快，我们看到叶片继续向前旋转，直至变成静止状态，然后向后旋转，直至变成静止状态，再次向前旋转，直到图像变得模糊，如图 13 - 2(c) 和(d) 所示。

在处理离散时间序列数据时，数字信号不会像电影中那样变得模糊。相反，频率比奈奎斯特频率高许多倍的信号会继续折返并污染关注范围内的数

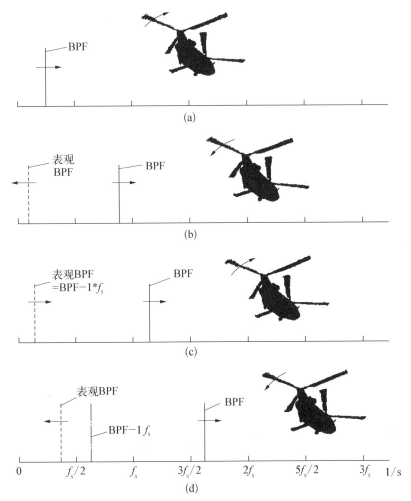

图 13-2　电影中在混叠情况下的直升机旋翼表观叶片通过频率

(a) BPF$<f_N$；(b) $f_N<$BPF$<f_s$；(C) $f_s<$BPF$<3f_s/2$；(D) $3f_s/2<$BPF$<2f_s$

据。因此，在数字化之前，必须以模拟方式进行高于奈奎斯特频率的信号的滤波。未正确接地的电子设备中经常出现交流电 60 Hz[①]及其二次谐波 120 Hz 的噪声，它们不止一次折返到较低频率范围，并导致诊断工程师在解读结果时出现错误。

如果在数字化前并未进行高于奈奎斯特频率的信号的滤波，则可以使用以下简单规则来找到它们的表观频率：

---

① 译者注：美国交流电频率为 60 Hz，中国为 50 Hz。

若$(f_{\text{actual}} - if_s) < f_s/2$，则　$f_{\text{app}} = f_{\text{actual}} - if_s$

若$(f_{\text{actual}} - if_s) > f_s/2$，则　$f_{\text{app}} = (f_{\text{actual}} - if_s)$关于$f_s/2$的镜像

$$(13-2)$$

式中，i 为整数，f_s 为采样频率。

示例 13-1　电机齿轮啮合频率。

对于根据电机电流特征信号分析（见第 13.8 节）用于诊断电动阀（MOV）的设备而言，采样率较低，为 1 000～3 000 次每秒。该范围的采样率足以揭示电机转速频率、传动套筒转动频率和蜗杆轴旋转频率周围的谱峰。假设采样频率为 1 000 次每秒。如果电机转速为 2 400 r/min，第一电机齿轮有 88 个轮齿，在数字化前没有进行信号滤波，那么齿轮啮合的表观频率是多少？

解算

电机齿轮啮合频率为 88×40＝3 520 Hz，比 500 Hz 的奈奎斯特频率高得多。电机齿轮啮合频率的真实谱峰将折返几次，表现为低于 500 Hz 的错误识别。为了找出表观频率，我们必须从 3 520 中减去 1 000 的整数倍，直到余数低于采样频率 1 000 Hz。如果余数低于奈奎斯特频率（该情况下为 500 Hz），则该余数即为表观频率。如果余数高于奈奎斯特频率，我们得到的是奈奎斯特频率的镜像。由于

$$3\,520 - 3 \times 1\,000 = 520\ \text{Hz}$$

仍然高于奈奎斯特频率（500 Hz），我们得到的是以 500 Hz 作为对称轴的信号镜像，即 480 Hz，如图 13-3 所示。

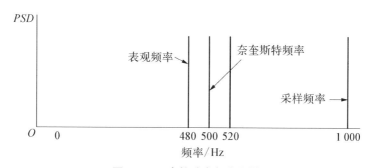

图 13-3　齿轮啮合频率混叠

13.3　谱分析

第 2 章简要讨论了振动数据的时域和频域表示概念，结果表明，诊断工程

师通常不会在时域表示的振动信号中获得太多信息,因此一般会在频域中分析数据。第 2 章中的图 2 - 6(b)、图 2 - 7(b)、图 2 - 8(b)、图 2 - 10(b)、图 2 - 11(b)、图 2 - 12(b) 和图 2 - 13(b) 是振动数据的 PSD 图。时间历程图显示在这些图的相应(a)部分中。将总量分解成频带的过程称为谱分析。

我们生活在一个以时间为主要参数的世界里。我们在一周的特定日子和一天的特定时间去上班,并根据预定时间表执行项目。我们的客户订购产品并要求在特定日期交货。客户在收到产品和发票后付款。毋庸置疑,我们每个人都非常清楚日常生活中的事件顺序流,无论是金融、生物还是工程流域,最常见的数据表示形式都是将数据显示为时间的函数。例如,我们可以绘制某座城市的平均温度图,作为一年中各月份的函数,如图 13 - 4(a) 所示。然而,时间历程并不是表示数据的唯一形式,甚至并不一定是最可取的形式。例如,可以绘制显示某座城市特定年度内平均气温在 0～20℉、20～40℉、40～60℉、60～80℉、80～100℉ 各个区间天数的图,如图 13 - 4(b) 所示,而不是绘制该年度内平均日气温图。前者是城市温度的“谱”表示形式,而后者是温度的时域表示形式。我们不研究温度随时间的变化,而是研究温度的“频率”分布,这在某些应用中可能更有意义。例如,对于试图预测该城市电力需求的电力公司而言便是如此。术语“谱(spectral)”最初意味着“颜色的函数”,也就是频率的函数,因为光的颜色取决于光波的频率。然而,谱的应用远比其术语最初的含义要范围大得多。谱分析是分析社会、生物、医学和工程等领域数据的有力工具。具体而言,为了简化编写,在下文的讨论中,假设数据是振动和声学数据,尽管方法同样适用于其他类型的数据,如电机电流波动,正如我们后面在第 13.8 节中所讨论的一样。

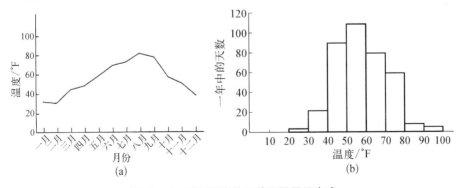

图 13 - 4 城市温度的两种不同显示方式

(a) 时域表示;(b) 频域表示

我们现在通常是通过主机、工作站或微型计算机及其软件进行谱分析，但早在数字计算机和傅里叶分析器成为常用分析工具之前就已经出现了谱分析。事实上，尽管诸如巴赫和贝多芬等历史上的伟大作曲家并没有享受到基本频率单位 Hz 的好处，因为 Hz 是在他们之后一百年左右才出现的，但他们对乐音的频率组成依然非常熟悉，如图 13-5 所示。我们大多数人在中学科学实验中都进行过阳光的谱分析：将棱镜放在太阳下，并在棱镜下放一张白

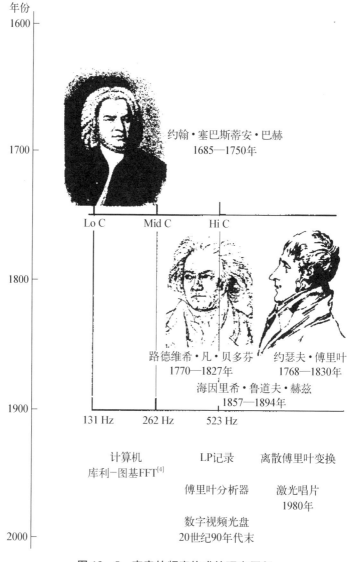

图 13-5　声音的频率构成的研究历程

纸，纸上便会出现从红色到紫色的色谱，类似在彩虹中看到的颜色。我们所做的就是将太阳的白光分解成各种成分，即红外线（看不见）、红、橙、黄、绿、蓝、靛、紫、紫外线（看不见）。与随机振动类似，太阳光由无限多的光和其他不同频率、不同波长的电磁波组成。不同的波长产生不同的颜色，红色波长最长，紫色波长最短。当阳光照射到棱镜上时，折射角取决于波长。结果，不同的颜色在通过棱镜后被分离开。简而言之，棱镜将阳光"分解"成不同成分。

在数字信号分析中，通常通过一种称为傅里叶变换的数学过程来进行谱分解。然而，这不是进行谱分析的唯一方法。例如，在上述中学科学实验中，在不使用傅里叶变换的情况下进行阳光的谱分析。在数字时代到来之前，进行振动数据的谱分析时，首先通过模拟自相关器计算自相关函数。根据数学物理学中的一个著名定理，通过相关函数的傅里叶变换来获得功率谱密度。相反，通过功率谱密度的傅里叶变换来获得自相关函数。在数学语言中，时域和频域形成一组对偶空间。可以通过傅里叶变换来实现从一个空间到另一个空间的变换。

模拟谱分析的另一种方法是使用一组带通滤波器来分离各频带中包含的能量。将各频带内测得的总能量除以带宽，便获得了功率谱密度（PSD），如图 13 - 6 所示。然而，在模拟时代，更常见的做法是绘制各频带中由电压输出表示的振幅图。即使当今数字谱分析器盛行，但一些实验主义者仍然更喜欢这种呈现谱分析结果的形式，如图 13 - 7 所示。

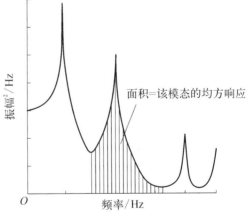

图 13 - 6　功率谱密度（PSD）曲线下方的面积等于均方响应

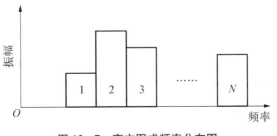

图 13 - 7　直方图或频率分布图

应该指出的是，虽然数据的频域表示有时让我们能够更好地观察事物，但它并不包含不在原始时间信号中的任何信息。傅里叶变换只是数据的数学变换，它并不会引发任何新现象。

功率谱密度(PSD)的单位

正如上一节所讨论，功率谱密度(PSD)是对频带上能量密度分布的表示。事实上，该术语是从上文讨论的棱镜实验中衍生出来的。我们看到的彩虹颜色或阳光穿过棱镜后的颜色取决于太阳发出的电磁波的频率。每种颜色的强度并不取决于色带中包含的总能量，而是取决于色带中包含的总能量除以颜色的频率带宽。因为颜色带宽不相同，所以两个色带能量相同，并不一定意味着它们的能量密度也相同。换句话说，各色带的强度取决于单位频率带宽的能量密度，也就是术语"谱密度"（针对颜色）。最后，因为我们关心的是能量流，而不是能量本身，所以就产生了"功率谱密度(PSD)"这个术语。

在振动和声学中，谱分析的主要目标是观察各频带的能量含量。从以上讨论可以看出，很明显，显示 PSD 数据的自然方式是将功率密度编制成表格或绘制为频率的函数。由于能量与振幅的平方成比例关系，所以 PSD 图纵坐标中的单位应为每 Hz 的数量平方，横坐标的单位应为 Hz。纵坐标的正确单位示例如下：

in^2/Hz、m^2/Hz 位移 PSD

$(in/s)^2/Hz$、$(m/s)^2/Hz$ 速度 PSD

$(in/s^2)^2/Hz$、$(m/s^2)^2/Hz$ 加速度 PSD

lbf^2/Hz、N^2/Hz 力 PSD

psi^2/Hz、Pa^2/Hz 脉动压力 PSD

在这种表示方法中，PSD 曲线下方的面积表示均方量，如图 13-6 所示，比如均方位移、均方加速度和均方压力波动等。事实上，这是获得频带均方根值的标准方法，即对频带两个频率极限之间的 PSD 曲线下方的面积进行数值积分，然后求取结果的平方根。求取总均方根值时，将 PSD 曲线下方的面积从零频率到 PSD 曲线渐近接近零的频率上限进行积分，然后求取结果的平方根。虽然上述示例或其变体是呈现 PSD 数据的唯一正确方式，但是呈现谱分析结果的方式则有几种。另一种方法是将不同频带的总振幅编制为表格或者绘制为作为频带中心频率的函数，如图 13-7 所示。如前一小节讨论，这种呈现谱分析结果的方法可以追溯到使用一组模拟滤波器分离振动数据谱分量的年代。一些试验工程师仍然喜欢这种图或表格显示方式，所得的函数为谱、频率分布或直方图,这种方式不应称为功率谱密度。

13.4　傅里叶变换

拿破仑时代的约瑟夫·傅里叶完全出于对数学的好奇心,最早提出了傅里叶变换。当时还尚未建立振动或声学的定量描述方法,甚至连振动的基本单位 Hz 也是直到 100 年后才引入的(见图 13-5)。傅里叶发表他的著名变换时,并没有想到振动分析。直到许多年之后,数学物理学家才发现傅里叶变换是将时域事件变换成频率分布的工具,由此傅里叶变换才成为了开展振动和声学领域定量研究的有力工具。

最初提出的傅里叶变换是一个积分变换。随着高速数字计算机的出现,这种积分变换便发展成以数值方式(即求和)来实现,由此产生的数学过程称为离散傅里叶变换。

离散傅里叶变换

为了通过数值积分以数字方式进行傅里叶变换,必须首先按照第 13.2 节所述对原始连续时域数据 $x(t)$ 进行离散化处理:

$$x(t) \xrightarrow{\text{数字化}} x_i(t_i), \quad i = 0, 1, 2, 3, 4, \cdots, n-1$$

与傅里叶积分类似,离散傅里叶变换定义如下:

$$X(k\Delta f) = \Delta t \sum_{i=0}^{n-1} x(i\Delta t) e^{-i(2\pi/n)ik}, \quad i^2 = -1 \qquad (13-3)$$

式中,时步 Δt 为采样率 f_s 的倒数:

$$\Delta t = 1/f_s$$

并决定时域中的分辨率。我们用 $x(t)$ 表示时域中的一个变量,用 $X(f)$ 表示它的相应傅里叶变换。一般来说,$X(f)$ 是一个复数。功率谱密度(PSD)并不是傅里叶变换本身,而是与时域数据的傅里叶变换相关:

$$PSD(k\Delta f) = \frac{2|X(k\Delta f)|^2}{n\Delta t}, \quad k = 0, 1, 2, \cdots, n-1 \qquad (13-4)$$

离散傅里叶逆变换与上述定义一致:

$$x(i\Delta t) = \Delta f \sum_{k=0}^{n-1} X(k\Delta f) e^{+i(2\pi/n)ik}, \quad i = 0, 1, 2, \cdots, n-1 \qquad (13-5)$$

式中，频率分辨率 Δf 为 n 个数据点中所含时间记录总时长的倒数，即

$$\Delta f = 1/(n\Delta t) = 1/T \qquad (13-6)$$

式中，T 为含 n 个数据点的一个数据块中的总时间长度。由于离散傅里叶变换、离散傅里叶逆变换和功率谱密度函数的定义方式与文献中的定义不同，容易引起混淆。上述定义可视为"工程师"对傅里叶变换和 PSD 的定义。所得频率和时间序列 X_i 和 x_i 分别具有反时（即频率）和时间的量纲，所得 PSD 具有幅度平方每 Hz 的量纲，并且其定义仅针对频率的正值。另一方面，数学家只对数字感兴趣，他们通常在和的前面用 1 来定义离散傅里叶变换 $X(f)$，而不是用 Δt 定义。在这种情况下，在离散傅里叶逆变换的定义中，必须在和的前面加上 $1/n$，而不是 Δf，PSD 定义中的分母的常数为 n，而不是 $n_t t$。数学家通常将 PSD 定义为每弧度的幅度平方，弧度从 $-\infty$ 延伸到 $+\infty$，这更加容易造成误解。工程师的定义称为单面 PSD，在本书中用符号 G 表示；数学家的定义成为双面 PSD，用符号 S 表示。一般来说，

$$\begin{aligned} G(f) &= 2S(f), \quad f \geqslant 0 \\ &= 0, \qquad\quad f < 0 \end{aligned} \qquad (13-7)$$

由于 $f = \omega/2\pi$，因此，为 Hz 的函数的 PSD 等于 2π 乘以以 ω 为函数的 PSD：

$$G(f) = 2\pi G(\omega) \qquad (13-8)$$

通常利用个人计算机、工作站或傅里叶分析器（为微型计算机）进行数字信号分析。为了节省存储空间，以大小有限的数据块（如数据点数量为 $n = 1\,024$、$2\,048$ 等的数据块）将时间序列读入 RAM。随后，通过傅里叶变换将含 n 个数据点的数据块变换为频域中的 n 个复数。

时间序列	傅里叶变换	频率序列
$x_i, \quad i = 0, 1, \cdots, n$	$\xrightarrow{\quad\quad\quad}$	$X_i + \mathrm{i}Y_i, \quad i = -n/2, \cdots, 0, \cdots, +n/2$

起初，我们似乎从时域中的 n 个真实数据点开始，以频域中的 $n+1$ 个复数数据点结束。然而，仔细检查离散傅里叶变换方程后，可以发现傅里叶变换的实部 X 始终以 $i = 0$ 对称，而虚部 Y 始终为反对称，因此，傅里叶变换的模量 $|X|$ 始终以点 $i = 0$ 对称。此外，$i = 0$、$i = +n/2$、$i = -n/2$ 时的虚部 Y 始终为零，因此，$X(i = -n/2) = X(i = n/2)$。简而言之，我们从时域中的 n 个实数数据点开始，以频域中的 $n/2+1$ 个独立实数数据点和 $n/2-1$ 个独立非

零虚数数据点结束。最后，

$$PSD(f_k) = G(f_k) = \frac{2(X_k^2 + Y_k^2)}{n\Delta t}, \quad k \geqslant 0 \qquad (13-9)$$

代表 PSD 的数据点总数为 $n/2+1$。鉴于

$$\Delta f = 1/(n\Delta t) = f_s/n \qquad (13-10)$$

因此傅里叶变换后获得的最大频率为

$$f_{\max} = (n/2)\Delta f = f_s/2 \qquad (13-11)$$

也就是说，离散时间序列傅里叶变换后获得的最大频率是采样频率的一半。这就是第 13.2 节中提到的众所周知的奈奎斯特定理。表 13-1 总结了采样率、最大频率以及时域和频域分辨率之间的关系。

表 13-1　采样率与分析结果之间的关系

量	关　系
采样间隔	ΔT
采样率	$f_s = 1/\Delta T$
最高(奈奎斯特)频率/Hz	$1/(2\Delta T)$
试样块大小	n
谱线	$n/2+1$(包括 $f = 0$)
频率分辨率/Hz	$\Delta f = 1/(n\Delta T) = 1/T$

在将一个时间数据块变换到频域之后，会将另一个含 n 个数据点的数据块读取到存储器中，然后重复上述过程。取得到的 PSD 块的平均值，以获得更好的统计精度(见第 13.7 节)。重复这一过程，直到全部时间记录耗尽或获得足够的统计精度。在涉及数万个时间步的长时间历程中，这些计算过程可能非常耗时。这就是为什么直到 20 世纪 60 年代中期，甚至在将数字计算机引入作为一种通用研究工具之后，数字信号分析也很少涉及几百个以上的数据点。因为工程通常涉及更多的数据点，数字信号分析在生物医学和社会研究中的应用比在工程中的应用更多。

快速傅里叶变换

1965 年，库利和图基发表了一种特殊算法，用于通过数字计算机计算离散

时间序列的傅里叶变换。对于 n 个数据点（n 必须等于 2^k，k 为整数），该算法比离散傅里叶变换经典计算方法快 $n\log_2 n/n^2$ 倍，因此获得了快速傅里叶变换（FFT）这一名称。使用方程 $\log_a X = (\log_a b) \cdot (\log_b X)$，举例说明，对于 $n = 1\,024$，快速傅里叶变换比经典离散傅里叶变换快 102 倍。对于 $n = 1\,000\,000$，计算时间的比为 30 秒比两周。

FFT 算法革新了信号分析技术，包括但不限于振动和声学数据分析，并催生了一条全新的紧凑型傅里叶分析器生产线，很快造成旧的模拟自相关器完全退出市场。当今，正如上文几个小节的讨论，功率谱密度是直接根据时间序列的 FFT 计算，而自相关函数是通过 PSD 函数的 FFT 计算，这与约三十年以前工程师的做法恰恰相反。没有 FFT 算法，数字信号处理可能就不会像当今这样为大家广泛接受。

时域和频域分辨率

对于设备目录中大量不同能力和不同复杂程度的谱（或傅里叶）分析器，判断其优劣的特征参数之一就是最高采样率。通常最高采样率越高，分析器就越昂贵。因此，获得最先进高采样率分析器的工程师将倾向于在所有测试中都选择最高的采样率，这通常会损害频域分辨率。通过物理学基本原理之一的"海森堡不确定性原理"关联时域分辨率 Δt 和频域分辨率 Δf：

$$\Delta f \Delta t = 1/n \qquad\qquad (13-12)$$

对于相同的 n，时域中的高分辨率（即原始连续时间数据数字化的高采样率）将导致频域分辨率不足，这有时会导致谱分析结果不准确。例如，图 13-8 显示了热器传热管测试中的一系列谱峰，其优势频率小于 200 Hz。共振峰的明显三角形表示频域分辨率不足（Δf 太大），这通常是由于所选采样率过高造成的。频率空间中的点数量不足不仅无法显示响应的真实共振形状，而且可能会错过 PSD 图中的真实峰，如图 13-9 所示。由于共振曲线下方的面积代表均方振幅，如果通过 PSD 曲线下方面积的积分计算均方根响应，则频率分辨率不足

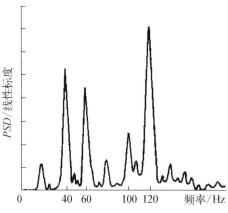

图 13-8　PSD 图中的三角形谱峰通常表示频域分辨率不足

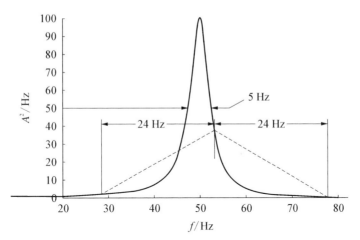

图 13 - 9　最大采样率下的真实共振峰(实线)和表观共振峰(虚线)

会导致均方根响应估算方面的误差。

一种提高频率分辨率的方法是增加需变换的各数据块中的数据点数 n，这将增加计算时间以及数据文件大小。另一种更好的方法是降低采样率，如下文示例所示。

示例 13 - 2

四通道谱分析器的最大总采样率为 96 000 次每秒。该分析器将用于采集管道振动数据，关注的最高频率预计小于 50 Hz，阻尼比约为 5%。在选择 $n = 1\,024$ 的数据块大小的情况下，如果选择最大采样率，那么是否能正确分辨 PSD 峰？你会怎样选择采样率？

解算

如果我们选择各通道的最大采样频率 $f_s = 96\,000/4 = 24\,000/s$ 和数据块大小 $n = 1\,024$，则根据表 13 - 1，时间分辨率和频率分辨率分别为

$$\Delta t = 1/f_s = 1/24\,000$$

$$\Delta f = 1/n\Delta t = 24\,000/1\,024 \approx 24\ \text{Hz}$$

根据式(3 - 13)，共振峰的半带宽约等于

$$\Delta f = 2 \times 50 \times 0.05 = 5\ \text{Hz}$$

如图 13 - 9 所示，分辨率太粗略，无法显示共振曲线的真实形状。我们得到的是一个三角形谱峰。如果对频率不超过 50 Hz 的管道系统振动的测量感兴趣，则可以选择 200/s 的采样率。在 FFT 之后可以获得的理论最大频率为

100 Hz，这足以覆盖所关注的 50 Hz，并且还有足够的余量。当

$$f_s = 200/s$$

且像之前一样保持 $n = 1\,024$ 时，时间分辨率和频率分辨率如下：

$$\Delta t = 1/200 = 5.0 \text{ ms}$$

$$\Delta f = 1/n\Delta t = 1/(1\,024 \times 0.005) = 0.20 \text{ Hz}$$

定义 30～70 Hz 之间共振峰的点有 40/0.20 = 200 个。

13.5 窗

　　要实现时间记录的完美傅里叶变换，需满足的一个要求是函数必须为周期函数且变换中包含的波数量为整数，否则，就需要无限长的时间记录。实际上，必须截短时间序列，且必须在 n 个数据点的有限数据块大小中读入和变换数据点（参见第 13.4 节）。除非截短发生在精确的时间点，从而保证数据中包含精确数量的完整波，否则截短的时间历程将不再是正弦波。由于非正弦波是不同频率的许多正弦波的线性组合（谐波），因此在时间数据的傅里叶变换时会产生边带形式的假信号，这种现象通常称为泄漏。泄漏会污染整个谱中各个谱峰中包含的能量（见图 13-10）。为了尽量消除这个问题，在截短时间序列时，不应该通过与"方脉冲"函数相乘的方式而突然截短（见图 13-11），而是应该通过更平缓的倾斜函数截短。这些函数称为"窗"，因为它们有效地允许通过窗口查看时间序列。虽然有许多不同目的、不同类型的窗[1]，但是除了方脉冲函数外，最常用的函数就是汉宁窗。两种函数如图 13-11 所示。对于大多数应用而言，汉宁窗和其他非方脉冲窗函数之间的差异并不显著。

　　汉宁窗减少了泄漏问题，但并没有消除泄漏问题（见图 13-12）。汉宁窗会加宽谱峰，从而导致 PSD 曲线畸变。由于谱峰下方的面积代表模态对振动的贡献，所以窗函数不能改变谱峰下方的面积。这就意味着如果谱峰变宽，则必须减小其振幅，以保持曲线下方的面积。根据上文讨论，我们可以看出：① 如果通过半功率点法确定模态阻尼比，如示例 13-3 所示，则必须进行修正，以处理开窗引起的畸变。可以在时域分析中通过对数衰减法或在频域分析中通过正弦扫描法等，获得更加直接的阻尼比估算值；② PSD 函数的振幅没有绝对的物理意义。如果要比较两幅 PSD 图的振幅，则必须确保在这两种情况下均通过相同的窗函数来获得谱。

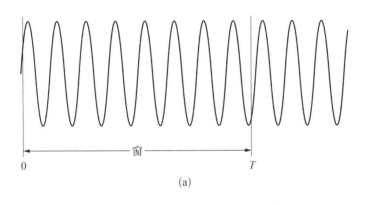

(a)

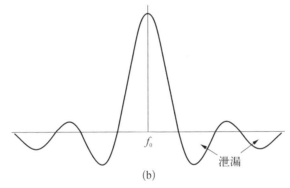

(b)

图 13‑10　连续时域信号截短造成的频域泄漏

（a）连续时域信号的截短；（b）频域中的泄漏

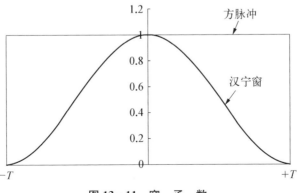

图 13‑11　窗　函　数

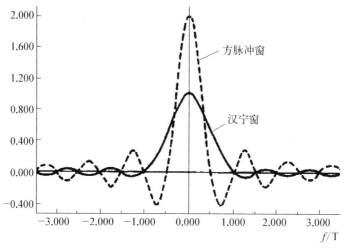

图 13‑12　汉宁窗和方脉冲窗的傅里叶变换

　　虽然汉宁窗减少了静态数据的频域泄漏问题，但它实际上抹除了瞬态事件（如冲击）中包含的能量，进而导致时域波形分辨率的损失。因此，不得将除方脉冲函数之外的窗函数用于时域的影响研究。在关于统计精度的第 13.7节中讨论瞬态数据分析的更多注意事项。

13.6　数字滤波

　　在分析振动数据时，经常会出现一些噪声掩盖有用数据的情况，因而难以对结果做出解释。滤波可以消除这些不需要的数据。与模拟滤波器一样，数字滤波器可以分为低通型、高通型、带通型和带阻型。模拟滤波器是体积庞大的硬件，而数字滤波器则不同，可以以计算机软件的形式实现。滤波动作基于数字数据的数学处理，并且可以在测试完成之后再进行。目前已有高通、低通、带通和带阻滤波器的数值算法。图 13‑13(a) 给出了加速度计数据因接地故障而受到电流噪声污染的示例。150 Hz 的数字高通滤波滤掉了 60 Hz 的电流噪声及其 120 Hz 的二次谐波，所得的数据如图 13‑13(b) 所示。在图 13‑14(a) 中，从安装在止回阀底部的超声换能器获得的数据被交流电噪声完全掩盖。该超声换能器用于探测阀瓣组件的颤振（参见第 2 章第 2.4 节和第 13.8节）。由于阀瓣颤振的频率通常低于 5 Hz，因此对该数据进行 10 Hz 低通滤波，以消除交流电噪声。结果信号如图 13‑14(b) 所示，其清楚地显示了阀瓣的运动。下文示例是数字滤波器在装备部件诊断中不太常见的应用。

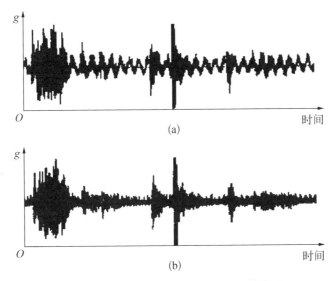

图 13 - 13　数字滤波对加速度计信号的应用

（a）受交流电噪声污染的加速度计信号；（b）进行 150 Hz 的数字高通滤波后的相同信号

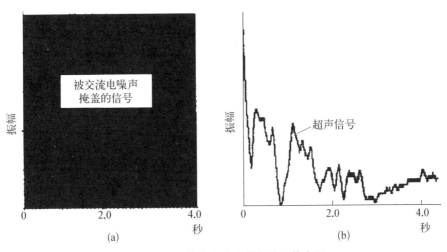

图 13 - 14　数字滤波在超声信号的应用

（a）被交流电噪声完全掩盖的超声波动态数据；（b）10 Hz 的数字低通滤波后的超声数据

示例 13 - 3

图 13 - 15(a)展示了从安装在止回阀上的加速度计获得的时间数据。频繁出现的尖峰表明止回阀内部存在连续的敲击声或爆裂声。声音可能来自阀瓣组件的逆止器敲击或止回阀内部的空化现象，或者两者均有。消除或确认其中一现象的存在。

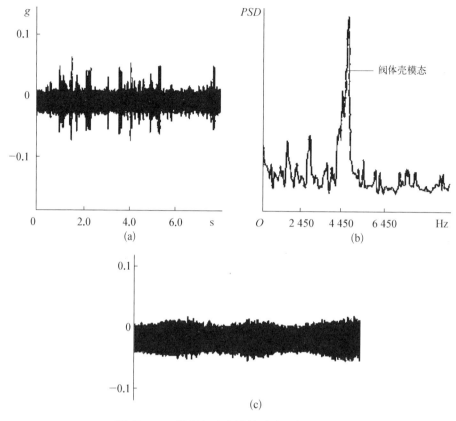

图 13 - 15　阀门加速度计的时域和频域信号

（a）存在连续敲击声的加速度计信号；（b）振动数据的 PSD 显示在 4 500 Hz 处出现明显的阀体模态；（c）4 000~5 000 Hz 带阻滤波消除敲击噪声后的信号

解算

首先对时间信号进行快速傅里叶变换，得到 PSD 函数，如图 13 - 15（b）所示。大约 4 500 Hz 下的突出谱峰最有可能是阀瓣组件重复敲击阀门逆止器而激发的阀体模态。对原始时间序列进行 4 000~5 000 Hz 带阻滤波，得到的时程数据如图 13 - 15（c）所示。滤波后的数据中没有任何尖峰，这表明（a）中的原始尖峰都是由逆止器敲击引起的。空化现象会造成连续的高频谱，这种谱不会被带阻滤波器消除。因此，可以得出结论，该阀门内没有空化现象。

13.7　统计精度

众所周知，当我们基于集合样本进行估算时，样本越大，估算就越精确。

在时间序列中,n 个数据点的各数据块均是更大集合的一个样本。因此,凭直觉,当从时间历程中导出 PSD 时,傅里叶变换中包含的数据点越多,则得到的 PSD 就越精确。然而,这种直觉有一个与 PSD 分辨率有关的陷阱。

当用微型计算机和 FFT 算法进行谱分析时,会每次将一个包含 n 个数据点的数据块读入计算机,对该数据块进行傅里叶变换,然后再读入下一个数据块。求取两个 PSD 样本的平均值,并将得到的平均 PSD 存储到存储器中。读入第三个包含 n 个数据点的数据块,重复上述过程,直到完成总共 N 个数据块的变换。在这种情况下,我们的直觉是正确的,即变换越来越多的数据块并求取所得 PSD 的平均值时,计算所得 PSD 的统计精度也会随之增加。量化数据点统计分布的一个简单方法是使用一个称为"归一化误差"ε 的单参数。在上述的 PSD 计算中,归一化误差与完成变换和用于求取平均值的数据块总数的平方根倒数成比例关系,即

$$\varepsilon^2 = 1/N \qquad (13-13)$$

如果变换某个数据块的所有时间序列,则可根据式(13-12)获得高频分辨率。然而,归一化误差为 1,这意味着 PSD 估算中的置信概率误差与标准差一样大,这显然并不好。另一方面,如果将时间序列分成 100 个数据块,则归一化误差为 0.1。

在更严格的统计学家语言中,归一化误差 ε 与 PSD 估算的置信水平和置信限有关。在不考虑统计细节的情况下,图 13-16 中给出了平均值数量 N 对数据分布的影响,图 13-17 中将 PSD 估算的置信水平和置信限绘制为平均值数量的函数。从这些数字可以明显看出,四个以下的平均值显然是不够的,但当 N 超过 100 时,增加数量收益就不明显了。

只要数据平稳或准平稳,上述讨论就有效。平稳随机事件的包括湍流边界层中的压力波动[见图 13-16(a)]及其结构响应[见图 13-16(b)]。两种情况下的数据块平均处理降低了统计离散度。我们前面提到的图 13-15(a)显示了止回阀阀瓣组件连续敲击逆止器的时间历程,这就是准平稳事件的示例。在这种情况下,数据块平均处理也可以得到定义更佳的结构响应谱,如图 13-15(b)所示。图 13-18(a)显示了安装在管道系统中的部件的冲击试验时间历程。这是瞬态事件的一个示例,其中重要数据仅存在几分之一秒的时间。如果仅变换该短时间间隔,则得到的 PSD 图将显示出部件的模态频率,如图 13-18(b)所示。另一方面,如果使用超过冲击持续时间的长时间记录的数据块平

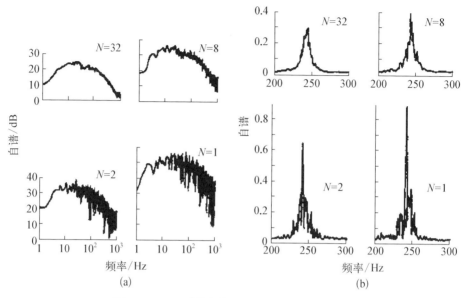

图 13 - 16　平均值数量 N 对统计离散度的影响

(a) 湍流边界层下方脉动压力 PSD；(b) 结构响应 PSD

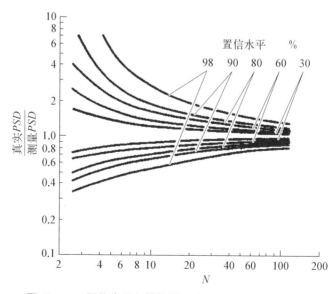

图 13 - 17　置信水平和置信界限为平均值数量 N 的函数

均,则冲击中包含的信息将分散到整个时间记录,背景结构振动将掩盖部件的模态频率,如图 13-18(c)所示。因此,不建议在瞬态持续时间之外进行数据块平均处理。

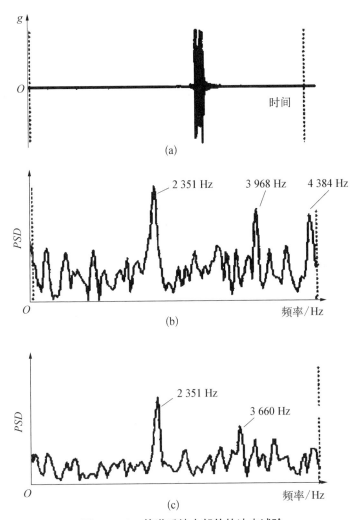

图 13-18　管道系统中部件的冲击试验

(a) 单个冲击的时间历程;(b) 仅覆盖瞬态的 1 个时间记录数据块的 FFT(显示出部件的前 3 阶模态频率);(c) 超出瞬态范围的 50 个数据块的平均处理(稀释掉了第 2 阶和第 3 阶模态频率并产生 3 660 Hz 的背景管道频率)

示例 13-4　分辨谱峰的采样率和数据记录长度要求。

大型压力容器的基本壳模态频率预计约为 10 Hz。在稳态白噪声激励下,采用半功率点法精确测量该壳模态的阻尼比。应该使用什么采样频率? 稳态振动数据记录时间应该多长？

解算

金属壳体的模态阻尼比通常很小，一般低于 1%。假设预期阻尼比为 0.005。为了达到合理的统计精度，需要 100 个平均值，归一化误差为 0.1。根据式(3-13)，预计谱峰的半功率带宽约等于

$$\Delta f = 2f_0 \zeta = 2 \times 0.005 \times 10 = 0.1 \text{ Hz}$$

为了准确表示该共振峰，我们需要大约 10 个点。频率分辨率

$$\Delta f = 0.02 \text{ Hz}$$

将给出大约 10 个点，用于表示该共振峰。根据奈奎斯特定理，为了表示 10 Hz 的频率，需要每秒 20 个点的最小采样率。然而，事实上需要一定的余量。采用的采样率如下：

$$f_s = 30/\text{s}$$

为了使用快速傅里叶变换(FFT)算法，每次要变换的数据点数量必须是 $n = 2^k$，式中 k 为整数。采用下述数据块大小：

$$n = 2^{10} = 1\,024 \text{ 个点}$$

各数据块的时间记录长度为

$$\delta T = n \times \Delta t = 1\,024 \times 1/30 = 34.13 \text{ s}$$

经过快速傅里叶变换，可在 PSD 曲线的 $+f$ 侧得到 512 个点，在 $-f$ 侧得到 512 个点。PSD 大致以 $f = 0$ 对称。在这些点中，只有 $+f$ 侧的点是有用的。得到的最大频率是奈奎斯特频率，为采样频率的一半（本示例中为 15 Hz），通过 $512 + 1 = 513$ 个点来表示。频率分辨率如下：

$$\Delta f = 15/512 = 0.029 \text{ Hz}$$

或者根据表 13-1，有

$$\Delta f = 1/(n \times \Delta t) = 1/34.13 = 0.029 \text{ Hz}$$

然而，之前已经得出结论，需要 0.02 Hz 的分辨率。根据式(13-12)，降低 Δf 的一种方法是增加每个数据块的数据点数量 n。下一步是选择

$$n = 2^{11} = 2\,048$$

保持同样的采样率 $\Delta t = 1/30$ 秒,完成 FFT 后,有

$$\Delta f = 1/(n \times \Delta t) = 1/(2\,048 \times 1/30) = 0.014\,6\;\text{Hz}$$

这足以定义共振峰。但是,每个数据块的时间记录如下:

$$\delta t = 2\,048 \times 1/30\;\text{s}$$

要达到所需的统计精度,需要 100 个数据块。数据块的总时间记录长度如下:

$$T = Nn\Delta t = 100 \times 2\,048/30 = 6\,827\;\text{秒} = 1.9\;\text{小时}$$

如果使用 16 位字,则可得到 96 dB 的动态范围,各测试记录的总位数如下:

$$204\,800 \times 16 = 3.28\;\text{M}$$

该例子表明,低频测试涉及非常长的时间记录。节约的一个方法是降低统计精度。100 个平均值对应的归一化误差为 0.1。事实上,平均值数量超过 100 个后,并不会明显增加精度。由于归一化误差 $\varepsilon = 1/\sqrt{N}$,我们可以将平均值数量降至 64,这样并不会使统计精度降低太多,但可将测试时间缩短三分之一以上。

13.8　超出加速度计和快速傅里叶变换范围

如引言部分所述,数字数据采集系统的动态范围增加了 10 000 倍,促成了新传感器的开发,使得可以从低于模拟设备本底噪声的信号中获得有用的信息。在过去的十年中,此类新传感器的开发主要用于监测核电站部件,但也能用于其他动力与过程装备。以下只是其中的几个示例。

将超声换能器用作动态传感器

超声学仪器最初是开发用于定位固体中的缺陷。在 20 世纪 90 年代初,超声学仪器的应用扩展到振动测量中[2],具体分以下几个步骤:首先,仪器产生一系列高达 1 000 每秒的高压脉冲,将脉冲施加到超声换能器上,超声换能器将脉冲转换成对准目标的超声波。同时,计时电路启动计数序列。当声波撞击目标并从目标反射回来时,会被换能器捕获。此时,换能器处于被动"监听"模式。计时电路随后确定经过的时间。之后,直接将超声波信号记录到计算机中。峰值电压与从超声波脉冲发射到接收之间经过时间呈比例关系。知

道水中声速后，可以以时间序列的形式计算与时间呈函数关系的目标位置，然后由此推导出目标的振动频率和振幅。

借助适当的数据采集和分析软件，已将商用超声波探伤仪用于准确和定量地确定止回阀阀瓣开启角度、颤振频率和振幅，无需拆卸阀门或干扰其正常运行。当不能使用其他类型的传感器时，也可将商用超声波探伤仪用于以非侵入方式测量核燃料棒束的振动。第2章的图2-4和图2-5给出了超声波探伤仪的两个应用示例。然而，超声波仪器只有在受试部件承载有水等可以传导超声波的介质时才能应用。此外，粗粒不锈钢往往会散射超声波，因此无法通过使用这种材料制成的组件外壳接收定义明确的回波。

虽然从理论上讲，超声换能器的分辨率受超声波波长（典型波长为0.1 mm至0.2 mm）的限制，但这仅适用于非稳态颤振。对于稳态振动而言，通过相位平均技术测量并与加速度计相关联[2]，可以测到0.001 mm的振幅。

涡流传感器

涡流传感器作为超声波振动传感器的补充测量手段，用于配有不锈钢外壳、内部装有水、蒸汽或气体的部件的运动监测。阀体外部安装有一个或两个交流载流单元（见图13-19）。当阀瓣开始移动时，单元中感生的涡流会干扰电感，从而干扰单元中的总阻抗。随后，电流流通电路，产生的电压与阀瓣组

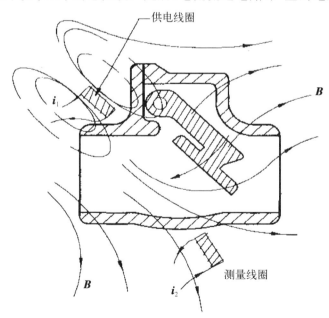

图 13-19　使用涡流传感器检测止回阀内部阀瓣运动

件的位置有关。因为涡流具有高度非线性,所以只能从电压中获得阀瓣打开角度的定性信息。由于磁通量不能穿透像碳钢这样的强磁性材料,所以涡流传感器只能用在不锈钢外壳的部件。但是,涡流传感器可以检测由有色金属制成的部件的移动,如图 13 - 20 所示:当金属物体在磁场 **B** 中移动时,表面上会产生涡流回路 *i*。 这些涡流回路反过来产生磁场 **b**,干扰原始磁场。由于这是二阶效应,扰动比由铁质材料制造的移动部件引起的扰动小得多。图 13 - 21 给出了使用涡流传感器监控止回阀内部阀瓣组件移动时获得现场数据的示例。

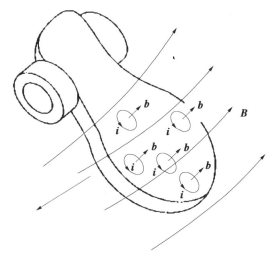

图 13 - 20　涡流传感器测量有色金属部件的运动

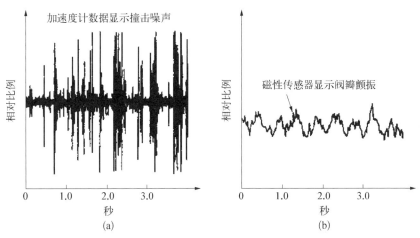

图 13 - 21　涡流传感器监控止回阀内部阀瓣组件移动的实测数据

(a) 加速度计信号显示止回阀中的频繁敲击噪声;(b) 涡流传感器信号确认存在阀瓣颤振(波峰的大致排列表明阀瓣撞击逆止器)

霍尔效应传感器

霍尔效应传感器用于监控含有水、蒸汽或气体的阀门的阀瓣位置。当电流在磁场中流动时，在电子中感生力，称为洛伦兹力。该力垂直于电子的速度矢量和磁通量线，如图 13-22(a)所示，其大小取决于施加的电流、磁场强度以及电流方向与磁通量线之间的角度。当外部电路闭合时，洛伦兹力感生电势，进而感生电流。在止回阀监控应用中，在阀体外部安装两个强力永磁体，进而在阀门内部感生磁场。霍尔效应传感器位于阀体外侧，通常位于阀盖顶部。当电路闭合时，感生电流会流经该电路。可以通过测量电流来监控阀瓣的位置。同样，因为磁场具有高度非线性，所以只能获得关于阀瓣打开位置的定性信息。

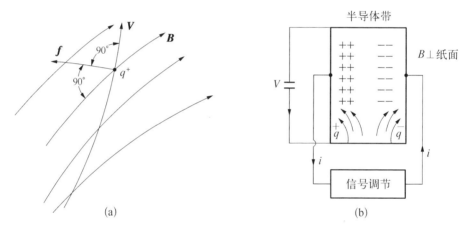

图 13-22　洛伦兹力与霍尔效应传感器

(a) 洛伦兹力；(b) 霍尔效应传感器

霍尔效应传感器的优势在于，它可以用于碳钢和不锈钢外壳、内部装有任何流体的部件。除了只能用作定性位置传感器，霍尔效应传感器的另外一个主要缺点是灵敏度会随着温度的升高而迅速降低，并且不能在高于 90℃ 的温度下工作。为了克服这一缺点并提高霍尔效应传感器的灵敏度，通常使用一个组合冷却器/集线器/绝缘体单元，将磁通量线聚焦到微小的霍尔效应传感器上。在高温应用中，霍尔效应传感器通常由某种加压气流装置冷却，比如涡流管。

图 13-23 给出了霍尔效应传感器监测大流量碳钢止回阀所获得的数据。

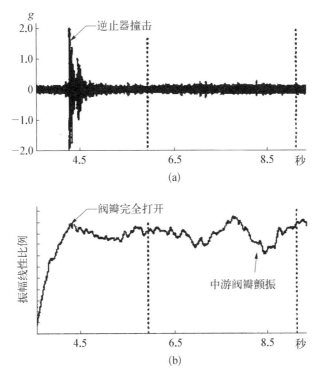

图 13‒23　霍尔效应传感器监测碳钢止回阀所获得的试验数据

（a）止回阀的加速度计数据（显示阀瓣完全打开时撞击逆止器）；
（b）直流磁性传感器轨迹（显示阀瓣完全打开至逆止器时并没有紧紧
地压在逆止器上，而是在中游颤振）

电机电流特征信号分析

克里特（Kryter）和海恩斯（Haynes）[3]发现，随着电机上机械负荷的变化，流经电机电源线的电流也会随之变化。这种电机电流变化可以是大阶跃变化，如浪涌电流，或由限位开关和扭矩开关引起；也可以是机械负荷微小变化引起的轻微变化。后者可以视为叠加于电机电流上的"噪声"，这种噪声蕴含了丰富的信息，可以用于监测电机、轮系和由电机驱动的阀门驱动装置等其他设备状态。这种电机电流"噪声"，更专业的说法是特征信号，几乎包含了机械传感器能够检测到的所有信息，例如电机转速、蜗轮齿啮合频率、"锤击"、传动套筒转速、阀杆运动、阀瓣回座和离座。此外，它还包含本质上与电相关，因此无法被机械传感器检测到的信息，例如转差频率（为实际电机转速和同步转速之间差值的函数）、阀瓣回座和离座期间的无载电流、运行电流和峰值电流。

在电机驱动设备的诊断中，电机电流特征信号分析比机械特征信号分析具有更大优势。首先，可以通过夹紧式感应电流探头获取电机电流，而无需断开或连接电机电力电缆。其次，由于流经电机电力电缆任何部分的电流相同，所以可以在任何方便的位置夹住电机电力电缆，最方便的位置通常是离电机几百英尺远的电机控制中心。这样，不仅可以采用非侵入方式，还可以在方便的中心位置远程监控电机驱动设备。

通过电机控制中心定期采集电机电流数据，可以了解各电机驱动设备的状况，以便检测到电机本身、传动系或电机及其传动系下游设备的降级，并在降级严重到危及工厂安全和运行之前采取补救措施。图 13-24～图 13-26 显示了电机电流特征信号及其在确定设备状态时的应用。

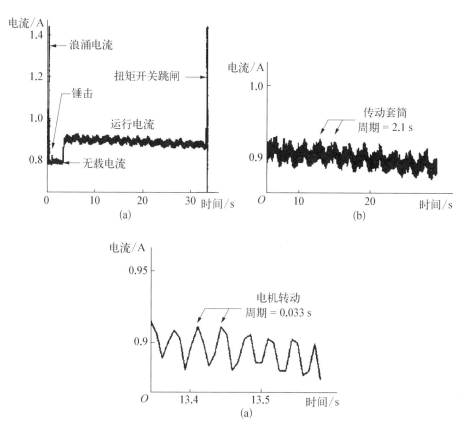

图 13-24 电机电流特征信号的时域分析

(a) 时域电机电流特征信号；(b) 放大图显示传动套筒频率；(c) 极限放大图显示电机转动和齿轮啮合频率（如有齿轮磨损会在波形中发现）

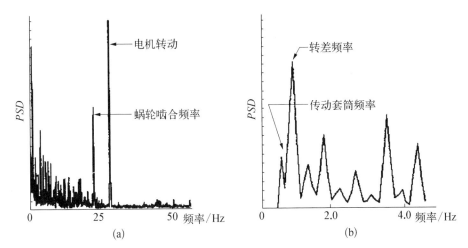

图 13－25　图 13－24 所示电机电流特征信号的频域分析

注：(b)中的三角形谱峰是由特低频率下分辨率不足造成的。

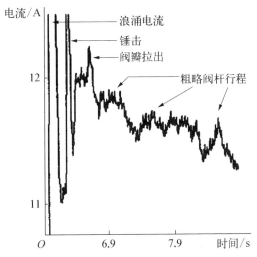

图 13－26　电机电流特征信号显示非常粗略的
由于阀杆弯曲引起的阀杆行程

超出快速傅里叶变换范围

目前正在开发功能更强大的分析工具,用于取代或补充快速傅里叶变换,以便分析数字数据。普遍认为小波分析终有一天会取代 FFT。由于计算机的速度越来越快、大容量存储介质的容量越来越大、价格越来越便宜,曾经仅限于军事应用的人工智能和神经网络现在正成为装备部件信号分析和状态监测中越来越常见的工具。

参考文献

［1］ Bendat J S, Piersol A G. Random Data: Analysis and Measurement Procedures ［M］. New York: Wiley-Interscience, 1971.

［2］ Au-Yang M K. Application of ultrasonics to non-intrusive vibration measurement ［C］. Proceedings. 1992 International Symposium on Flow-Induced Vibration and Noise, Vol. 4, edited by M. P. Paidoussis, New York: ASME Press, 1992: 45 - 57.

［3］ Kryter R C, Haynes H D. Condition monitoring of machinery using motor current signature analysis ［J］. Sound and Vibration, 1989(9): 14 - 21.

［4］ Cooley J W, Tukey J W. An algorithm for the machine calculation of complex Fourier series ［J］. Mathematics of Computation, 1965, 19(90): 297 - 301.

索　引